DICTIONNAIRE

GÉNÉALOGIQUE

DE LA RACE PURE

POUR

REMONTER A L'ORIGINE DES CHEVAUX ET JUMENTS
DE PUR SANG ANGLAIS QUI ONT ÉTÉ INTRODUITS EN FRANCE
ET DES INDIVIDUALITÉS CÉLÈBRES,
RESTÉES EN ANGLETERRE, QUI ONT FORMÉ,
ILLUSTRÉ ET CONSERVÉ CETTE RACE;

PAR

CHARLES DU HAYS.

PARIS

AU BUREAU DU JOURNAL DES HARAS,
RUE RAMEAU, 4.

1860

DICTIONNAIRE

GÉNÉALOGIQUE

DE LA RACE PURE.

MORTAGNE, ORNE. — TYPOGRAPHIE LONGIN ET DAUPELEY.

DICTIONNAIRE

GÉNÉALOGIQUE

DE LA RACE PURE

POUR

REMONTER A L'ORIGINE DES CHEVAUX ET JUMENTS
DE PUR SANG ANGLAIS QUI ONT ÉTÉ INTRODUITS EN FRANCE
ET DES INDIVIDUALITÉS CÉLÈBRES,
RESTÉES EN ANGLETERRE, QUI ONT FORMÉ,
ILLUSTRÉ ET CONSERVÉ CETTE RACE;

PAR

CHARLES DU HAYS.

PARIS

AU BUREAU DU JOURNAL DES HARAS,
RUE RAMEAU, 4.
1860

PRÉFACE

ET

EXPLICATION DES SIGNES.

Le goût des Courses qui pénètre de plus en plus dans nos mœurs, l'éducation de la race pure, dont le nombre s'accroît chaque jour, rendent indispensable l'étude du Stud Book à quiconque veut connaître les grandes familles équestres et remonter à leur source. Aussi, s'étonne-t-on de ne pas trouver ce livre dans toutes les mains. Mais, son prix toujours élevé, la difficulté de faire des recherches dans huit gros volumes écrits à des époques éloignées, l'impossibilité de les transporter partout avec soi, en limitent considérablement l'emploi. Ces ennuis, que nous avons plus d'une fois éprouvés dans le cours de nos études hippiques, nous avons essayé de les éviter aux hommes de cheval, en donnant sous la forme de Dictionnaire, et dans un seul volume portatif, la matière du Stud Book.

Notre travail, fruit de longues et laborieuses recherches, et dont le désir d'être utile a été le seul but, est clairement établi et mis à la portée de tous, comme tout ce qui a été sérieusement étudié.

Il se divise en deux parties : la première consacrée aux Étalons, la seconde aux Juments.

Chaque individu, placé par ordre alphabétique (toutefois nous ne nous sommes attaché qu'à la première lettre), forme un article séparé contenant, l'époque de sa naissance, lorsque cette date est utile pour prévenir des confusions, les noms de son père et de sa mère et l'indication de ses principales victoires.

S'il a été importé en France, son nom est précédé d'une ✱. Les célébrités sont précédées d'un c, et les types fameux par leurs victoires, ou leurs qualités de reproducteurs, de la lettre ᴛ.

Lorsque la mère d'un individu a un nom qui lui est propre, il faut aller la chercher à ce nom. Exemple : Emilius par Orville et Emily par Stamford. Si, au contraire, elle n'a pas de nom, mais qu'elle soit connue par son nom patronimique suivi du mot *mare*, ce nom sera suivi de deux, trois ou même quatre noms patronimiques, pour éviter toute erreur. Exemple : Dick Andrews par Joë Andrews et Highflyer mare, Cardinal Puff, Tatler, Snip, Godolphin Arabian.

Si cette mère a un frère, ou une sœur, célèbre, le nom de cette illustration doit être accolé au sien pour faciliter la recherche. Exemple : Langton par Precipitate et Sister to Escape par Highflyer; il faut aller aux Highflyer mares consulter l'article consacré à la sœur d'Escape.

Si plusieurs étalons, portant le même nom, ont fait la monte à la même époque, le nom de leur père placé entre parenthèses, à la suite du leur, Champion (Pot 80's), Champion (Selim), préviendra toute erreur sur l'origine de leurs produits.

Lorsque le nom d'un individu est accompagné de celui de son propriétaire, avec le signe de possession 's, comme M. Wane's Little Partner, Lord Leigh's Diana, M. Fenwick's Duchess, Fleet Wood's Fox Hunter, etc., il faut le chercher à sa lettre : Little Partner, Diana, Duchess, Fox Hunter. Il n'en est pas de même pour ceux qui sont tellement connus sous le nom de leur maître, qu'il est devenu pour ainsi dire le leur. Exemple : Darley's Arabian, Godolphin Arabian, Byerly Turk, Curwen's Bay Barb, Lonsdale's Arabian, Bartlet's Childers, etc., que l'on écrit indifféremment avec ou sans 's possessive.

Les types fameux et les chefs de race rassemblés en grand nombre et avec soin, permettront de poursuivre cette œuvre chaque année, sans rien changer à la base. Aussi, promettons-nous de la continuer tous les cinq ans, à l'époque de la publication du Stud Book, pour toujours être complet et pour toujours satisfaire la légitime curiosité des éleveurs.

CHARLES DU HAYS.

PREMIÈRE PARTIE.

—

ÉTALONS.

—

A.

* A 1833, par Voltaire et Schedule par Octavian.
Aaron 1819-40, par Election et Sorcerer mare issue de Black Diamond.
Aaron 1747, par Whitenose et Diana par Whitefoot.
c. Abha Thulle 1790, par Y. Marske et Chatsworth mare, Engineer, Wilson's Arabian.
Abbas Mirza 1834, par Camel et Medina par Shebdeez.
* Abbé (l') 1785, par Pantaloon et Herod mare is. de Lœtitia'sdam.
Abbé (l') 1795, par Delpini et Paymaster mare is. de Pyracantha.
c. Abdallah 1847, par The Provost et Barbara par Plenipotentiary.
Abdallah Arabian 1840.
Abdiel 1840, par Amurah (Langar) et Verbena par Velocipède.
* Abraham-Cowley 1838, par Jerry et Eleanor par Comus.
c. Abraham Newland (ou Cockfighter) 1796, par Overton et Palm Flower par Weasel. — Vainqueur du Saint-Léger.
Abraham Newland 1834, par Malek et Rachel par Amadis.
c. A British Yeoman 1840, par Liverpool et Fancy par Osmond. — 8 courses, 4 victoires.
Abjer 1817-28, par Truffe et Briséis par Beningbrough.
* Abron 1820, par Whisker et Alfisidora par Dick Andrews.
Accident 1783, par Rhantos et Sweepstakes mare issue de Sister to Hutton's Careless.
c. Accident 1835, par Camel et Miss Breeze par Phantom.
c. Achilles 1780, par Eclipse et Countess par Blank.
c. Achilles 1828, par Rubens et Atalanta par Walton.
Achilles 1737, par Brother to Bolton Fearnought et Diamond mare is. de Barb mare.

c Achmet 1834 , par Sultan et Cobweb par Phantom.

Achilles 1828, par Sovereign (Rubens) et Larissa par Trafalgar.

Aclem Merlin v. 1710, inconnu.

Son of Aclem Merlin 1710, par Aclem Merlin et inconnue.

* Acrau (ou Ad Libitum) 1807, par Whisker et Sea Fowl par Woodpecker.

c Acrobat 1852, par Ithuriel et Tour de Force par Sir Hercules.

Actœon 1788, par Highflyer et Diana par Shakespear.

r Actœon 1822, par Soud et Diana par Stamford.

c Adamant 1775, par Herod et Seraphina par Blank.

* Ad Libitum (ou Acrau) 1807, par Whisker et Sea Fowl par Woodpecker.

Adolphus 1750, par Regulus et Miss Layton par Partner.

Adonis 1800, par Delpini et King Fergus mare Sister to Beningbrough.

Adonis 1776, par Eclipse et Tartar mare, Mogul, Sweepstakes.

Adonis 1829, par Phantom et Webb par Waxy. Exporté en Hollande.

Adonis 1789, par King Fergus et Didapper par Herod.

Adonis 1770, par Babraham Blank et Smiling Dorothy par Torrismond.

c Admiral 1794, par Y. Pumpkin et Bourdeaux mare, Woodpecker, Margaretta.

Adrastes 1772, par Herod et Regulus Tartar par Regulus.

Admiral 1779, par Florizel et Spectator mare Sister to Juno.

Adroit 1820, par The Flyer et Finesse par Peruvian.

Æolus 1815, par Thundeboldt et Sheba's Queen par Sir Solomon.

c Æolus 1833, par Corinthian et Otis par Bustard 1820.

Æacus 1817, par Camillus et Lady Rachel par Stamford.

Æsop 1756, p. Panton's Arabian et Crab mareis. de The Widdrington mare.

c Æsop 1756, par Cade et Shock mare is. de Little Hartley mare. 1 victoire.

* Ægyptus 1830, par Centaur et Pastille par Rubens.

c African 1839, p. Mulatto (Catton) et Middleton mare, Smolensko, Zoraïda.

Africanus 1828, par Emilius et Scarpa par Crispin.

r Africanus 1767, par Sweepstakes et Miss South par South.

* Agitation v. 1845, par Vulcan. — Jument crue de race pure, mais non tracée.

c Agonistes v. 1800, par Sir Peter et Wren par Woodpecker.

c Agreable v. 1827, par Emilius et Surprise (Brown) par Scud.

Agricola v. 1810, par Sir Harry Dimsdale et Dragon mare is. de Queen Mab.

c Agapanthus 1812, par Hyacinthus et Screveton mare is. de Poll Thompson's Dam.

Aimwell 1818, par Golumpus et Lady Rachel par Stamford.

c Aimwell 1782, par Mark Anthony et Herod mare Sister to Post Master. Vainqueur du Derby.

c Ainderby v. 1830, par Velocipède et Kate par Catton.

c Aimator 1790, par Trumpator et Herod mare Sister to Postmaster.

Aimwell 1750, par Babraham et Sir J. Faw-Kener's Grey Turk mare, Hampton Court Childers, Conyers Arabian.

c Ajax 1749, par Crab et Firetail mare is. de Miss Slamerkin.
  Ajax 1847, par Second et Withefoot mare is. de The Leedes mare.
r Akaster Turk v. 1700.
c Aladdin 1810, par Giles et Walnut mare, Javelin, Y-Flora.
  Albatross 1824, par Merlin is. de Miss Newton's, et Gramarie par Sorcerer.
  Albemarle 1835, par Y-Phantom et Cerberus mare Sister to Duport.
      Exporté 1843.
c Albion 1800, par John Bull et Trumpetta par Trumpator.
c Alarm 1785, par Tandem et Highflyer mare Sister to Snip.
r Alarm 1842, par Venison et South Down par Defence. 17 courses,
      16 victoires, dont la coupe d'Ascot.
  Albion 1828, par Octavius et the Vermin mare, Beningbrougk, Eustatia.
c Albert 1827, par Waterloo ou Moses et Varennes par Selim.
  Albany 1825, exporté 1833, par Whalebone et Gohanna mare Sister to
      Castanea.
  Alcides 1753, par Babraham et Starling mare Sister to Torrismond.
  Alchymist 1799, par Precipitate et Certhia par Woodpecker.
  Alchymist 1750, par Godolphin Arabian et Crab mare, Hobgoblin,
      Bajazet's Dam.
r Alcook's Arabian, v. 1720.
* Aldford 1818, par Pavilion et Olive Branch par sir Peter.
c Alcaston 1825, par Filho da Puta et Windle mare, Anvil, Virago.
  Alderman 1787, par Pot-8o's et Lady Bolingbroke par Squirrel.
  Alderman 1795, par Stride et Princess par Turk.
c Alderman 1814, par Stripling et Shuttle mare, Delpini, Tuberose.
* Alcibiade 1830, par Harry is. de Y-Cheyseïs, et Fair-Helen par Crecy.
c The Alderman 1839, par Abbas Mirza et Honey Moon par Filho-da-Puta.
  Alderman 1822, par Bourbon et Maniac par Shuttle. Exp. 1829.
c Alemdar 1834, par Sultan et Marinella par Soothsayer.
  Aleppo 1833, par Mulatto (Catton) et Y-Phantom mare, Jack-Spigot's
      Dam.
  Aleppo 1834, par Reveller et Jane Shore par Wofull.
r Aleppo 1711, Darley's Arabian et Old Bantboy mare.
c Alert v. 1775, par Vernon Arabian et Herod mare is. de Sister to
      Figurante.
r Alexander 1782-1811, par Eclipse et Grecian Princess par William's-
      Forester.
  Alexander 1751, par Lot et Rib mare, Regulus, Black Eyes.
  Alexander 1780, par Mungo et Nancy par Blank.
c Alexander v. 1800, par Sir Peter et Tawny par Mentor.
  Y-Alexander 1811, par Alexander (Eclipse) et Iris par Sir Peter.
c Alexander the Great 1798, par Alexander (Eclipse) et Fairy par Highflyer.
      Atteint du farcin en 1813.
c Alexis 1775, par King Fergus et Lardella par Y-Marske.

c Alexis 1775, par Hérod et Shakespeare mare, Cade, Sister to Lodge's Roan mare.

Algernon 1841, par Beiram et Agnès par Blacklock.

Allerdale ou Persévérance 1828, par Frolic et Otis par Bustard (1820).

v Alfred 1770, par Matchem et Snap mare, Cullen, Arabian Grisewood's-Lady Thigh.

Alfred 1749, par Sedbury et Bay Bolton mare Sister to Bonny Lass.

c Alfred 1795, par John Bull et Cypher par Squirrel.

c Alfred 1835, par Tramp et Francesca par Partisan.

* Alfred 1821, par Filho da Puta et Staveley Lass par Shuttle ou Hambletonian.

c Allegro 1815, par Orville et Allegretta par Trumpator.

All-Fours 1753, par Regulus et Belinda par Tartar.

Y-All-Fours 1772, par All-Fours et Blank mare is. de Bay-Starling.

* Allington 1826, par Gustavus et Canvas par Rubens.

Alligator 1784, par Shark et Spider par Hérod.

c Almack v. 1823-1841, par Comus et Précipitate mare is. de Colibry.

c Almanzor 1713, par Darley-Arabian et Old Hautboy mare.

Brother to Almanzor ou White Legs 1715, par Darley Arabian et Old Hautboy mare.

All-Man 1831, par Swiss et Gin par Juniper.

c Alonzo 1798, par Pegasus et Highflyer mare Sister to Escape.

Alonzo 1800, par Overton et Highflyer mare is. de Plotina par Snap.

Alonzo 1831, par Mulatto (Catton) et Délusion par Comus.

Alonzo 1792, par Ruler et Emma par Telemachus.

Almanzor 1765, par Baldslicks et Sappho par Regulus.

c Alien 1813, par Dick Andrews et Buzzard mare is. de Sister to Champion.

Alpha 1815, par Asthon et Césario mare is. de Miss Holt.

* Altamont 1831, par Sligo et Ina par Smolensko.

c Alpheus 1830, par Sultan et Arethissa par Quiz.

Alphonso 1773, par Squirrel et Mixbury par Regulus.

c Alphonso 1778, par Eclipse et Squirrel mare is. de Lily par Blank.

* c Alteruter 1831, par Lottery ou Figaro et Orville mare, Buzzard, Horn-Pipe.

c Alumnus 1833, par Saracen et Zeal par Partisan.

c Allworthy 1744, par Crab et Childers mare is. de Miss Belvoir.

c Ambrosid v. 1849, par Touchstone et Annette par Priam.

c Amadis 1807, par Don Quichotte et Fanny par Sir Peter

v Ambrosio 1793, par Sir Peter et Tulip par Blank. Vainqueur du Saint-Léger.

Amadis 1785, par Mambrino et Flyer par Sweetbriar.

v Amaranthus 1755, par Old England et Second mare Sister to Leedes.

c Amato 1835-1843, par Vélocipède et Jane Shore par Wofull. Vainqueur du Derby, le seul prix qu'il ait disputé.

c Amber 1793, par Gay et Shysweeper par Highflyer.

Amesbury v. 1829, par Phantom et Euphrasion par Rubens.

Ambo 1809, par Meteor ou Diamond et sir Peter mare is. de Nelly.

c Amadis de Gaul 1808, par Hambleto nian et Lady Sarah par Fidget.

c Ambidexter 1787, par Phænomenon et Manilla par Goldfinder. Vainqueur du Saint-Léger.

c Amsterdam v. 1855, par the Flying Dutchman et Sudbury par Elis.

Ambrosio 1829, par Waterloo ou Middleton et Gohana mare Sister to Castanea.

c Americus 1755, par Babraham et Creeping Molly par Second.

Anacréon 1812, par Walton et Goosander par Hambletonian.

Amorino 1840, par Velocipède et Jane Shore par Wofull.

c Amphion 1767, par Matchem et Music par Forester.

c Amphion v. 1824, par Partisan et Antiope par Whalebone. Exporté.

Amurah 1837, par Sultan et Marinella par Soothsayer.

Ambush 1791, par Phœnomenon et Didapper par Herod.

c Amurah 1832, par Langar et Armida par Rinaldo.

Amyntor 1772, par Chrysolite et Sprightly par Ancaster Starling.

Ancaster Arabian v. 1750.

Ancaster 1758, par Blank et Phœbe par Tortoise.

F Ancaster Starling 1738-1754, par Starling et Ringbone par Partner.

G Ancient Pistol v. 1775, par Snap et Éloïsa par Regulus.

Ancaster Dizzy 1748, par Rib et Dizzy par Driver.

c Andrew 1816-1825, par Orville et Morel par Sorcerer.

* Andalusian 1845, par Liverpool Junior et Myrrha par Whalebone.

* Anglesea 1830, par Sultan et Mona par Partisan.

c Andower 1851, par Bay Middleton et Defence mare is. de Soldier's Joy. Vainqueur du Derby.

Annandale 1842, par Touchstone et Rebecca par Lottery.

*c Annandale 1842, Touchstone et Hester par Camel.

c Anthony v. 1790, par Diomed et Golden Rose par Eclipse.

c Antler 1841, par Venison ou Defence et Sélim mare (Chesnut) is d'Euryone.

Anchor 1840, par Sheet Anchor et Erin Lass par Hollyhoc.

c Antagonist v. 1777, par Herod et Mop Squeezer par Matchem.

c Antagonist v. 1800, par Antagonist et Y-Louisa par Bagot.

c Lord Carlisle's Angerton Horse, vers 1710. Inconnu.

c Anticipation 1812, par Hambletonian et Hyale par Phœnomenon.

Antiochus 1772, par Eclipse et Tartar mare, Mogul, Sweepstakes.

c Antar 1815, par Haphazard et Cressida par Whiskey.

c Antar v. 1840, par Elis et Sélim mare (Chesnut) is. d'Euryone.

Antar 1819, par Waxy Pope et Medora par Swordsman.

c Anthony 1828, par Tramp et Augusta par Wofull.

Anthony 1843, par Hornsea ou Don John et Battledore mare is. de Pythia par Chanter.

Amnisty (ex Standard) 1773, par Sprightly et Molly Longs Legs par Babraham.

Antœus v. 1785, par Phlegon et Jacintha pas Conforth's Forester.

Antœus 1793, par Alexander (Eclipse) et Nimble par Florizel.

Anthony 7148, par Hutton's Spot et Mixbury mare, Mulso Turk, Bai Bolton.

c Antinoüs v. 1750, Panton's Arabian et Partner mare Sister to the Widdrington mare.

Antelope 1778, par Highflyer et Penultima par Snap.

c Antonio 1816-1828, par Octavian et Evander mare is. de Miss Gunpowder. Vainqueur du Saint-Léger.

Anti-Repealer 1842, par Gladiator et Langar mare is. de Marion.

c Antonio 1842, par Elis et Tesane par Whisker.

c Anvil 1777, par Hérod et Feather mare is. de Crazy.

c Antelope 1748, par Y-Belgrade et Scarborough Colt mare, Bartlet's Childers, Devonshire Turk.

Antelope Lord Halifax's 1725, par Mr Howe's Persian et Farmer mare par King-William's White Barb.

c Apollo 1779, par Sulphur et Y-Cade mare is. de Miss Thigh par Rib.

Apollo 1799, par Précipitate et Woodpecker mare is. de Sister to Driver.

c Apollo 1755, par Regulus et Cottingham mare is. de Warlock Galloway.

Apollo 1833, par Partisan et Apollonia par Whisker.

Apollo 1817, par Whitworth et sir Andrew mare is. de Tunefull.

Apollo 1824, par Selim et Walton mare is. de Y-Giantess.

- c Applegarth 1795, par Stride et Emma par Telemachus.

Arabian Pet ou Borah, v. 1835.

Arab Manac, v. 1812.

King's Arabian, le 1er étalon arabe qui ait été importé en Angleterre. Il appartenait au roi Jacques Ier en 1650.

Arabian Orelio, v. 1830.

Arab Buckfoot, v. 1829. Exporté vers 1835.

Arabian d'Arcy's Black Legged, v. 1700.

The d'Arcy's Yellow Turk, sous le règne de Guillaume III.

Aranjuez (Hercule) 1785, par Highflyer et Goldfinder mare is. de Lovely.

c Araxès 1811, par Quiz et Persepolis par Alexander.

Arbitrator 1755, par Bay Ranger et Black Phantom par Phantom.

Arbutus 1820, par Walton et Wizard mare is. de Lisette.

Archibald 1801, par Walnut et Bay Javelin par Javelin.

Archibald 1815, par Stamford et Blue Stocking par John Bull.

Archibald 1784, par Highflyer et Purity par Matchem.

Archer 1745, par the Bolton Starling et Bald Galloway mare, Grey Grantham, Burford Bull.

c Archibald 1829, par Paulowitz et Garcia par Octavian.

Archduke 1804, par Archduke et Sister to Beningbrough par King Fergus.

c Archduke 1796, par Sir Peter et Horatia par Eclipse. Vainqueur du Derby.

Arcot Arabian, v. 1780.

Archer 1782, par Pumpkin et Pelworth par Herod.

Archer 1789, par Liberty et Chatsworth mare, Snap, Squirrel, Blaze.

Archer 1838, par Jerry et Theresa par the Moslem.

c Ardrossan 1809-1827, par John Bull et miss Whip par Volunteer.

c Archy 1839, par Camel et Garcia par Octavian.

Archer 1790, par Faggergill et Eclipse mare Sister to Crassus.

Arcturus 1835, par Actœon et Lady Marcia par Whisker.

c Argantes 1827, par Attwood's Chesnut Arabian et Bellerophon mare is. de Delpini mare.

Argante 1834, par Langar et Armida par Rinaldo.

Argos 1775, par Herod et Séraphina par Blank.

* Ariel, v. 1825, par Phantom et Buzzard mare Oracle's Dam.

c Ariosto 1848, par Orlando et Preserve par Emilius.

Aristotle 1839, par Physician et Solace par Longwaist.

Arthur 1822, par Coole Arabian et Janette par Camillus.

* Arthur 1842, par Dick et Susan par Mango.

c Artfull v. 1846, par Sheet Anchor et Whisker mare, Ebor, Shuttle.

The Artfull v. 1845, par Velocipède Skilfull par Partisan.

*c Artisan 1848, par Lancrcost et Skilfull par Partisan.

Arske 1777, par Chastworth et A-la-Grecque par Regulus.

Arundel 1838, par Reveller et Angelica par Rubens.

c Arthur Welesley v. 1850, par Melbourne et lady Barbara par Launcelot.

c Artichoke 1800, par Don Quichotte et Dungannon mare is. de Lady Téazle.

Arthur 1805, par Hambletonian et Maria par Highflyer et Maria.

Arthur O'Bradley (Bucephalus) 1738, par Robinson Crusoë et Snake mare is. de Hautboy mare.

* Ascot 1835, par Gaberlunzie et Ida par Whalebone.

c Ascot 1832, par Reveller et Angelica par Rubens. 2e au Derby et battu d'un nez seulement.

c Ascot 1779, par Herod et Polly par Shakespeare.

Asthonisment 1824, par Filho da Puta et Remembrancer mare is. de Charmer.

Asthonisment 1781, par Highflyer et Frenzy par Eclipse.

c Aspargus 1787, par Pot 8o's et Justice mare is. de Marianne par Squirrel.

v Asmodeus 1787, par Eagle (Volunteer) et Florizel mare Sister to Fidget.

Asp 1781, par Shark et Blank mare is. de Fancy par Crab.

*c Assault 1845, par Touchstone et Ghuznee par Pantaloon.

* Assassin 1837, par Taurus et Sneaker par Camel.

c Assassin 1779, par Sweetbriar et Angelica par Snap. Vainqueur du Derby.

Askham 1759, par Regulus et Crab mare, Bald Galloway, Darley Arabian.

c Asthon 1805, par Walnut et miss Haworth par Spadille. Vainqueur du Saint-Léger.

Aston 1790, par Saltram et Calash par Herod.

Astley's Arabian v. 1840.

c Astridge Ball v. 1710, par Leedes et Madcap mare, Dyer's Dimple, The
    Sommerset Jenny.

Atlas 1803, par sir Peter et Bab par Bourdeaux.

c Astracan 1830,, par Château-Margaux et Oleander par Sir David

Astronomer 1793, par Pot 8o's et Stargazher par Highflyer.

*c Atom 1818, par Phantom et Mite par Meteor.

c Attainement 1798, par sir Peter et Zilia par Eclipse.

c Attila 1838, par Colwick et Progress par Langar. Vainqueur du Derby.

Attilius 1762, par Regulus et Cottingham mare, is. de Warlock Galloway.

Attwood's Chesnut Arabian, v. 1825.

Attwood's Grey Arabian, v. 1825.

*c Auckland 1839, par Touchstone et Maid of Honor par Champion.

Auckland (Fox Hunter) 1835, par Grey Viscount et Maid of the Oaks par
    Brutandorf.

c Atom (ex Mungo) 1765, par Damascus Arabian et Crab mare, Childers,
    Miss Jigg.

Atlas 1752, par Babraham et lord Halifax's Justice mare.

Atlas 1818, par Hedley (Gohanna) et Atalanta par Walton.

c Augustus 1774, par Matchem et Angelica par Snap.

c Augustus 1784, par Tantrum et Sampson mare, the Godolphin Colt, Flora.

c Augustus 1834, par Sultan et Augusta par Wofull.

Augustus 1770, par Blank et Phœbe par Tortoise.

Augustus 1843, par Epirus et Rebekah par sir Hercules.

c Augur 1768, par Regulus et Crazy par Lath.

Augur 1826, par Tiresias et Silvertail par Gohanna.

Augur 1821, par Interpreter et Spotless par Walton.

*c Aurung Zeb 1838, par Velocipède et Lady Slipper par Waxy Pope.

c Augur v. 1850, par Bay Middleton et Nickname par Ishmaël.

Autocrat 1822, par the Grand Duke et Olivetta par Sir Oliver.

Autocrat 1830, par Tiresias et Emilius mare Sister to Agreable.

Aurelius 1774, par Herod et Trincket par Matchem.

* Azer 1854, par A Britih Yeoman ou Jack Robinson et Pharmacopeia par
    Physician.

c Azor 1814, par Catton et Zoraïda par Don Quixote. Vainqueur du Derby.

B.

y Babraham 1740-1750, par Godolphin Arabian et Large Hartley mare par
    Hartley's Blind Horse.

c Babraham 1750, par Marlborough et Royal mare.

Y-Babraham 1760, par Babraham (Marlborough) et Second mare, Starling,
    Legacy.

c Babraham Blank 1758, par Babraham (Godolphin) et Boreas mare is.
    de Lucy.

c *Sir J-Lowther's* Babraham v. 1748, par Babraham (Godolphin) et Golden Ball mare is. de Bushy Molly.

Bachelor 1753, par Blaze et Gallant's Smilling Tom mare.

c Bachelor 1824, par Hollyhoc et Spinster par Shuttle.

c Bachelor 1812, par Knowsley ou Whitelock et Shuttle mare, Delpini, Black Eyed Suzan.

Bachelor 1750, par Lightfoot et Snip mare is. de Sister to Cripple par Godolphin.

c Bacchanal v. 1800, par Saint-George (Highflyer) et Sister to Calomel par Mercury.

Bacchus 1808, par Beninghrough et Calabria par Spadille.

Badger v. 1720, inconnu.

Badger 1737, par Partner et Grey Woodcock par Woodcock.

Badsworth v. 1730, par Childers et True Blue mare, Cyprus Arabian, Bonny Black.

Badsticks 1749, par Bumper et *Fleet's Wood's* Fox Hunter mare, Almanzor, Makeless.

Bagot 1780, par Herod et Marotte par Matchem.

Bagatelle 1801, par sir Peter et Trifle par Justice.

c Bajazet 1740, par Godolphin Arabian et Whitefoot mare 1731, is. de The Leedes mare.

Bagpiper v. 1700, par Toulouze Barb et inconnue.

Bald Lump v. 1710, par Saint-Victor Barb et Whynot ou Rider's Chesnut Barb mare, is. de Banscad mare.

Ballet Arabian v. 1750.

c Ball 1735, par Childers et Confederate Filly par Grey Grantham.

Balloon 1780, par Telemachus et A-la-Grecque par Regulus.

Balloon 1782, par Highflyer et Boreas mare is. de Lucy.

F The Bald Galloway v. 1700, par Saint-Victor Barb et Whynot mare is. de Royal mare.

* c Ballinkeele 1839, par Irish Birdcatcher et Echidna par Economist.

c Ballysax v. 1820, par Dandy et Moll Antony par Commodore.

c Bandy 1747, par Cade et Mr Wane's Little Partner par Partner.

c Bandy 1788, par Highflyer et Goldfinder mare is. de Lovely.

Bandy v. 1846, par Irish Birdcatcher et Echidna par Economist.

* c The Ban 1848, par Don John et Y-Defiance par Saracen.

* Y-Bamboo (ex Scarborough) 1847, par Ratan et Muley Molock mare is. de Y-Mary.

c Bamboo 1833, par Caïn et Picton mare, Sélim, Pipator.

Balt 1723, par sir William Strickand Turk et Roxana's Dam par Akaster Turk.

c Bampton 1803, par Star et Paymaster mare is. de Piracantha.

Banker 1808, par Boaster et Grouse mare is. de Vixen.

Banker 1803, par Beningbrough et Y-Rosaletta par Walnut (en Irlande).

Banker 7761, par Matchem et Snip mare, Mogul, Sweepstakes.

c Bangtail 1792, par Highflyer et Catherine par Y-Marske.

c Banker 1815-1832, par Smolensko (Sorcerer) et Quail par Gohanna.
Son of Bald Galloway v. 1720, The Bald Galloway et inconnue.
Bald Partner 1743, par Smilling Ball et Partner mare, Cupid, Hautboy.
Banister 1859, par Snap et miss Doë par Sedbury.
Banister, étalon irlandais vivant vers 1790, inconnu.

c Banquo 1810, par Sancho et Overton mare is. de Katherine. Vainqueur
du Goodwood Cup.

* c Barbary 1771, par Pangloss et Riddle par the Wolseley Barb.

c Barleycorn v. 1759, par Sampson et Regulus mare is. de Lass of the Mill.
Barleycorn 1779, par Amaranthus et Matchem mare is. de Sister to
Dainty Davy.

c Barbarossa 1802, par sir Peter et Mulespinner par Guildford.

c Barnaby 1795, par Stride et Violet par Eclipse.

c Barnton 1844, par Voltaire et Martha Lynn par Mulatto.

c Barefoot 1832, par Irish Drone et Dandy mare is. de Moll Anthony.
Barb Horse, vivant sous le règne de Charles Ier.

* Barelegs 1823, par Tramp et Anticipation par Beningbrough.

c Barefoot 1829, par Tramp et Rosamond par Buzzard. Vainqueur du
Saint-Léger.

c Barnaclès 1833, par Caïn et Bourbon mare is. de Tobosa. Vainqueur du
Gloucester'shire, du Goodwood et du Saltram Stakes.
Barne's Arabian ou Talisman en 1833.
The Bard v. 1830, par Waverley et Castrellina par Castrel.
Barforth v. 1740, par Partner et Grey Hound mare Sister to Rake.

*F The Baron 1842, par Irish Birdcatcher et Echidna par Economist.
(12 courses, 5 victoires, dont le Saint-Léger et le Cesarewitch et 2e au
Derby.)

* Y-Baron 1854, par The Baron et Victress par Voltaire

c Baron Nile 1875, par Delpini et Y-Marske mare, Silvio, Daphné.
The Baronet 1839, par Hampton et Cervantes mare is. de Emma.
Barton 1782, par Highflyer et Spectator mare is. d'une inconnue.
Barto v. 1829, par Truffle et Tredrille par Walton.
Basford v. 1790, par Drone et Garrick mare, Engineer, Oroonoko.

c Bashfull 1786, par Highflyer et Ratler mare, Snip, Godolphin.
Bashfull v. 1740, par Cartouch et Hip mare is. d'une inconnue.
Baskaw (old Standard) 1736, par Y-Belgrade et Tiffer mare, Snake,
Pooley Diamond.

c Barrier 1839, par Defence et Europa par Reveller.
The Baskaw 1840, par the Bard et Arinette par Walton.
Basset Arabian v. 1720.

r Bartlet's Childers (Brother to Childers) 1716, par Darley Arabian et
Betty Leedes par Careless.

c Bartlet's Carwen v. 1720, par Darley Arabian et inconnue.

r Basto 1700-1723, par Byerly Turk et Bay Peg par Leedes Arabian.

Basto 1795, par Spadille et Didapper par Herod.

Basto 1838, par Muley Moloch et Tramp mare, Hambletonian, Vesta.

Bashfull 1752, par Blank et Jilt par Godolphin Arabian.

Basto 1748, Whitenose et Firetail mare is. de miss Slamerkin.

Battledore 1824, par sir Oliver et Racket par Castrel Sister to Bustard.

c Bauble v. 1729, par The Bald Galloway et Kitty Burdet Sister to Whimsey
   par Darley Arabian.

v Barb Chillaby ou King William's Barb Chillaby ou Chillaby 1717.

   Bauble 1751, par Trifle et Diana par Second.

c Basilico 1804, par Trumpator et Mark Anthony mare is. de Y. Doxy.

   Basilisk 1770, par Squirrel et Wasp par Regulus.

   Bath, père de Grosvenor; omis au Stud-Book, monte en 1840.

v Bay Bolton 1705, par Grey Hautboy et Makeless mare, Brimmer, Diamond.

   Son of Bay Bolton v. 1720, par Bay Bolton et inconnue.

c Bay Bolton 1777, par Matchem et Brown Regulus par Regulus.

   Bay Arabian at Hampton Court 1837.

   Bay Barb vivant vers 1715.

   Bay Brun v. 1730, par Godolphin Arabian et inconnue.

c Bay Jack v. 1720, par Curwen's Bay Barb et inconnue.

   Baylark 1835, par Skylark et Helen par Blacklock.

c Bay Lock 1831. Voyez Worlaby Bay Lock.

c Bay Burton 1819, par Tramp et Gabriel mare, Magnet, Dolly.

   Bay Malton, ex Marcus, 1826, par Filho da Puta et Racket par Castrel.

v Bay Malton 1760-1780, par Sampson (Blaze) et Cade mare is. de Lass
   of The Mill par Traveller.

c Bay Lonsdales Arabian ou Lonsdales Arabian v. 1750.

v Bay Middleton 1833, par Sultan et Cobweb par Phantom. Vainqueur du
   Derby, 17 courses, 7 victoires.

   Bay Pigot v. 1715, par Careless et Charmaing Jenny Sister to Leedes par
   Leedes Arabian.

c Bay Wilkinson 1717, par Snake et Whynot mare is. de William's Turk
   mare.

   Bay Richemond (ex Sarpedon) 1759, par Feather et Matron par Cullen
   Arabian.

   Beauffort Arabian v. 1720.

   Beauffort Bay Arabian v. 1730.

c Beauffremont 1858, par Tartar et Brother to Fearnought mare is. de
   Miss Windham.

   Beauffort Grey Arabian v. 1730.

c Beagle 1827, par Whalebone et Auburn par Blacklock.

   Beagle v. 1830, par Roller et Naboclish mare is. de Miss Tomboy.
   (Irlandais).

c Beadsman 1855, par Weatherbit et Mendicant par Mendicant. Vainqueur
   du Derby.

* Bedford 1853, par California et The Colonel mare is. de Niobe.
Beauffort White Arabian v. 1730.
Bedford Arabian v. 1780.
c Bedlamite 1823, par Welbeck et Maniac par Shuttle. 12 courses, 8 victoires.
* Y-Bedlamite 1834, par Bedlamite et Jenny par Whalebone.
Bedalian 1837, par Révolution et l'Hirondelle par Velocipède.
*c Beggarman 1835, par Zingance et Adeline par Soothsayer. Vainqueur
du Goodwood.
r Belgrade Turk 1717-1740.
c Y-Belgrade v. 1730, par Belgrade Turk et Bay-Bolton mare, is. de
Scarborough Colt mare.
c Beiram 1829, par Sultan et miss Cantley par Stamford. 17 courses,
7 victoires, 2e au Derby.
Belgrade 1838, par Belshazzard et Alice par Langar.
Belcœur 1839, par Belshazzard et Violante par Belzoni.
c Beau Nash 1805, par Trumpator ét Jilt par Buzzard.
c Beelzebud 1797, par Rockingham et Alfred mare (1789) is. de Cœlia.
Belford 1754, par Cade et Bartlet's Childers mare 1740, Honywood's
Arabian, True Blue's Dam.
c Bell's Arabian v. 1766.
c Bellario 1763, par Brilliant et Whittington mare is. de Sister to Black
and all Black par Crab.
* Belmont 1819, par Thunderbolt et Fanina par sir Solomon.
* Belmont 1759, par Y-Cade et Bloody Buttocks mare is. de Pulleine's,
Chesnut Arabian mare.
c Bellerophon 1812, par Gohanna et The Pitshill mare par Driver
c Bellerophon 1772, par Chrysolite et Proserpine, Sister to Eclipse, par
Marske.
Bedford 1792, par Dungannon et Fairy par Highflyer.
Beau Garçon (Polisson) 1798, par Snap et Sister to Sejanus par Regulus.
Bellerophon 1781, par Highflyer et Magnolia par Marske.
c Bellville 1810, par Orville et Sister to Langton par Precipitate.
c Belzoni 1823, par Blacklock et Manuella par Dick Andrews.
c Belshazzard 1830, par Blacklock et Manuella par Dick Andrews.
c Benedict v. 1826, par Whalebone et Frolic mare, Selim, Maiden.
c Benedict 1809, par Remembrancer et Beatrice par sir Peter.
r Beningbrough 1791-1815, par King Fergus et Hérod mare is. de Pyrrha.
Vainqueur du Saint-Léger.
Y-Beningbrough 1803, par Beningbrough et Lardella par Y-Marske.
Ben Devaynes 1797, par Soldier et sir Peter mare is. de Maid of Ely.
* Ben Nevis (Speculator) 1808, par Paynator et miss Topping par Coriander.
c Bennington 1791, par Rockingham et Bennington's Dam par The Percy
Arabian et Hérod mare.
c Bellisle (Cheshire Cheese) 1798, par sir Peter et Georgiana par Sweetbriar.
Beresfield 1808, par Mr Teazle et Volunteer mare is. de Storace.

c Bentley 1831, par Buzzard (Blacklock) et miss Wentworth par Cervantes.
Bergamotte 1787, par Highflyer et Orange Girl par Matchem.
Bessus 1847, par Bay Middleton et Brown Bess par Camel.
Bethell's Arabian v. 1710.
Bethell's Arabian v. 1740.
Ben Brace v. 1835, par Sheet Anchor et lady Fulford par Walton.
Bethell's Castaway v. 1714, par Merlin et Sister to Mr Bethell's Ruffler
    par Son of Brimmer.
* Bijou 1811, par Orville et Dungannon mare, Squirrel, Dove.
Bigot v. 1814, par Sorcerer et Goldenlocks par Delpini.
Birmingham 1822, par Haphazard et Precipitate mare is. de Colibry.
c Birmingham 1827, par Filho da Puta et miss Craigie par Orville
    Vainqueur du Saint-Léger.
c Birdcatcher 1829, par Saint-Patrick et Hedley mare is. de Jessy.
r Birdcatcher (Irish Birdcatcher) 1833, par sir Hercules et Guiccioli par
    Bob-Booy. 15 courses, 6 victoires.
* Y-Birdcatcher 1849, par Irish Birdcatcher et Flower of The Tees par
    Langar.
* c Bizarre 1820, par Orville et Bizarre par Peruvian.
Bizarre 1835, par Logic et Cerès par Emilius.
c Bismot v. 1730, par Godolphin Arabian et inconnue.
c Bistern Arabian v. 1780.
Black Doctor v. 1840, par Doctor Syntax et Lottery mare is. d'Elisabeth.
r Black Chance 1732, par Hutton's Bay Barb et Surly mare, Coneyskins,
    Blunderbuss.
The Black Diamond 1833, par Jerry et Catton mare Sister to Countess.
c Blacklegs 1818, par Fyldener et Julianna par Gohanna.
r Blacklegs (Devonshire's) 1728, par Childers et Basto mare Sister to
    Sorcheels.
Blacklegs (Byngham's) 1733, par Hampton Court Childers et The Duke's
    Cullen mare.
Blacklegs (Printice's) 1745, par Blaze et Manica mare is. d'une inconnue.
c Blacklegs (Hutton's) 1725, par Hutton's Bay Turk et Coneyskins mare is.
    de Hautboy mare.
Blacklegs (Hudson's) 1744, par Son of Smilling Ball et Mr Wane's Horse
    mare.
Blacklegs 1753, par Starling et miss Barforth par Partner.
Blacklegs 1750, par Starling et Slypby mare is. de Meynell par Partner.
c Blacklegs (Duke of Sommerset's). Origine inconnue.
c Black Hearty v. 1700, par Byerly Turk et inconnue.
r Blacklock 1814-1831, par Whitelock et Coriander mare is. de Wildgoose.
    14 victoires.
Y-Blacklock, ex Navarino, 1825, par Blacklock et Larissa par Trafalgar.
    En Irlande.
Y-Blacklock 1825, par Blacklock et Arabella par Williamson's Ditto.

ᴾ Black and all Black, ou Othello, 1743, par Crab et miss Slamerkin par
    Y-True Blue.
ᶜ The Black Prince 1816, par Walton et Paynator mare is. de Violet.
    Black and all Black 1818, par Octavius et Gohanna mare is. d'Allegretta.
    Black Arabian v. 1820.
    Black Arabian at Hampton Court v. 1830.
    Black Gyant 1829, par Smolensko (Sorcerer) et Brunette par Waxy.
    Blacklegs (Cumberland) 1753, par Starling et Slipby mare is. de Meynell.
    Black Prince 1760, par Babraham et Riot par Regulus.
    Black George 1794, par sir Peter et Bab par Bourdeaux.
    Blacklegs 1818, par Fyldener et Juliana par Gohanna.
ᶜ The Black Prince v. 1840, par Voltaire et Queen of Trumps par
    Velocipède.
    Y-Blacklock 1826, par Blacklock et Thunderbolt mare, Orville mare (Black)
    Blackett's Arabian v. 1780.
    Blackett's 1797, par Storey's Arabian et Fortitude mare is. de lady
    Bolingbroke.
    Black Dorp 1840, par Physician et Zebetta par Langar.
    Blackbeck v. 1840, par Mullato (Catton) et Emma par Whisker.
    Black Jack 1843, par Muley Moloch et miss Greatrex par Camel.
    Black Phantom 1747, par Phantom et Hutton's Blacklegs mare, Bay
    Bolton, Fox Cub.
    The Black Prince 1842, par Touchstone et Queen of Trumps par
    Velocipède.
    Black Sultan v. 1816, inconnu ; c'est peut-être Sultan (Sélim).
    Blair Arabian v. 1780.
ᴾ Blank 1740-1768, par Godolphin Arabian et Little Hartley mare par
    Bartlet's Childers.
    Y-Blank 1753, par Blank et Grasshopper mare is. de Sir M-Newton's
    Arabian mare.
    Y-Blank 1755, par Blank et Crab mare Sister to Black and all Black.
    Blank 1759, par Blank et Slipby mare is. de Meynell par Partner.
ᶜ Y-Blank 1755, par Blank et Cloudy par Forester.
ᴾ Blaze 1732-1756, par Childers et Confederate Filly par Grey Grantham.
ᴾ The Bleeding ou Bartlet's Childers. Voyez ce nom.
    Blemish 1784, par Alfred et Engineer mare, Regulus, Sister to Lass of
    The Mill.
ᶜ Blossom v. 1748, par Godolphin Arabian et Blossom par Crab (1742).
    Blossom v. 1710, par Curwen's Barb et Natural Barb mare.
    Y-Blossom 1758, par Blossom et Hobgoblin mare, Brother to Mixbury,
    . Bald Galloway.
ᶜ Bloomsbury 1836, par Tramp ou Mulatto (Catton) et Arcot Lass par
    Ardrossam. Vainqueur du Derby.
    Blue Bell 1802 par Buzzard et Brighton Bell par Mambrino.
    Blue Beard 1821, p. Blacklock et Dick Andrews mare is. de Gammer Gurton.

Bloody Shouldered Arabian v. 1700.

Blunderbuss v. 1690, par Bustler et mère inconnue.

Blunderbuss 1744, par Antinoüs et Joan, Sister to Careless, par Regulus.

c Blucher 1811, par Waxy et Pantina par Buzzard. Vainqueur du Derby.

Blucher 1816, par Fitz Teazle et Rally par Hyacinthus.

f The Bloody Buttocks, ou of Bloody Bullocks. Arabe v. 1705.

Bobadil 1782, par Eclipse et Madcap par Snap.

Bobadil v. 1810, par Rubens et Skyscraper mare is. d'Isabel.

c Bob Booty 1804, par Chanticleer et Ierne par Bagot.

c Bobtail 1795-1822, par Precipitate et Bobtail par Eclipse. Vainqueur
du Derby.

Bob Logic 1822, par Smolensko et Holme par Paynator.

Bodfach 1754, par Tripod et lady Augusta par Hutton's Spot.

*c Bold Archer (depuis Glory). Voyez ce nom.

Bob Logic, ou Werner, 1820, par Walton et Louisa par Orville et
Thomasina.

c Bolter v. 1808, par Walton et Trumpator mare, Highflyer, Otheothea.

c Bombo v. 1800, par Wiskey et Y-Giantess par Diomed.

Bolton (Norris's) 1743, par Sweepstakes et Bay Bolton mare is. de Coquette.

Boaster 1795, par Dungannon et Justice mare is. de Marianne.

Bolton 1852, par Shock et Partner mare 1732, Makeless, Brimmer.

c Bolton Sloven 1723, par Bay Bolton et Curwen's Bay Barb mare, Curwen's,
Old Spot, White Legged Lowther Barb mare.

The Bolton's Starling, ou Starling. Voyez ce nom.

f The Bolton Feaarought 1725, par Bay Bolton et Lexington Arabian mare,
Curwens Spot, Spanker mare.

Brother to The Bolton Fearnought v. 1726, par Id... et Id...

c Bolton 1788, par Highflyer et Cunégonde par Blank.

Bordeaux 1820, par Sorcerer et Maritorness par Cervantes.

Borderer 1824, par Catton et Orville mare is. de Lisette.

Boothby v. 1735, par Snake et inconnue.

Bonaparte 1798, par Woodpecker et Sister to Dandelion par Mercury.

* Bon Ton 1831, par Phantom et miss Skim par Skim.

Bonny Black 1715, par Black Hearthy et Persian Stallion mare.

c Bolingbroke Grey Arabian, ou The Coombe Arabian, ou Pigot Arabian,
v. 1750.

Borah, ou Arabian Pet, vers 1830.

c Bonny Bachelor v. 1720, par Hartley'Blind Horse et Bethell's Arabian
mare, Castaway, Brimmer.

Boreas v. 1756, par Cade et Bartlet's Childers mare, Dony Wood's
Arabian, Byerly Turk.

Boreas 1787, par Phoenomenon et Matchem mare, Snap, Oroonoko.

c Bordeaux 1847, par Cotherstone et Falerina par Château-Margaux.

Borington Arabian v. 1780.

c Boxer 1776, par Herod et Blank mare is. de Grey Snip.

Boxer 1793, par Weasel et Columba par Alfred.

Boxer v. 1795, par Tom Bagot et Richemond mare is. de The Banister mare.

* Borystenes 1821, par Smolensko (Sorcerer) et Shuttle mare, Drone, Contessina.

c Bosphorus 1754, par Babraham at Hampton Court Childers mare, Leedes mare.

c Bosphorus 1836, par Reveller et Marmora par Sultan.

Bowdrow v. 1805, par Stamford et Mercury mare Sister to Silver.

c Bos v. 1801, par Buzzard et Bennington's Dam par Percy Arabian.

c Bourdeaux v. 1775, par Herod et Cygnet mare is. de Ebony.

Y-Bowdrow 1786, par Eclipse et Dux mare is. de Folly.

f Bowdrow 1777-1797, par Eclipse et Sweeper mare, Tartar, Mogul. 18 vict.

f Bourbon 1811, par Sorcerer et Precipitate mare (Grey) is. dillighflyer mare. 23 courses, 17 victoires, exporté 1822.

c Bourbon 1774, par le Sang et Queen Elisabeth par Regulus. Vainqueur du Saint-Léger.

c Braganza 1783, par Justice et Firetail par Eclipse.

c Bradbury 1805, par Delpini et Y-Marske mare Sister to Lilliputian.

c Brainworm 1801-1812, par Buzzard et Skyscraper mare is. d'Isabel.

Bramble 1840, par Bay Middleton et Moss Rose Sister to Velocipède par Blacklock.

Bramble 1784, par Alfred et Herod mare, Snip, Sister to Regulus.

c Bran 1831, par Humphey Clinker et Velvet par Oiseau. 3 victoires, 2e au Saint-Léger et à l'Ascot Cup.

* c Brandy Face 1844, par Inheritor et Tiffany par Jerry.

c Brandon 1799, par Beningbrough et miss Tomboy par Highflyer.

c Bravo v. 1826, par Saint-Nicolo et miss Lydia par Walton.

Bramble 1805, par Hambletonian et Constantia par Walnut.

* Brabant 1836, par Lapdog et Bequine par Waxy Pope.

g Bretby 1855, par Priam et Frailty par Filho da Puta.

Brigdwater's Horse v. 1730, inconnu.

c Brighton 1781, par Trentham et December par Shakespeare.

Brighton 1804, par Gohanna et Trentham mare is. de December.

c Brigliadoro 1805, par Hambletonian et Beatrice par sir Peter.

Brilliant 1819, par Usquebaugh (Whiskey) et Juliana par Gohanna.

c Brilliant 1750, par Crab et Godolphin Arabian mare 1738, is. de Sylverlocks.

Brilliant 1784, par Florizel et Ruby par Pantaloon.

Bradley 1793, par Weasel et Y-Marske mare is. de Pyrrha.

Brilliant 1791, par Phœnomenon et Faith par Pacolet.

f Brimmer v. 1795, par The d'Arcy's Yellow Turk et Royal mare.

Son of Brimmer v. 1700, par Brimmer et Dick Burton's mare.

* Brigand 1822, par X-Y-Z et Pipator mare, Delpini, Tuberose.

Bright's Arabian v. 1750.

Brisk 1765, par Regulus et Hutton's Spot mare, Fox Cub, Bay Bolton.

Brisk v. 1740, par Cinnamon et inconnue.

Brisk v. 1715, par Lister Turk et inconnue.

c Brisk v. 1720, par Darley Arabian et Byerly Turk mare.

c Brisk v. 1751, par Cade et Lonsdale's Arabian mare, Bay Bolton, Darley Arabian.

F Brilliant (Croft's) 1750, par Godolphin Arabian et Sylverlocks par Bald Galloway.

Brilliant 1834, par Langar et Blucher mare, Camillus, Gabriel.

Britannicus 1760, par Blank et Creeping Molly par Second.

c Britannicus 1766, par Old England et miss Leedes par Snap.

c A British Yeoman 1840, par Liverpool et Fancy par Osmond. 8 courses, 4 victoires.

The British Grenadier 1842, par Safeguard et Imp par Waverley.

Broadvord 1844, par Gladiator et Honoria par Camel.

Broadholms 1840, par Jered et Wagtail par Prime Minister.

*cBrocardo 1843, par Touchstone et Brocade par Pantaloon. 3e au Derby et au Saint-Léger.

* Brookland 1833, par Filho da Puta et Neel Gwyne par Tramp.

Brook's Arabian v. 1680.

c Brocksby v. 1710, par Curwen's Bay Barb et inconnue.

c Bridegroom 1839, par Hymen et Birthday par Blucher.

Brocklesby 1823, par Woodcock et Brocklesby Betty p. Curwen's Bay Barb.

Bright's Roan v. 1700, inconnu.

Bromstick 1759, par Regulus et Crab mare, is. de Sister to Blaze.

Broomstick 1759, par Cade et Crab mare Sister to Drudge.

F Brown Justy, premier nom de Bay Bolton. Voyez Bay Bolton.

c Brown Low Turk v. 1708.

Son of Brown Low Turk v. 1710, par Brownlow Turk et inconnue.

Brother Red Cap 1791, par Rockingham et Alfred mare, Pearson's Little Partner, Snip.

Brownlock 1821-1834, par Blacklock et Diana par Kill Devil.

Brutus 1816, par Rubens et Diana par Stamford.

Brown Bread 1799, par Old England, son frère, et Maid of Ely par Tandem.

Brutus 1748, par Regulus et Lodge's Roan mare par Partner.

Brough 1795, par Stride et Drone mare is. de Sylvia.

c Brush 1813, par Rubens et Beningbrough mare Sister to Limblifter.

c Brush 1785, par Eclipse et Bosphorus mare is. de Sister Grecian Princess.

c Bubastes 1831, par Blacklock et Whisker mare is. de miss Cranfield.

Bubble 1784, par Highflyer et Boreas mare is. de Fancy.

c Bucephalus 1802, par Alexander (Eclipse) et Brunette par Amaranthus.

Bucephalus (Arthur O'Bradley) 1736, par Robinson Crusoë et Snak mare is. de Hautboy mare.

c Bucephalus 1754, par Drone et Partner mare, Gallant's Smilling Tom, Traveller's Dam.

*c Buckthorn 1839, par Venison et Belia par Emilius.
Buckfoot Arabian 1827.
c Buckfoot 1823, par Frolic et Election mare is. de Sister to Skysweeper.
Buckinghamskire's Arabian v. 1820.
c Buckingham 1793, par Marske et Highflyer mare Sister to Old Tat.
Bud, ou Raby 1827, par Tiresias et Pomona par Vespasian.
c Buccaneer 1776, par Herod et Figurante par Regulus.
c Buffer v. 1800, par Prizefighter et Highflyer mare is. de Schift.
c Buffer 1784, par Pantaloon et Herod mare is. de Lœtitia's Dam.
c Buff Coat 1742-1757, par Godolphin Arabian et Silverlocks par Bald
    Galloway.
c Buffalo 1813, par Fyldener et Roxana par Alexander. 4 victoires.
Bulgarian 1813-1831, par Orville et Worthy mare is. de Y-Camilla.
c Bulldog 1820, par Tiresias et Spinning Jenny par Juniper.
c Bullet 1827, par Cannon Ball et Shoestrings par Teddy the Grinder.
c Bullion 1835, par Emilius et Goldwire par Waxy.
c Bulwarck 1836, par Défence et Europa par Reveller.
c Bulensh v. 1805, par sir Peter et lady Bull par John Bull.
Bumper v. 1735, par Partner et Bay Bolton mare, Commoner, Restive.
Bumper 1718, par the Litton Arabian et Farmer mare par King William's,
    White Barb.
Bunbury 1820, par Williamson's Ditto et Stamford mare is. de Sister
    to Spadille.
Bungay 1779, par Herod et Blank mare is. de Grey Snip.
c Burgundy 1787, par Bourdeaux et Blackthorn par Turf.
f Burghleigh 1805, par Stamford et Mercury mare Sister to Silver.
Burgundy 1822, par Usquebaugh (Y-Whiskey) et Calendulæ par
    Camerton.
Burlington Persian v. 1730.
Burgos v. 1815 par Truffle et Expectation par Beningbrough.
Burton Barb v. 1680.
Burton Barb v. 1750.
Buskin 1828-1843, par Tramp et Miss O'Neil par Camillus.
Bustard v. 1718, par Grey Hound et Makeless mare is. de Wastell's
    Turk mare.
c Bustard 1741, par Crab et Miss Slamerkin par Y-True Blue.
c Bustard 1801, par Buzzard et Gipsy par Trumpator.
c Bustard 1813, par Castrel et Miss Hap par Shuttle.
Bustard 1789, par Woodpecker et Matron par Alfred.
f Bustler v. 1580, par Hemsley Turk et Inconnue.
Bustler 1750, par Fearnought et Hampton Court Arabian mare, is. de
    Brown Farewell.
Bustler 1784, par Florizel et Matchem mare (Fidget's Dam).
c Busto 1812, par Clinker et Bronze Sister to Rubens par Buzzard.
c Butler v. 1600. D'origine espagnole.

Burton v. 1720, par The Bald Galloway et Cripple Barb at Hampton Court mare is. de Brown Farewell.

Buzalgo 1780, par Evergreen et Clio par Julius Cœsar.

v Buzzard 1787-1811, par Woodpecker et Miss Fortune par Dux.

Y-Buzzard v. 1810, par Buzzard et Bennington's Dam par Percy Arabian.

v Buzzard 1821, par Blacklock et Delpini mare (Miss Newton). 26 courses, 10 victoires.

v Byerly Turk v. 1690.

c Byerly Gelding v. 1720, par Byerly Turk et inconnue.

c Byron v. 1822, par Blacklock et Pope mare (The Huntsman's mare) is. de Lady Rachel.

SUPPLÉMENT.

v Actæon 1822, déjà cité. 9 victoires

c Andrew 1816, déjà cité. 9 courses, 6 victoires.

Belzoni 1823, déjà cité. 11 victoires.

v Brutandorf 1821, par Blacklock et Mandane par Pot 8o's. 14 courses, 5 victoires.

C.

Cabrera 1839, par Tomboy et St Patrick mare is. de Comedy.

c Cactus v. 1828, par Sultan et The Duchess of York par Waxy.

v Cade 1734-1756, par Godolphin Arabian et Roxana par Bald Galloway.

v Y-Cade 1747-1764, par Cade et Miss Partner par Partner.

Cadena (Sir Sedley's) 1749, par Cade et Fox mare is. de Bloody Shouldered Arabian mare.

Caccia Piatty 1821, par Whisker et Walton mare, Shuttle, Delpini.

Cadee 1754, par Cade et Miss Doë par Sedbury.

Cadet 1757, par Cade et Miss Partner Sister to The Widdrington mare.

c Cadet v. 1790, par Soldier et Stroller par Alexis.

v Cadland 1825, par Andrew et Sorcery par Sorcerer. Vainqueur du Derby, 17 victoires.

Cœsar 1772, par Marske et Y-Cade mare is. de Miss Thigh par Rib (1763).

c Cœsar 1736, par Sultan et Cobwel par Phantom.

Cadormus 1753, par Cade et Partner mare 1732, Makeless, Brimmer.

c Cadwall v. 1821, par Cannon Ball et Williamson's Ditto mare, Woodpecker, Syphon.

Calchas 1817, par Sorcerer et Houghton Lass par Sir Peter.

c Calculator v. 1755, par Blank et Snip mare, Godolphin Arabian, Whiteneck.

c Caïn 1822, par Paulowitz et Paynator mare, Delpini, Y-Marske.

Calderstone 1846, par Touchstone et Caroline par Whisker.

Caleb Quotem 1802, par Sir Peter et Diomed mare is. de Desdemona.

Caledonian v. 1825, par Partisan et Barrosa par Vermin.

Caliban 1809, par Sorcerer et Y-Galatea par Ben Devaynes.

Caliban 1830, par Camel et Banshee par Y-Sorcerer.

Caliban 1800, par Sorcerer et Houghton Lass par Sir Peter.

California v. 1840, par Emilius et Fillagree par Soothsayer.

c Calomel v. 1795, par Mercury et Herod mare is. de Polly.

Calmuck 1833, par Zinganee et Rubens mare is. de Parasol.

Cambrian 1804, par Sir Solomon et Nosegay par Justice.

c Cambrian v. 1805, par Shuttle et Dimple par Highflyer.

c Cambric v. 1805, par Shuttle et Dimple par Highflyer.

f Camden, ou Rockingham 1781-1799, par Highflyer et Purity par Matchem. 17 courses, 11 victoires.

f Camel 1822-1844, par Whalebone et Selim mare is. de Maiden. 13 courses. 6 victoires. 133 enfants ayant remporté 277 prix en 11 ans.

Y-Camel 1833, par Camel et Elizanne par Filho da Puta.

Camel Junior, ex Camelford, appelé Camel depuis la mort de Camel, 1839, par Camel et Velocity par Velocipède.

c Cameleon 1794, par Woodpecker et Mercury mare Sister to Mother Bunch.

Cameleon 1838, par Camel et Versality par Blacklock.

Camelford, depuis Camel Junior (voyez ce nom).

Camello 1837, par Camel et Shirine par Blacklock.

* cCamerton 1808, par Hambletonian et Precipitate mare is. de Magnolia The Younger. 15 victoires dont le Goodwood.

c Camillus (Mr Warren's) 1747, par Cullen Arabian et Diamond mare par The North Country Diamond.

f Camillus 1803, par Hambletonian et Faith par Pacolet.

Camillus 1824, par Cannon Ball et Camillus mare is. d'Hampden's Dam.

Candidate 1821, par Walton et Pledge par Waxy.

c Cannibal 1773, par Matchem et Bajazet mare, Devonshire's Blacklegs, Smith's Snake.

c Cannobie v. 1755, par Melbourne et Lady Lurewell par Hornsea.

Cannon v. 1705, par d'Arcy's White Turk et inconnue.

Cannon 1799, par Dungannon et Miss Spindleshanks par Omar.

Cannon's, ex Y-Dungannon, 1793, par Dungannon et Miss Spindleshanks par Omar.

c Cannon Ball 1810, par Sancho et Weathercock mare is. de Cora.

f Canopus 1803-1817, par Gohanna et Colibry par Woodpecker.

Canopy 1812, par Canopus et Viscountess par Waxy.

Canova 1817, par Rubens et Diana par Stamford.

c Cantator 1776, par Conductor et Brunette par Squirrel.

o Cant 1826-1829, par Waxy Pope et Castanea par Gohanna.

Cant 1831, par Canteen et Stamford mare (Euanthe) is. de Restess mare.

Canteen 1821-1743, par Waxy Pope et Castanea par Gohanna.

* Cantle 1836, par The Saddler et Granby mare is. de Juliana.

Canterbury 1796, par Pot 8o's et Alfred mare Sister to Tickle Toby 1784.

Canterbury 1805, par Mr Teazle et Parisot par Sir Peter.

Canterbury 1803, par Gouty et Maria par Telemachus.

c Cantley 1809, par Stamford et Highflyer mare Sister to Star.

Canton 1840, par Caïn et Bustard mare, Walton, Gipsy.

Capiscum 1791, par Pot 80's et Sting par Herod.

Capiscum 1805, par Sir Peter et Evelina par Highflyer.

c Captain 1752, par Cartouch et Blacklegs mare is. de The Duke of Leedes mare.

Capricorn 1795, par Escape (is. de Squirrel mare) et Chymist mare, South, Babraham.

c Captain Absolute 1799, par John Bull et Sweetwilliam mare is. de Thetis.

Captain Flash 1775, par Faggergill et Whitenose mare is. de Cole's Fox Hunter mare.

Captain Ross 1833, par Blacklock et Comus mare Sister to Sophy.

c Captain Tart 1775, par Phlegon et Merlin mare is. de Regulus mare.

Captain Roucksby Turk v, 1715.

The Captain 1810, par Waxy et Hare par Sweetbriar.

The Captain 1826, par Wanton et Delpini mare is. de Tipple Cyder.

c Captain Cook 1840, par Slane et Entreprize par Defence.

Captain Flathooker (ex St Lawrence) 1739, par Muley Moloch et Smolensko mare is. de Miss Cannon.

*cCaptain Candid 1813, par Cerberus et Mandane par Pot 80's.

c Captain Bob 1828, par Bobadil et Cervantes mare is. de Miss Brocket.

* Captain Bobadil 1771, par Posthumus et Whitenose mare is. de Cole's-Fox Hunter mare.

* Captive 1827, par Cervantes et Shoveler par Scud.

*fCaravan 1834, par Camel et Wings par The Flyer.

f Carabineer 1765, par Y-Cade et Traveller mare is. de Hartley's Blind Horse mare.

* Carbon 1817, par Waxy et Charcoal par Sir Peter.

Carbuncle 1772, par Babraham Blank et Cade mare, Fox, Sister to Bay Bolton.

* Caramba v. 1840, par Inheritor et Smolensko mare is. de Miss Cannon.

c Cardinal York 1804, par Sir Peter et Charmer par Phœnomenon.

Cardinal Puff 1803, par Cardinal et Luna par Herod.

Cardinal Puff 1820, par Phantom et Sir Petronel mare is. de Sorrow.

c Cardinal Wolsley 1816, par Cardinal York et Precipitate mare is. de Magnolia The Younger.

Cardinal 1793, par Delpini et Miss Judy par Alfred.

Cardinal York 1775, par Marske et Bajazet mare is. de Miss Western.

The Cardinal 1827, par Waxy Pope et Medora par Swordsman.

c Cardinal Beaufort 1802, par Gohanna et Colibry par Woodpecker. Vainqueur du Derby.

Cardinal 1750, par Cade et Partner mare Sister to Lodge's Roan mare.

c Cardinal Puff 1760, par Babraham et Snip mare is. de Parker's Lady Thigh.

c Cardinal Puff 1833, par Pantaloon et Puff par Waterloo.

Cardinal 1823, par Poulton et Sorceress par Sorcerer.

Cardock 1785, par Jupiter et Sting par Herod.

Careless (Mr William's) 1752, par Rib et Margery par Partner.

c Careless v. 1820, par X-Y-Z et Hambletonian mare, Y-Marske, Matchem.

c Careless 1733, par Bloody Buttocks et Grey Hound mare is. de Sophonisba's Dam.

c Careless (Mr Warrens) 1751-1766, par Regulus et Sylvertail par Heneage's
Whitenose.

c Careless (Mr Leedes) v. 1700, par Spanker et Barb mare.

c Son of Careless v. 1705, par Careless et inconnue.

c Careless (Hutton's) v. 1750. Inconnu.

c Carew 1833, par Tramp, ou Comus, et Y-Petuaria par Orville. Vainqueur
du Goodwood.

c Cariboo 1847, par Venison et Jamaïca par Liverpool.

c Carlisle's Gelding 1713, par Bald Golloway et Wharton mare par Lord
Carlisle's Turk.

Carlisle's Arabian v. 1720.

Carlisle 1749, par Regulus et Snake mare, Croft's Egyptian, Grey
Woodcock.

c Carnaby 1830, par Brutandorf et Miss Fox par Glowworm.

c Carouser v. 1820, par Comus et Anticipation par Beningbrough.

c Carthago 1823, par Pioneer et Reserve par Waxy.

f Cartouch v. 1719, par The Bald Galloway et Cripple Barb at Hampton
Court mare is. de Sister to The Brown Farewell. 1 course, 1 victoire.

c Y-Cartouch 1730-1759, par Cartouch et Hampton Court Chesnut Arabian
mare is. de Pet mare. 1 course, 1 victoire.

c The Carpenter 1833, par Lottery et Champignon mare, Blucher, Opal.

Cassilis Arabian v. 1780.

c Castanet 1812, par Granicus et Gohanna mare Sister to Castanea.

c Castaway (Mr Bethell's) v. 1712, par Merlin et Sister to M. Bethell's
Ruffler par Son of Brimmer.

* c The Caster 1840, par Emilius et Casteldine par Mameluke ou Camel.

* Casteldine 1842, par Mulatto (Catton) et Bertha par Reveller.

f Castrel 1801-1828, par Buzzard et Alexander mare, Highflyer, Alfred.

Y-Castrel v. 1810, par Castrel et Highflyer mare Sister to Toby.

* Caspian, ou Crispin, 1828, par Lottery et Oceana par Cerberus.

c Castle Snap 1759, par Snap et Regulus mare, Bloody Buttocks, Faustina.

c Cassio 1803, par Sir Peter et Queen Mab par Eclipse.

* c Cataract 1840, par Hornsea et Oxygen par Emilius.

Catch Penny 1767, par Squirrel et Miss Modesty par Cade.

c Catesby 1826, par Waverley (Whalebone) et Governor mare (Black) is.
de Sir Peter mare.

Cato 1809, par Sancho et Gipsy par Trumpator. Exp. 1822.

Cato 1829, par Catton et Olympia par Sir Oliver.

c Cato 1748, par Regulus et Partner mare. Inconnue.
 Y-Cato 1759, par Regulus et Partner mare. Inconnue.
c Cato 1731, par Partner et Sister to Roxana par The Bald Galloway.
 Catterick 1821, par Octavian et Y-Mary par Mowbray.
c Catterick 1820, par Whisker et Trophonius Bay mare, Slope, Lardella.
 Catterick 1835, par Bob Logic (Werner) et Catalani par Tiger.
v Catton 1809-1833, par Golumpus et Lucy Grey par Timothey. 11 vic-
 toires, dont le Derby.
* Cattoniam 1838, par Muley Moloch et Jubilee par Catton.
 Cattonite 1839, par Muley Moloch et Jubilee par Catton.
c Cavendish 1784, par Y-Morwick et Plotina par Snap.
 Cavendish 1811, par Sorcerer et Pagoda par Sir Peter.
c Cavendish 1832, par Lottery, ou, Peirse et Medora par Swordsman.
 Cavenham 1829, par Merlin (Miss Newton) et Diana par Stamford.
 Cayenne 1789, par Pot 8o's et Sting par Herod.
c Cedric 1821-1829, par Phantom et Walton mare Sister to Parrot. Vainqueur du Derby.
v Centaur 1818-1829, par Canopus et Orville mare, Alexander, Highflyer.
 33 courses, 24 victoires.
 Centurion (M. Hodge's) v. 1725, par Son of The Conyers Arabian et
 Sister to The Dam of Cartouch par Cripple Barb at Hampton Court.
 Cerberus 1759, par Blank et Rib mare, Wynn Arabian, Governor.
 Cerberus 1803, par Dragon et Portia par Volunter.
c Cerberus 1802, par Gohanna et Herod mare, is. de Desdemona. — Médiocres débuts suivis de grands succès à 4 et 5 ans.
c Cervantes 1766, par Sampson et Miss Cade par Cade et Mis,Makeless.
c Cervantes 1806, par Don Quixote et Evelina par Highflyer.
c Cervantes 1833, par Defence et Lady Stumps par Tramp.
 Cesarewitch 1838, par Rockingham et Sultan mare Sister to Cactus.
 Cesario 1800, par John Bull et Olivia par Justice.
c Cestrian 1805, par Gohanna et Martha par Woodpecker.
 Y-Cestrian 1817, par Cestrian et Juno par John Bull.
 Cetus 1827, par Whalebone et Lamia par Gohanna.
c Ceylan v. 1800, par Precipitate et Cerès par Woodpecker.
c Chalkstone 1769, par Herod et Shepherd's Crab mare is. de Miss Meredith.
c Challenger 1780, par Herod et Maiden par Matchem.
 Chalkstone 1782, par Florizel et Nosegay par Snap.
 Y-Challenger 1788, par Challenger et Mademoiselle Guimar par Chrysolite.
c Chaffinch 1768, par Matchem et Cub mare, Squirt, Mogul.
c Challenger 1795, par Tom Tug et Mary Grey par Friar. Irlandais.
v Champion 1797, Pot 8o's et Huncamunca par Highflyer. Vainqueur du
 Derby et du Saint-Léger.
v Champion (Graham's) 1707, par Harpur's Arabian et Old Hautboy mare
 (Almanzor's Dam).

Champion (Vavassour's) 1740, par The Duke of Bolton's Goliah et Daughter of The Old Montagu mare.

c Champignon 1816, par Truffle et Maria par Highflyer et Maria.

Champion v. 1819, par Poulton et Variety par Hyacinthus.

c Champion 1812, par Selim et Podarga par Gouty.

Champion 1775, par Squirrel et Harriet par Truffle.

Champion 1780, par Herod et Charmer par Blank.

Chance 1727, par Grey Childers et inconnue.

c Chance 1763, par Lofty et Starling mare, Second, Mogul.

c Chance 1831, par Figaro et Brenda par Catton.

c Chance 1780, par Javelin et Faggergill mare, Northumberland Golden Arabian.

Chance (Dawkin's) 1737 par Fearnought et Almanzor mare is. de Coquette.

c Chance 1729, par Childers et inconnue.

c Chance 1797, par Lurcher et Recovery par Hyder Ally.

Chance 1795, par Drone et Tandem mare, Alfred, Brim.

Chance 1817, par Haphazard et Waxy mare, is. de Sister to Peter Pindar.

Chance 1758, par Slouch et Brown Slipby par Slipby.

*c Chance 1834, par Lottery et Smolensko mare is. de Patience.

c Chancellor v. 1827, par Minos et Angelica par Amadis.

Chantilly 1836, par Langar et Trinket par Tramp.

f Changeling 1744, par Cade et Partner mare 1735 Sister to Miss Partner.

Chancellor 1827, par Catton et Henrietta par Sir Solomon.

Changeling 1767, par Scrub et Cade mare, Starling, Old Traveller.

c Chanter 1797, par Pipator et le Sang mare, Regulus, Sister to Bay Brocklesby.

f Chanter 1710, par Akaster Turk et Leedes Arabian mare is. de Spanker mare.

Chanter, ex Layton, 1799, par Pipator et le Sang mare, Regulus, Sister to Bay Brooklesby.

c Chanticleer 1780, par Woodpecker et Eclipse mare is. de Rosebud.

c Chanticleer 1843, par Irish Birdcatcher et Whim par Irish Drone.

Chantilly 1830, par Gustavus et Veil par Rubens.

c Chapman 1828, par Emilius et Jupiter mare (Rotterdam). Exp. 1833.

c Chariot v. 1790, par Highflyer et Potosi par Eclipse.

Y-Chariot 1801, par Chariot et Mary Ann par Sir Peter.

c Charlemont 1786, par Eclipse et Herod mare, Blank, Grey Snip.

Charles 1784, par Eclipse et Princess par Squirrel.

f Charles 12 1836, par Voltaire et Wagtail par Prime Minister. 34 courses, 19 victoires dont le Saint-Léger, 2 fois le Goodwood, le Doncaster cup et le Liverpool cup.

Charles de Suède 1776, par Bay Richemond et Traveller mare, Goliah, Dimple.

f Charleston 1854, par Sovereign (Emilius) et Milwood par Monarch.

c Charmer 1745, par Forester et Chicken par Childers.

Charley Boy v. 1835, par Actœon et Ardrossan mare is. de Lady Eliza.

* Charon 1825, par Wofull et Charcoal par sir Peter.

Charley Boy 1830, par Tarragon et Orville mare is. de Sister to Tekely.

r Château Margaux 1822, par Whalebone et Whasp Sister to Scorpion par Gohanna. 26 courses, 21 victoires, dont 9 sur 11 courses à 4 ans.

c Chatam 1839, par The Colonel et Hester par Camel. 16 courses, 8 victoires dont le Criterium.

c Chaunter 1782, par Eclipse et Harmony par Herod.

c Chaunter 1752, par Trifle et Childers mare Sister to Blaze. 4 courses, 3 victoires.

c Chathsworth 1760, par Blank et Fairy par Shepherd's Crab.

Y-Chatsworth 1778, par Chatsworth et Maria par Northumberland.

c Chedworth's Snap v. 1765, par Snap et Y-Bowes par Dormouse.

c Cheshire Cheese (ex Bellisle) 1798, par Sir Peter et Georgiana par Sweetbriar.

Cheops 1839, par The Mummy et Rubens mare is. de Undine.

Chesnut Litton Arabian v. 1720.

Chesnut Arabian v. 1725.

Chesnut Arabian v. 1700.

Chesnut Comus 1835, par Comus et Sister to Magistrate par Camillus.

Chesnut Ranger 1759, par Regulus et Hutton's Spot mare, Mixbury, Mulso Turk.

c Chester 1805, par Sir Peter et Woodpecker mare 1793, Sweetbriar, Miss Fortune.

Chesterfield Arabian v. 1700.

c Chesterfield (Old) 1834, par Priam et Octaviana par Octavian.

Chesterfield 1840, par Langar, ou Jered, et Elflock par Château-Margaux.

* Chesterfield Junior 1844, par Old Chesterfield et Glaucus mare is. de The Nun.

Chigger 1762, par Slouch et Spinster par Crab.

r Childers, nom sous lequel on désigne le fameux Flying Childers, qui fut aussi appelé Devonshire, 1715-1741, par Darley's Arabian et Betty Leedes par Careless. Le coureur le plus fameux du monde.

Son of Childers v. 1730, par Childers et inconnue.

c Childers Hampton Court v. 1725, par Childers et Duchess par Newcastle Turk.

Childers, ou Grey Childers, 1726, par Childers et Sir Warton's Commoner mare is. de Bald Charlotte's Dam.

Childers (Smale's) 1726, par Bartlet's Childers et Byerly Turk mare is. de Wilkinson's Whynot mare.

r Chillaby, ou King William's White Barb, v. 1700, par Grey Hound et Slugey jument Barbe.

c Chippenham 1796, par Trumpator et Mark Antony mare is. de Signora.

The Chiseller, ou Phœnix, 1816, par Marmion et Spindle par Shuttle.

c Chivalery v. 1840, par Muley Moloch et Rectitude par Lottery.
 Chocolate 1777, par Sweetbriar et Bonduca par Bandy. En Irlande.
c Chorister 1828, par Lottery et Chorus maré, Orville, Anticipation.
    Vainqueur du Saint-Léger, 2e au Derby.
 Chorus (ex Tot) 1802, par Trumpator et Sea Fowl par Woodpecker.
 Chorister 1817, par Comus et Hambletonian mare is. de Lady Caroline.
 Chorus 1778, par Matchem et Red Rose par Babraham.
c Chrysalis 1824, par Orville et Fillagree par Soothsayer.
f Chrysolite 1763-1788, par Blank et Blossom par Crab 1742. 20 courses,
    19 victoires.
 Chub 1746, par Godolphin Arabian et Hobgoblin mare, Whitefoot, Leedes.
* Chulo 1849, par Pidgeon et Victoria par Elisondo.
f Chymist 1765, par Matchem et Fenwick's Duchess par Whitenose.
f Cicero 1765, par Driver et Sapho par Regulus.
c Cincinnatus 1768, par Sampson et Emma par Godolphin Arabian.
* Cinder 1820, par Wofull et Charcoal par Sir Peter.
c Cinnamon v. 1730, par Windham et The Ryegate mare par The Toulouze
    Barb.
 Cinnamon 1785, par Imperator et Termagant par Eclipse.
c Cinnamon 1797, par Coriander et Miss West par Matchem.
c Circassien 1791, par King Fergus et Miss West par Matchem.
c Circassien 1828, par Sultan et Variety par Selim.
 Citizen 1785, par Pacolet et Princess par Turk.
 Clarinet 1782, par Eclipse et Fidget par Spectator.
 Claret 1836, par Alcaston et Duchess par Y-Blacklock.
 Claret 1830, par Château-Margaux et Partisan mare is. de Silvertail.
c Clarence 1832, par Camel et Gohanna mare Sister to Castanea.
* Clarion 1828, par Catton et Henrietta par Sir Solomon.
c Clarion 1837, par Sultan et Clara par Filho da Puta.
c Clarionet 1832, par Orville et Rubens mare Sister to Pastille. 2e au
    Derby.
c Claudius 1817, par Camillus et Sancho mare, Highflyer, Juno.
* Claude 1819, par Haphazard et Landscape par Rubens.
 Clavileno 1813, par Sorcerer et Bonny Lass par Pot 80's.
 Clayhall 1781, par Clayhall Marske et Ruthilia par Blank.
 Clayhall Marske v. 1772, par Marske et Regulus mare Sister to Sejanus.
* Clayton 1798, par Overton et Charmer par Phœnomenon.
c Clearwell 1830, par Jerry et Lisette par Hambletonian.
 Cleveland 1822, par Prime Minister et Anna Bullen par John Bull.
c Cleveland 1801-1812, par Overton et Charmer par Phœnomenon.
 Clement's Arabian v. 1780.
 Clifton Arabian v. 1720.
c Clifton 1834, par Caïn et Mouche par Emilius.
 Clinton 1825, par Blacklock et Comus mare Sister to Sophy.
c Clinker 1830, par Humphrey Clinker et Prospective par Oiseau.

c. Clinker v. 1805, par Sir Peter et Byale par Phœnomenon.
Clothier 1790, par Saltram et Latona par Herod.
c. Clinker 1836, par Turcoman et Humphrey Clinker mare, Langar, Mother Bunch.
c. Clothier 1771, par Matchem et Riot par Regulus
Clown 1749, par Regulus et Partner mare 1749 Sister to The Widdrington mare.
c. Clipper v. 1795, par Sancho et Fidget mare is. de Lilly of The Walley.
v. Clumsy (Mr Wilke's) v. 1704, par Old Hautboy et Miss D'Arcys Pet mare is. de Sedbury Royal mare.
c. Cnœus 1848, par Pompey et Interlude par Physician.
Coalition Colt v. 1730, par Godolphin Arabian et inconnue.
c. Cobham 1835, par The Colonel (Whisker) et Frederica par Moses.
c. Cock Fighter (ex Abraham Newland) 1796-1807, par Overton et Palm Flower par Weasel. Vainqueur du Saint-Léger.
Cocolobo 1803, par Moorcock et Eclipse mare Sister to Soldier.
Cockerell Arabian v. 1750.
Cole's Barb v. 1750.
Cole's Barb v. 1700.
Cole Arabian, ou Sulky, v. 1817.
* Cœur-de-Lion v. 1730, par Godolphin Arabian et inconnue.
Cocker 1786, par Trentham et Coquette par Compton Barb.
Cœur-de-Lion 1789, par Highflyer et Dido Sister to Javelin par Eclipse.
* c. Collingwood 1843, par Sheet Anchor et Kalmia par Magistrate. 8 courses, 5 victoires.
v. The Colonel 1825, par Whisker et Delpini mare 1802, is. de Tipple Cyder. Vainqueur du Saint-Léger. 2º au Derby, 25 courses, 9 victoires.
The Colonel 1825, par Abjer et Castrellina par Castrel.
c. Y-Colonel, ou Turban, 1838, par The Colonel (Whisker) et Zobeïda par Hambletonian.
Cobweb 1787, par Trentham et Spider par Herod.
Coker 1809, par Totteridge et Sir Peter mare is. de Fame.
c. Collector 1781, par Conductor et Capella par Herod.
c. Colossus 1760, par Babraham et Miss Starling Junior par Starling.
c. Columbus 1779, par Alfred et Engineer mare, Regulus, Oroonoko.
Columbus 1842, par Liverpool et Entreprise par Defence.
Columbus 1820, par Filho da Puta et Staveley Lass par Shuttle.
c. Combermère 1839, par Bran et Wastrel par Latton.
v. Colwick 1828, par Filho da Puta et Stella par Sir Oliver. 23 courses, 9 victoires, dont la coupe de Chester et celle de Liverpool. 4 fois 2º.
Cog Die v. 1740, par Blaze et Dunkirk mare, Fox, Berthell's Castaway.
Colt (Lord Cardigan's) v. 1720, par The Duke of Richemond's Turk et Sister to Leedes par The Leedes Arabian.
Comet 1788, par Phœnomenon et Columbine par Espersykes.
Comet 1782, par Eclipse et Y-Cade mare 1763 is. de Miss Thig par Rib.

Comet 1774, par Matchem et Jett par Black and all Black.

c Comical 1815, par Comus et Skyscraper mare, Dragon, Matchem.

c Commissionner v. 1770, par Matchem et Diana par Regulus.

Commodore 1795, par Volunteer et Eclipse mare Sister to Soldier.

Commodore 1821, par Filho da Puta et Stamford mare is. de Sister to Hyacinthus par Coriander.

Commodore 1793, par Tom Tug et Smallhopes par Scaramouch. En Irlande.

Commodore (ex Button) 1787, par Highflyer et Matchem mare, Dainty Davy, Son of Mogul.

* Commodore 1841, par Arthur (Coôle Arabian) et Luck'sall mare is. d'une inconnue.

c Commodore 1836, par Liverpool et Fancy par Osmond.

c Commoncer v. 1725, par Childers et inconnue.

Commoner (Croft's) v. 1700, par Place's White Turk et inconnue.

Commoner (Wharton's) v. 1710, par Croft's Commoner et Dam of Sir Michaël's, Creeping Molly.

Comus 1758, par Regulus et Traveller mare, Hartley's Blind Horse, Grasshopper.

Comus 1765, par Matchem et Starling mare, Godolphin Arabian, Stanyan's Arabian.

F Comus 1809-1837, par Sorcerer et Hougton Lass par Sir Peter.

* F Comus 1770, par Otho et Crab mare is. d'Amelia's Dam.

* Comus 1843, par Chesnut Comus et Trampeer mare, Firelock, Driver

* Comus 1782, par Comus (Otho) et Herod mare is. d'une inconnue.

Comus 1825, par Comus et Cowslip par Cockfighter.

Y-Comus 1823, par Constable (Comus) et Lady Abbess par Cardinal York.

Comus 1835, par Comus (Sorcerer) et Sister to Magistrate par Camillus.

Comus 1835, par Tarrare et Miranda par Phantom.

Comus Secundus 1824, par The Chiseller, ou Ivanhoë, et Houghton Lass par Sir Peter.

c Companion 1803, par Beningbrough et Lurcher mare is. de Sister to Captain Tart.

c Competitor 1786-1816, par Eclipse et Diana par Shakespeare.

F Compton Barb, ou Sedley Arabian v. 1767.

c Competitor 1776, par Matchem et Chryseïs par Careless.

F Conductor 1767-1790, par Matchem et Snap mare, Cullen Arabian, Grisewood's Lady Thigh.

c Condurum 1762, par Matchem et Squirt mare, Mogul, Camilla.

F Coneyskins 1712, par Lister Turk et inconnue.

c Confederate v. 1835, par Velocipede et Miss Maltby par Filho da Puta.

c Confederate 1821, par Comus et Maritorness par Cervantes.

c Confederate 1758, par South et Babraham mare Sister to Sir J-Lowther's Babraham.

Confederate 1779, par Matchem et Fidget par Spectator.

Confederate 1783, par Prophet et Herod mare, Bajazet, Regulus.
c The Confessor 1850, par Cowl et Forest Fly par Musquito.
Conflans 1785, par Woodpecker et Spectator mare is. d'une inconnue.
Coniac 1796, par Coriander et Alfred mare, Locust, Changeling.
Connaisseur 1832, par Château-Margaux et Frailty par Filho da Puta.
c The Connaught Ranger 1842, par Harkaway et Guiccioli par Bob Booty.
c Le Conquérant, par un étalon espagnol au temps du duc de Newcastle.
f Conqueror 1726, par Fox et Castaway mare is. de Brimmer mare.
c Conqueror (Appleyard's) 1728, par Id... et Id... is. de Id...
Conqueror (Wilkinson's) v. 1760, par Bustard et Clio par Gower Stallion.
Conqueror 1752, par Crab et Miss Slamerkin par Y-True Blue.
* Constellation 1848, par Lanercost et Moonbeam par Tomboy.
c Consol 1828, par Lottery et Cerberus mare, Delpini, Tipple Cyder.
c Consul 1816, par Camillus et Shuttle mare is. d'Eliza par Highflyer.
c Constitution 1789, par Drone et Lardella par Y-Marske.
Constable 1823, par Magistrate et Trictrac par Dick Andrews.
The Constable 1819, par Comus et Moll in The Wad par Hambletonian
c Contriver v. 1828, par Partisan et Tiresias mare Sister to Scheme.
c Contest 1753, par Blank et Naylor par Cade.
c Contest 1824, par Catton et Harriet par Delpini.
Conyer's Arabian v. 1710.
Son of Conyer's Arabian v. 1715, par Conyer's Arabian et Dyer's Dimple
    mare, King William's Black Barb Chillaby, Moonah Barb.
Cook's Arabian v. 1820.
f The Coombe Arabian, ou Pigot Arabian, ou Bolingbroke Grey Arabian,
    v. 1766.
c Cordial 1775, par Herod et Lady Betty par Snap.
c Corduroy v. 1811, par Shuttle et Lady Saarah par Fidget.
c Coriander 1786, par Pot 8o's et Lavender par Herod. Médiocres débuts
    suivis de grands succès à 4 et 5 ans.
*c Coriolanus 1804, par Gohanna et Skysweeper par Highflyer.
c Coriolanus 1832, par Emilius et Linda par Waterloo.
c Coriolanus 1801, par Sir Peter et Pegasus mare Sister to Sir Sidney.
c Coriolanus 1762, par Whistle Jacket et Pretty Polly par Starling.
c Corinthian 1819, par Comus et Louisa par Orville et Thomasina.
c Corker 1786-1812, par Trentham et Coquette par Compton Barb.
Cornet 1771, par Captain et Godolphin Arabian mare Sister to Mirza.
Cornet 1792, par Tug et Comfort par Banker.
c Cornet 1838, par The Colonel et Lady Emmeline par Phantom.
* Copper Captain 1829, par Bobadil et Cervantes mare is. de Miss Brocket.
Cornwalis Arabian v. 1745.
c Coronation 1818, par Catton et Paynator mare is. de Violet.
f Coronation 1838, par Sir Hercules et Ruby par Rubens. 13 courses,
    6 victoires. Vainqueur du Derby, 2e au Saint-Léger.
c Coronet 1825, par Catton et Paynator mare, is. de Violet.

c The Corporal 1810, par Orville et Lydia par Whiskey.

c Corporal 1781, par Eclipse et Miss Spindleshanks par Omar.

c Corrector v. 1807, par Remembrancer et Beatrice par Sir Peter.

c Y-Corrector v. 1717, par Corrector et Lady Abbess par Cardinal York.

c Corranna 1839, par Hymen et Perchance mare, Walton, Sorcerer.

c Corunna 1833, par Skiff et Sancho mare is. de Sister to Miss Fury.

The Corsair 1831, par Dandy et Beresina par Smolensko.

*f The Cossack 1844, par Hetman Platoff et Joannina par Priam. Vainqueur du Derby, du Goodwood et de l'Ascot cup. 2e au Saint-Léger, 4 courses, 3 victoires.

c Cossack 1766, par Careless et Babraham mare, Starling, Spinster.

c Cottager 1778, par Matchem et Heinel par Squirrel.

c Cotterick 1810, par Remembrancer et Eagle mare par Brother to Eagle.

c Cottingham 1735, par Hartley's Blind Horse et Son of Snake mare is. de Son of Rookwood mare.

f Cotherstone 1840, par Touchstone et Emma par Wisker. Vainqueur du Derby; 11 courses, 7 victoires.

c Coulon v. 1820, par Wisker et Miss Cranfield par Sir Peter.

c Counsellor (Lord Lonsdale's) v. 1685, par Schaftsbury Turk et Sister to Spanker par The d'Arcy's Yellow Turk.

c Counsellor (Lord d'Arcy's) v. 1690, par Lord Lonsdale's Counsellor et Violet Layton Barb mare.

Counsellor Wood's 1694, par Lord d'Arcy's Counsellor et Makeless mare is. de Barb mare.

Counsellor (ex Towzer) 1768, par Alcides et Jessamy mare, Torrismond, Countess.

Count 1772, par Snap et Flora par Regulus.

* Count d'Orsay 1833, par Doctor Faustus et Prime Minister mare, Shuttle, Eliza.

Count Porro v. 1830, par Leopold et Watchote Lass par Remembrancer.

Country man 1779, par Matchem et Red Rose par Babraham.

f Cowl 1842, par Bay Middleton et Crucifix par Priam. 8 courses, 5 vict.

c The Cowboy 1834, par Voltaire et Dairy Maid par Wofull.

Coxcomb 1771, par Otho et Babraham mare is. de Chiddy.

c Coxcomb 1751, par Cade et M. Wane's Little Partner par Partner.

f Crab 1722-1750, par Alcock's Arabian et Sister to Sorcheels par Basto.

f Crab (Shepherd's) 1747, par Crab et The Widdrington mare par Partner.

c Crab (The Duke's) 1744, par Crab et Fox mare Sister to Sliphy.

Crab (Routh's) 1736, par Crab et Counsellor mare is. de Concyskius mare.

c Cracker 1752, par Torismond et Partner mare Sister to Little John.

c Crab 1789, par Highflyer et Mop Squeezer par Matchem.

c Crabstock v. 1745, par Crab et Partner mare 1738, is. de Bay Buttocks mare.

*c Crawen 1848, par Giraffe et Mab par Duncan Grey.

c Cramlington 1803-1810, par Pipator et Harriet par Volunteer 1794 is.
    d'Highflyer mare.
    Cranebroock 1843, par Alcaston ou Lord John et Urganda par Tiresias.
    Craftsman 1724, par Smiling Tom et Bald Charlotte's Dam par Bethell's
    Castaway.
c Crassus 1776, par Eclipse et Y-Cade mare 1763, is. de Miss Tigh par Rib-
c Crassus 1844, par Emilius et Variation par Bustard.
    Crawford's Turk v. 1730.
c Crawfurd 1856, par Orlando et Miss Twickenham par Rockingham.
    Crazy Boy 1837, par Tomboy et Bessy Bedlam par Filho da Puta.
c Creampot 1765, par Buff Coat et Cartouch mare is. de Sir John Sebright's
    Arabian mare.
* Cream of Tarter 1856, par Cossack et Lady of Lyons par Flatcatcher.
c Crecy 1813, par Walton et Cressida par Whiskey.
c Creeper 1757, par Godolphin Arabian et Blossom Junior par Crab.
c Creeper (The Duke's) v. 1730. Inconnu.
c Creeper v. 1735, par Cinnamon et inconnue.
    Creeper 1786, par Tandem et Harriet par Matchem.
    Crescent v. 1760, on le croit par Sultan (Regulus) et inconnue.
    Crescent 1832, par Zealot et Woman of Endor par Moses.
    Crescent 1827, par Blacklock et Miss Maltby par Filho da Puta.
c Crim-Con 1805, par Gohanna et Precipitate mare, Woodpecker, Sweet-
    briar.
c Crimp 1757, par Cade et Snip mare is. de Parker's Lady Thigh.
c Cricketer 1822, par Octavius et Gohanna mare is. d'Allegretta. Vainqueur
    du Goodwood.
r Cripple 1750, par Godolphin Arabian et Blossom Junior par Crab.
    Cripple Barb at Hampton Court, ou Hampton Court Arabian, v. 1710.
    Cripple 1792, par Saltram et Ambrosia par Woodpecker.
* Crispin (ex Caspian) 1828, par Lottery et Oceana par Cerberus.
    Crispin 1807, par Waxy et Tarantula par Dragon.
c Critic 1771, par Matchem et Miss Stamford par Lord Portmore's
    Whitenose.
· Cromaboo 1774, par Gamahoë et Archer mare, Chub, Second.
r Crop 1778-1801, par Turf et Coombe Arabian mare is. de Spectator
    mare. 11 courses, 10 victoires.
    Croft's Bay Barb 1710, par Chillaby et The Moonah Barb mare.
    Croft's Egyptian v. 1720.
* c Crocodille 1830, par Camel et Witchery par Sorcerer.
    Croft's Grey Barb at Hampton Court v. 1710.
c Croesus 1821, par Wildfire, Wofull et Phantom et Cressida par Whiskey.
* Croeus, ou The Great Wonder, 1837, par Sylark et Milesius mare is. de
    Bushy Moll.
c Cross Patch v. 1785, par Dux et Snap Dragon par Snap.
c Crowcatcher 1822, par Blacklock et Chorus mare, Orville, Anticipation.

c Croupier v. 1844, par Touchstone et Decoy par Filho da Puta.
c Crutch v. 1710, par Old Hautboy et Selaby Turk mare, Bustler, Pace's
    White Turk.
c Crusader 1828, par Cervantes et Octaviana par Octavian.
c Cruiser v. 1846, par Venison et Little Red Rover mare is. d'Eclat.
c Crutch 1828-1835, par Little John et Zaïre par Selim.
    Y-Crutch 1835, par Crutch et Blue Bell par Duplicate (Tomes's).
f Cub (Fox's Cub) 1739, par Fox et Warlock Galloway par Snake.
    Cub 1792, par Fidget et Herod mare Sister to Philidor.
f The Cullen Arabian v. 1745. Mort 1761.
    Cumberland 1741, par M. Fletcher's Arabian et Bay Bolton mare, Tifter,
        Newcastle's Turk.
c Cumberland 1806, par Cheshire Cheese et Brown Justice par Justice.
c Cumberland 1808, par Gohanna et Martha par Woodpecker.
c Cumberland 1779, par Phlegon et Dainty Davy mare, Cullen Arabian,
    Bolton's Little John.
c Cupid v. 1720, par Darley's Arabian et inconnue.
    Cupid 1774, par Herod et Norfolk Maiden Head par Squirrel.
    Cupid 1778, par Goldfinder et Riot par Regulus.
c Cupid (Riders) v. 1705, par Saint-Victor's Barb et Whynot mare is. de
    Royal mare.
c Cupid 1736, par The Sommerset Arabian et Bald Charlotte par Old Royal.
c The Cure 1841, par Physician et Morsel par Mulatto.
c The Cure 1843, par Bran et Zarina par Morisco.
c Cupid 1827, par Tramp et Active par Partisan.
c The Currier 1836, par The Saddler et Amaryllis par Cervantes.
c Cupid 1829, par Emilius et Scud mare Sister to Saylor.
    Cupid 1825, par Whisker et Trulla par Sorcerer.
c Curry Comb 1837, par The Saddler et Fickle par Smolensko.
f Curwen's Bay Barb, ou Bay Barb, v. 1700.
c Curwen's Bay Arabian v. 1700.
    Curwen's Chesnut Arabian v. 1700.
c The Curwen's Colt v. 1730, par Terror et Curwen's Bay Barb mare,
    d'Arcy's Chesnut Arabian, Whiteskirt.
    Curwen's Grey Morocco Barb v. 1715.
c Curwen's Barb v. 1690.
    Son of Curwen's Bay Barb v. 1725, par Curwens Bay Barb et inconnue.
f Curwen's Spot, ou Old Spot, v. 1695, par Selaby Turk et inconnue.
c Cwrw 1809, par Dick Andrews et Lady Charlotte par Buzzard.
    Curzon Grey Barb v. 1750.
c Cydnus 1821, par Quiz et Persepolis par Alexander.
f Cygnet 1753, par Godolphin Arabian et Blossom Junior par Crab.
    Cygnet (Glow Worm) 1812, par Brainworm et Katherine par Delpini.
    Cynthius 1779, par Pot 8o's et Latona par Herod et Calypso.
c Cyprus Arabian v. 1760.

c Cyprus Arabian v. 1715.

c Czar Peter 1801-1821, par Sir Peter et Xenia par Challenger.

D.

c Dædalus v. 1740, par Godolphin Arabian et inconnue.

c Dædalus 1791, par Justice et Flyer par Sweetbriar. Vr du Derby.

Dæmon 1824, par Merlin (Miss Newton) et Pawn Junior par Waxy.

Daffodil v. 4730, par Bald Galloway et a Foreign Horse of Sir T. Gascoigne's mare.

Daffodil 1786, par Magnet et Hebe par Chrysolite.

c Dainty Davy 1752, par Old Traveller et Slighted By All par Fox's Cub.

Dainty (Wildman's Snap) 1761, par Snap et Miss Belsea par Regulus.

c Damascus Arabian v. 1755.

c Damascus 1829, par Reveller et Jane Shore par Wofull.

c Damian de Lacey v. 1815, par Feramorz et Lady Saarah par Champion.

Damon 1753, par Cade et Red Rose par Partner.

Damper 1769, par Spectator et Nancy Sister to Brocket par Blank.

c Dancer (ex Tom Bagot) 1781, par Herod et Marotte par Matchem.

c Dandelion 1824, par Merlin (Miss Newton) et Duchess of York par Waxy.

Dandy 1826, par The Dandy (The Sligo Waxy) et Folly par Waxy.

Dandy 1843, par King Cole et Miss Whinney par Sir Hercules.

The Dandy 1807-1811, par Gohanna et Active par Woodpecker.

The Dandy 1815, par The Sligo Waxy et Drone mare Sister to Slug. (Irlandais).

The Dandy 1817, par Fitz James et Windle mare, Anvil, Virago.

*c Dangerous 1830, par Tramp et Defiance par Rubens. Vr du Derby.

Dangerpelde 1710, par Curwen's Bay Barb et inconnue.

c Daniel (ex Hemp) 1762, par Y-Cade et Sister to Stipby par Crab.

Dan O'Connel 1836, par Y-Emilius Sowerby's et Orville mare is. de Sprightly.

c Daniel O'Rourke 1850, par Irish Birdcatcher et Forget me Not par Hetman Platoff. Vainqueur du Derby.

Dapper 1784, par Tantrum et Sybil par Matchem.

c Dapper 1755, par Cade et Cypron par Blaze.

The D'Arcy's White Turk v. 1690.

D'Arcy's Arabian v. 1700.

D'Arcy's Royal Colt v. 1700, par un Arabe et une Royale mare.

D'Arcy's Chesnut Turk v. 1720.

D'Arcy's Yellow Turk v. 1690.

c Dare Devill 1787, par Magnet et Hebe par Chrysolite.

Dare Devill 1822, par Viscount et Blue Stocking par John Bull.

r Darley's Arabian, ou Darley Arabian, v. 1712.

Darley's White Turk v. 1695.

Dart 1787, par Bowdrow et Dux mare is. de Folly.   c

Dart (His Lordship) 1796, par Spear et Conductor mare Sister to Trumpator.

Dart 1792, par Justice et Highflyer mare Sister to Toby.

c Dart v. 1720, par Darley Arabian et inconnue.

* Darlington 1829, par Cleveland et Eoïna par Haphazard.

c Dash v. 1783, par Florizel et Caprice par Marske.

Dauny 1771, par Brilliant et Rachel par Blank.

c Dart 1748, par Snip et Jigg mare Sister to Shock.

c Dart (M. Duncomble's) v. 1710, par Bald Galloway et inconnue.

Deacon 1826, par Centaur et Pawn Junior par Waxy.

c Dear me v. 1850, par Melbourne et inconnue.

c Dedalus v. 1835, par Buzzard (Blacklock) et inconnue.

c Deceiver 1803, par Buzzard et Trentham mare is. de Cytherea.

c Deceiver 1830, par Y-Phantom et My Lady par Comus.

c Decoy Duke, ou Sharper, 1778, par Ranthos et Sweepstakes mare is. de Sister to Hutton's Careless.

f Defence 1824, par Whalebone et Defiance par Rubens. Très grande vitesse.

Defence 1773, par Herod et Miss Stamford par Lord Portmore's Whitenose.

c Defender 1834, par Defence et Selim mare (Chesnut) is. d'Euryone.

c Defier 1839, par Id... et Id...

Defensive 1831, par Id... et Id...

Delamère 1840, par Bizzare et Esperance par Lapdog.

c Denhall v. 1836, par Battledore et Pythia par Phantom.

f Delpini (ex Hackwood) 1781-1808, par Highflyer et Countess par Blank. 11 courses, 9 victoires.

*c Delphi 1841, par Elis et Albania par Sultan.

c Deputy, ou Lofty, 1853, par Godolphin Arabian et The Widdrington mare par Partner.

Derby Arabian v. 1750.

c Derby Ticklepitcher v. 1705, par inconnu et Selaby Turk mare.

f Denmark 1764, par Regulus et Partner mare 1744 Sister to The Widdrington mare.

Y-Denmark 1781, par Denmark et Snap mare is. de Riddle.

c Dennis O!..., ou Joë Andrews, 1776, par Eclipse et Amaranda par Omnium.

The Devil Among The Taytors 1839, par The Saddler et Fickle par Smolensko.

Devonshire Arabian v. 1695.

Despot 1830, par Sultan et Fanny Davies par Filho da Puta.

* Detheroner 1775. Inconnu.

Devonshire Arabian v. 1830.

Devonshire Basto v. 1710, par Byerly Turk et Bay Peg par Leedes Arabian.

c Dervise 1823, par Merlin (Miss Newton) et Pawn Junior par Waxy.

c Devi Sing 1786-1812, par Eclipse et Watch par Herod.

Devonshire's Chesnut Arabian v. 1720.

Devonshire's Turk v. 1720.

Deucalion 1771, par Matchem et Lady par Sir J-Turner's Sweepstakes.

c The Dey of Algiers 1836, par Priam et Bustard mare, Walton, Gipsy.

Devonshire's Chesnut Arabian v. 1750.

Dexter 1782, par Highflyer et Manilla par Goldfinder.

c Diadem 1820, par Catton et Paynator mare is. de Violet.

c Diadem 1777, par Sweetbriar et Snap mare is. de Miss Roan.

*ꞰDiamond 1792, par Highflyer et Matchem mare is. de Barbara. Exp. 1819.

Ʞ Diamond, ou King of Diamond's, 1810, par Diamond et Sir Peter mare is. de Lucy.

c Diamond (Mr Curwen's) 1726, par Jew's Tramp et The Sir N. Flanderkin's Turk mare.

Diamond Arabian 1830.

c Diamond 1836, par Defence et Euryone par Reveller.

* Dick 1831, par Lamplighter et Blue Stocking par Popinjay.

c Dick 1833, par Muley et Comus mare is. de Margrawe's Dam.

ꞰDick Andrews 1797-1816, par Joë Andrews et Highflyer mare, Cardinal Puff, Tatler, Snip. 28 victoires.

Son of Dick Andrews v. 1810, par Dick Andrew's et Lowther's Barb mare.

Dick Burton's v. 1680. Inconnu.

Dicky Pierson's v. 1690, par Dordsworth et inconnue.

Dictator 1773, par Matchem et Snap mare, Cullen Arabian, Grisewood's Lady Thigh.

c Didelot 1793, par Trumpator et Highflyer mare, Engineer, Cade. Vainqueur du Derby.

c Dilbar v. 1840, par Touchstone et Peri par Wanderer.

c Diddler 1801, par Pegasus et Highflyer mare, Goldfinder, Lady Bolingbroke.

Dimple v. 1753, par Godolphin Arabian et Hobgoblin mare 1739, Whitefoot, Leedes.

c Dimple v. 1725, par Basto et inconnue.

Dimple Dyer's v. 1700, par Leede's Arabian et Spanker mare, Dodsworth, Barb mare.

*cD-I-O 1813, par Whitworth et Hambletonian mare Sister to Have at Hem.

ꞰDiomed 1777, par Florizel et Spectator mare Sister to Juno. Vainqueur du Derby.

c Dinmont 1812-1826, par Orville et Mary, Sister to Sally, par Sir Peter.

c Dionysius 1752, par Regulus et Partner mare is. de Old Country Wench.

* Diplomatist 1837, par Plenipotentiary et Sultan mare. Mère inconnue.

*cDirk Hatteraick 1852, par Van Tromp et Blue Bonnet par Touchstone.

* Discord 1837, par Mulatto et Melody par Bustard.

c Disguise v. 1778, par Highflyer et Masquerade par Marske.

· Disguise v. 1777, par Marske et Sportmistress par Warren's Sportsman.

c Dismal v. 1740, par Cinnamon et inconnue.

c Dismal 1733, par Godolphin Arabian et Alcock's Arabian mare is. de
    Curwen's Bay Barb mare.

The Distingué 1827, par Waxy Pope et Flight par Irish Escape.

c Ditto, ou Williamson's Ditto, 1800-1821, par Sir Peter et Arethuse par
    Dungannon. Vainqueur du Derby.

Divan 1830, par Sultan et Pawn Junior par Waxy.

Disappointement 1759, par Blank et Amelia par Godolphin Arabian.

c Disappointement 1759, par Glaucus et I-Wish-You-May-Get-It par
    Defence.

c Doctor, ou Old Doctor, v. 1725, par Bay Bolton et Coquette par Basto.

Doctor (Lincoln's) 1559, par Doctor et Godolphin Arabian Sister to
    Mirza 1752.

* Doctor 1776, par Goldfinder et Sedley Arabian mare Sister to Grey Ling.

c Doctor 1781, par Alfred et Herod mare, Engineer, Bay Malton's Dam.

The Doctor 1834, par Doctor Syntax et Belinda par Blacklock.

c The Black Doctor 1834, par Doctor Syntax et Sister to Zohrab par Lottery.

c Doctor Caïus 1837, par Physician et Rectitude par Lottery.

c Doctor Eady 1816-1842, par Rubens et Laura par Pegasus.

c Doctor Faustus 1822-1845, par Filho da Puta et Maid of Lorn par Castrel.

Doctor Goodall 1844, par The Provost et Liberty par Langar.

Doctor Hill 1841, par Physician et Whisker mare Sister to Fox.

Doctor Husband 1841, par Physician et Showlass par Mountebank.

Doctor Oliver 1836, par Physician et Catalani par Tiger.

Doctor Sangrado 1841, par Physician et Sweetbriar par Langar.

F Doctor Syntax 1811-1838, par Paynator et Beningbrough mare is. de
    Jenny Mole. 32 victoires importantes.

Doctor Nim 1784, par Morwick Ball et Mop Squeezer par Matchem.

F Dodsworth 1680, par un Etalon Barbe et une Royal mare.

c Son of Dodsworth v. 1790, par Dodsworth et inconnue.

*c Doge of Venice 1818, par Sir Oliver et Maid of Lorn par Castrel.

Doge 1762, par Regulus et Crab mare, Dyer's Dimple, Bethell's
    Castaway.

* Domino 1855, par Jack Robinson et Anna Perenna par Alfred.

.* Dominecino 1818, par Wandyke Junior et July par Waxy.

Domino 1813, par Remembrancer et Masquerade par Buzzard.

c Don Carlos 1769, par Babraham Blank et Tipsey par The Bolton Starling.

c Don Carlos 1821, par Election et Miss Whasp par Waxy.

c Don Cossack 1810, par Sir Peter et Alderney par Skyscraper.

Don Felix 1767, par Gibson's Arabian et Blank mare is. de Dizzy.

F Don John 1835, par Tramp, ou Wawerley, et Comus mare is. de Marciana.
    10 courses, 9 victoires, dont le Saint-Léger.

c Don Joseph 1767, par Babraham Blank et Tipsey par Bolton Starling.

c Don Juan 1814, par Orville et Peterea par Sir Peter.

c Don Juan 1824, par Blucher (Waxy) et Larissa par Trafalgar.
   Don Puffendorf 1830, par Brutandorf et The Vermin mare, Beningbrough,
      Eustatia.
c Don Quixote 1784-1806, par Eclipse et Grecian Princess par William's
      Forester.
   Doncaster 1828, par Blacklock Quickley par Mowbray.
   Doncaster 1834, par Blacklock et Orville mare is. de Rosanne.
c Doncaster 1800, par Sir Peter et Paymaster mare 1787, le Sang, Rib.
c Doneguani 1827, par Tramp et Phantom mare Sister to Cobweb.
   Doricles 1790, par Pot 8o's et Perdita par Herod.
c Dorimant 1772, par Otho et Babraham mare is. de Chiddy.
c Dorimond 1758, par Old Dormouse et Whitefoot mare. Mère inconnue.
c Dorilas 1778, par Florizel et Rachel par Blank.
p Old Dormouse 1738-1757, par Godolphin Arabian et Partner mare 1732,
      Makeless, Brimmer.
   Dormouse (Lord Chedworth's) 1753, par Old Dormouse et Diana par
      Whitefoot.
   Dormouse 1757, par Old Dormouse et Mixbury par Regulus.
c Dragon (Frampton's) 1755, par Regulus et Whimsey par The Cullen
      Arabian.
   Dragon 1753, par Cade et Red Rose par Partner.
c Dragon 1787, par Woodpecker et Juno par Spectator.
   Drayton 1830, par Muley et Prima Donna par Soothsayer.
   Dread Nought v. 1836, par Defence et Selim mare (Chesnut) is. d'Euryone.
   Driver (Ancaster's) 1727, par Wynn Arabian et The Lady mare par Perl.
   Driver (Beaver's) 1732, par Snake et Thwaites's Dun mare par The
      Akaster Turk.
c Y-Driver, ou Little Driver, 1743-1767, par Beaver's Driver et Childers
      mare is. de The Walpole Barb mare.
c Driver 1783-1811, par Trentham et Coquette par Compton Barb.
   Driver 1798, par Huby et Carbuncle mare, Alfred, Matchem.
c Dromedary 1837, par Camel et Sultan mare, Napoleon Arabian mare.
c Dromedary Colt 1847, par Dromedary et Mulatto mare is. de Lunacy.
c Drone, ou Old Drone, 1761, par Y-Cade et Cypron par Blaze.
c Drone 1777, par Herod et Lily par Blank.
c Y-Drone 1791, par Drone (Herod) et Anna par Eclipse.
c Drone 1835, par Pantaloon et Decoy par Filho da Puta.
   Drone, ou Irish Drone, 1823, par Master Robert et Sir Walter Raleigh
      mare is. de Miss Tooley.
c Drover 1829, par Partisan et Orville mare is. de Lisette
c Druggist v. 1766, par Chymist et Sweeper mare is. de Childerkin.
   Druid 1761, par Snap et Cade mare Sister to Miss Ramsden.
c Druid 1790, par Pot 8o's et Maid of The Oaks par Herod.
   Druid 1825, par Merlin (Miss Newton) et Pawn Junior par Waxy.

c Drum Major, ou Grimaldi, 1835, par The Colonel (Whisker) et Sultan
  mare Sister to Cactus.
c Drum Major, ou Grimaldi, 1802, par Delpini et Weathercock mare, is.
  de Cora.
c Drumator 1788, par Conductor et Brunette par Squirrel.
c Drummer Boy v. 1839, par The Colonel (Whisker) et Selim mare
  (Chesnut) is. d'Euryone.
  The Drummer v. 1839, par The Colonel (Whisker) et Abjer mare is. de
  The Duchess.
c Drudge 1745, par Crab et Childers mare Sister to Blaze.
  Dryard v. 1825, par Whalebone et Harpalice par Gohanna.
c Doubtfull 1759, par Blank, ou Gower Dun Barb, et Babraham mare is. de
  Chiddy.
  Doubtfull 1800, par Constitution et Amaranthus mare, Silvio, Daphné.
  Douglas Arabian v. 1820.
  The Duke's Cullen, étalon oriental, v. 1730.
  Duke of Kingston's Sprite v. 1700, par Byerly Turk et inconnue.
  Duke of Newcastle's Turk v. 1715.
  Duke of Beauffort's White Aarabian v. 1740.
  Duke of Richomond's Turk v. 1700.
  Son of Duke of Richemond's Turk (ou Lord Cardighan's Colt), v. 1720,
  par D. of Richemond's Turk et Sister to Leedes par Leedes Arabian.
  Duke of Rutland's Black Barb v. 1710.
  Duke of Rutland's Archer v. 1700, par Byerly Turk et inconnue.
  Duke of Rutland's Black Hearty v. 1700, par Byerly Turk et inconnue.
  The Duke, ou Wellington, 1818, par Champion (Pot 8o's) et Williamson's
  Ditto mare, Star, Baron Nile's Dam.
c The Duke 1817, par Comus et Delpini mare 1802, is. de Tipple Cyder.
c Dulcimer 1836, par Old Muley et Dulcamara par Waxy.
c Dumplin 1756, par Y-Cade et Cypron par Blaze.
c The Dun Barb, ou Gower's Dun Barb, v. 1750.
  Duncan 1795, par Stride et Lardella par Y-Marske.
c Duncan Grey 1825, par Grey Walton et Hambletonian mare is. de Lady
  Caroline.
  Duncan, ou Irish Duncan, 1795, par Tug et Comfort par Banker.
  Dunce 1760, par Y-Cade et Cypron par Blaze.
c Dunce 1780, par Pontac et Matchem mare, Snap, Oroonoko.
F Dungannon 1780-1808, par Eclipse et Aspasie par Herod. 37 courses,
  27 victoires.
  Y-Dungannon (ex Cannon's) 1793, par Dungannon et Miss Spindleshank's
  par Omar.
F Dunhevid 1763, par Ivory Black et inconnue.
  Dunkirk 1726, par Fox's Cub et d'Arcy's Royal Colt mare is. de Lambert
  Turk mare.

Duplicate (Tomes's) v. 1815, par Williamson's Ditto et Beningbrough mare (Bay) is. de School Mistress.

f Dunsinane 1817, par Macbeth et Peterca par Sir Peter. 25 courses, 15 victoires.

c Duxbury 1799, par Sir Peter et Storace par Tandem.

c Duport 1819, par Cerberus et Miss Cranfield par Sir Peter.

c Dux 1761, par Matchem et Duchess par Whitenose.

E.

c Eager 1788, par Florizel et Matchem mare is. de Sister to Sweetbriar par Syphon. Vainqueur du Derby.

Eagle 1774, par Eclipse et Hyena par Snap.

Eagle 1785, par Highflyer et Miss Bell par Marske.

c Eagle 1796, par Volunteer et Highflyer mare, Engineer, Cade, Lass of The Mill.

c Brother to Eagle 1797, par Id... et Id...

c Y-Eagle 1800-1810, par Id... et Id...

Y-Eagle 1809, par Y-Eagle et Sir Peter mare Sister to Duxbury.

c Eagle v. 1830, par Lottery et Tamborine par Trumpator.

Eagle 1830, par Lottery et Shuttle mare Sister to Pope 1812.

Daglesfield 1839, par Hindoo et Otis par Bustard 1820. Exp. 1843.

c The Earl of Richemond v. 1845, par Touchstone et Queen of Trumps par Velocipède.

The Earl 1825, par Percy et Cherub par Hambletonian.

Earl of Percy 1826, par Percy et Cherub par Hambletonian.

* Eastham 1818, par Sir Oliver et Cowslip par Alexander.

* Easton 1805, par Stamford (Sir Peter) et Rupee par Coriander.

Easton 1842, par Recovery et Cannon Ball mare is. de Miss Hap.

c Eaton 1804, par Sir Peter et Nikè par Alexander.

Eaton Barb v. 1780.

c Ebberston v. 1833, par Velocipède et Partisan mare is. de Jessy.

c Ebor 1814-1830, par Orville et Constantia par Valnut. Vainqueur du Saint-Léger. Il fut allaité par une jument de trait.

Eboracum 1839, par Saint-Nicolas et Mrs Walker par Blacklock.

f Eclipse 1764-1789, par Marske et Spiletta par Regulus. 11 courses, 11 victoires. Ne paya jamais forfait. Il donna le jour à 344 triomphateurs qui gagnèrent 843 prix en 33 ans.

c Y-Eclipse 1778, par Eclipse et Juno par Spectator. Vainqueur du Derby.

Y-Eclipse 1799, par Y-Eclipse et Highflyer mare, Squirrel, Sophia.

Y-Eclipse 1800, par Y-Eclipse et Augusta par Eclipse.

c Economist 1825, par Whisker et Floranthe par Octavian.

Eden 1820, par Comus et Miss Cannon par Orville.

* c Edmund 1824, par Orville et Emmeline par Waxy.

c Egham 1795, par Diomed et Dungannon mare is. de Sister to Noble par
   Highflyer.

   Egremont 1827, par Whalebone et Thalestris par Alexander.

* Egremont 1815, par Skiddaw et Dora par Sir Peter is. de Storace.

c Egremont 1809, par Gohanna et Dora Sister to Hannibal par Driver.

   Egremont Arabian v. 1820.

   Egyptian 1821, par Phantom et Isis par Sir Peter.

* Electrometer 1820, par Thunderbolt et Pearl par Sir Peter.

F Election 1804-1821, par Gohanna et Chesnut Skim par Woodpecker.
   Vainqueur du Derby.

   Y-Election 1818, par Election et Lignum Vitœ mare is. d'Isis par Sir Peter.

   Election 1831, par Buzzard (Blacklock) et Newcastle mare is. de Fair
   Forester.

   Elephant 1821, par Filho da Puta et Shuttle mare Sister to Pope 1812.

   Elephant (Sir Newton's) 1734, par Sir M. Newton's Arabian et Bay Bolton
   mare is. d'une inconnue.

   Elephant 1757, par Regulus et Cullen Arabian mare is. de Old Traveller's Dam par Partner.

   Elgin's Arabian v. 1820.

F Elis 1833, par Langar et Olympia par Sir Oliver. 25 courses, 10 victoires,
   dont le Saint-Léger. 2e au Goodwood. Exp. 1845.

c Elizondo 1832, par Camel et Leopoldine par Walton. Exp. 1840.

c Ellington 1853, par The Flying Dutchman et Ellerdale par Lanercost.
   Vainqueur du Derby.

c Elm 1784, par Il Mio et Squirrel mare is. de Sophia par Blank.

*FElthiron 1846, par Pantaloon et Phryne par Touchstone. 29 courses,
   19 victoires.

   Elvas 1828, par Waxy et Leopoldine par Walton.

   The Ely Turk v. 1700.

   Elysium 1840, par Elis et Delightfull par Defence.

   Emancipation 1825, par Blacklock et Finesse Sister to Bizarre par
   Peruvian.

c Emancipation 1827, par Whisker et Ardrossan mare is. de Lady Eliza.
   8 courses, 2 victoires. Père des produits cités.

   Emerale 1833, par Interpreter et Evelina par Paulowitz. Exp. 1835.

c Emigrant 1794, par Escape (Squirrel mare) et Vernon Arabian mare,
   Snap, Chalkstone's Dam.

c Emigrant 1831, par Figaro et Shuttle mare Sister to Pope 1812.

   Emigrant 1834, par Tramp et Blucher mare is. d'Opal.

F Emilius v. 1753, par Cade et Blacklegs mare, Sister to Goliah par Fox.

F Emilius 1820-1847, par Orville et Emily par Stamford. 19 courses,
   9 victoires dont le Derby. Il a produit 2 vainqueurs du Derby, 1 du
   Saint-Léger et 1 de l'Oaks. Père des produits cités.

c Brother to Emilius 1825, par Orville et Emily par Stamford.

   Emilius v. 1820, par Stamford et Whiskey mare is. de Grey Dorimant.

Emilianus 1828, par Emilius et Whisker mare is. de Castrella.

* c Y-Emilius 1828, par Emilius et Cobweb par Phantom. Exp. 1834.

*   Y-Emilius 1827, par Emilius et Sal par Scud.

Y-Emilius (Sowerby's) 1828, par Emilius et Mercy par Merlin.

Y-Emilius, ou Eric, 1833, par Emilius et Shoveler par Scud.

Emperor 1796, par Drone et Empress par Paymaster.

Emperor 1783, par Bourdeaux et Matchem mare 1774 is. de Brown
Regulus.

* r The Emperor 1841, par Defence et Reveller mare is. de Design. 4 courses,
2 victoires : l'Ascot Cup et la Coupe d'or de l'Empereur de Russie.

Emun-a-Knuck 1841, par Wiseacre et Lucy Kemble par Camel ou
Mameluke.

* c Enamel 1820, par Phantom et Miniature par Rubens et Prue.

c Enchanter 1796, par Pot 8o's et Y-Camilla par Woodpecker.

c Enchanter 1786, par Orphœus et Tuberose par Herod.

c Enchanter 1821, par Smolensko (Sorcerer) et Holme par Paynator.

Endymion 1839, par Emilius et Mary Ann par Frolic.

r Old England 1841, par Godolphin Arabian et Little Hartley mare par
Bartlet's Childers.

c Old England 1792, par Y-Marske et Gentle Kitty par Silvio.

c Old England 1842, par Mulatto (Catton) et Fortress par Defence.

Y-England 1767, par Old England et Second mare Sister to Leedes.

r Engineer 1756-1782, par Sampson (Blaze) et Grey Hound mare, Curwen's
Bay Barb, inconnue.

c The Engraver 1807, par Shuttle et Stride mare is. de Sister to Sharper.

c Ensign 1762, par Captain et Crab mare is. de Sister to Partner par Jigg.

c Enseigne 1788, par Highflyer et Syphon mare is. de Red Rose.

Entrance 1749, par Godolphin Arabian et Hobgoblin mare 1739,
Whitefoot, Leedes.

c Entreprize 1801, par John Bull et Stargazher par Highflyer.

c Enville v. 1820, par Ebor et l'Orient mare, Carabineer, Y-Cade.

Envoy 1839, par Plenipotentiary et Ayesba par Sultan.

E-O. 1838, par Emilius et Ophelia par Bedlamite.

c Epaminondas 1851, par Epirus et Plenipotentiary mare is. de Minima.

c Epaminondas v. 1780, par Herod et Xantippe par Snap.

c Ephestion 1771, par Marske et Gaudy par Blank.

Ephesus 1825, par Tiresias et Diana par Stamford.

c Epidaurus 1836, par Langar et Olympia par Sir Oliver.

r Epirus 1834, par Langar et Olympia par Sir Oliver. 31 courses, 12 victoires, dont la coupe de Portland.

Epsom (ex Mecœnas) 1775, par Herod et Toy Sister to Pacolet par Blank.

Epsom 1804, par Ambrosio et Weazle mare Sister to Rubrough.

Equator 1812, par Zodiac et Grey Duchess par Pot 8o's.

Erasmus 1781, par Eclipse et Gracian Princess par William's Forester.

Eric, ou Y-Emilius, 1833, par Emilius et Shoveler par Scud.

Eridanus 1813, par Zodiac et Persepolis par Alexander.

Eringo 1838, par Emilius et Mustard par Merlin.

Erix v. 1815, par Milo et Buzzard mare Sister to Bos,

Ernest 1829, par un demi-sang, ou Filho da Puta is. de Bistripa, et inconnue.

Ernest 1829, par Paulowitz ou Bedlamite et Emmeline par Waxy.

c Erymus 1827, par Moses et Eliza Leedes par Comus.

Escape 1822, par Filho da Puta et Stamford mare is. de Remnant.

Escape (Irish) v. 1800, par Commodore et Highflyer mare is. de Shift.

Escape 1782, par Highflyer et Empress par Eclipse.

c Escape 1785, par Highflyer et Squirrel mare is. de Sister to Sir J-Lowther's Babraham. 9 victoires importantes.

c Espersykes 1775, par Matchem et Gower Stallion mare, Regulus, Hip.

Y-Espersykes v. 1780, par Espersykes et Sister to Flaccus par Squirrel.

* Ethelwolf 1849, par Faugh-a-Ballah et Espoir par Liverpool.

Eulogist 1850, par Irish Birdcatcher et Eulogy par Euclid.

c Euclid 1836-1844, par par Emilius et Maria par Whisker. 2e au Saint-
Léger, où il ne fut battu que d'une tête.

c Euphrates 1816, par Quiz et Persepolis par Alexander.

c Euphrates 1800, par Lord Heathfield's Grey Arabian et Rosina par
Woodpecker.

c Euryalus 1762, par Groswenor Arabian et Fairy par Shepher's Crab.

Euryalus 1768, par Spectator et Tulip par Blank.

Euryalus 1809, par Trafalgar (Sir Peter) et Orvillina Sister to Orville par
Beningbrough.

Euston 1818, par Poulton et Sorceress par Sorcerer.

c Euston 1767, par Antinoüs et Brillant mare, Crab, Miss Slamerkin.

Evander 1783, par Highflyer et Hyena par Snap.

Evander 1801, par Delpini et Caroline par Phœnomenon.

Evander 1774, par Goldfinder et Regulus mare is. de Snappina's Dam.

Evans Arabian, ou General Evan's Arabian, v. 1735.

Evenus 1840, par Alphœus et Marpessa par Muley.

c Evergreen v. 1769, par Herod et Angelica par Snap.

Evergreen 1820, par Wanderer et Themis par Sorcerer.

Exile 1811, par Camillus et Harriet par Precipitate.

c Exile v. 1830, par Emilius et Pigmi par Election.

Examiner (M. Daly's) v. 1766, par Tim et Dormouse mare, Hampton
Court Childers, Bushy Molly.

c Exiseman 1781, par Sweetbriar et Ursula par Snap.

c Exotic v. 1756, par Cullen Arabian et Grasshopper mare, Alcock's
Arabian, Dam of Duke's Creeper.

c Expectation 1796, par Sir Peter et Zilia par Eclipse.

Expectation 1809, par Orville et Rosabelle par Whiskey.

c Express 1785, par Postmaster et Syphon mare, Matchem, Snip, Regulus.

c Express 1812, par Cesario et Camilla par Buzzard.

c The Exquisite 1826, par Whalebone et Fair Ellen par Wellesley Arabian.
   5 courses (dont le Derby), 5 fois second.

F.

r Fabius 1764, par Posthumus et Babraham mare is. de Chiddy.
*c Fact 1852, par Touchstone et Event par Toss-Up.
r Faggergill 1766-1791, par Snap et Miss Cleveland par Regulus.
   Fairfax's Arabian avant 1700.
   Fairplay 1841, par Elis et Partiality par Middleton. Exp.
   Fair Star 1771, par Turf et Modesty par Cade.
c Falcon 1781, par Highflyer et Proserpine Sister to Eclipse par Marske.
   Falcon 1838, par Elvas, ou Byron, et Helen par Blacklock.
c Falcon 1822, par Interpreter et Delpini mare (Miss Newton).
c The Fallow Buck 1845, par Venison et Plenary par Emilius.
   Fallow 1757, par Cade et Goliah mare, Partner, Wilkinson's Turk.
c Falstaff 1842, par Touchstone et Decoy par Filho da Puta.
c Fancy Boy 1843, par Tomboy et Mulcy mare is. de Bequest.
   Fandango 1779, par Mark Antony et Signora par Snap.
   Fandango 1812, par Selim et Canary Bird par Whiskey.
c Fandango 1852, par Barnton et Castanelle par Don John. Vainqueur
   de Ascot Cup.
*c Fang 1829, par Langar et Steam par Waxy Pope.
* Farewel 1855, par Lanercost et Echo par Lambtonian.
c Farmer v. 1780, par Eclipse et Lord Portmore's Highlander mare,
   Babraham, Puss.
   Farmer (ex Vulture) 1784, par Woodpecker et Lily par Blank.
   Farmer, ou Lord Portmore's Skim, 1746, par Starling et Miss Mayes par
   Bartlet's Childers.
* Farmer 1819, par Pericles et Harvest Home par Eagle.
c Farmer 1764, par Turpin et Tuting's Polly par Black and all Black.
* Farmington 1836, par Caïn et Whalebone mare is. de Rose.
c Farnsfield 1821, par Filho da Puto et Stamford mare (Black) is.
   d'Hambletonian mare.
c Farnsfield v. 1822, par Stamford et Smolensko mare, inconnue.
*c Father Thames 1849, par Faugh-a-Ballah et Bran mare is. d'Active.
*r Faugh-a-Ballah 1841, par Sir Hercules et Guiccioli par Bob Booty.
   9 courses, 5 victoires, dont le Saint-Léger, le Grand Duke Michaël et
   le Cesarewitch.
* Fannus 1831, par Whalebone et Harpalice par Gohanna.
* Faust 1851, par Loutherbourg et Rambler mare is. de Bonby Betty.
   Faustus v. 1825. Inconnu. C'est peut-être Doctor Faustus. Voir ce nom.
c Favori v. 1720, par Grey Hound et inconnue.
   Favourite 1776, par Le Sang et Maria par Northumberland.
   The Fearnought Barb v. 1690.

f Fearnought 1725, par Bay Bolton et Lexington Arabian mare is. de
  Curwen's Old Spot mare.

c Brother to Fearnought v. 1730, par Id....et Id...

c Fearnought 1755, par Regulus et Silvertail par M. Heneage's Whitenose.

c Fearnought 1751, par Godolphin Arabian et Hobgoblin mare 1739,
  Whitefoot, Leedes.

c Feather 1751, par Godolphin Arabian et Childers mare is. de Miss Belvoir.

  Fenwick's Arabian v. 1720.

  Fenwick's Barb v. 1700

  Feramorz 1817, par Selim et jt que l'on croit être Lavinia par Rockingam.

* Felix 1843, par Accident et Mameluke mare, Smolensko, Brunette.

c Felix, ou Transit, 1789, par Mercury et Herod mare, Feather, Blank.

* Felix 1820, par Comus et Beningbrough mare (Bay) is. de Delpini mare.

c Fencer 1793, par Weazle et Turk mare, Locust, Changeling.

  Ferdinand 1804, par John Bull et Isabella par Eclipse.

  Ferdinando v. 1761, par Y-Snip et Crab mare is. de Sister to Slipby
  par Fox.

  Ferdousi 1828, par Figaro et Dick Andrews mare is. de Miss Watt.

c Ferney 1843, par Voltaire et Suke Sister to Swiss par Whisker.

  Ferneley v. 1835, par Gainsborough et Humprey Clinker mare, inconnue.

  Ferrers Arabian v. 1760.

  Fidelio 1832, par Stumps et Lady Caroline par Partisan.

f Fidget 1783-1798, par Florizel et Matchem mare is. de Sister to Sweetbriar par Syphon.

c Son of Fidget 1794, par Fidget et inconnue. Vainqueur du Derby.

  Field Mareschal 1812, par Trafalgar (Sir Peter) et Lady Grey par
  Stamford.

f Figaro 1819, par Haphazard (Sir Peter) et Selim mare is. de Y-Camilla.
  13 courses, 12 victoires. Exp. 1831.

f Filho da Puta 1812-1835, par Haphazard (Sir Peter) et Mrs Barnet par
  Waxy. 10 courses, 8 victoires, dont le Saint-Léger. 252 de ses enfants
  remportèrent, de 1822 à 1834, 662 prix.

  Figaro 1782, par Florizel et Sultane par Y-Cade.

  Y-Filho da Puta 1820, par Filho da Puta et Bistripa par Cervantes.

  Y-Filho da Puta 1820, par Filho da Puta et Thimoty mare, Beningbrough,
  Expectation.

  Y-Filho da Puta 1821, par Filho da Puta et Miniature par Rubens et Prue.

  Y-Filho da Puta 1821, par Filho da Puta et Worthy mare is. de Tiny.

c Fils de Joie v. 1820, par Filho da Puta et Paynator mare, Delpini,
  Y-Marske.

c Fire Away 1770, par Squirrel et Y-Cade mare 1762 is. de Miss Tigh.

  Fire Away 1837, par Economist et Mother Kelly, non tracée au Stud-Book.

  Fire Away 1739, par Freney et Taglioni par Whisker.

c Firebolt 1848, par Theon et Fire Fly par Velocipède.

c Firebrand-Flytrap 1839, par Bay Middleton et Flycatcher par Godolphin.

Firelock 1801, par Beningbrough et Tandem mare, Alfred, Brim.

Firebrand 1813, par Saint-George et Spitfire par Pipator.

c Firetail 1729, par Childers et Commoner mare, inconnue.

F Firetail 1769, par Squirrel et Jett par Black and all Black.

Firetail v. 1795, par Phœnomenon et Columbine par Espersykes.

c Firman 1827, par Sultan et Haphazard mare is. de Miss Fury.

Fisherman 1795, par Dragon et Alfred mare is. de Magnolia.

F Fisherman 1853, par Heron et Mainbrace par Sheet Anchor. 70 victoires, dont le Goodwood et l'Ascot Cup.

Fish-Fag 1840, par Bran et Billingsgate par Filho da Puta.

c Fitz Herod 1773, par Herod et Miss Barforth par Snap.

Fitz Orville 1814, par Orville et Sheba's Queen par Sir Solomon.

Fitz James 1807, par Delpini et Rosalind par Phœnomenon.

Fitz Rubens 1812, par Rubens et Sir Peter mare Sister to Rival.

Fitz Langton 1816, par Langton et Worthy mare is. de Tiny.

Fitz Oliver 1814, par Sir Oliver et Phœnomenia par Phœnomenon

Fitz Emily 1800, par Chanticleer et Lady Emily par Lennox.

c Fitz William 1787, par Highflyer et Purity par Matchem.

c Fitz William 1793, par Sir Peter et Matron par Florizel.

Fitz Roy 1833, par Belshazzard et Ellen par Starch.

Fitz Gambol 1838, par Gambol et Miss Barnley par Beagle.

Fitz Orville 1812, par Orville et Buzzard mare is. de Ann of The Forest.

* Fitz Pantaloon 1847, par Pantaloon et Rebuf par Camel.

c Fitz Teazle 1807, par Sir Peter et Hornpipe par Trumpator.

c Fizzle 1792, par Calomel et Highflyer mare is. de Tiffany.

Flatface v. 1720, par Curwen's Bay Barb et inconnue.

c Flaccus 1772, par Squirrel et Horatia par Blank.

* Flamingo v. 1825, par Oiseau et Medora par Swordsman.

c Flatcatcher 1845, par Touchstone et Decoy par Filho da Puta.

c Flash, ou Y-Cartouch, 1730-1759, par Cartouch et Hampton Court Chesnut Arabian mare is. de Pet mare.

Flamingo 1809, par Quiz et Pagoda par Y-Woodpecker.

c Flambeau 1830, par Taurus et Orville mare is. de Lacerta. Exp. 1842.

c Flash 1809, par Sir Oliver et Harriet par Volunteer.

F Flimnap 1765, par South et Cygnet mare, Cartouch, Ebony.

Fleecens v. 1725, par Childers et inconnue.

Fletcher Arabian v. 1735.

Fleet Wood's Fox Hunter v. 1730. Inconnu.

c Flexible 1822, par Whalebone et Themis par Sorcerer.

Florist 1768, par Matchem et Blaze mare, Mogul, Crab.

c Lord Stamford's Florizel 1784, par Florizel et Moses mare is. de Miss Vernon.

F Florizel 1768-1791, par Herod et Cygnet mare, Cartouch, Ebony.

* Florist 1850, par Fancy Boy et Malay par Mulatto.

Florist 1837, par Mulatto, ou Liverpool, et Rhodacantha par Comus.

c Flyer 1781, par Conductor et Norfolk Maiden Head par Squirrel.

c The Flyer v. 1820, par Vandyke Junior et Azalia par Beningbrough.

F Flying Childers. Nom sous lequel on a souvent désigné Childers.

*FFlying Dutchman 1846, par Bay Middleton et Barbelle par Sandbeck. 12 courses, 11 victoires, dont le Derby, le Saint-Léger et l'Ascot Cup. Battu par Voltigeur seul, qu'il rebattit ensuite.

Flying Gip 1776, par Marske et Maria par Second.

Flytrap 1839, par Bay Middleton et Flycatcher par Godolphin.

c Flocton v. 1795, par Beningbrough et Rosalie par Y-Marske.

c Foppington 1775, p. The Vernon Arabian et Moses marc is. de Miss Vernon.

Forbe's Grey Arabian v. 1820.

c Foostool 1833, par Emilius et Bupta par Partisan.

c Foostool 1843, par The Saddler et Trudge par Tramp.

c Forlorn Hope 1818, par Smolensko (Sorcerer) Camillus marc is. de Helen.

Forlorn Hope v. 1835, par The Colonel et Catton marc is. d'Altisidora.

Fop 1752, par Tartar et Childers mare, Cyprus Arabian, Commoner.

Forester 1831, par Figaro et Fortuna par Comus.

c Forester (Croft's) 1736, par Hartley's Blind Horse et Bay Brooklesby par Partner.

c Forester (Conforth's) 1746, par Forester (Croft's) et Grey Bloody Buttocks par Bloody Buttocks.

F Forester (William's) 1750, par Forester (Croft's) et Looby mare, Margery.

F Forester 1765, par Dionysius et Rural Lass par Regulus.

Forester 1816, par Fitz James et Meteor marc is. d'Alexandria.

Forester 1830, par Gustavus et Y-Pipylina par Orville.

A Foreign Horse of Sir William N. v. 1690.

c Forset 1768, par Matchem et Molly Long Legs par Babraham.

F Fortunio 1779-1802, par Florizel et Nettletop par Squirrel. 35 courses, 21 victoires.

F Fortitude 1777, par Herod et Snap mare, Milksop. 5 courses, 4 vict.

c Fortitude 1787, par Phœnomenon et Duchess par Le Sang,

Fortitude 1797, par John Bull et Trifle par Justice.

* Fortunatus 1850, par Picaroon et Granby marc (Lucia) is. de Juliana.

F Fox 1714, par Clumsy et Bay Peg par The Leedes Arabian. 11 courses, 10 victoires. Battu par Childers.

Fox (Cole's) v. 1725, par Fox et inconnue.

Fox (Hunt's) 1749, par Goliah et Mr Hencage's Jigg mare, inconnue.

c Fox Hunter 1755, par Blank et Y-Miss Belvoir par Childers.

c Fox Hunter (Cole's) 1727, par Brish (Darley Arabian) et Rutland's Brown Betty par Basto.

c Fox Hunter (Howe's) 1724, par Bald Galloway et Snake marc Sister to Old Country Wench.

c Fox Hunter 1722, par Id. et Id.

Fox Hunter 1794, par Meteor et Cerès par Sweetwilliam.

Fox 1786, par Fox Hunter et Atalanta par Matchem.

Fox 1782, par Xanthos et Herod mare Sister to Philidor.

c Fox 1777, par Florizel et Moses mare is. de Miss Vernon.

c Fox Berry 1839, par Voltaire et Matilda par Comus.

Fox Hunter (ex Auckland) 1836, par Grey Viscount et Maid of The Oaks par Brutandorf.

c Fox v. 1824, par Whisker et Saint-George mare is. de Pontac mare.

Fox Hunter (Fleet Wood's) v. 1730, par Fox Hunter et inconnue.

Fox Hunter (Chedworth's) v. 1740, par Fox Hunter et inconnue.

Fox Hunter (Jollif's) 1768, par M. Hutton's Chesnut Ranger et Cullen Arabian mare, Torrismond, Y-Belgarde.

Francis 1826, par Prime Minister et Lady Grey par Stamford.

Frater 1783, par Garrick et Sportmistress par Warren's Sportsman.

c Frederick 1826, par Little John et Phantom mare is. de Sister to Election par Gohanna. Vainqueur du Derby.

Frederic 1833, par Edmond et Medora par Selim.

Frederic 1825, par Filho da Puta et Lady of The Lake par Sorcerer.

Frederic 1825, par Waterloo et Hedley mare is. de Gramarie.

c French Horn 1799, par Trumpator et Dungannon mare is. de Heinel.

* Freystrop 1841, par Uncle Toby et Dinah par Champignon.

Friar 1759, par South et Sister to Sir J-Lowther's Babraham par Babraham.

Friar 1815, par Waxy Pope et Penelope par Swordsman.

Friar v. 1830, par Irish Drone et Dandy mare is. de Moll Anthony.

Friar Biggins 1843, par Drayton et Ruby par Columbus.

r Friar v. 1760, par Hero (Cade) et Irlandaise, inconnue.

c Fribble v. 1736, par Merry Andrew et Miss Brampton par Old Royal.

c Fribble 1756, par Snap et Regulus mare, Bartlet's Childers, Hony Wood's Arabian.

Friday 1811-1826, par Washington et Louisa par Buzzard.

*c Frogmore 1826, par Phantom et Rubens mare, Sir Peter, Deceit.

Frolic v. 1810, par Hedley et Frisky par Fidget.

Frolic 1738, par Oroonoko et Bartlet's Childers mare is. de Hartley's Blind Horse mare.

r Frolic 1764, par Scampston Cade et Regulus mare, Gaul'em, Sedbury.

*c Fulford 1812, par Orville et Maniac par Shuttle.

Fungus 1816, par Truffle et Sister to Rival par Sir Peter.

c Furiband 1767, par Squirrel et Lady Thigh par Merlin.

c Fydle 1824, par Antonio et Fadladinida par Sir Peter.

c Fyldener 1823-1829, par Sir Peter et Fanny par Diomed. Vainqueur du Saint-Léger et de 4 autres prix importants.

G.

c Gabriel v. 1794, par Dorimant et Highflyer mare, Snap, Chalkstone's Dam.

c Gaberlunzie 1824, par Wanderer et Selim mare is. de Mayden.

F Gainsborough 1813-1837, par Rubens et Tiny par Sir Peter. 16 victoires.
   Gaiety 1802, par Gouty et Maria par Telemachus.
   Galanthus 1839, par Langar et Cast Steel par Whisker.
c Galaor 1838, par Muley Moloch et Darioletta par Amadis.
   Gaul'em v. 1746, par Starling et Childers mare, Basto, Makeless.
c Gallipot v. 1840, par Physician et Whisker mare, Phantom, Overton.
   Galopade 1828, par Doctor Syntax et Eaton mare is. de Sorcerer mare.
c Galileo, ou Moorcock, 1791, par Highflyer et Georgiana par Matchem.
   Gambol 1829, par Bobadil et Calendulœ par Camerton.
   Gambol 1829, par Filho da Puta et Don Juan mare, Moll in The Wad.
c Galen v. 1840, par Physician et Galena par Walton.
c Gameboy (ex Nelson) 1842, par Tomboy et Lady Moore Carew par Tramp
c Gamenut 1795-1815, par Walnut et Contessina par Y-Marske.
   Gamster 1753, par Tarquin et Saucebox mare is. de Son of Curwen's
      Bay Barb mare.
c Gameboy v. 1845, par Taurus et Mona par Partisan.
   Gander v. 1720, par Darley Arabian et Creeping Molly's Dam.
   Ganymède 1784, par Jupiter et Herod mare Sister to Sting.
F Gamahoë v. 1750, par Bustard (Crab) et Regulus mare, Partner, Bay
      Bolton.
c Gameboy 1825, par Octavian et Saint-George mare, Evander mare.
c Gauntelet 1803, par John Bull et Cœlia par Volunteer.
c Gauntelet 1853, par Redgauntlet et Marmora par Sultan.
   Gay 1734, par Bethell's Arabian et Sister to Old Country Wench par
      Snake.
   Gay 1751, par Cartouch et Miss Barker Sister to Parker's Cumberland.
   Gayman 1787, par Sweetbriar et Lucrecia par Locust.
   Gay Deceiver 1790, par Phœnomenon et Recovery par Hyder Ally.
c Gay Lass v. 1786, par Gay et Pyrrhus mare is. de Giantess.
c Gay Hurst 1826, par Whalebone et Election mare, Highflyer mare Sister
      to Skyscraper.
   The Game Chicken 1843, par Gladiator et The Nun par Catton.
c Ganges 1831, par Tigris et Eleonore par Dick Andrews.
c Ganges 1772, par Squirrel et Cossack's Dam par Babraham.
c Gaper 1840, par Bay Middleton et Flycatcher par Godolphin.
   Garnet v. 1725. Inconnu.
   Garrick 1825, par Blacklock et Charming Molly par Rubens.
c Garrick 1792, par Marske et Spiletta par Regulus.
*FGarry Owen 1836, par Saint-Patrick (Alcaston) et Excitement par
      Emilius. 73 courses, 33 victoires.
   General 1780, par Eclipse et Pigmi par Snap.
c General 1790, par Saltram et Highflyer mare 1784, Herod, Miss Middleton.
c The General 1823, par Comus et Briseis par Beningbrough. Exp.
   General 1828, par Muley et Y-Caprice par Waxy.
   The General 1829, par Whisker et Selma par Selim.

The General 1832, par Confederate (Comus) et Sybil par Interpreter.

The General 1814, par Bob Booty et Psyche par Buffer.

Generalissimo 1806, par General (Saltram) et Miss Heathcote par M. Lade's Pilot.

General 1816, par Champion (Selim) et The Corby mare par Aurelius.

c General Fairfax's Arabian, ou Fairfax's Arabian, v. 1690.

General Pollock 1840, par Velocipède et Birdlime par Comus.

c General Chassé 1831, par Actæon et Hambletonia par Stamford.

*c General Mina 1820, par Camillus et Williamson's Ditto mare is. de Y-Rachel. Exp. 1827.

c Gentleman 1723, par Alcock's Arabian et Ld Bristoll's Grasshopper mare.

c George 1780, par Marke Anthony et Georgiana par Matchem.

c George 1793, par Dungannon et Sister to Soldier par Eclipse.

George The Fourth 1843, par Camel et Red Rose par Rubini.

* Gern 1855, par Jack Robinson, ou Googerat, et Monarch mare is. de Sister to Clare par Marmion.

Y-Giant 1783, par Giant et Blast par Herod.

Giant 1816, par Sorcerer et Sir Peter is. de Sister to Toby par Alfred.

c Giant 1776, par Eclipse et Matchem mare, Snip, Godolphin.

c Gibraltar 1837, par Longwaist et Y-Sweet Pea par Godolphin.

Gibraltar 1834, par Muley et Y-Sweet Pea par Rainbow.

c Gibson's Arabian v. 1765.

Gilbert 1838, par Muley et Prima Donna par Soothsayer.

Giles 1820, par Rainbow et Skylark par Musician.

c Gildippe v. 1810, par Petworth et Dungannon mare is. de Sister to Noble.

c Giles 1798-1810, par Trumpator et Dandelion par Mercury.

c Giles Scroggins, ou Master Goodall, 1804, par Sir Solomon et Miss Judy par Alfred.

r Gimcrack v. 1760, par Cripple et Miss Eliot par Grisewood's Partner.

c Giovanni 1827, par Filho da Puta et Don Juan mare, Moll in The Wad.

Giraffe 1825, par Walton et Amy par Muley.

The Giant 1836, par Sir Gray et Sprig par Whisker.

* De Ginkel 1853, par de Ruyter et Birdcatcher mare is. de Retrospectif.

Gimcrack 1827, par Marengo et Sorcerer mare, Buzzard, Lais.

c Gislebert, ou Humbug, 1796, par Precipitate et Highflyer mare, Eclipse, Rosebud.

Ghuznee 1837, par Glaucus et Zipporah par Moses.

Ghost 1821, par Captain Candid et Phantom par Hambletonian.

*rGladiator 1833, par Partisan et Pauline par Moses. 2e au Derby, le seul prix qu'il ait disputé.

Gladiator 1765, par Feather et Paragon par Snip

c Glaucus 1786, par Diomed et Grace par Snap.

r Glaucus 1830, par Partisan et Nanine par Selim. Exp. 1844. 6 courses, 3 victoires, dont l'Ascot Cup.

Brother to Glaucus 1833, par Partisan et Nanine par Selim.

r Glencoë 1831, par Sultan et Trampoline par Tramp. 12 courses, 10 victoires, dont le Goodwood. 1 fois 2e, 1 fois 3e dans le Derby.

* Glendulphe v. 1835, par The Distingue et Olympus mare, inconnue.

c Glenarvon 1815, par Thunderbolt et Precipitate mare is. de Magnolia
The Younger.

r Glenartney 1824, par Phantom et Webb par Waxy.
Glendower 1813, par Wizard et Spindle par Shuttle.

* Glenglion v. 1845, par Muley et Glencairne par Sultan.
Glenlee 1836, par Emilius et Prime Minister mare is. de Lady Ern.

c Glory 1773, par Vernon Arabian et Regulus mare Sister to Sejanus.

*cGlory (ex Bold Archer), 1843, par Glycon, ou Assassin, et Josephine par
Doctor Syntax ou Bentley.

c Glycon 1837, par Physician et Soothsayer mare (Bay) is. de Deceiver mare.

c Glow Worm v. 1815, par Camillus et Shuttle mare is. de Sancho's Dam
Sister to Maid of all Work 1789, par Highflyer.

*cGlow Worm 1772, par Eclipse et Traveller mare, inconnue.

c Glow Worm (ex Cygnet) 1812, par Brainworn et Katherine par Delpini.

r Gnawpost 1767, par Snap et Miss Cranbourne par Godolphin Arabian.

r Gohanna 1790-1815, par Mercury et Herod mare is. de Maiden. 23 prix
s'élevant à 144,000 francs. 2e au Derby, battu par Waxy qu'il battit
une fois.

*cY-Gohanna 1810, par Gohanna et Grey Skim par Woodpecker.

c Goblin 1831, par Emilius et The Witch par Soothsayer.

c Gobelyn Page 1810, par Sorcerer et Sir Peter, ou Teazle, mare, Highflyer,
Engineer.

r Godolphin Arabian, ou Godolphin, importé 1732, mort 1753.

c Godolphin Colt v. 1755, par Godolphin Arabian et inconnue.

r Godolphin 1818, par Partisan et Ridicule par Shuttle. 8 courses, 5 victoires, 1 fois 2e.
Godolphin Grey Barb v. 1740.

c Godolphin Whitefoot 1719, par Bay Bolton et Darley Arabian mare is. de
Grey Ramsden's Dam par Byerly Turk.

c Gobe Mouche v. 1840, par Langar et Flycatcher par Godolphin.

r Goldfinch 1767, par Matchem et Cub mare, Pumpkin's Dam par Squirt.

r Goldfinder 1764-1789, par Snap et Blank mare, Regulus, Lonsdale's Bay
Arabian.

c Golden Ball 1735, par Partner (Jigg) et Hutton's White Turk mare is. de
Highland Laddie mare.

c Golden Locks 1724, par Son of Curwen's Bay Barb et inconnue.

c Golden Leg v. 1811, par Waxy et Buzzard mare is. de Hornpipe.
Golden Fleece 1767, par Snap et Maria Careless par Regulus.

c Goldfinch 1787, par Woodpecker et Everlasting par Eclipse.

r Golumpus 1802, par Gohanna et Catherine par Woodpecker.

r Goliah (Duke of Bolton's) 1730, par Clumsy et Graham's Champion mare,
is. de Sir M. Pierson's Blue Cap.

Goliah (Lord Halifax) 1722, par Grey Hound et Curwen's Bay Barb mare is. de Chesnut Arabian mare.

Goliah v. 1785, par Giant et Blast par Herod.

Goliah v. 1795, par Windelstone et Columba par Alfred.

Goldfinch 1795, par Drone et Syphon mare is. de Miss Wilkinson.

c Goodwood 1785, par Mercury et Pyrrhus mare is. de Giantess.

Goose 1790, par Highflyer et Lily of The Valley par Eclipse.

c Gonzalvi 1817, par Cardinal York et Remembrancer mare is. de Charmer.

c Googerat, v. 1850, par Galaoor et Pharmacopeia par Physician.

c Goliah v. 1755, par Goliah et Y-Belgrade mare Sister to Antelope.

* Gonzales 1780, par Herod et Ruth par Blank.

c Gorhambury 1840, par Verulam et Fire par Blacklock.

c Gorhambury 1840, par Buzzard (Blacklock) et Brocard par Whalebone. 2° au Derby.

c Goshawk 1823, par Merlin (Y-Bab) et Coquette par Dick Andrews.

c The Governor 1809-1820, par Walton et Enchantress par Volunteer.

The Governor 1830, par Filho da Puta et The Warwick's Dam (Comus mare) is. d'Alexander mare.

Governor 1792, par Ruler et Rosina par Amaranthus.

F Governor (Duke of Hamilton's) 1802, par Trumpator et Highflyer mare is. d'Otheothea.

F Governor (Lord Londe's) 1801, par Id... et Id...

Governor v. 1730. Inconnu.

F The Gower Stallion 1740, par Godolphin Arabian et Whitefoot mare Sister to Tortoise.

F The Gower Dun Barb v. 1759.

c Gouty 1796, par Sir Peter et The Yellow mare par Tandem.

Y-Gouty 1805, par Gouty et Dungannon mare Sister to Oatland's.

c Grafton 1810, par Sorcerer et Dabchick par Pot 80's.

Graham's Champion v. 1707, par Harpur's Arabian et Old Hautboy mare (Dam of Almanzor).

The Grand Falconner 1829, par Merlin (Miss Newton) et Active par Partisan.

Granby v. 1803, par Spectre et Shoëhorn par Teddy The Grinder.

c Granby 1824, par Cannon Ball et Comus mare (Chesnut) is. de Smolensko mare.

The Grand Duke 1812, par Archduke et Hand Maid par John Bull.

c Grand Duke 1848, par Sir Hercules et Empress par Emilius.

c Granby v. 1760, par Boothby et Cope's mare, inconnue.

c Grand Signor v. 1840, par The Bard et Arinette par Wanton.

c Granby 1823, par Spectre et Sunflower par Castrel.

Granby (Wildman's) 1759, par Blank et Crab mare, Cyprus Arabian, Commoner.

c Granicus 1807, par Sorcerer et Persepolis par Alexander.

The Grand Duke 1828, par Wrangler et Medora par Selim.

Grantham (ex Slave) 1750, par Ancaster Starling et Whitefoot mare, Alcock's Arabian, Pelham's Bay Barb.

c Grantham 1741, par Hip et Cyprus Arabian mare is. de Old Spanker mare.

c Grasshopper 1776, par Marske et Cullen Arabian mare is. de Black Eyes. Grasshopper 1812, par Windle et Star mare, Y-Marske, Emma.

c Grasshopper (Duke of Ancaster's) 1731, par Crab et Astridge Ball mare is. de Dodsworth mare.

Grasshopper, (Mostyn's,) v. 1705, par Byerly Turk et jument orientale.

Grasshopper (Lord Bristoll's) v. 1705, par Byerly Turk et jument orientale.

Son of Lord Bristoll's Grasshopper 1710, par Lord Bristoll's Grasshopper et inconnue.

c Grasper 1804, par Sir Peter et Cœlia par Volunteer.

c Grazier 1803, par Sir Peter et Sister to Aimator par Trumpator.

c Grecian v. 1840, par Epirus et Jenny Jumps par Rococo.

Grecian 1838, par Glaucus et Squib par Soothsayer. Exporté.

F Grecian 1771, par Matchem et Sister to A-la-Grecque par Regulus.

F Grecian 1769, par William's Forester et Coalition Colt mare, Bustard, Lord Leigh's Charmaing Molly.

c Great Britain 1800, par John Bull et Dido par Eclipse.

Great Heart 1840, par Jered et Progress par Langar.

c Green Dragon 1801, par Saint-George et Paymaster is. de Piracantha.

c Green's Galloway v. 1715, par Grey Grantham et inconnue.

c Grecian 1789, par Ulysses et Eclipse mare is. de Lisette.

* The Great Wonder (ex Crœsus) 1837, par Skylark et Milesius mare is. de Bushy Moll.

c The Great Mogul 1841, par Bay Middleton et Muliana par Muley.

* Green Pea 1843, par Bay Middleton et Marrowfat par Orville.

Gregson v. 1810, par Evander et Brother to Recruit mare is. de Cygnet.

Gegory's Arabian v. 1780.

Grenadier (Willy's) 1746, par Blaze et Sultan mare is. de Wharton's Commoner mare.

Grenadier 1788, par Highflyer et Engineer mare is. de Sister to The Lass of The Mill par Oroonoko.

Grenadier v. 1830, par Gulliver et Catton mare, inconnue. Exp.

Grestley's Arabian v. 1720.

F Grey Momus 1830, par Comus et Cervantes mare is. d'Emma. Vainqueur de l'Ascot Cup.

Grey Gower v. 1758, par The Gower Stallion et Fox Hunter mare, Godolphin Arabian, Brother to Mixbury.

F Grey Hautboy (Lord d'Arcy's) v. 1698, par Old Hautboy et Brimmer mare is. d'Arcy's Royal mare.

c Grey Walton, ou Pierse, 1787, par Walton et Lisette par Hambletonian.

Grey Leg 1725, par Wyndham et Barb mare.

Grey Milton 1837, par Comus et Cervantes mare is. d'Emma.

Grey Beard 1754, par Old Dormouse et South Barb at Hampton Court mare is. de Sister to Monkey.

* Grey Hercules 1840, par Sir Hercules et Skim mare is. de Grey Helen.

c. Grey Orville 1813, par Orville et Vesta par Delpini.

c. Grey Owington v. 1720, par The Bald Galloway et inconnue.

Grey Comus 1819, par Comus et Evander mare is de Marcia.

c. Grey Marquis 1811, par Quiz et Grey Duchess par Pot 80's.

v Grey Ramsden 1704, par Grey Hautboy et Byerly Turk mare, Taffolet Barb, Place's White Turk.

c. Grey Childers (Duke of Devonshire's) 1729, par Childers et Miss Belvoir par Grey Grantham.

v Grey Grantham v. 1710, par Brownlow Turk et inconnue.

Brother to Grey Grantham v. 1720, par Brownlow et inconnue.

Grey Croft's at Hampton Court v. 1710, inconnu.

v Grey Hound (M. Marshall's) 1710, par Chillaby et Slugey, jument Barbe.

Son of Grey Hound 1718, par Grey Hound et Brown Farewel par Makeless.

c. Grey Childers (Lord Chedworth's) 1726, par Childers et Sir Wharton's Commoner mare is. de Bald Charlotte's Dam

c. Grey Woodcock 1720, par Grey Hound et Pet mare par Wastell's Turk.

c. Y-Grey Hound 1718, par Grey Hound et Pet mare par Wastell's Turk.

Grey Malton 1815, par Knowsley et Paynator mare is. de Fanny.

v Grey Ling 1766, par Sedley Arabian et Vanessa par Regulus.

c. Grey Leg 1822, par Clinker et Bronze Sister to Rubens par Buzzard.

Grey Pumpkin 1783, par Pumpkin et Sylvia par Blank.

c. Grey Royal v. 1700, par White d'Arcy's Turk et d'Arcy's Royal mare.

Grey Sorchells 1726, par Sorchells et Grey Woodcock par Woodcock.

c. Grey Whynot v. 1700, inconnu.

Grey Tommy 1849, par par Sleight of Hand et Comus mare (Chesnut) is. de Smolensko mare.

Grey Robin v. 1840, père inconnu et President mare, non indiquée.

Grey Viscount 1825, par Viscount et Haphazard mare is. de Webb.

c. Grey Legs 1776, par Herod et Trinket par Matchem.

c. Grey Leg 1822, par Phantom et Bronze Sister to Rubens par Buzzard.

Grey Falcon 1796, par Falcon et Duchess par Herod.

c. Grey Lop, ou Lop, v. 1786, par Crop et Alexis mare is. de Boxer's Dam.

Grey Robin 1820, par Robin Adair et Witch of Endor par Sorcerer.

c. Grey Whisker 1823, par Whisker et Wizard mare is. de Lisette.

c. Grey Diomed 1785, par Diomed et Grey Dorimant par Dorimant.

c. Y-Grey Diomed, ou Robin Grey, v. 1790, par Diomed et Grey Dorimant par Dorimant.

Grey Pantaloon 1786, par Pantaloon et Duchess par Herod.

c. Grimalkin 1808, par Chance (Lurcher) et Jemima par Phœnomenon.

c. Grimstone 1843, par Vernlam et Morsel par Mulatto. Vr du Goodwood.

c. Grimaldi (ex Drum Major) 1802-1830, par Delpini et Weathercock is. de Cora.

c Grimaldi (ex Drum Major) v. 1835, par The Colonel (Whisker) et Sultan mare Sister to Cactus.

Groaner 1794, par Delpini et Violet par Shark.

c Grosvenor Arabian v. 1764.

c Grog 1786-1813, par Tandem et Alfred mare, Locust, Changeling.

Grosvenor Arabian v. 1800.

c Grosvenor 1841, par Bath et Madcap par Dinmont.

c Grouse 1790, par Highflyer et Georgiana par Matchem.

c Guicovar v. 1850, par Galaor et Pharmacopeia par Physician.

c Guider v. 1765, par Matchem et Blank mare, Babraham, inconnue.

a Guinea Pig 1763, par Grosvenor Arabian et inconnue.

c Gunpowder 1784, par Eclipse et Miss Spindleshanks par Omar.

c Guardian 1764, par Spectator et Polly par Blank.

c Guildford 1775, par Herod et Tulip par Blank.

c Guildford 1792, par Highflyer et Nina par Eclipse.

c Gunpowder 1791, par Assassin et Skysweeper par Highflyer.

Gulliver v. 1800, par Precipitate et Tag par Trentham.

Gulliver 1825, par Orville et Canidia par Sorcerer. Exp.

c Gustavus 1818, par Election et Lady Grey par Stamford. Vr du Derby.

Guildford, ou Roundehad, ou Landlord, 1826, par Hampden (Rubens) et Receipt par Harry Dimsdale.

c Guy 1721, par Grey Hound et Brown Farewell par Makeless.

c Guy v. 1790, par Pot 8o's et Warwick mare, Merlin, Mother Pratt.

c Guy Faux v. 1755, par Feather et Cartouch mare, Sorehells, Makeless.

c Guyler v. 1782, par Alfred et Old England mare, Cullen Arabian, Cade.

c Guy Mannering 1848, par Bay Middleton et Madge-Wildfire par Muley Moloch.

Guy Mannering 1815-1825, par Sorcerer et Barbara par Teddy The Grinder.

Gwalior 1842, par Samarcand et Zenobia par Whalebone.

c Gwalior 1842, par Dick et Whisker mare (Bay), Orville, Otterington's Dam.

H.

Hall Arabian v. 1720.

Hale's Turk v. 1720.

* Haldon 1831, par Blacklock et Worthless par Walton.

c Halston 1825, par Banker et Olivetta par Sir Oliver. Exp.

F Hackwood, ou Delpini, 1782, par Highflyer et Countess par Blank.

Hackwood 1782, par Eclipse et Matchless mare, Snip, Godolphin.

F Hambletonian 1792-1818, par King Fergus et Highflyer mare is. de Monimia. 20 victoires, dont le Saint-Léger, le Doncaster Cup, les 1,000 Guinées, etc.

* Hamlet 1808, par Hambletonian et Marianne par Mufti.

c Hampton 1839, par Ascot et Confederate mare is. de Clinkerina.

Hampton 1831, par Waterloo et Gohanna mare Sister to Romana.

c Hampden 1811, par Orville et Hyacinthus mare is. de Zara.
c Hampton Court Childers v. 1730, par Childers et Duchess par Newcastle
    Turk.
  Hampton Court Litton Arabian v. 1720.
  Hampton Court Arabian v. 1720.
  Hampton Court Grey Arabian v. 1720.
  Hampton Court Chesnut Arabian v. 1720.
  Hampton Court on Eyed Grey Arabian, v. 1720.
f Hambletonian 1767, par Dainty Davy et Regulus mare, inconnue.
c Hampden 1819-1825, par Rubens et Diana par Stamford.
  Hackwood v. 1710, inconnu.
  Handel v. 1750, inconnu.
c Hannibal 1801, par Driver et Fractious par Mercury. Vr du Derby.
c Handel 1804, par Waxy et Woodbine par Woodpecker.
c Handel v. 1814, par Musician et Sir Peter mare is. de Nanette.
  Haphazard 1795, par Delpini et Columbine par Eclipse.
c Halkin 1786, par Jupiter et Sting par Herod.
f Haphazard 1797, par Sir Peter et Miss Herwey par Eclipse. 21 victoires,
    3 fois second.
  Harbinger 1818, par Sir Walter Raleigh et Josephine par Sir Peter.
c Harbinger v. 1845, par Touchstone et Cuckoo par Elis.
  Harborought's Arabian v. 1830.
  Hardwicke v. 1775, par Herod et Bajazet mare, Regulus, Lonsdale's
    Arabian.
  Hardwick 1841, par Gambol et Miss Barnley (Little Beagle) par Beagle.
f Harkaway 1834, par Economist et Nabocklish mare is. de Miss Tooley.
    38 courses, 25 victoires, dont 2 fois le Goodwood.
c Harlequin 1780, par Amaranthus et Matchem mare is. de Sister to
    Dainty Davy.
c Harlequin Junior 1781, par Y-Marske et Dorimond mare is. de Portia.
f Harlequin (M. Metcalf's) 1719, par Mixbury Galloway et Son of Pullaine's
    Rockwood mare, Brimmer, d'Arcy's Royal mare. 7 courses, 7 victoires.
*c Harlequin 1825, par Cervantes et Flora par Camillus.
  Harlequin Arabian v. 1830.
c Harlot 1780, par Highflyer et Herod mare, Y-Cade, Regulus.
  Harlot 1827, par Fitz Orville et Charmaing Molly par Rubens.
  Harmless 1771, par Pangloss et Fancy par Goliah.
c Harpator 1784, par Imperator et Brunette par Squirrel.
  Harper Whitelegs 1786, par Orpheus et Goldfinder mare is. de Lovely.
  Harpurhey v. 1840, par Voltaire et Sarah par Tramp.
  Harpur's Arabian v. 1700.
  Harpur Arabian v. 1700.
  Harpur Barb v. 1720.
  Son of Harpur Barb v. 1705, par Harpur Barb et inconnue.
c Harold v. 1826, par Manfred et Lolo par Popinjay.

Harold 1781, par Dorimant et Pussey par Regulus.

Harry 1827, par Master Henry et Y-Chryseïs par Dick Andrews.

Harpocrates (ex Trafalgar) 1803, par Gohanna et Highflyer mare Sister to Skysweeper.

Harry 1827, par Master Henry et Merry Maid par Buzzard.

Harry 1843, par Stockport et Mrs Weller par Whisker.

Harry 1823, par Sir Harry et Fanny Legh par Castrel.

F Hartley's Blind Horse v. 1715-1742, par Holderness Turk et Sir R. Milbank mare par Makeless.

Hartley's Roan Stallion 1736, par Hip et Large Hartley mare par Hartley's Blind Horse.

Harry Long Legs 1754, par Babraham et Fox Hunter mare, Partner, Sister to Roxana.

* Harry Blaff, ou Magenta, 1855, par Collingwood et Barbara par Pleni-potentiary.

C Hatfield v. 1833, par Bedlamite et Juniper mare is. de Caprice.

C Harvest v. 1772, par Turf et Brillant mare 1764, Whittington, Crab.

F Hautboy, ou Old Hautboy, v. 1692, par d'Arcy's White Turk et d'Arcy's Royal mare.

Hautboy 1787, par Y-Morwick et Plotina par Snap.

Son of Hautboy v. 1710, par Old Hautboy et inconnue.

Hawker (Chartre's) v. 1700, inconnu.

Hazard 1757, par Starling et Brown Slipby par Slipby.

Hazard 1822, par Blacklock et Precipitate mare is. de Magnolia The Younger.

G Hazard v. 1760, par Tartar et Cade mare, Blacklegs, Bay Bolton.

Haveldar 1833, par Helenus et Arbis par Quiz.

C To Have-at-Em 1803, par Hambletonian et Sir Peter mare is. de Le Sang mare Sister to Amazon.

C Hawker 1829, par Emilius et Roterdam par Juniper.

* Hawkesbury 1842, par Liverpool et Corumba par Filho da Puta.

Hawk 1839, par Birdcatcher et Fairy par Mayfly.

Hawkesbury 1837, par Liverpool et Miss Nancy par Walton.

C Heart of Oak 1795, par Meteor et Cowslip par Highflyer.

C Heart of Oak 1811, par Remembrancer et Beatrice par Sir Peter.

Heathfield's Grey Arabian v. 1830.

Hector 1825, par Wofull et Harriet par Periclès.

Hector 1745, par Lath et Childers mare, Basto, Curwen's Bay Barb.

Hector v. 1775, par Marske et Matchem mare, Dormouse, Hampton Court Childers.

Hedley 1802, par Sir Peter et Maria par Highflyer et Nutcracker.

F Hedley 1803, par Gohanna et Catherine par Woodpecker.

The Heir 1841, par Inheritor et Abigaïl par Mulatto.

* The Heir of Linne v. 1845, par Galaor et Mrs Walker par Blacklock.

* Helenus v. 1821, par Soothsayer et Zuleicka par Gohanna.

f Helmsley Turk v. 1670.

*c. Hellespont 1837, par Reveller et Marmora par Sultan.

c Hemp, ou Daniel, 1762, par Y. Cade et Crab mare is. de Sister to Sliphy.

c Hephestion 1807, par Alexander et Olivia par Justice.

c Hephestion 1771, par Marske et Gaudy par Blank.

Hercules, ex Aranjuez, 1785, par Highflyer et Goldfinder mare is. de Lovely.

Hercules 1799, par Alexander et Cowslip par Highflyer.

Hercules 1829, par Figaro et Cerberus mare Sister to Duport.

c Herbert 1845, par Venison et Selim mare (Chesnut) is. d'Euryone.

c Henricus v. 1757, par Black and all Black et Margery Daw par Hobgoblin.

Hereford 1838, par Sir Hercules et Sylph par Spectre.

*c Hernandez 1848, par Pantaloon et Black Bess par Camel.

Hermès 1790, par Mercury et Rosina par Woodpecker.

Hermès, 1773, par Chrysolite et Juno par Spectator.

Henderskelf 1811, par Hambletoniam et Mis Haworth par Spadille.

Hernani 1831, par Mameluke et Sycorax par Sorcerer.

Henry Aselbie 1825, par Blacklock et Smolensko mare, is. de Lady Mary.

c Hermit 1792, par Pot 8o's et Maid of The Oaks par Herod.

The Hermit 1834, par Defence et Artichoke par Skim.

Hermit (Panton's) 1752, par Crab et Partner mare, is. de Bonny-Lass.

Hermit (Hutchinson's) v. 1790, je le crois le même qu'Hermit par Pot 8o's.

c Hero, ou Slape, v. 1753, par Cade et Spinner par Almanzor.

Hero 1775, par Herod et Ethelinda par Snap.

Hero v. 1760, par Shepher's Crab et Godolphin Arabian mare (Sister to Mirza).

Hero v. 1765, par Phœnomenon et Princess par Eclipse.

c Hero, ou Wild Hero, ou Priam, 1846, par Priam et Sea Mew par Scud.

c The Hero v. 1845, par Chesterfield et Grace Darling par Defence.

F Herod, ou King Herod, 1758 1780, par Tartar et Cypron par Blaze. Il a produit 499 triomphateurs ayant remporté 1106 prix en 19 ans.

Y. Herod (Harpur's) 1681, par Herod et Snake mare, Marlborouh mare Sister to Babraham.

c Herrington (ou Queensberry) 1809, par Remembrancer et Fair Charlotte par Precipitate.

c Heron 1833, par Bustard (Castrel) et Orville mare, is. de Rosanne.

c Hesperus v. 1825, par Holly Hoc et Rally par Vaxy.

F Hetman Platoff 1835, par Brutandorf et Comus mare, is. de Marcianna. 10 courses, 6 victoires.

c High Eagle 1790, par Ruler et Florizel mare Sister to Mulberry.

F Highflyer 1774 1793 par Herod et Rachel par Blank. Il ne fut jamais battu et ne paya jamais forfait. 287 descendants ayant remporté 1084 prix.

Y. Highflyer 1785, par Highflyer et Syphon mare Sister to Tandem.

Highlander 1783, par Bourdeaux et Tototum par Matchem.

c Highlander (Lord Portmore's) 1742, par Lord Portmore's Victorious, et Crawford's Turk mare, is. de Devonshire's Blacklegs mare.

o Highland Flying 1798, par Spadille et Coelia par Herod.
  Highland Laddie v. 1700, par Leede's Arabian et Spanker mare, is. de
    Morocco Barb mare (Spanker's Dam.)
o Highlander 1825, par Ardrossan et Shuttle mare, is. de Galatea.
o High Priest 1826, par Walebone et Gohanna mare Sister to Castanea.
o Hindoo v. 1828, par Whalebone et Arbis par Quiz.
  Hippomenes 1802, par Pegasus et Flying Gib mare, Highflyer, Snap.
  Hippomenes 1773, par Squirrel et Sophia par Blank.
  Hippomenes 1770, par Latham's Snap et Blank mare Sister to Rachell.
o Hip 1733, par Childers et Basto mare, Curwen's Bay Barb, Old Spot.
  Hip (Pelham's) 1722, par Curwen's Bay Barb et Lister Turk mare Sister
    to The Dam of Brocklesby Betty.
  Hip (Barry's) 1740, par Black Chance et Bloody Buttock's mare, is. de
    Lustry Thornthon.
  Hipswell 1794, par King Fergus et Lardella par Y. Marske.
*o His Highness 1825, par Filho da Puta et Eleanor par Governor.
  His Grace's Sloven, ou Bolton's Sloven v. 1750, par Bay Bolton et Cur-
    wen's Bay Barb mare, Old Spot, White Legged Lowther's Barb mare.
  Hiss Lordship, ex Parl, 1796 par Spear et Conductor mare, Brunette.
  Hiss Highness 1843, par Bay Middleton et His Royal Highness par
    Velocipede.
  Hit or Miss 1801, par Moorcock et Duchess par Alexander.
  Hit or Miss 1805, par Stamford et Marchioness par Lurcher.
o Hit or Miss v. 1805, par Haphazard et Aethe par Y-Marske.
o Hobbie Noble 1849, par The Baron, ou Pantaloon, et Phryne par
    Thouchstone.
o Hobgoblin 1724, par Aleppo et Son of Careless mare is. de Old Smith's
    Son mare.
· Hobgoblin, ou Teazer's to Hobgoblin, v. 1730, par Hobgoblin et Inconnue.
*o Hœmus 1828, par Sultan et Bess par Waxy. 3 victoires.
o The Holderness Turk v. 1702.
*o Holbein 1819, par Rubens et Golumpus mare, King Fergus, Herod.
  Holly Hoc 1804-1829, par Master Bagot et Northstar mare, Dorimant,
    Trunnion.
· Holly Hoc 1765, par Y-Cade et Cypron par Blaze.
  Hokee Pokee 1829, par Muley et Nancy par Dick Andrews. Exp. 1835.
  Hog (Earl of Bristol's) v. 1705, inconnu.
  Holme 1800, par Sir Peter et Alfred mare Sister to Tickle Toby 1789.
  Holy Hoc 1777, par Evergreen et Osbaldeston par Regulus.
· Holloway's Jigg, ou Jigg, v. 1710 par Byerly Turk et Spanker mare.
  Honest John 1820, par Comus et Dick Andrews mare, Trumpator,
    Highflyer.
  Honest John 1828, par Whisker et Marion par Tramp.
o Honnest Kitt v. 1770, par Marske et Regulus mare Sister to Sejanus.
  Honest Miles 1775, par Silvio et Dorimond mare is. de Porlia.

c Honey Comb Punch v. 1700, par Taffolet Barb et inconnue.
c Honey Comb v. 1760, par The Gower Dun Barb et Babraham mare is. de
    Chiddy.
v Honeywood's Arabian, ou Sir William's Turk, v. 1720.
  Honner's Grey Arabian v. 1820.
* Homer 1822, par Catton et Queen Coil par Sweetwilliam.
c Hony Wood v. 1840, par Sweetment et Wawerley mare is. de Swiss's
    Dam par Shuttle.
c Honey Comb 1795, par Drone et Miss West par Matchem.
  Hope 1838, par Sheet Anchor et Valencia par Cervantes.
  Hope 1840, par Muley Moloch et Peter Lely mare is. de Don John's Dam.
  Hope 1842, par Gladiator et Miss Frill par Actœon.
  Hopefull 1789, par Florizel et Matchem mare is. de Sister to Sweetbriar.
  Hopeless 1787, par Florizel et Matchem mare is. de Sister to Sweetbriar.
c Hopewell v. 1780, par Drone et Prince T. Quassaw mare is. de Sultana.
c Hoppicker 1791, par Dungannon et Squirrel mare is. de Laycock.
v Horatius v. 1755, par Blank et Childers mare is. de Miss Belvoir.
  Hornet 1759, par Blank et Jill par Godolphin Arabian.
c Hornet 1776, par Matchem et Marianne par Squirrel.
c Horns 1798, par Precipitate et Woodpecker mare 1794, Sweetbriar,
    Miss Fortune.
v Hornsea 1832, par Velocipède et Cerberus mare Sister to Duport.
    20 courses, 10 victoires. Vainqueur du Goodwood, 2e au Saint-Léger.
c Horizon 1772, par Eclipse et Clio par Y-Cade.
c Hospitality 1798, par Dragon et Eclipse mare Sister to Soldier 1775.
c Hostgage 1824, par Teasdale, ou Abjer, et Pledge par Waxy.
  Hostpur 1813, par Hambletonian et Precipitate mare is. de Magnolia The
    Younger.
  Houghs 1801, par Precipitate et Woodpecker mare 1794, Sweetbriar,
    Miss Fortune.
c Howdy v. 1835, par Actœon et Italienne par Blacklock.
  Howe's Persian v. 1720.
c Huby 1798, par Phœnomenon et Miss West par Matchem.
  Hudibras v. 1770, par Herod et Blanketta par Blank.
c Humbug 1849, par Plenipotentiary et Deception par Mountebank. Vain-
    queur du Derby et du Two Years Stakes.
c Humbug (ex Gislebert) 1796, par Precipitate et Highflyer mare, Eclipse,
    Rosebud.
c Humbug (ex Montesquieu) 1773, par Chrysolyte et Proserpine par Marske.
v Humphrey Clinker 1822-1834, par Comus et Clinkerina par Clinker.
  Hundanich Arabian v. 1840.
c Humphrey 1832, par Filho da Puta et Smolensko mare is. Zoraïda.
c Hungerford 1848, par John O'Gaunt et Miss Kate par The Saddler.
  Huntingdon 1796, par Pegasus (Eclipse) et Justice mare is. de Marianne.

Huntington 1829, par Brutandorf et Whisker mare is. de Tramp's Dam par Gohanna.

* Hurricane 1835, par Caïn et Gaiety par Frolic.

c Hurricane 1771, par Turf et Blank mare is. de Dizzy.

Hutton's Arabian v. 1700.

c Hutton's Bay, ou Hutton's Bay Barb, ou Mulso Turk, v. 1700.

c Hutton's Grey Barb v. 1700.

Hutton's Bay Turk v. 1715.

Hutton's White Turk v. 1715.

Hutton's Bay Barb v. 1730.

Hutton's Bay Turk v. 1730.

Son of Hutton's Grey Barb v. 1715, par Hutton's Grey Barb et Byerly Turk mare.

Hutton's Royal Colt v. 1710, par Helmsley Turk et Sedbury Royal mare.

c Hyacinthus 1797, par Coriander et Rosalind par Phœnomenon.

Hyacinthus v. 1818, par Holly Hock et Patch par Rubens.

c Hyacinth 1770, par Turf et Regulus mare Sister to Figurante.

c Hydaspes 1791, par Phœnomenon et Manilla par Goldfinder.

c Hydaspes 1773, par Squirrel et Carina par Marske.

Hydaspes 1839, par Velocipède et Jane par Mosès.

F Hyder Ally v. 1766, par Blank et Mixbury par Regulus et Little Bowes.

c Hylas 1829, par Y-Orville et Bourbon mare is. de Tobosa.

F Hylas 1770, par Antinoüs et Slut par Spectator.

Hyllus 1836, par Sir Hercules et Zebra par Partisan. Vr du Goodwood de 1840 et 2e au Goodwood de 1839.

c The Hydra v. 1842, par Sir Hercules et Zebra par Partisan.

c Hydra v. 1760, par Skim et Hag par Crab.

c Hydra 1790, par Highflyer et Juno par Spectator.

Hydra 1792, par King Fergus et Fanny par Weazle.

c Hyperion 1793, par Highflyer et Coheiress par Pot 8o's.

c Hymen v. 1830, par Glaucus et Nanine par Selim.

I.

*c Iago 1843, par Don John et Scandal par Selim. 10 prix à 3 ans.

*c Ibrahim 1832, par Sultan et Phantom mare Sister to Cobweb.

Idas 1787, par Phœnomenon et Y-Marske mare, Silvio, Daphne.

Idas 1842, par Liverpool et Marpessa par Muley.

c Idle Boy 1810, par Hedley (Gohanna) et Clorinda par Hercules.

Idle Boy 1839, par Liverpool, ou The Magnate, et Ina par Smolensko.

Idle Boy 1837, par Sultan et Rachel par Amadis. (Non entraîné.)

Idas 1827, par Figaro, ou Senator, et Hambletonian mare, Coriander, Sir Peter.

Idris 1797, par Alexander et Herod mare, Regulus, Royal George's Dam.

Idle Boy v. 1845, par Saint-Martin et Peggy Sands par Velocipède.

r Iesmond, ou Paymaster, 1766-1791, par Blank et Snap Dragon par Snap.

c Ignoramus v. 1855, par The Flying Dutchman et Ignorance par Little Known.

c Ilderim 1822, par Comus et Promise par Walton.

Illusion 1810, par Haphazard (Sir Peter) et Miss Holt par Buzzard.

Il Mio 1774, par Herod et Blank mare, Regulus, Syphon.

c Imogen v. 1840, par Langar et Tuft par Whisker.

r Imperator 1776-1786, par Conductor et Herod mare is. de Carina.

c Y-Imperator 1787, par Imperator et Duplicity par Eclipse.

Imp-Monarch 1822, par Sovereign et Madryna par Orange Flower.

Indicus 1757, par Starling et Red Rose par Blacklegs.

Indus 1814, par Quiz et Persepolis par Alexander.

c Incantator v. 1815, par Sorcerer et Hanna par Gohanna et Humming Bird.

Incubes 1828, par Phantom et Katherine par Soothsayer. Exp 1834.

c Indépendance v. 1826, par Filho da Puta et Stella par Sir Oliver.

c Imbar 1830, par Emilius et Scub, ou Pioneer, mare is. de Canary Bird.

c Inamorato 1775, par Marske et Cullen Arabian mare, Partner, Curwen's Bay Barb.

Infant 1746, par Godolphin Arabian et Hobgoblin mare 1837, Whitefoot, Leedes.

Infant (Mortimer's) v. 1715, inconnu.

c Infidel 1771, par Turk et Cub mare, Pumpkin's Dam. Trotteur célèbre.

* r Inheritor 1831, par Lottery et Hand Maiden par Walton. 56 courses, 20 victoires.

c Interloper v. 1809, par Gohanna et Sir Peter mare Sister to Chester.

c Intriguer 1830, par Reveller et Scandal par Selim.

c Interpreter 1815-1326, par Soothsayer et Blowing par Buzzard et Pot 8o's mare. Exp. 1824, rentré 1825.

c Y-Interpreter 1821, frère du précédent, exp. 1830.

* r Ion 1835, par Caïn et Margareth par Edmund. 6 courses, 1 victoire. 2e au Derby et au Saint-Léger.

* c Ionian 1841, par Ion et Malibran par Whisker.

c Ipswich 1804, par Waxy et Coarse Mary par Mentor.

c Invalid 1753, par Gower Stallion et Partner mare 1741 Sister to The Widdrington mare.

r Irish Birdcatcher 1833, par Sir Hercules et Guiccioli par Bob Booty. 15 courses, 6 victoires.

c Irish Blacklock (ex Navarino) 1825, par Blacklock et Larissa par Trafalgar.

Irish Escape 1802, par Commodore (Tug) et Highflyer mare is. de Shift.

c Isaac 1831, par Figaro et Sorcerer mare Sister to Bourbon.

Isaac, ou Little Isaac, 1771, par Sulphur et Caroline par Snap.

c Ishmaël 1781, par Conductor et Sting par Herod.

c Ishmaël 1830, par Sultan et Phantom mare Sister to Cobweb.

c Ithuriel v. 1840, par Touchstone et Verbena par Velocipède.

c Ivanhoë 1817, par Phantom et Walton mare Sister to Parrot.

Ivanhoë v. 1830, par Canteen et Caleb Quotèm mare, Vessel, Alfred.

c Ivanhoë 1827, par Mosès et Rimp par Selim.

Ivanhoë 1818, par Recordon et Helen Mar par Remembrancer,

c Ivory Black 1754, par Starling et Regulus mare, Roundehad, Partner.

J.

c Jacinth 1771, par Chrysolite et Lily par Blank.

c Jack 1793, par Pot 8o's et Pumpkin mare is. de Fleatcatcher.

Jack 1778, par Dux et Sally Naylor's par Blank.

c Jack 1839, par Touchstone et Johanna par Sultan.

Jack and all Jack 1831, par Jack Spigot et Y-Phantom mare is. de Jack Spigot's Dam.

Jack Come Tickle me 1737, par Son of Toulouze Barb et Old Royal mare is. de Old Merlin mare.

c Jack Spigot 1818, par Ardrossan, ou Marmion (Whiskey), et Sorcerer mare, Precipitate, Highflyer. Vainqueur du Saint-Léger.

c Jack Robinson v. 1848, par Epirus et Aliena par Touchstone.

Jack Sheppard 1839, par Voltaire et Whisker mare is. de Louisa.

* Jack Spring 1854, par Spring Jack et Pasquinade par Camel.

c Jack Tar 1815, par Camillus et Williamson's Ditto mare is. de Y-Rachel.

Jacques 1839, par Touchstone et Parthenessa par Cervantes.

Jacob, ou Queen-Anne's Star, v. 1720, inconnu.

c Jalap 1758-1787, par Regulus et Red Rose par Blacklegs.

Jamaïca 1803, par Buzzard et Trumpator mare Sister to Chippenham.

c Janus 1738, par Godolphin Arabian et Little Hartley mare par Bartlet's Childers.

Jason 1805, par Expectation et Lardella par Y-Marske.

Jason (ex Golden Fleece) 1767, par Snap et Maria Careless par Regulus.

c Jason 1750, par Starling et Miss Barforth par Partner.

* Jason 1830, par Centaur et Merlin mare, Oscar, Dairy Maid.

Japan 1806, par Trumpator et Scotia par Delpini.

c Jasper v. 1802, par Sir Peter et Cœlia par Volunteer.

r Javelin v. 1779, par Eclipse et Miss Rose par Spectator.

c Jemmy 1768, par Matchem et Miss Stamford par Lord Portmore's Whitenose.

* Jean du Quesne v. 1850, par Coranna et Monica par Lottery.

Jenkin's Arabian v. 1750.

c Jered 1834, par Sultan et My Lady par Comus.

r Jericho 1842-1859, par Jerry et Turquoise par Selim.

Jericho 1833, par Jerry et Lunaria par Whisker.

Jeroboham v. 1805, par Gohanna et Dungannon mare is. de Sister to Noble par Highflyer.

r Jerry 1821, par Smolensko (Sorcerer) et Louisa par Orville et Thomasina. 10 courses, 5 victoires, dont le Saint-Léger.

Jessamy 1749, par Hutton's Spot et Bay Brocklesby par Partner.

— 63 —

Jessamy v. 1795, par Escape (is. de Squirrel mare) et Tiffany par Saltram.

Jenghiz-Kan 1843, par Bay Middleton et Muliana par Muley.

Jeremy Diddler 1839, par Jerry et Marpessa par Muley.

Jerry Sneaker (ex Satan) 1840, par Jerry et Sneaker par Camel.

c Jerry Sneak v. 1800, par Chocolate et Mother Brown par Trunnion. Il parcourut 4 milles au tilbury, traînant 18 stones, en 9 m. 27 s.

c Jethro v. 1764, par Blank et Peggy par Cade.

Jew's Trump v. 1707, par Curwen's Bay Barb et Barb mare.

c Jigg, ou Holloway's Jigg, v. 1710, par Byerly Turk et Spanker mare.

v Jigg (Sir R. Mostyn's) v. 1708, par Byerly Turk et Spanker mare.

Son of Jigg v. 1725, par Jigg (Mostyn's) et inconnue.

Jigg (Heneage's) v. 1730, par Goliah et Jigg (Sir R. Mostyn's) mare.

Jigg (Hunt's) 1741, par The Bolton's Goliah et Heneage's Jigg mare.

Jigg (Hunt's) Junior 1742, par The Bolton's Goliah et Heneage's Jigg mare.

Jilly Arabian v. 1760.

v Joë Andrew's (ex Dennis O!...) 1778, par Eclipse et Amaranda par Omnium.

Joachim 1838, par Glaucus et Johanna par Selim.

c Joë Lovell 1841, par Velocipède et Cyprian par Partisan.

Jockey 1754, par Cade et Childers mare, Cyprus Arabian, Commoner.

Jockey 1776, par Eclipse et Regulus Tartar par Regulus.

c Jockey 1802, par Lop et Highflyer mare is. de The Yellow mare.

c Jocko 1823, par Filho da Puta et Miss Chantrey par Clinker.

Johanny Boy 1836, par Jerry et Ardrossan mare, Rubens, Queen of Hearts.

c Joc-o-Sot 1844, par Hetman Platoff et Welfare par Priam.

Jocelline 1824, par Catton et Williamson's Ditto mare is. de Y-Rachel.

John 1831, par Edmund et The Gimmer par Filho da Puta.

c Johnny 1769, par Matchem et Bay Babraham par Babraham.

c Johnny 1794-1811, par King Fergus et Justice mare is. de Marianne.

c Johnny 1824, par Little John et Cressida par Whiskey. Exp. 1830.

Johnny 1788, par Highflyer et Clio par Blank.

John-a-Nokes 1777. On le croit le même que le Patriot de Lord Stawell.

v John Bull 1789-1812, par Fortitude et Xantippe par Eclipse. Vr du Derby.

c John-o-Croat 1797, par Overton et Lardella par Y-Marske.

John-o-Gaunt 1830, par Octavian et Saint-George mare, Ambrosio's Dam.

c John-o-Gaunt 1838, par Taurus et Mona par Partisan.

* Jonas 1831, par Whalebone et Rectory par Octavius.

Johnson's Arabian v. 1730.

v Jolly Bacchus v. 1760, par Apollo et Rose par Blank.

Jolly Roger 1752, par Regulus et Whitefoot mare, Bip, Lord Carlisle's Angerton Horse.

Jonathan 1818-1824, par Octavian et Sir Harry Dimsdale mare, Whorthy, Sea Fowll.

Jonathan 1827, par Tiresias et Zora par Selim.

Juba 1815, par Orion (Star) et Delpini mare, Beningbrough, Eustatia.

c Juba v. 1735, par Lonsdale's Bay Arabian et Miss Jigg par Jigg.
Juba 1764, par Regulus et Traveller mare, Goliah, Dimple.
c Judgement 1751, par Snip et Cottingham mare is. de Warloch Galloway.
c Judgement v. 1720, par Bald Galloway et inconnue.
c The Jovial Batchelor v. 1840. par Mulatto (Catton) et Rebecca par Lottery.
Julius Cœsar 1757, par Y-Cade et Snip mare is. de Lonsdale's Bay
Arabian mare.
c Jubilator 1788, par Imperator et Brunette par Squirrel.
Juggler v. 1820, par Sorcerer et Gohanna mare Sister to Interloper is. de
Sister to Chester.
Juggler 1782, par Magnet et Dorimond mare is. de Portia.
c The Juggler 1817, par Comus et Pipator mare, Delpini, Tuberose.
* The Juggler 1832, par Wamba et Pantechnetheca par Master Henry.
c Jugurtha 1763, par Shepherd's Crab et inconnue.
c Juniper 1767, par Snap et Blank mare is. de Bay Starling.
F Juniper 1805, par Whiskey et Jenny Spinner par Dragon.
Juniper 1836, par Muley et Comus mare is. de Margrave's Dam.
c Y-Juniper 1818, par Juniper et Oscar mare is. de Dairy Maid.
c Y-Juniper 1767, par Squirrel et Babraham mare Sister to Sir J. Lowther's
Babraham.
c Jupiter 1774-1802, par Eclipse et Tartar mare, Mogul, Sweepstakes.
Jupiter 1793, par Phœnomenon et Princess par Turk.
*cJupiter 1790, par Vertumnus et Wimbleton par Evergreen.
c Jupiter 1830, par Tramp et Arcadia par Sorcerer.
Jupiter 1833, par Langar et Proserpine par Rhadamantus
Justice 1766, par Swiss et Regulus mare, Starling, Sister to Amelia.
Justice (Lord Halifax's) 1724, par Hampton Court Litton Arabian et
Aldby Jenny par Leedle's Dragon.
F Justice 1774, par Herod et Curiosity par Snap

K.

* Karnac 1841, par Bay Middleton et Thebes par Tiresias.
c Kenton v. 1755, par Snip et Lady Thigh par Regulus.
c The Khan of Tartary 1842, par Bay Middleton et Muliana par Muley.
c Kill Devil 1797, par Rockingham et Nelly par Postmaster.
Khalan Arabian v. 1700.
c Kilton v. 1792, par Delpini et Prophet mare is. de M. Fermor's Y-Traveller mare.
c Kite 1796, par Buzzard et Calash par Herod.
c King Catton 1823, par Catton et Shuttle mare Sister to Corduroy.
King Col 1833, par Memnon et Baroness par Leopold.
c King David 1783, par Highflyer et Miss Hervey par Eclipse.
F King Bladud (ex Sir Ferdinand) 1792-1819, par Fortunio et Magnolia
par Marske. 12 prix importants.

ʀ King Fergus 1775-1801, par Eclipse et Polly par Black and all Black
9 courses, 7 victoires.

King Hermon 1785, par Eclipse et Watch par Herod.

ʀ King Herod. Voyez Herod.

King John v. 1795, par Pretender et Woodpecker mare is. de Mlle Guimar.

King James The First, étalon arabe vivant v. 1700.

King Miletus 1772, par Eclipse et Cade mare, Lonsdale's Grey Arabian,
Lonsdale's Bay Arabian.

ʀ King of Diamond's, ou Diamond, 1810, par Diamond et Sir Peter mare
is. de Lucy. 29 victoires.

c The King of Kildare v. 1845, par Tearaway et Anna Maria par Huntington.

c King of Kelton 1836, par Priam et Emma par Whisker.

c King of The Valley 1821, par Usquebaugh (Y-Whiskey) et Devy Sing
mare is. de Lily of The Valley.

c King of Trumps v. 1840, par Velocipède et Mrs Gill par Viator.

King Pepin 1743, par Cartouch et Whitefoot mare 1733, The Leedes mare.

*cKing Pepin 1772, par Turf et Cygnet mare, Cartouch, Ebony.

c King Pepin 1799, par Tug et Mary Grey par Friar.

c King Priam 1798, par Alexander et Cowslip par Highflyer.

King Richard 1782, par Garrick et Swift mare is. de Dairy Maid.

King's Persian v. 1760.

King Solomon 1821, par King David et The Glory par Election.

c Kingston 1774, par Snap et Cade mare 1753 Sister to Miss Ramsden.

ʀ Kingston 1849, par Venison et Queen Ann par Slane. 16 victoires, dont
le Goodwood.

c Kingston Robin v. 1833, par Robin Hood (Blacklock) et Argantes's Dam
par Bellerophon is. de Delpini mare.

c King Tom v. 1850, par Harkaway et Pocahontas par Glencoë.

ʀ King William's White Barb Chillaby, ou Chillaby, par Grey Hound
et Slugey, jument Barbe.

c King William's Turk Whitout a Tongue, ou No Tongued, v. 1720.

c King William 1778, par Florizel et Milliner par Matchem.

c King William 1777, par Herod et Madcap par Snap.

King William 1827, par Rubens et Crecy mare is. de Mistake.

c Kirkleatham 1856, par West Australian et Barbelle par Sandbeck.

Knee Buckle 1803, par Zechariah et Fortitude mare, Lady Bolingbroke.

* Knight Errant 1810, par Sancho et Pipator mare, Delpini, Tuberose.

c Knight of Avenel 1847, par The Doctor et Blue Bonnet par Touchstone.

Knight Errant 1802, par Sir Peter et Peggy Bull par Fortitude.

The Knave of Diamond 1810, par Diamond et Lampedosa par Precipitate.

ʀ Knight of Saint-George 1845, par Irish Birdcatcher et Hetman Platoff
mare is. de Water Witch. Vainqueur du Saint-Léger, 2e au Derby.

Knight of The Thistle 1848, par Thistle of Whipper et Soldier's Joy par
The Colonel.

c Knowsley 1804, par Sir Peter et Augusta par Eclipse.

c Knowsley 1795, par Sir Peter et Capella par Herod.

Knowsley 1804, par John Bull et Bab par Bourdeaux.

c Knutsford v. 1800, par Delpini et King Fergus mare is. d'Empress.

r Kouli Khan v. 1745, par Lonsdale's Bay Arabian et Cyprus Arabian mare
is. de Basto mare.

c Kouli Khan 1772, par The Vernon Arabian et Rosemary par Blossom.

Kremelin v. 1836, par Sultan et Francesca par Partisan.

Knight of The Wistle 1838, par Velocipède et Whisker mare is. de
Tramp's Dam.

L.

Laborie 1795, par Delpini et Y-Marske mare, Silvio, Hutton's Daphné.

c Laburnum 1774, par Herod et Y-Hag par Skim.

c The Laird 1816, par Stamford et Brillante par Whiskey.

*cLamartine 1848, par Epirus et Grace Darling par Defence.

Lambert Turk v. 1695.

Lambert Turk v. 1750.

c Lambinos 1787, par Highflyer et Eclipse mare is. de Wauxhall's Dam par
Y-Cade.

Y-Lambinos v. 1815, par Lambinos et jument irlandaise inconnue.

c Lambtonian 1825, par Filho da Puta et Leopoldine par Walton.

F Lamplighter 1823, par Merlin (Miss Newton) et Spotless par Walton.
19 victoires.

Lamplighter 1764, par Antinoüs et Cade mare 1756 is. de Brown Slipby.

c Lancer v. 1824, par Grey Walton et Comus mare is. de Saint-George
mare Sister to Zodiac.

c Lamprey 1715, par Grey Hautboy et Makeless mare, Brimmer, Diamond.

Landrail 1827, par Bustard (Buzzard) et Erin Lass par Holly Hoc.

F Lancaster 1798-1802, par Sir Peter et Arethuse par Dungannon.

*FLanercost 1830, par Liverpool et Otis par Bustard 1820. 40 courses,
26 victoires, dont l'Ascot Cup.

r Langar 1817-1841, par Selim et Walton mare is. de Y-Giantess.

Land Lord (ex Roundhead) 1824, par Hampden (Rubens) et Receipt par
Sir Harry Dimsdale.

Land Surveyor 1843, par Non Sense et Gaberlunzie mare 1836, is. de Sola.

Langford 1833, par Sir Hercules et Callisto par Oiseau.

c Langton 1802, par Precipitate et Highflyer mare Sister to Escape.

Langor v. 1800, par Huby et Delpini mare is. de Plotina.

c Lansdowne 1831, par Muley et Rosanne par Dick Andrews.

c Lapdog v. 1825, par Whalebone et Canopus mare, Y-Woodpecker,
Fractious. Vainqueur du Derby.

Lansdowne 1842 par Bath et Parade par Pantaloon.

Langton 1820, par Viscount et Orville mare is. de Nitre.

c Lasso 1839, par The Saddler et Comus mare Sister to Swinton.

r Lath 1732, par Godolphin Arabian et Roxana par Bald Galloway.

Latimer 1824, par Merlin (Miss Newton) et Piquet par Sorcerer.

c Lapwing 1826, par Whalebone et Canopus mare, Y-Woodpecker, Fractious.

f Laurel 1823, par Blacklock et Wagtail par Prime Minister. 27 courses, 12 victoires, dont 8 coupes d'or.

Laurel 1837, par Langar et Wildrose par Confederate. Exp.

Laurel 1746 par Starling et Bartlet's Childers mare, Hartley's Blind Horse, Highland Laddie.

Langham 1769, par Herod et Tortoise mare, Godolphin, Brother to Mixbury.

c Lauderdale (ex Y-Traveller) 1788, par King Fergus et Holme's Y-Trunnion mare, Blank, Rib. Vainqueur du Saint-Léger.

c Laurie Todde 1827, par Whisker et Maid of Lorn par Castrel.

f Launcelot 1837, par Camel et Banter par Master Henry. Vainqueur du Saint-Léger, 2e au Derby. 10 courses, 6 victoires.

Y-Laurel 1790, par Laurel (Dux) et Moorpoult par Y-Marske.

Laurel 1771, par Dux et Bonduca par Bandy.

c Laurel 1779, par Evergreen et Thereza par Matchem.

c Laurel v. 1760, par Cade et Starling mare, Traveller, Hartley's Blind Horse.

c Layton Barb v. 1765.

c Leamington 1854, par Faugh a Ballah et Pantaloon mare is. de Daphne. 2 fois vainqueur du Chester Cup et 1 du Goodwood Stakes.

f Leeds's Arabian v. 1695.

Leeds's Brown Arabian v. 1765.

f Leeds's v. 1700, par Leeds's Arabian et Spanker mare is. de Morocco Barb mare (Spanker's Dam).

c Leeds's Dragon v. 1710, inconnu.

c Leedes (Wildman's) v. 1750, par Second et Starling mare is. de Sister to Wane's Little Partner.

* The Leg 1841, par Liverpool et Rubini mare is. de Spermaceti.

Legacy, ou Burdett's Little David, 1740, par The Bolton's Goliah et Y-Whymsey par Whitefoot.

c Lennox 1798, par Delpini et Violet par Shark. En Irlande.

c Lennox 1767, par Bustard et irlandaise inconnue.

Lennox 1809, par Buffer et Peweet par Tom Turf. En Irlande.

Legacy v. 1812, inconnu.

Leopold 1811, par Jerry Sneak et Crazy Jane par Tom Turf.

Leporello 1837, par Giovanni et Brutandorf mare is. de Mrs Cruickshanks.

f Le Sang 1759-1778, par Changeling et Duchess par Whitenose.

c Lethe 1799, par Sir Peter et Queen Mab par Eclipse.

c Leviathan, ou Mungo, 1771, par Marske et Regulus mare Sister to Figurante.

c Leviathan 1793, par Highflyer et Everlasting par Eclipse.

c Leviathan 1827, par Muley et Windle mare, Anvil, Virago.

c Lewes 1804, par Gohanna et Trumpetta par Trumpator.

c Lexicon 1775, par Marske et Sportmistress par Warren's Sportsman.
Lexington's Arabian v. 1720.

* Libertine 1820, par Filho da Puta et Saucho mare, Beningbrough 1805,
Sir Peter.

c Liberty v. 1772, par Squirrel et Gibson's Arabian mare, Cade, Mogul.

c Lieutenant 1833, par The Colonel (Whisker) et Sweetlips par Emilius.

c Lightfoot v. 1747, par Cade et Bay Bolton mare Sister to Bonny Lass.

c Lilliput v. 1720, par The Bald Galloway et Wilkinson Barb mare is. de
M. Milbank's Bald Peg.

c Lilliput 1790, par Pot 8o's et Leveret par Florizel.

v Lilliputian 1794, par Y-Marske et Phœnomenon mare is. de Calliope.

c Lignum Vitœ 1797-1811, par Walnut et Miss Judy par Alfred.

c The Libel 1842, par Pantaloon et Pasquinade par Sovereign. 7 courses,
3 victoires.

*cLinck Boy 1824, par Aladdin et Doll Tearshett par Sorcerer. Vainqueur
du Goodwood.

c Lincoln 1773, par Highflyer et Shakespeare mare is. de Barbara.
Lincoln 1757, par Oroonoko et Godolphin Arabian mare Sister to Mirza.

c Lionel Lincoln 1822, par Whalebone et Sorcerer mare, Black Diamond.
The Lion 1826, par Tiresias et Emma par Orville.
The Lion 1829, par Brutandorf et Wagtail par Prime Minister.

v Lister's Turk, ou Stradling, v. 1680.
Little Ball (Sir W. Wynn's) v. 1740, par S. W. Wynn's Bay Arabian et
Merlin mare, inconnue.
Little David (Burdett's), ou Legacy, 1740, par Bolton's Goliah et Y-
Whymsey par Whitefoot.
Little Devil 1793, par Dungannon et Nelly par Portmaster.

c Little England 1812, par Cramlington et Javelin mare is. de Sister to
Toby par Highflyer.

c Little Flyer v. 1782, par Bourdeaux et Yarico par Eclipse.

c Little Go v. 1812, par Haphazard et Impeachment par Gohanna.

c Little George (M. Pelham's) v. 1715, par Curwen's Bay Barb et inconnue.

c Little Harry 1847, par Epirus et Fraudulent par Venison.

c Little Humphrey v. 1785, par King Fergus et Chastworth mare is. de
Little Sally.

c Little Isaac 1774, par Sulphur et Caroline par Snap.

c Little Jack 1833, par Edmund et Sea Breeze par Paulowitz.

c Little John (The Bolton's Little John) 1731, par Partner et Bay Bolton
mare, Basto, Y-Spanker.

c Little John v. 1740, par Partner et Grey Brocklesby par Bloody Buttocks.

v Little John 1816-1830, par Remembrancer et Hasty par Walnut.

c Little John 1834, par Lottery et Tuft par Whisker.

c Little John 1841, par Muley Moloch et Catton mare is. de Dulcinea.
Little John 1842, par Phœnix, ou Gladiator, et Belinda par Blacklock.

c Little John 1786, par Highflyer et Horatia par Eclipse.

c Little Known 1836, par Muley et Lacerta par Zodiac.
c Little Orville 1816, par Orville et July par Waxy.
f Little Partner (M. Pearson's) 1745, par Forester et Partner mare, Grey
      Hound, Bay Farewell.
f Little Red Rower 1827, par Tramp et Miss Syntax par Paynator. 46 courses,
      17 victoires. 2e au Derby.
* Little Rover 1844, par Cydnus et Skim mare is. de Grey Helen.
c Little Scar v. 1815, par Basto et inconnue.
c Little Wonder 1837, par Muley et Lacerta par Zodiac. Vr du Derby.
   The Litton Arabian v. 1715.
f Liverpool 1828-1844, par Tramp et Whisker mare is. de Mandane.
      27 courses, 7 victoires ; 66 produits ayant gagné 160 prix en 7 ans.
   Liverpool Junior 1837, par Liverpool et Orville mare, Buzzard, Hornpipe.
*c Liverpool (ex Willie Crawford) 1854, par Springy Jack et Anne Page par
      Touchstone. 5 courses, 4 victoires.
   Llewellyn 1809, par Warrior et Y-Marske mare is. de Gentle Kitty.
c Llewellyn 1809, par Saint-George et Brother to Eagle mare is. de Calabria.
   Llewellyn v. 1819, par Rubens et Haphazard mare, Pot 8o's, Pegasus.
c Llewellyn 1832, par Sir Gray et Spring par Whiskey.
   Loadstone 1782, par Magnet et Syphon mare is. de Red Rose.
c Loadstone 1812, par Camel et Queen of The Wale par Tarrare.
   Loadstone 1841, par Touchstone et Ildegarda par Bob Booty.
*c Loadstone 1845, par Touchstone et Latitude par Langar.
* Lockell 1822, par Selim et Williamson's Ditto mare is. de la jument
      arabe de M. Williamson.
*c Locksley, ou Strongfont, ou Stamford, 1817, par Smolensko (Stamford)
      et Tooce par Buzzard.
c Locust v. 1750, par Crab et Fox mare, Childers, Makeless.
c Locomotive 1833, par Wawerley (Whalebone) et Minima par Election.
c Loiterer 1807, inconnu.
c Logic v. 1832, par Lottery et Miss Fox par Glow Worm.
   Logic 1820, par Selim et Piquet par Sorcerer.
c Logie O'Buchan 1796, par Rockingham et Queen Mab par Mercury.
c Longbowe 1848, par Ithuriel et Miss Bowe par Catton.
c Longinus 1847, par Slane et Elf par Shakespear.
c Longinus 1832, par Longwaist et Y-Duchess par Walton.
   Y-Locust 1756, par Locust et Dairy Maid par Bloody Buttocks.
f Lop, ou Grey Lop, 1780, par Crop et Alexis mare is. de Boxer's Dam.
c Lovemore 1785, par Bourdeaux et Chrysolite mare is. d'Angelica.
c Lothario 1767, par Old England et Second mare is. de Sister to Perseus.
f L'Orient 1799, par Star et Abigaïl par Woodpecker.
c Longwaist 1831-1835, par Whalebone et Nancy par Dick Andrews.
c Lofty, (Mr Wane's) (ex Deputy) 1753, par Godolphin Arabian et The
      Widdrington mare par Partner.
c Y-Longwaist 1832, par Longwaist et Shuttle mare 1813, Oberon mare.

F Looby (Larkin's) 1735, par Partner et Grey Brocklesby par Bloody Buttocks.

C Looby (Duke of Bolton's) 1728, par Bay Bolton et Golden Locks par Mostyn's Grasshopper.

Looby (Wildman's) 1770, par Marske et Babraham mare is. de Ball mare.

Looby (Lord Derby's) v. 1735, par Pigot Bay Turk et Terror mare, is. de Barb mare.

Looby (Routh's) 1744, par Looby (Bay Bolton's) et Bartlet's Childers mare is. de Hartley's Blind Horse mare.

C London 1841, par Liverpool Junior et Margrave mare is. de Patty Primerose.

F Lonsdale's Bay Arabian, ou Lonsdale's Arabian, v. 1728.

Lonsdale's Grey Arabian v. 1740.

Lord John 1822, par Interpreter et Agatha par Orville.

Lord Carlisle's Turk v. 1700.

Lord Carlisle's Barb v. 1720.

F Lord Sligo Waxy, nom donné en Irlande à Waxy Pope, aussi appelé Pope.

Lord Fairfax's Morocco Barb v. 1690.

Lord Heathfield's Grey Arabian v. 1798.

Lord d'Arcy's Chesnut Arabian v. 1680.

Lord Stamford's Old George v. 1750, inconnu.

C Lord Godolphin's Byerly Gelding v. 1719, par Byerly Turk et inconnue.

Lord Oxford's Dun Arabian v. 1700.

C Lord Oxford's Arabian 1824-1849.

Lord Oxford's Barb v. 1750.

Lord Morton's Arabian v. 1740.

Lord Brocke's Arabian v. 1730.

Lord d'Arcy's White Turk v. 1700.

Lord Spanker's Morocco Barb v. 1700.

C Lord Mayor 1836, par Pantaloon et Honey Moon par Filho da Puta.

C Lord Malpa's Horse v. 1720, par Darley Arabian et Royal mare.

C Lord Nelson 1855, par Collingwood et Virago par Velocipède.

C Lord of The Isles 1852, par Touchstone et Fair Helen par Pantaloon. Vainqueur du Prix de la Reine à Newmarkett.

Lord Stafford 1829, par Langar et Waxy mare is. de Bizarre.

F Lot v. 1760, par Y-Sweepstakes et Mogul mare is. de Y-Camilla.

Lot v. 1835, par Lottery et Rhodacantha par Comus.

*F Lottery (ex Tinker) 1820, par Tramp et Mandane par Pot 8o's. 12 victoires dont la Coupe d'York. 29 vainqueurs.

C Lounger 1794, par Drone et Miss Judy par Alfred. Vr du Saint-Léger.

Louther's Arabian v. 1820.

C Loup Garou v. 1850, par Lanercost et Moonbeam par Tomboy.

Lovaine's Arabian v. 1760.

C Lowther (ex Rossinante, ex Nox) 1809, par Sancho et Highflyer mare is. de Purity.

c Lowtherbourg v. 1840, par Mameluke et Smolensko mare is. de Miss Chance.

Lucifer 1833, par Peter Lely et Proserpine par Rhadamantus.

Lucifer 1789, par Highflyer et Snap mare is. de Riddle.

c Lucifer v. 1830, par Lottery et Pimlico par Partisan.

Lucifer 1752, par Tartar et Bartlet's Childers mare is. de The Dam of Warlock Galloway.

r Lucan 1796, par Sir Peter et Brown Charlotte par Highflyer.

c Lucius 1830, par Emilius et Cobweb par Phantom.

Luck's All v. 1803, par Stamford et Marchioness par Lurcher.

Luck's All v. 1832, par Tramp et Flora par Camillus.

Luggs v. 1700, par Lord d'Arcy's White Turk et a Foreign mare.

c Lurcher 1789, par Dungannon et Vertumnus, ou Eclipse, mare, is. de Compton Barb mare.

Lurcher 1838, par Grey Leg et Harpalice par Gohanna.

c Luss v. 1720, par Hedley et Jessy par Totteridge.

* c Lutzen 1810, par Gustavus et Shrimp par Scud.

Lutwyche 1806, par Delpini et Miss Teazle par Sir Peter.

c Luxor 1844, par Bay Middleton et Thèbes par Tiresias.

c Luzborough 1820, par Williamson's Ditto et Eleonore par Dick Andrews.

r Lycurgus 1767, par Blank et Bonny Lass par Bay Bolton.

Lynceus 1843, par The Saddler et Marpessa par Muley.

c Lynceus 1801, par Buzzard et Rose par Sweetbriar et Merliton.

c Y-Lycurgus v. 1768, par Blank et Snip mare, Lath, Snake.

M.

c Macbeth 1783, par Justice et Cygnet mare, Cartouch, Ebony.

c Macbeth v. 1811, par Sorcerer et Precipitate mare is. de Lady Harriet.

r Macheath 1774, par Warren's Camillus et Regulus mare is. de Miss Patty.

Macheath 1772, par Squirrel et Bay Susan par Mosès.

c Mac Orville 1814, par Orville et Weathercock mare is. de Cora.

Madcap v. 1820, par Dyer's Dimple et inconnue.

Madman (ex Telemachus) 1800, par Traveller et Columba par Alfred.

Magenta (ex Harry Blaff) 1855, par Collingwood et Barbara par Plenipotentiary.

c Magic v. 1800, par Volunteer et Marcella par Mambrino.

c Magic 1808, par Sorcerer et Highflyer mare 1788, Marske, inconnue.

Magic 1769, par Matchem et Traveller mare, Goliah, Dimple.

c Magician 1833, par Zinganee et Babel par Interpreter.

Magician 1811, par Sorcerer et Hambletonian mare is. de Goldenlocks.

r Magistrate 1814, par Camillus et Lady Rachel par Stamford. 10 victoires.

r Magnet 1770, par Herod et Cassandra par Blank.

Magnet 1834, par Reveller et Morisca par Morisco.

Magnet 1825, par Merlin (Miss Newton's) et Shoveler par Scud.

Magnet v. 1850, par Touchstone et Camel mare is. de Lady Elisabeth.
The Magnate 1832, par Battledore et Archeduchess par Rubens.
c Magnum Bonum 1810, par Sorcerer et Maiden par Sir Peter.
F Magnum Bonum 1773, par Matchem et Swift mare is. de Dairy Maid.
c Magnus Troil 1829, par Partisan et Erichto par Sorcerer.
c Magog 1762, par South et Tortoise mare, Godolphin Arabian, Brother to
Mixbury.
c Magog 1773, par Matchem et Rib mare is. de Mother Western.
c Magpie 1833, par Albany et Agnès, ou Grey Agnès, par Président.
c Magpie 1786, par Imperator et Columbine par Eclipse.
Y-Magpie 1798, par Magpie et Mercury mare, Highflyer, Snap.
Magpie 1798, par Pot 8o's et Brighton Bell par Mambrino.
c Maïda 1804, par Beningbrough et Calabria par Spadille.
c Maidstone (ex Peter) 1799, par Beningbrough et Lardella par Y-Marske.
Majocchi (ex Maggot) 1816-1831, par Waxy et Mockbird par Popinjay.
c Mahomet 1760, par Bajazet et Miss Western par Sedbury.
* Mahomet 1824, par Muley et Dick Andrews mare, Grouse, Wixen.
c Mahomet 1832, par Sultan et Cobweb par Phantom.
F Makeless v. 1798, par The Oglethorpe Arabian et inconnue.
Malcolm Arabian v. 1820.
c Malcolm 1843, par The Doctor et Myrrha par Maleck.
c Malcolm 1831, par Dunsinane et Hedley mare is. de Gramarie
c Maleck 1824-1830, par Blacklock et Juniper mare is. de Sorcerer mare.
*FMalton 1845, par Sheet Anchor et Fair Helen par Priam. Vainqueur du
Chester Cup, 10 courses, 3 victoires, 2 fois second.
c Mambrino 1829-1842, par Cervantes et Governante par Governor.
c Mambrino 1768, par Engineer et Cade mare, Bolton's Little John,
Favorite.
c Malvolio v. 1750, par Liverpool et Malvoisie par Bay Middleton.
*FMameluke 1824, par Partisan et Miss Sophia par Stamford. Vainqueur du
Derby, 2e au Saint-Léger et au Goodwood. 16 courses, 9 victoires.
Mambrunello (ex Wauxhall Snap) 1761, par Snap et Cade mare,
Bolton's Little John, Favorite.
Mammon 1812, inconnu.
Mamoth 1814, par Hyperion et Allegranti par Pegasus.
c Manfred 1796, par Woodpecker et Mercury mare, Miranda par Snap.
Manfred 1835, par Muley et Solace par Longwaist.
F Manfred 1814, par Election et Miss Whasp par Waxy.
c Manchester 1829, par Blacklock et Whisker mare is. de Mandane.
c Manchester 1828, par Whisker et Muta par Tramp.
c Mango 1806, par Sorcerer et Hornby Lass par Buzzard.
c Mango 1834, par Emilius et Mustard par Merlin. Vr du Saint-Léger.
c Manica 1717, par Darley Arabian et Jester par Merlin.
Marengo v. 1810, non inscrit au Stud-Book.
Mansfield's Arabian v. 1820.

* c Marcellus 1819, par Selim et Briseïs par Beningbrough.

March's Barb v. 1750.

* Marinier 1825, par Merlin (is. de Y-Bab) et Goosander par Hambletonian.

r Mark Anthony 1767, par Spectator et Rachel par Blank.

Markam Arabian v. 1650.

c Mark Anthony 1841, par Voltaire et Francesca par Partisan.

Mark 1790, par Weasel et Columba par Alfred.

c Marcus, ou Bay Malton, 1826, par Filho da Puta et Rocket par Castrel.

* Mareschall 1770, par The Saanah Arabian et Nun par Sampson.

r Marlborough 1745, par Godolphin Arabian et Large Hartley mare par Hartley's Blind Horse.

Maresfield 1824-1833, par Antar et Sorcerer mare is. de Tawny.

c Maple 1830-1841, par Partisan et Pomona par Vespasian.

c Mark's man 1808, par Paynator et Dragon mare is. de Queen Mab.

r Marmion 1806-1830, par Whiskey et Y-Noisette par Diomed.

Marmion 1807, par Sir Peter et Thalia par Highflyer.

c Margrave 1829, par Muley et Election is. de mare Fair Helen. Vainqueur du Saint-Léger.

c Maroon 1837, par Mulatto (Catton) et Miss Giles par Lottery.

c Mark's man v. 1740, par Godolphin Arabian et Hampton Court Arabian mare is. de The Leedes mare.

c Marquis 1798, par King Fergus et Duchess par Herod.

c Marquis 1821, par Comus et Delpini mare 1802 is. de Tipple Cider.

c Markwel (Mr Lincoln's) v. 1760, par Godolphin Arabian et Snip mare is. de The Widdrington mare.

r The Marshall, ou Selaby Turk, v. 1680.

Marshall's White Barb v. 1714.

Marshall Soult 1838, par Velocipède et Cerberus mare is. de Miss Cranfield.

Marshall Blucher 1811, par Alexander et Fadladinida par Sir Peter.

c The Marshall 1829-1832, par Phantom et Louisa par Orville et Quadrille.

r Marske 1750-1779, par Squirt et Hutton's Blacklegs mare, Bay Bolton, Fox's Cub.

r Y-Marske 1771-1800, par Marske et Blank mare is. de Bay Starling.

Marske (Clay Hall's) 1772, par Marske et Regulus mare is. de Cypron.

c Marske (Richardson's) 1792, par Y-Marske et Cora par Matchem.

Marske (Fettyplace's) 1762, par Marske et Miss Cranbourne par Godolphin Arabian.

c Martello 1833, par Defence et Jewess par Moses.

c Mars, ou Play or Pay, 1791, par Ulysses et Herod mare, Regulus, Rib.

c Martin v. 1755, par Cade et Crab mare is. de Lord Portmore's Abigaïl.

Marvel 1767, par Matchem et Traveller mare, Goliah, Dimple.

Marvel 1828, par Muley et Lacerta par Zodiac.

c Marvel v. 1815, par Sancho et Saint-George mare is. de Aethe.

c Marsyas v. 1850, par Orlando et Malibran par Whisker.

c Maskwell 1793, par Y-Marske et Phœnomenon mare is. de Calliope.

Mascat Arabian 1834.

Masque v. 1740, par Godolphin Arabian et inconnue.

c Master Bagot v. 1785, par Bagot et Harmonia par Eclipse.

M'. Fray 1817, par Piccadilly et Hambletonian mare, Coriander mare.

c M'. Jockey 1804. par Johnny (King Fergus) et Seedling par Pumpkin.

F M'. Henry 1815, par Orville et Miss Sophia par Buzzard. 18 victoires.

c M'. Lowe 1817, par Walton et Pledge par Waxy.

M'. Massey's Black Barb v. 1710.

c M'. Richard 1809, par Dick Andrews et Saltram mare, Matchem, Regulus.

M'. Roberts 1811, par Buffer et Spinster par Shuttle.

M'. of The Rolls 1833, par Lottery et Medora par Swordsman.

M'. Thomas 1839, par Tomboy et Mamsel Otz par Blacklock.

c M'. Teazle 1793, par Sir Peter et Horatia par Eclipse.

*F M'. Wags 1833, par Langar et Parthenessa par Cervantes.

M'. Goodall (ex Giles Scroggins) 1804, par Sir Solomon et Miss Judy
par Alfred.

M'. Henry 1841, par Non Sense et Miss Petworth par Whalebone.

c M'. Robert 1793, par Star et Y-Marske mare, Dorimond, Portia.

F M'. Curwen's, ou Curwen's Bay Barb, voyez ce nom.

M'. Wane's Horse v. 1720.

F Matchem 1748-1781, par Cade et Partner mare 1735, Makeless, Brimmer.
354 triomphateurs, ayant remporté 801 prix en 25 ans.

c Matchem Squirt 1769, par Matchem et Squirt mare, Mogul, Y-Camilla.

Y-Matchem v. 1767, par Matchem et Coate's Lass of The Mill par
Oroonoko.

F Matchless 1754, par Godolphin Arabian et Sorcheels mare is. de Sir
R. Milbank's mare par Makeless.

c Y-Matchless 1764, par Matchless et Crazy par Lath.

Maxim 1770, par Latham's Snap et Regulus mare is. de Cypron.

Mathew Persian v. 1720.

Maxim, étalon irlandais, v. 1790, non inscrit au Stud-Book.

Maximus (ex Whynot) 1792, par Highflyer et Y-Tuberose par Y-Marske.

c May Day 1819, par Ardrossan et Sir Peter mare is. de Miss Gunpowder.

May Fly 1823, par Piscator et Alexander mare, Sir Peter, Miss Herwey.

c May Duke 1760, par Emilius et Hutton's Spot mare, Sweepstakes,
Hampton Court Chesnut Arabian.

c Mazeppa 1819, par Election et Miss Whasp par Waxy.

* Mazeppa v. 1840, par Camel et Miss S. King, inconnue. (Anglo-arabe.)

c Meaburn v. 1720, par un inconnu et Philipson's Turk mare.

Meadow's Arabian v. 1760.

c Mealy 1790, par Pot 8o's et Macaria par Herod.

Mecca Arabian v. 1820.

c Medoro 1824-1843, par Cervantes et Marianne par Sorcerer.

F Melbourne 1834-1859, par Humphrey Clinker et Cervantes mare, Golumpus, Paynator. 18 courses, 9 victoires.

c Memnon 1802, par Whisker et Manuella par Dick Andrews. Vainqueur
    du Saint-Léger.

Memnon Junior 1832, par Memnon et Chorus mare is. d'Orville mare.

Mecœnas, ou Epsom, 1775, par Herod et Toy par Blank.

Memorandum v. 1814, par Random et Helen Mar par Remembrancer.

Memorandum 1807, par Remembrancer et Delpini mare is. de Tuberose.

c Mendoza 1788, par Javelin et Paymaster mare is. de Pomona.

* c Mendicant 1833, par Tramp et Lunacy par Blacklock. Vr du Derby.

c Mentor 1784, par Justice et Shakespeare mare, is. de Miss Meredith.

Mentor 1840, par Gladiator et Cervantes mare, Columpus, Paynator.

c Mentor 1842, par Sheet Anchor et Orville mare is. de Vizard mare.

Mephistophelès 1822, par Crecy et Sir Petronel mare is de Sorrow.

c Merchant 1825, par Merlin (Miss Newton's) et Quail par Gohanna.

c Mercury 1748, par Cade et Partner mare 1732 Sister to Miss Partner.

F Mercury, (Mercury Herod) 1778, par Eclipse et Tartar mare, Mogul,
    Sweepstakes.

Mercury 1834, par Irish Drone et Pleiad par Bob Booty.

c Mercutio v. 1790, par Mercury et Anne par Mark Anthony.

c Mercutio 1819, par Mowbray et Dick Andrews mare is. de Gamer Gurton.

F Merlin, ou Old Merlin, 1690, par Bustler et inconnue. Vr de Dragon.

c Merlin v. 1748, par Second et Lady Cow par Godolphin Arabian·

c Y-Merlin (Greville's) 1757, par Merlin et Molly Long Legs par Babraham.

c Merlin (Frampton's Merlin) 1720, par Old Merlin et inconnue.

F Merlin 1815-1833, par Castrel et Delpini mare (Miss Newton's).

c Merlin 1815, par Castrel et Bab Young, ou Y-Bab, par Sir Peter.

Merlin v. 1815, par Whiskey et Canary par Coriander.

Merlin v. 1805, par Sorcerer et Canary par Coriander.

* Y-Merlin 1827, par Merlin (Y-Bab) et Mona par Partisan.

c Merman 1826, par Whalebone et Orville mare (Mermaid).

Merry Andrew 1797, par Walnut et Sylvia par Y-Marske.

c Merry Andrew 1738, par Partner et Grey Brocklesby par Bloody Buttocks.

F Merry Andrew 1730, par Fox (Clumsy) et Bonny Lass par Bay Bolton.

Merry Andrew 1813, par Trumpator et Highflyer mare is. de Catherine.

c Merry Gorund 1808, par Dick Andrews et Highflyer mare, Catherine.

Merryman 1751, par Cade et Partner mare 1732 Sister to Miss Partner.

Merry Andrew 1739, par Fox (Clumsy) et Bonny Lass par Bay Bolton.

Merry Tom v. 1738, par Rooksby Turk et inconnue.

c Merry Traveller 1767, par Creeper et Bajazetta par Bajazet.

F The Merry Monarch 1842, par Slane et Margravine par Little John. Vain-
    queur du Derby. 4 courses, 1 victoire.

c Messenger v. 1780, par Mambrino et Turf mare, Regulus, Cypron.

* c Metaphysician 1763, par Snap et Godolphin Arabian mare, Belgrade Turk,
    Bartlet's Childers.

c Metaphysician 1776, par Metaphysician et Joan par Regulus.

F Meteor 1783-1811, par Eclipse et Merlin mare is. de Mother Pratt.

Meteor 1770, par Chrysolite et Dorinda par Hector.
Meteor 1839, par Velocipède et Dido par Whisker.
c Methodist 1768, par The Coombe Arabian et Blank Mixbury par Regulus.
Meunier 1836-1843, par Velocipède et Mopsa par Cannon Ball.
c Mexican 1775, par Snap et Matchem Middleton par Matchem.
F Mexico 1770, par Snap et Matchem Middleton par Matchem.
Mexico 1810, par Sancho et King Fergus mare, Herod, Pyrrha.
Michelton v. 1850, par Hetman Platoff et Mickleton Maid par Velocipède.
F Meynell v. 1736, par Partner et Grey Hound mare is. de Sophonisba's Dam.
Microscope 1787, par Y-Marske et Miss West par Matchem.
c Midas 1746, par Saucebox et Little Hartley mare par Bartlet's Childers
c Midas 1848, par Beiram et Merope par Voltaire.
*" Middlethorpe 1806, par Shuttle et Little Nan par Pipator.
c Middleton 1817, par Orville et Lampedosa par Bobtail.
F Middleton 1822, par Phantom et Web par Waxy. Vr du Derby.
Mildew v. 1850, par Slane et Semiseria par Voltaire.
Milesius v. 1825, non inscrit au Stud-Book.
c Milksop v. 1760, par The Duke's Crab et Miss Cranbourne par Godolphin
    Arabian.
Milo (ex Regulus) 1750, par Regulus et Whitefoot mare, Hip, Lord
    Carlisle's Augerton Horse.
* Milesian v. 1845, par Irish Birdcatcher et Virginia par Rowton.
c Miletus 1829, par Middleton (Phantom) et Smolensko mare is. de Zoraïda.
c Millipede v. 1840, par Velocipède et Monica par Lottery.
* The Miller, ou Sir Benjamin, 1846, par Lancrcost et Queen of Beauty
    par The Saddler.
c Miller v. 1795, par Volunteer et Maid of The Mill par Plunder.
c Milo 1802-1826, par Sir Peter et Wren par Woodpecker.
c Milo 1845, par Gladiator et Despatch par Defence.
*c Milton 1813, par Waxy et Miltonia par Patriot.
*c Milton v. 1850, par Bay Middleton et Bohemienne par Confederate.
c Milton 1790, par Rockingham et Pumpkin mare is. de Fleatcatcher.
Milo v. 1830, étalon irlandais non inscrit au Stud-Book.
* Milward's Arabian v. 1760.
c Mina 1820, par Orville et Barrosa par Vermin. Exp.
F Miner 1752, par Tartar et Y-Grey Hound mare, Curwen's Bay Barb mare.
c Minimus 1790, par Dungannon et Matchem mare Sister to Somebody 1778.
Miniken 1783, par Vauxhalls Snap et Hip par Herod.
c Minimus 1777, par Goldfinder et Princess par Northumberland Arabian.
Minimus 1784, par Trentham et Swiss mare, Cade, Bolton's Little John.
c Minister 1766, par Camillus et Sportly par Blank.
* Minister 1818, par Prime Minister et Ruler mare is. de Treecreeper.
*c Minor 1765, par Atlas et Shepherd's Crab mare, Lath, Crab.
c Minos 1816-1834, par Camillus et Lady Rachel par Stamford.
F Minos v. 1780, par Justice et Pangloss mare is. de Riddle.

*c Minotaur 1840, par Taurus et Lyrnessa par The Flyer.

* Minster 1829, par Catton et Orville mare is. d'Epsom Lass.

c Miracle 1759, par Changeling et Squirt mare, Mogul, Y-Camilla.

c Miracle 1776, par Le Sang et Syphon mare is. de Miss Mossop.

Mirmillo 1783, par Eclipse et Blank mare is. de Grey Snip.

c Mirror 1801, par Precipitate et Colibry par Gohanna.

r Mirza 1749, par Godolphin Arabian et Hobgoblin mare, Whitefoot, Leedes.

r Mist 1766, par Cadormus et Tartar mare is. de Skewcap.

Mistery 1773, par Herod et Blank mare is. de Grey Snip.

* Mistake, ou Tozer, 1811, par Fyldener et Fortunio, Highflyer, Nutcracker.

c Mittimus 1767, par Leede's Brown Arabian et Miss Leedes par Snap.

r Mixbury Galloway v. 1720, par Curwen's Bay Barb et Curwen's Old Spot
   mare is. de White Legged Lowter Barb mare.

c Brother to Mixbury Galloway v. 1722, par id. et id.

c Mixbury 1723, par Hutton's Spot et Mixbury mare, Mulso Turk mare.

Mocca Arabian v. 1830.

r Mogul v. 1741, par Godolphin Arabian et Large Hartley mare par
   Hartley's Blind Horse.

Y-Mogul v. 1742, par Mogul et Bay Bolton mare is. de Old Coquette.
   Erreur au Stud-Book.

Mogul 1837, par Saracen et Miniken par Manfred.

Son of Mogul v. 1747, par Mogul et Bay Bolton mare Sister to Starling.

*c Mohican 1826, prr Wofull et Sorcerer mare is. de Black Diamond.

*c Mokanna 1847, par Gladiator et Zenobia par Whalebone.

Molineux 1810, par Hambletonian, ou Haphazard, et Shuttle mare,
   Overton, Herod.

The Mole 1830-1841, par Picton et Waxy Pope mare is. de Double Bass.

Momentillo 1811, par Remembrancer et Margaret par Sir Peter et Brown
   Bess.

Monarch 1822, par Sovereign et Madryna par Orange Flower.

c Monarch 1823, par Comus et Corinne par Waxy.

c Monarch 1842, par Liverpool et Princess Victoria par Middleton.

Monkey 1774, par Saanah Arabian et Nun par Sampson.

c Monck 1818, par Hedley et Ralphina par Buzzard.

c Monkey v. 1720, par Curwen's Bay Barb et inconnue.

Monkey (Lord Lonsdale's) 1725, par Lonsdale's Bay Arabian et Curwen's
   Bay Barb mare, Byerly Turk, Arabian mare.

*c Monkey 1811, par Shuttle et Sir Peter mare (Lady's Maid).

*c The Moor 1822, par Muley et Black Beauty par Sorcerer.

c The Moor 1845, par Sir Hercules et Elf par Shakespear.

c Moorcock (ex Galileo) 1791, par Highflyer et Georgiana par Matchem.

Montezuma 1786, par Diomed et Empress par Eclipse.

c Monitor 1831, par Wanton et Sir Andrew mare is. de Tunefull.

Montesquieu, ou Humbug, 1773, par Chrysolite et Proserpine par Marske.

c Montreal 1836, par Langar et Legend par Merlin.

c Morat 1724 , par Bay Bolton et Newcastle Turk mare, Byerly Turk mare.
 Morgan's Arabian v. 1720.
 Morgan Rattler 1817, par Comus et Priscilla par Delpini.
 Morgan's Black Barb v. 1720.
c Morisco v. 1724, par Muley et Aquilina par Eagle.
c Moro 1755, par Starling et Brown Slipby par Slipby.
* Morocco 1821, par Crispin et Zoraïda par Don Quixote.
r Morocco Barb (Fairfax's) v. 1660.
 Morgan's Grey Barb v. 1720.
c Morgan Rattler 1799, par Mr. Teazle et Mrs Siddons par Garrick.
* Morotto 1831, par Gustavus et Morrowfat par Orville.
c Mortgage 1822, par Teasdale et Pledge par Waxy.
 Morton's Arabian v. 1750.
c Morton 1787, par Fox Hunter et Mortonia par Herod.
r Morwick 1769, par Matchem et Traveller mare is. de Hartley's Blind
 Horse mare.
g Y-Morwick v. 1775, par Morwick Ball et Engineer mare, Changeling, Cade.
r Morwick Ball 1762-1787, par Regulus et Traveller mare is. de Hartley's
 Blind Horse mare.
 Mosès v. 1746, par Lord Chedworth's Fox Hunter et inconnue.
c Mosès 1789, par Buzalgo et Pumpkin mare is. de Fleatcatcher.
r Mosès 1819, par Whalebone, ou Seymour, et Gohanna mare is. de Grey
 Skim. Vainqueur du Derby.
c The Moslem 1823, par Selim et Tredrille par Walton.
c Mosquito 1831, par Emilius et Butterfly par Magistrate.
c Mountebank 1779, par Eclipse et Hebe par Snap.
c Mountebank 1760, par Changeling et Regulus mare is. de Wilkie's mare.
c Mountebank 1808, par Gohanna et Sir Peter mare is. de Storace.
 Mountainier 1802, par Magic et Amelie par Highflyer.
 Mountaineer 1821, par Octavian et Shuttle mare, Oberon, Phœnomenon.
 Mountaineer v. 1830, par Longwaist et Y-Sweetpea par Godolphin.
c Mountain Deer 1848, par Touchstone et Mountain Sylph par Belshazzard.
 Battu par Teddington dans un match célèbre de 150,000 fr.
c Mowbray 1805, par Pandolpho et Mother Red Cap par Rockingham.
*c Muezzin 1833, par Sultan et Miss Cantley par Stamford.
c Mufty 1772, par Fitz Herod et Infant mare, Whittington, Crab.
c Mufty 1825, par Merlin (Miss Newton) et Dick Andrews mare Sister to
 Troubadour.
c Mufty 1772, par Damascus Arabian et Godolphin Arabian mare 1752
 Sister to Mirza.
r Muley 1810-1837, par Orville et Eleanor par Whiskey.
c Y-Muley 1828, par Muley et Miss Whasp par Shuttle.
c Muley Hassan 1839, par Bay Middleton et Muliana par Muley.
r Muley Moloch 1830, par Muley et Nancy par Dick Andrews. 17 courses,
 11 victoires.

c Mulatto 1811, par Sorcerer et Bronze par Buzzard.
ғ Mulatto 1823-1847, par Catton et Desdemona par Orville.
Mulberry 1833, par Muley et Rosalia par Walton.
Y-Mulatto 1837, par Mulatto (Catton) et Esmeralda par Cannon Ball.
Mulso Arabian v. 1750.
Mulso Turk v. 1725.
*cMultum in Parvo, ou Tandem, 1816, par Rubens et Jeannette par King Bladud.
Mowbray Hill 1829, par Blacklock et Walton mare, Luck's All, Pot 80's.
Muley, ou Old Muley, 1753, par Muley Ishmaël et Y-Ebony par Crab.
Muley Ishmaël v. 1745, inconnu.
ғ Mulgrave 1833, par Sir Hercules et Friendship par Master Goodall.
Mulso Bay Turk v. 1720.
The Mummer 1827, par Reveller et Mathilda par Ambrosio.
c The Mummy 1833, par Memnon et Mouche par Emilius.
c Mundig 1832, par Catton et Emma par Whisker. Vainqueur du Derby.
Mungo (ex Leviathan) 1771, par Marske et Regulus mare Sister to Figurante.
Mungo 1787, par Mungo et Herod mare, Snap, Chalkstone's Dam.
Mungo v. 1765, par Sampson et Locust mare, Cade, Miss Makeless.
Mungo (depuis Atom) 1765, par Damascus Arabian et Crab mare, Childers, Miss Jigg.
c Mungo 1804, par Sir Peter et Alexina par King Fergus.
c Murat v. 1845, par Slane et Hester par Camel.
c Mus 1833, par Bizarre et Y-Mouse par Godolphin.
Muscovite 1842, par Kremelin et Harmony par Reveller et Orville mare.
Musician (Old) 1804, par Worthy et Woodbine par Woodpecker.
Musician (Irish) v. 1830, par Old Musician et Rainbow mare is. de Boxer mare.
c Musician 1829, par Comus et Cerberus mare is. d'Alfana.
c Musjid 1856, par Newminster et Mendicant par Mendicant. Vr du Derby.
Musquito 1786, par Tandem et Highflyer mare is. de Silvertail.
Musquito v. 1830, par Master Henry et Fanny Leg par Castrel.
c Mussulman 1830, par Muley et Dick Andrews mare Sister to Troubadour.
*cMustachio 1824, par Whisker et Leon Forte par Eagle.
c Mustapha 1838, par Sultan et Velocity par Blacklock.
c Mustapha Muley 1836, par Muley et Nancy par Dick Andrews.
* Myrmidon 1821, par Partisan et Sea Mew par Scud.
c Myrtle 1780, par Morwick Ball et Rosebud par Snap et Cérès.
c Mystery 1753, par Blank et Paragon par Snip.

N.

ғ Nabob 1762, par Brilliant et Changeling mare, Cade, Bolton's Little John.
Nabob 1753, par Son of Mogul et Sweepstakes mare, Hampton Court Chesnut Arabian, Makeless.

Nabob 1787, par The Rumbold Arabian et Madcap par Snap.

r Nabob 1763, par Cade et Crab mare, Childers, Confederate Filly.

*c The Nabob 1849, par The Nob et Hester par Camel.

c Nabocklish 1811, par Rugantino (Commodore) et Butterfly par Mr. Bagot.

*c Napier 1840, par Gladiator et Marion par Tramp.

Nameless 1759, par Mosès et Partner mare 1751 Sister to The Widdrington mare.

Napoleon 1813, par Sorcerer et Lady Charlotte par Buzzard.

Napoleon Arabian v. 1820.

*r Napoléon 1824, par Bob Booty et Pope mare par Waxy Pope. 30 victoires
importantes.

r Narcissus 1756, par Wilson's Arabian et Cade mare 1749, Lonsdale's
Arabian, Darley Arabian.

Narcissus 1771, par Marske et Blossom mare Sister to Rosemary.

National (ou Redskin) 1849, par Robin Grey et Cleopatre par Sir Hercules.

* Navarin 1826, par Orville et Lacerta par Zodiac.

Navarino 1825. Voyez Irish Blacklock et Y-Blacklock par Blacklock.

c Navigator (Colonel Lumley's) 1802, par Trumpator et Y-Noisette par
Diomed.

c Navigator 1808, par Hambletonian et Y-Marske mare Sister to Abba
Thulle.

c Nautilus 1762, par Blank et Whiteneck par Crab.

c Naworth v. 1835, par Liverpool et Emilius mare Sister to Agreable.

c Neasham v. 1845. Il a commencé la monte en 1854.

Necromancer 1824, par Milo et Sorcerer mare, Sir Solomon, Y-Marske.

Negro 1821, par Comus et Lady Ern par Stamford.

c Necromancer 1805, par Sorcerer et Highflyer mare is. de Catherine.

Necromancer 1816, par Y-Sorcerer et Mrs Clarke par Chanter.

c Nectar 1813, par Walton et L'Huile de Venus par Whiskey.

c Nelson, ou Gameboy, 1842, par Tomboy et Lady Moore Carew par Tramp.

c Nelson 1834, par Lamplighter et Naiad par Whalebone.

Neptune 1825, par Tiresias et Rivulet par Rubens.

Nessus 1826, par Centaur et Eagle mare, Sir Peter, Deceit.

Nessus 1839, par Sir Hercules et Nanine par Selim.

Newcastle's Turk v. 1700.

c Newcastle v. 1800, par Waxy et Woodpecker mare, Matchem, Nisa.

Newcastle Jack 1751, par Babraham et Godolphin Grey Barb mare is. de
Sister to Tortoise par Whitefoot.

c Newcomb Arabian v. 1755.

Newcomb 1758, par Newcomb Arabian et Creeping Molly par Second.

New Court 1840, par Sir Hercules et Sylph par Spectre.

New Fashion 1830, par Irish Drone et Queensberry mare is. de Remnant.

Newmarkett 1818, par Cardinal York et Selima par Selim.

c Newmarkett 1802, par Waxy et Highflyer mare is. de Tencer's Dam.

c Newminster v. 1850, par Touchstone et Doctor Syntax mare, Minima.

c Newport 1846, par Epirus et Zimmerman mare is. de Jessie.
   Newton 1832, par Vélocipède et Mathilda par Comus.
   Newton's Bay Arabian v. 1715.
c Nigel 1822, par Election et Rowena par Haphazard.
c Nicolo 1820-1829, par Selim et Walton mare is. de Y-Giantess.
c Ninety-Three 1790, par Diomed et Nosegay par Justice. Vr du Saint-Léger.
   Nimrod 1755, par Wilson's Arabian et Miss Langley par Devonshire's
      Blacklegs.
   Nimrod (Hall's) v. 1760, inconnu.
   Nisus 1752, par Squirt et Godolphin Arabian mare, Little Hartley mare.
   Nisus 1768, par Spectator et Gaudy par Blank.
c The Nob 1838, par Glaucus et Octave par Emilius. Vr du Saint-Léger.
c Noble 1781, par Highflyer et Brim par Squirrel. Vr. du Derby.
ʀ Noble 1767, par Gamahoë et inconnue irlandaise.
c Noble 1744, par Godolphin Arabian et Hobgoblin mare 1739, Whitefoot,
      Leedes.
c Nobleman (Mr Massey's) 1790, par Highflyer et Coombe Arabian mare is.
      de Spectator mare.
c Non Compos 1829, par Bedlamite et Zora par Catton.
c No Pretender 1789, par Pretender et Snap mare, Miss Cranbourne.
c Non Sense 1830-1843, par Bedlamite et Zora par Catton.
   North Brito 1764, par Adolphus et Lass of The Mill par Oroonoko 1755.
   North Pole 1773, par Doge et Lass of The Mill par Oroonoko 1755.
c North v. 1850, par Pylades et inconnue.
c North Star 1768, par Matchem et Lass of The Mill par Oroonoko 1755.
   North Country Diamond v. 1730, inconnu.
   North Brito 1821, par Octavian et Pipator mare, Dragon, Queen Mab.
   North Star 1820, par Octavian et Pipator mare, Dragon, Queen Mab.
   Northumberland Arabian v. 1760.
   Northumberland Bay Arabian v. 1760.
   Northumberland Brown Arabian v. 1760.
   Northumberland Golden Arabian v. 1750.
   Northumberland Grey Arabian v. 1760.
   Northumberland 1754, par Cade et Fox mare, is. de Gipsy.
c Norval (ex Sir Andrew) 1802, par Hambletonian et Evelina par Highflyer.
c Norville 1802, non inscrit au Stud-Book.
c Nostel 1803, par Delpini et Pot 8o's mare is. de Flyer.
*c Novelist 1823, par Waverley (Whalebone) et Aigrette par Rubens.
c Nota Bene v. 1811, par Remembrancer et Katherine par Delpini.
*ʀ Nuncio 1839, par Plenipotentiary et Ally par Partisan.
*c Nunny Kirk 1846, par Touchstone et Bee's Wing par Doctor Syntax.
      Vainqueur des 2,000 Guinées et d'une poule de 1,200 livres.
c Nutcracker 1847, par Nutwith et Mecca par Sultan.
   Nutcracker 1774, par Squirrel et Whitenose mare, Grey Hound, Hartley's
      Blind Horse.

Nutshell 1847, par Nuthwith et Marmora par Sultan.

c Nutwich 1840, par Tomboy et Comus mare, Delpini, Miss Muston. Vainqueur du Saint-Léger. 7 courses, 3 victoires.

Nylghau 1845, par Bizarre et Memina par Smolensko.

O.

f Oakley 1833, par Taurus et Oak Apple par Royal Oak. 31 victoires.

c Oak Apple 1782, par Telemachus et Marske mare, A-la-Grecque.

c Oatlands 1793, par Dungannon et Lœtitia par Highflyer.

f Oberon 1779-1808, par Florizel et Snap mare is. de Blank Mixbury. 14 courses, 7 victoires.

c Oberon 1790-1808, par Highflyer et Mab par Eclipse.

c Occator, ou Offa's Dyke, 1807-1827, par Paynator et Anticipation par Beningbrough.

Occulator 1777, par Conductor et Carina par Marske.

O'Connell, ou Dan O'Connell, 1836, par Y-Emilius (Mercy) et Orville mare is. de Sprightly.

c Octavian 1807-1829, par Stripling (Phœnomenon) et Oberon mare is. de Sister to Sharper. Vainqueur du Saint-Léger.

c Octavius 1809-1831, par Orville et Marianne par Musty. Vr du Derby.

* Odessa 1833, par Adroit et Vocabulary par Interpreter.

c OEolus 1787, par Garrick et Indiana par Snap.

f Of Bloody Buttocks, ou Bloody Buttocks, étalon arabe, v. 1700.

c Offa's Dyke (ex Occator) 1807-1827, par Paynator. Voyez Occator.

c The Oglethorpe, étalon arabe, v. 1680.

c Oiseau 1809-1826, par Camillus et Ruler mare is. de Treecreeper. Vainqueur du Saint-Léger.

Old England 1741-1792-1842. Voyez à l'E.

c Old England (ex Sir William) 1793, par Sir Peter et Maid of Ely par Tandem.

c Old Port 1827, par Whisker et Dick Andrews mare, Shuttle, Sir Peter.

Old Port 1844, par Sir Hercules et Bee's Wing par Doctor Syntax.

Old Port 1792, par Pot 8o's et Leveret par Florizel.

Oleander 1776, par Herod et Y-Hag par Skim.

c Oleander 1848, par Touchstone et Olive par Tarragon.

c Olive 1811, par Sir Oliver et Scotina par Delpini.

c Olive 1787, par Woodpecker et Trentham mare is. de December.

c Oliver 1779, par Protector et Filippanta par Snap.

f Olympus 1768, par Gamahoë et irlandaise inconnue.

Olympus 1825, par Blacklock et Michaelmas par Thunderbolt.

c Olympic 1831, par Reveller et Whigzig par Rubens.

c Omar v. 1755, par Godolphin Arabian et Lath mare, Childers, Basto.

Son of Omar v. 1767, par Omar et inconnue.

c Omen 1825, par Orville et Whigzig par Rubens.

c Omnium 1758, par Snap et Miss Cade Sister to Y-Cade par Cade.

c Omnium 1774, par Omnium et Babraham mare is. de Coughing Polly.
Omnium, ou Piercer, 1799, par Dungannon et Vertumnus, ou Eclipse, mare is. de Compton Barb mare.
c Omnibus 1831, par Velocipède et Wagtail par Prime Minister.
The Oneida Chief 1839, par Divan et Juniper mare is. de Caprice.
c Onyx v. 1700, par Grey Hound et inconnue.
Oppidan 1825, par Rubens et Dorina par Gohanna.
Oracle 1815, par Sorcerer et Cecilia par Worthy.
c Oracle 1817, par Soothsayer et Buzzard mare, Highflyer, Catherine.
c Oran 1804, par Expectation et Augustina par Drone.
c Orange Flower v. 1798, par Trumpator et Orange Bud par Highflyer.
Orator 1780, par Northumberland Arabian et Snap mare is. de Riddle.
c Orestes 1776, par Herod et Proserpine par Marske.
* Orestes 1850, par Orlando et Bay Middleton mare is. de Vitula.
Orford Dun Arabian v. 1720.
Orford Arabian v. 1220.
The Orford's Bloody Shouldered Arabian v 1720.
Orford's Turk v. 1740.
Orford Arabian v. 1830.
Orford Arabian v. 1750.
Orford's Barb v. 1750.
c Orinoco 1851, par Chanticleer et Bay Middleton mare is. de Arbis.
Orion v. 1736, inconnu.
Orion 1840, par Bay Middleton et Sivertail par Gohanna.
Orion 1804, par Star et Walnut mare, Ruler, Piracantha.
Orion 1809, par Sancho et Coriander mare is. de Rosalind.
Orion 1809, par Totteridge et Orangeade par Whiskey.
Orion v. 1809, par Kite et Pot 8o's mare, Maid of The Oaks.
c Orlando 1799-1824, par Whiskey et Amelia par Highflyer.
r Orlando 1841, par Touchstone et Vulture par Langar. Vainqueur du Derby. 11 courses, 10 victoires.
c Orlando 1778, par Eclipse et Hecate par Snap.
c Ormerod v. 1772, par Gimcrack et Brilliant mare 1765, Whittington, Crab.
r Oroonoko 1745, par Crab et Miss Slamerkin par Y-True Blue.
Oroonoko v. 1730, par Hartley's Blind Horse et inconnue.
c Ormond 1789, par King Fergus et Miss Conforth par Matchem.
Oroonoko 1829, par Whalebone et Hazardess par Haphazard.
Orphan 1807, par Lethe et Vertumnus, ou Eclipse, mare is. de Compton Barb mare.
Orphan v. 1820, par Coniac et Cinderella par Dungannon.
Orphan 1801, par Overton et Highflyer mare is. de Monimia.
The Orphan 1840, par Diamond (Defence), ou Milo, et Fairy par Mayfly.
The Orphan 1844, par Plenipotentiary et Y-Whisker mare is. de Beatrice.
Orphan 1755, par Blank et Crab mare Sister to Black and all Black 1750.

* The Orphan Boy v. 1750, par Liverpool et Ardrossan mare, Lady Eliza.
c Orpheus v. 1766, par Matchem et Musick par Forester.
c Orpheus 1774, par Le Sang et Calliope par Slouch.
r Orville 1799-1826, par Beningbrough et Evelina par Highflyer, Vainqueur
   du Saint-Léger. 21 victoires.
   Orville Junior 1820, par Orville et Conceit par Walton.
   Orville Junior 1820, par Orville et Mistake par Waxy.
   Oscar v. 1820, par Juniper et Oscar mare is. de Dairy Maid.
   Oscar 1795, par Saltram et Highflyer mare 1784, Herod, Miss Middleton.
c Osmond 1821-1829, par Filho da Puta et Banshee par Sorcerer.
c Ospray 1784, par Highflyer et Snap mare, Lord Orford's Barb, Bartlet's
   Childers.
* c Osiris 1804, par Sir Peter et Ibis par Woodpecker.
   Ossian 1796, par Justice et Highflyer mare Sister to Toby.
   Ossian v. 1795, par Javelin et Highflyer mare Sister to Toby.
   Osman Arabian v. 1840.
   Ossory Arabian v. 1760.
   Ossory Barb v. 1760.
   Ostrick 1786, par Alfred et Engineer mare, Regulus, Oroonoko.
   Othello v. 1720, par Grey Hound et inconnue.
r Othello, ou Black and all Black, 1743, par Crab et Miss Slamerkin par
   Y-True Blue.
c Otho v. 1760, par Moses et Miss Vernon par Cade.
c Otho v. 1783, par Magnet et Maiden par Matchem.
c Otho v. 1810, par Sir Paul et Marcia par Coriander.
c Otho 1823, par Rhadamantus et Loo Choo par Peruvian.
c Otterington 1809, par Golumpus et Expectation mare is. de Calabria.
   Othello (Routh's) 1738, par Oroonoko (Hartley's Blind Horse) et Warlock
   Galloway par Snake.
c Oulston 1851, par Melbourne et Alice Hawthorn par Muley Moloch.
   Vainqueur de la poule des poulains de 3 ans.
c Ottoman 1812, par Selim et Annette par Volunteer.
   Outcry 1811, par Camillus et Waxy mare is. de Mrs Candour.
r Overton 1788-1801, par King Fergus et Herod mare Snip mare. 4 vict.
   Owl 1803, par Buzzard et Marcella par Mambrino.
c Oxonian v. 1850, par Vintonian et Laurel mare is. de Flight.
   Oxlade Arabian v. 1760.
   Oxton 1817, par Langton et Spindle par Shuttle.
* c Oxton 1838, par Muley Moloch et Trampina par Tramp.
   Oysterfoot v. 1720, inconnu.

P.

c Pacolet 1763-1786, par Blank et Whiteneck par Crab. 4 victoires.
   Padan Arabian v. 1830.
   Pactolus 1767, par Snap et Julia par Blank.

c Pacolet 1780, par Pacolet et Atalanta par Matchem.

Paddywack 1769, par Julius Cæsar et Maria Careless par Regulus.

Paget Turk v. 1710.

c Pam 1805, par Hambletonian et Mary Ann par Sir Peter.

c Pallafox 1787, par Crop et Coxcomb mare is. de Maria.

Pagham 1802, par Y-Woodpecker et Pumpkin mare is. de Fleatcatcher.

Pantaloon 1803, par Buzzard et Highflyer mare, Squirrel, Sophia.

r Pantaloon 1824, par Castrel (Buzzard) et Idalia par Peruvian. 8 courses, 6 victoires, dont le Saint-Léger et le Saint-Léger de Warwick.

c Y-Pantaloon 1772, par Matchem et Curiosity par Snap.

r Pantaloon 1767-1777, par Matchem et Curiosity par Snap.

Y-Pantaloon 1778, par Pantaloon et Cara par Adolphus.

Pantaloon v. 1845, par Pantaloon et Patroness par President.

Pandour 1813, par Walton et Pantina par Buzzard.

c Pangloss 1775, par Cade et Bartlet's Childers mare, Honywood's Arabian, True Blues's Dam.

Paddy 1828, par Saint-Patrick et Lisette par Hambletonian.

c Pan 1756, par inconnu et Godolphin Arabian mare Sister to Mirza.

Pan 1813, par Apollo et Delpini mare is. de Beningbrough mare.

c Pan 1805, par Saint-George et Bungannon mare (Arethuse). Vr du Derby.

*cParadox 1827, par Merlin (Miss Newton's) et Pawn par Trumpator. 14 victoires.

Parachute 1809, par Sorcerer et Parasol par Pot 80's.

Parlington 1814, par Remembrancer et Tooee par Buzzard.

c Parrot 1813, par Walton et Trumpator mare is. de Demirep.

Parsnip v. 1785, par Pot 80's et Granadilla par Herod.

r Partner 1718-1747, par Jigg (Mostyn's) et Sister to Mixbury par Curwen's Bay Barb.

Partner (Grisewood's) 1831, par Partner et Hutton Grey Barb mare, Whynot, Wilkinson's Turk.

Y-Partner 1734, par Partner et Grey Hound mare is. de Brown Farewell.

Partner (Bright's) 1746, par Bright's Arabian et True Blue mare, Cyprus Arabian, Bonny Lass.

Partner (Moore's) v. 1730, par Partner et Bay Bolton mare Sister to Starling.

r Partner 1776, inconnu.

Partner Little, ou Pearson s Little Partner, 1745, par Forester et Partner mare, Grey Hound, Bay Farewell.

* Pagan 1838, par Muley Moloch et Fanny par Jerry.

Palemon 1838, par Glaucus et Peggy par Bourbon.

c Palmerin 1816, par Amadis et Orvillina par Beningbrough.

c Pandolpho 1789-1813, par Pretender et Snap mare, Miss Cranbourne.

Panton's Arabian v. 1758.

Panton's Grey Barb v. 1750.

c Paragon 1783, par Paymaster et Calash par Herod. Vr du Saint-Léger.

c Paragon 1822, par Soothsayer et Belvoirina par Stamford.
c Paragon, arabe, v. 1829.
Paragone 1843, par Touchstone et Hoyden par Tomboy.
, Paragon 1843, par Plenipotentiary et Runaway par Cydnus.
c Paragon v. 1770, par Shakespear et Tuting's Polly par Black and all
    Black.
* Parchement, ou Tring, 1817, par Tunderbolt et Nepenthe par Walton.
c Paris 1803, par Sir Peter et Horatia par Eclipse. Vr du Derby.
Paris 1831, par Waterloo et Posthuma par Orville.
. Paris 1831, par Whisker et Queen Coil par Sweetwilliam.
Paris 1769, par Brilliant et Whittington mare is. de Sister to Black and
    all Black par Crab.
Paris 1773, par Eclipse et Helen par South.
c Paris, ou Pumicestone, 1851, par Cotherstone et The Duchess of Lorraine
    par Pantaloon.
Parker's Arabian v. 1760.
Parker's Cumberland v. 1745, par Cumberland et inconnue.
Parthean 1840, par Jered et Cyprian par Partisan.
Parthian 1772, par Chrysolite et Paragon par Snip.
Parthian 1830, par Champion (Selim) et Idalia par Peruvian.
F Partisan 1811-1835, par Walton et Parasol par Pot 80's.
Patrician 1819, par Haphazard (Sir Peter) et Viscountess par Waxy.
Patrick 1783, par Tandem et Engineer mare, Regulus, Oroonoko.
c Patriot v. 1757, par Regulus et Patriot mare 1745, Crab, Bay Bolton.
Patriot 1787, par Y-Marske et Miss Conforth par Matchem.
c Patriot 1790, par Rockingham et Io par Spectator.
Patriot (Lord Stawell's) 1777, par Marske et Tuzzimuzzi par Snap.
c Patriot (D. of Bolton's) v. 1729, par Bay Bolton et Jigg mare, Old Lady.
c Patroclus v. 1795, par un inconnu et Highflyer mare, Marske, inconnue.
c Patron 1826, par Partisan et Rubens mare 1813 is. de Guildford Nan.
Patshull Arabian v. 1820.
*cPaulus 1811, par Sir Paul et Antœus mare is. de Mercury mare. 12 vict.
Pavilion v. 1810, par Waxy et Totterella par Dungannon.
c Pawlowitz 1813-1829, par Sir Paul et Evelina par Highflyer.
F Paymaster, ou Iesmond, 1766-1791, par Blank et Snap Dragon par Snap.
. Y-Paymaster 1770, par Paymaster et Le Sang mare Sister to Amazon.
F Paynator 1791, par Trumpator et Mark Anthony mare is. de Signora.
c Pea Cock, de race espagnole, v. 1680.
c Pegasus 1784, par Eclipse et Bosphorus mare is. de Sister to Grecian
    Princess par William's Forester.
c Pegasus 1756, par Starling et Coughing Polly par Childers.
Pelham's Barb v. 1720.
Pelican 1797, par Woodpecker et Mercury mare is. de Miranda.
Pelham's Arabian v. 1720.
Pelham's Bay Barb v. 1695.

Son of Pelham's Bay Barb v. 1700, par Pelham's Bay Barb et Sir J. Pearson's Old Wen mare Sister to Clumsy par Hautboy.

Pelham's Hip v. 1722, par Curwen's Bay Barb et Sister to The Dam of Brocklesby Betty par Lister Turk.

* Pegasus 1826, par Tiresias et Saffi par Son of Dick Andrews.

c Pelion 1853, par Ion et Ma Mie par Jerry.

c Pierse (ex Grey Walton) 1817 par Walton et Lisette par Hambletonian.

c Pelican v. 1823, par Oiseau et Miss Aide par Sir Peter.

c Pelops 1831, par Middleton (Phantom) et Niobe par Sir David.

Pembroke Arabian v. 1760.

c Pencil 1789, par Ruler et Syphon mare is. de Miss Wilkinson.

c Pencil 1779, par Sampson et Cade mare, Lonsdale's Bay Arabian, Bonny Lass.

c Pendulum 1814, par Orville et Momentilla par Brother to Repeator.

Pendulum 1812, par Y-Selim et Miss Aide par Sir Peter.

Pennington Arabian v. 1760.

Pentagruel 1794, par King Fergus et Matchem mare, Snap, Oroonoko.

c Pensionner 1763, par Matchless et Fancy par Crab.

c Peppermint v. 1850, par Sweetmeat et Pantalonnade par Pantaloon.

Percy 1803, par Stamford et Belle Fille par Weazle.

Percy 1816, par Walton et Delpini mare, Beningbrough, Eustatia.

Percy Ali Arabian v. 1760.

Percy Bay Arabian v. 1760.

Percy Grey Arabian v. 1760.

c The Percy Arabian v. 1776.

Percy 1835, par Margrave et Erin Lass par Holly Hoc.

c Perchance 1811, par Haphazard (Sir Peter) et Buzzard mare (Miss Holl).

Peregrine 1771, par Y-Snip et Crab mare, Fox, Gipsy.

c Periclès 1809, par Evander et Precipitate mare, Highflyer, Snap.

Perithoüs 1773, par Herod et Harriet par Blank.

c Perseus 1744, par Starling et Coughing Polly par Bartlet's Childers.

Persian Stallion (Duke's of Richemond's) v. 1712.

Perseverance (ex Allerdale) 1826, par Frolic et Otis par Bustard 1820.

Persian (Mr Howe's) v. 1720.

c Pert, ou Old Pert, v. 1710, par The Ely Turk et inconnue.

Persian Stallion v. 1690, à Lord Bolingbroke.

Pertinax 1828, par Emilius et Pawn par Trumpator.

c Peruvian v. 1800, par Sir Peter et Boudrow mare, Squirrel, Babraham.

c Pet 1796, par Buzzard et Pot 8o's mare, Maid of The Oaks.

c Peter, ou Maidstone, 1799, par Beningbrough et Lardella par Y-Marske.

* Peter Liberty 1822, par Amadis et Juniper mare, Sorcerer, Virgin.

Peter Liberty 1829, par Peter Lely et Miss Wilkes par Octavian.

r Peter Lely 1818-1841, par Rubens et Stella par Sir Oliver. 24 courses, 13 victoires.

r Peter Pindar 1792, par Javelin et Sweet Heart par Herod.

Peter Simple 1831, par Tealers et Spring par Whisker.
c Petronius (1808-1822) par Sir Peter et Louisa, par Buzelin, vainqueur du Saint-Legers
c Petruchio 1762, par Snap et Cade mare, Mogul, Miss Slamerkin
c Petruchio 1856, par Orlando et Virago par Velocipede
* Petworth 1825, par Little John et Canopus mare; Teddy, The Grinder mare
o Petworth 1795, par Precipitate et Woodpecker mare, Span, Blank
c Petworth 1818, par Rainbow et Dora par Driver
   Petworth 1828, par Whalebone et Vinegar par Octavian
   Peveril 1821, par Selim et Rosabella par Whiskey.
* Peyrusse 1852, par A British Yeoman et Decrepit par Defence
o Phantom 1737, par Hobgoblin et Son of Hutton's Grey Barb mare, Gibbon's Gipkins, The Fen mare.
* Phantom (1808) par Walton et Julia par Whiskey, 15 victoires dont le Derby, Exp. 1832
c Y-Phantom v. 1815, par Phantom et Emmeline par Woxy
c Pharamond 1761, par Highflyer et Giantess par Matchem
o Pharaoh 1753, par Blaze et Godolphin Arabian mare, Brother to Blad- bury, Snockface
   Phasis 1820, par Quiz et Persepolis par Alexander
c Philidor v. 1774, par Herod et Harriet par Blank
   Phillippo's Arabian v. 1760.
   Phillippo's Turk v. 1760.
   Philistine 1738, par Childers et Fox mare, Graham's Champion mare
o Phillipson's Turk v. 1849.
   Phillippe Brown Turk v. 1760
   Phillippo ... et Dulcinea.
c Philip The First 1828, par Langar et Queensberry mare par Tramp
* Philosopher 1841, par Voltaire
   Phlebotomist 1804, par Beningbrough et Sir Peter mare, The Old Matchem
* Phlegon (1766-1790) par Matchem et Crab mare, Roxy, Gipsy
   Philegon 1840, par Sultan, ou Blacklock
c Phoenix v. 1740, par Godolphin Arabian et dam
* Phoenix 1762, par Matchem et Duchess par Whitenose
   Phoenix 1741, par Lonsdale's Arabian et Hillflower par Brother to Mixbury.
o Phoenix (ex The Chitchat) 1816, par Marmion (Sir...) et Spindleleg
o Phoenix 1784, par Sweet William et ... par Spectator
o Phoenix 1808, par Buzzard (Blacklock) et Cobweb par Phantom
* Phenomenon (1780-1798) par Herod et ... par Sultan, Valdburg, Saint-Leger, 1 brouter, 19 victoires
* Phoebe 1786, par Matchem et Goldfinch mare par Charles Gallo
* Phosphor 1819, par Meteor et Mon par Sir Peter.
o Phosphor 1832, par Sample et Rubens mare, par...

c Phosphorus 1834, par id. et id. Vainqueur du Derby.

* r Physician 1829, par Bulandorf et Primette par Prime Minister. 16 courses,
    10 victoires.

Picaroo 1817, par Haphazard (Sir Peter) et Rosabella par Whiskey.

Picaroon 1813, par Camillus et Oriana par Beningbrough.

c Picaroon 1835, par Voltaire et Hand Maiden par Walton.

* Piccadilly 1801, par Buzzard et Alexander mare, Highflyer, Alfred.

c Piccadilly 1766, par Squirrel et inconnue.

^ Piccadilly 1828, par Reveller et Spermaceti par Whalebone.

^ Pick-Pocket 1828, par Saint-Patrick et Hedley mare is. de Jessy.

Pick-Pocket 1807, par Swindler et Lady Emily par Lennox. En Irlande.

Pickle 1786, par Highflyer et Mop Squeezer par Matchem.

Piercer (ex Omnium) 1799, par Dungannon et Vertumnus, ou Eclipse,
    mare is. de Compton Barb mare.

r Pigot Arabian, ou Coombe Arabian, ou Bolingbroke Bay Arabian, v. 1750.

Pigot Turk (Mr Mostyn's) v. 1720.

Pigot Bay Turk v. 1720.

c Picton 1819, par Smolensko (Sorcerer) et Eleonore par Dick Andrews.

Picton Elf v. 1830, par Picton et Elf par Langar.

Pierrepont 1802, par Sir Peter et Alfred mare Sister to Tickle Toby 1789.

Picture v. 1770, par Jalap et Lass of The Mill par Oroonoko.

c Pierpoint 1767, par Snap et Regulus mare, Partner, Childers.

c Piercefield 1784, par Highflyer et Y-Cade mare is. de Childerkin.

c Pigeon 1831, par Reveller et Wings par The Flyer. Exp. v. 1836.

Pilgaric v. 1819, par Woful et Elisabeth par Sancho.

c Pilgrim v. 1763, par Sampson et Cade mare, Starling, Old Traveller.

Pigrim 1826, par Blacklock et Wagtail par Prime Minister.

c Pilgrim 1827, par Waverley (Whalebone) et Waultress par Walton.

Pilgrim 1822, par Ardrossan et Banshee par Sorcerer.

Pilgrim v. 1797, par Restless et Rosaletta par Nabob.

c Pilot 1770, par Dainty Davy et Dizzy par Blank.

Pilot 1762, par Snap et Modesty par Cade.

c Pilot (Mr Lade's) 1782, par Pilot 1770 et Marske mare, Regulus, Steady.

r Pincher 1765, par Shakespeare et Tuting's Polly par Black and all Black.

Pioneer 1769, par Engineer et Y-Snip mare is. de Peggy.

c Pioneer v. 1768, par Old England et Traveller mare is. de Smiling Molly.

r Pionner 1804-1825, par Whiskey et Prunella par Highflyer.

r Pipator 1786-1804, par Imperator et Brunette par Squirrel.

r Piper 1766, par Captain et Orford Barb mare, Bartlet's Childers, Warlock
    Galloway.

Piper Tom 1784, par Carabineer et Matchem mare, Snap, Oroonoko

c Piping Peg v. 1700, par Lister Turk et inconnue.

c Piscator v. 1814, par Walton et Rosabella par Whiskey.

c Piscator 1767, par Matchem et Whitenose mare, Grey Hound, Bartley's
    Blind Horse.

c Piscator 1799, par Trumpator et Saltram mare, Herod, Carina.
F Place's White Turk v. 1662-1690.
  Son of Place's White Turk v. 1690, par Place's White Turk et inconnue.
c Plaistow 1730, par Childers et Ebony par Childers.
c Planet 1772, par Eclipse et Shepherd's Crab mare is. de Miss Meredith.
c Planet 1792, par Dungannon et Stargazher par Highflyer.
c Planet 1843, par Bay Middleton et Plenary par Emilius.
c Play Fellow 1770, par Matchem et Duchess par Whitenose.
c Play Fellow 1786, par Stoic et Playting par Matchem.
  Play Fellow 1788, par Diomed et Turk mare, Dux, Virago.
  Y-Play Fellow 1792, par Diomed et Turf mare, Dux, Virago.
c Play Fellow 1771, par Matchem et Childers mare, Basto, Curwen's Bay
    Barb.
  Play Fellow 1783, par Dorimant et Maria par Blank.
F Play or Pay (ex Mars) 1791, par Ulysses et Herod mare, Regulus, Rib.
  Ploughboy 1803, par Volunteer et Orange Squeezer par Highflyer.
F Plenipotentiary 1831, par Emilius et Harriet par Pericles. Vr du Derby,
    l'avant dernier au Saint-Léger. 8 courses, 7 victoires.
c Ploughator 1793, par Trumpator et Evergreen mare is. de Thereza.
  Plenipo 1780, par Mr Parker's Arabian et Blank mare is. de Lass of The
    Mill.
  Plumper 1817, par Election et Stamford mare is. de Miss Judy.
c Plumper 1820, par Prime Minister et Delpini mare is. de Miss Muston.
c Plunder 1771, par Herod et Nancy Sister to Rocket par Blank.
c Plunder 1833, par Jerry et Snowball par Prime Minister.
c Pluto 1816, par Selim et Epsom Lass par Sir Peter.
c Poddle v. 1845, par Ion et Ma Mie par Jerry.
  Pœan 1854, par The Hero et Soldier's Joy par The Colonel.
c Pointers v. 1809, par Giles et Woodpecker mare, Herod, Mayden.
c Poke 1805, par Waxy et Woodcot par Mentor.
* Polecat 1843, par Bay Middleton et Pussy par Pollio.
c Policy 1839, par Bustard (Castrel) et Lucetta par Zodiac. Vr du Goodwood.
c Polisson (ex Beau Garçon) 1768, par Snap et Regulus mare, Cypron.
c Pollio v. 1820, par Orville et Blue Stockings par Popinjay.
c Poll Thompsons 1790, par inconnu et Weasel mare, Pacolet, Marske.
c Polydamus 1763, par Spectator et Polly par Blank.
c Pompey 1774, par Marske et Y-Cade mare 1765 is. de Miss Thigh.
  Pompey 1797, par Pegasus et Cinderwench par Ancient Pistol.
c Pompey v. 1840, par Emilius et Variation par Bustard.
F Pontac 1772, par Marske et A-la-Grecque par Regulus.
c Pontefract 1784, par Highflyer et Alcides mare, Crab, Fox.
c Pontefract 1827, par Cervantes et Clinkerina par Clinker
F Pontifex 1771-1794, par Marske et Polly par Black and all Black.
c Pontifex v. 1845, par Touchstone et Crucifix par Priam.
c Pontiff 1834-1842, par Waxy Pope et Phytoness par Sorcerer.

Pool 1789, par King Fergus et Highflyer mare is. de Plotina.

Pooley Diamond v. 1700, inconnu.

r Pope, ou Waxy Pope, ou Lord Sligo Waxy, 1806, par Waxy et Penelope par Trumpator. 17 victoires, dont le Derby.

c Pope, ou Shuttle Pope, 1807, par Shuttle et Oberon mare, Stride, Xanthos.

c Pope 1814, par Wayy Pope et Penelope par Swordsman.

c Popinjay 1799, par Buzzard et Boudrow mare, Squirrel, Babraham.

c Popinjay 1822, par Usquebaugh (Whiskey) et Atalanta par Walton.

Poppet (Lord N. Manner's) v. 1744, par Childers et Cyprus Arabian mare, Commoner, Makeless.

Portland Arabian v. 1750.

c Porus 1750, par Marksman et Whitefoot mare 1751, The Leedes mare.

c Portrait 1820, par Comus et Miniature par Rubens et Prue.

c Portrait v. 1827, par Morisco et Miniature par Rubens et Y-Chryseïs.

c Postboy, ou Old Postboy, v. 1720, par Dyer's Dimple et inconnue.

Postboy (ex Sparrowhank) 1795, par Falcon et Dux mare is. de Sister to Figurante.

r Postmaster 1771, par Herod et Snap mare, Gower Stallion, Childers.

c Posthumus 1754, par Godolphin Arabian et The Widdrington mare par Partner.

c Posthumus 1781, par Herod et Northumberland mare, Regulus, Lord Morton's Arabian mare.

c The Potentate 1832, par Langar et Don Juan mare is. de Moll in The Wad. 15 victoires dans une année.

r Pot 8o's 1773-1800, par Eclipse et Sportmistress par Warren's Sportsman. 26 courses, 17 victoires.

Potosi 1781. par Herod et Goldfinder mare is. de Lovely.

c Poulton 1805-1823, par Sir Peter et Fanny par Diomed.

c Pounce v. 1829, par Merlin (Miss Newton's) et Surprise par Scud.

Poynton 1843, par Touchstone et Lady Stafford par Comus.

Predictor 1823, par Soothsayer et Precipitate mare is de Magnolia The Younger. Exp. 1835.

* c Premium 1820, par Aladdin et Gohanna mare is. de Grey Skim.

c President 1810, par Sancho et Miss Teazle Hornpipe par Sir Peter.

c President 1811, par Camillus et Miss Teazle Hornpipe par Sir Peter.

Brother to President 1815, par Camillus et Miss Teazle Hornpipe.

President 1814, par Governor (Hamilton's) et Hebe par Overton.

r Precipitate 1787-1803, par Mercury et Herod mare is. de Mayden. 10 courses, 7 victoires, une fois 2e.

* Pretty Boy 1852, par Idle Boy 1839 et Lena par Glaucus.

c Preslaw 1847, par The Provost et Sillistria par Reveller.

c Pretender 1764, par Syphon et Alcides mare, Crab, Fox.

r Pretender 1771, par Marske et Bajazet mare is. de Miss Western. 10 courses, 8 victoires: 1 fois 2e.

Priam v. 1760, inconnu.

f Priam 1827, par Emilius et Cressida par Whiskey. Vr du Derby et 2 fois
    du Goodwood. 21 courses, 18 victoires. Exp.

c Y-Priam, ou Wild Hero, 1836, par Priam et Sea Mew par Scud.
    Priam 1804, par Archduke et Harriet par Volunteer 1794

c Prim 1745, par Crab et Ebony par Childers.

c Prime Minister 1810, par Sancho et Miss Hornpipe Teazle par Sir Peter.

c Prime Minister v. 1850, par Melbourne et Sheet Anchor mare is. de Medea.
    Prime Rose 1777, par Omnium et Babraham mare is. de Coughing Polly.

*f The Prime Warden 1834, par Cadland et Zarina par Morisco.
    Prince v. 1823, par Holly Hoc et Jumelle par Buffer.
    Prince 1829, par Figaro et Princess par Comus.
    Prince 1829, par Figaro et Grecian Queen par Catton.
    Prince Charles 1792, par Highflyer et Mop Squeezer par Matchem.
    Prince Eugène 1825, par Whisker et Shuttle mare is. de Lady Sarah.

c Prince Ferdinand 1786, par Herod et Matchem mare, Squirt, Mogul.
    Prince Herod 1778, par Herod et Blank mare is. de Grey Snip.

c Prince Ferdinand v. 1760, par Tartar et Hutton's Spot mare, Salome.
    Prince Cobourg 1814, par Selim et Pipylina par Sir Peter.

*c Prince Caradoc 1838, par The Colonel (Whisker) et Queen of Trumps
    par Velocipède.

c Prince Leopold 1813, par Hedley (Sir Peter) et Gramarie par Sorcerer.
    Vainqueur du Derby.

c Prince Paul 1815-1818, par Walton et Cressida par Whiskey.
    Prince of Wales 1836, par Langar, ou Jered, et Whisker mare, Matilda.
    Prince of Wales 1828, par Smolensko (Sorcerer) et Queen of Diamonds
    par Diamond.

c Prince T. Quassaw 1751, par Snip et Dairy Maid par Bloody Buttocks.
    Prior 1771, par Coombe Arabian et Madge par Blank.

c Prior 1789, par Delpini et Miss Judy par Alfred.

c The Prior 1839, par Muley Moloch et Rebecca par Lottery.

c Privateer 1777, par Dainty Davy et Hepatica par Syphon.

c Prize 1768, par Snap et Julia par Blank.

c Prize-Fighter v. 1784, par Florizel et Promise par Snap.
    Probation 1766, par Gibson's Arabian et Julia par Blank.
    Profligate 1836, par Emancipation et Billingsgate par Filho da Puta.

c Pron v. 1788, inconnu.

f Prophet 1760, par Regulus et Jenny Spinner par Partner.

c Protector v. 1760, par Shepherd's Crab et Crazy par Lath.

c Protector 1770, par Matchem et Cypron par Blaze.

c Prospero 1801,-1816, par Whiskey et Nymph par Dorimant.

c Proselyte 1816, par Sorcerer et Pope Joan Sister to Pledge par Waxy.

f The Provost 1836, par The Saddler et Rebecca par Lottery. 14 courses,
    8 victoires, dont le Scarborough Stakes.

c Puff 1735, par Childers et Basto mare, Curwen's Bay Barb, Old Spot.

f Pulleine's Chesnut Arabian v. 1700.

Son of Pulleine's Chesnut Arabian v. 1700, par Pulleine's Chesnut Arabian
  et inconnue.
c Pumicestone (ex Paris) 1851, par Cotherstone et The Duchess of Lorraine
  par Pantaloon.
r Pumpkin 1769, par Matchem et Squirt mare, Mogul, Camilla.
  Y-Pumpkin 1778, par Pumpkin et Herod mare, Godolphin Arabian,
  Childers.
c Punch v. 1780, par Herod et Marske mare, Cullen Arabian, Blacklegs.
  Punch 1796, par Driver et Trentham mare is. de December.
c Plyade v. 1850, par Surplice et Bay Middleton mare is. de Vitula.
c Pyracmon 1789, par Anvil et Eclipse mare, Herod, Carina.
*c Pyroïs v. 1775, par Matchem et Sampson mare is. de Jenny O!
*r Pyrrhus 1767, par Sprightly et Snip mare, Regulus, Bloody Buttocks.
  Pyrrhus 1798, par Alexander (Eclipse) et Trifle par Justice.
*r Pyrrhus The First 1843, par Epirus et Fortress par Defence. Vr du Derby.

Q.

c Quack v. 1765, par Blank et Y-Cade mare, Fox, Gipsy.
  Quack 1784, par Orpheus et Herod mare, Engineer, Bay Malton's Dam.
  Quasimodo v. 1845, par Harkaway et Esmeralda par Economist.
c Queensberry 1794, par King Fergus et Blast par Herod.
c Queensberry (ex Herrington) 1810-1826, par Remembrancer et Fair Char-
  lotte par Precipitate.
  Queensberry (ex Constable) 1823, par Magistrate et Trictrac par Dick
  Andrews.
c Quick Silver 1789, par Mercury et Florizel mare, Spectator, Horatia.
  Quick Silver 1792, par Mercury et Lethe par Highflyer.
  Quick Silver 1833, par Memnon et Filho da Puta mare is. de Strumpet.
  Quick Silver 1834, par Velocipède et Silvertail par Gohanna.
  Quill Arnold 1838, par Langar et Blacklock mare is. de Louisa.
c Quince 1851, par Slane et Preserve par Emilius. Vr du Goodwood.
r Quiz 1798-1826, par Buzzard et Miss West par Matchem 24 victoires,
  dont le Saint-Léger.
c Y-Quiz 1820, par Quiz et Grey Duchess par Pot 8o's.
c Quizzer 1810-1824, par Quiz et Grey Duchess par Pot 8o's.

R.

  Raad's Son of Childers v. 1735, par Childers et inconnue.
*c Rabat Joie 1844, par Sir Hercules et Harmony par Reveller.
c Raby (ex Bud) 1827, par Tiresias et Pomona par Vespasian.
  Radcliffe's Arabian v. 1750.
*r Rainbow 1808, par Walton et Iris par Brush. 2 victoires.

Racer 1779, par Sweetbriar et Editha par Snap.

Rainbow 1802, par Skyscraper et Matchem mare, Syphon, Shakespear.

c Rainbow 1766, par Blank et Naylor par Cade.

Rainbow v. 1740, par Bloody Buttocks et Bay Bolton mare, Commoner, Brisk.

Rajah v. 1818, inconnu.

Ralph, 1787, par Sir Solomon et Star mare is. de Moorpoult.

c Ralph 1838, par Doctor Syntax et Catton mare is. d'Altisidora.

* Ralph 1854, par Jack Robinson et Decrepit par Défence.

c Rake 1774-1784, par Highflyer et Miss Romp par Matchem.

c Rake 1715, par Grey Hound et Pet mare par Wastell's Turk.

c Rake 1760, par Sampson et Marcia par Godolphin Colt.

Rambler v. 1831, par Reveller et Sylph par Spectre.

c Rambler 1804, par Whiskey et Teopha par Highflyer.

Random 1817, par Haphazard et Witch par Sorcerer. En Irlande.

c Random 1774, par Squirrel et Matchem Middleton par Matchem.

c Ransom 1778, par Alfred et Old England mare, Cullen Arabian, Miss Cade.

Ranger 1749, par Hutton's Spot et Mixbury mare, Mulso Turk, Bay Bolton.

r Ranthos 1763-1694, par Matchem et Squirt mare, Mogul, Camilla.

c Ranger 1822, par Partisan et Smolensko mare is. de Comical's Dam.

Ranger 1775, par Herod et Legacy par Y-Snip.

Ranger (Bay) 1760, par Regulus et Hutton's Spot mare, Mixbury, Mulso Turk.

Ranger Chestnut (Mr Hutton's) 1759, par Regulus et Hutton's Spot mare, Mixbury, Mulso Turk.

c Rasping 1813, par Brown Bread et Pegasus mare is. de Sancho's Dam.

c Rasselas 1773, par Matchem et Squirt mare, Mogul, Camilla.

Ranter 1815, par Comus et Beningbrough mare is. de Rosamond.

c Raphaël 1812, par Rubens et Irish par Brush.

Rapid 1822, par Leopold et Lady Heron par Marmion.

Rapid 1832, par Velocipède et Mopsa par Cannon Ball.

c Rapid Rhone 1824, par Partisan et Espagnolle par Orville. 2° au Derby.

c Ranvillies 1817, par Rubens et Symmetry par Sir Peter.

c Rasp 1821, par Navigator (Hambletonian) et Steam par Waxy Pope.

c Ratan v. 1835, par Buzzard (Blacklock) et Picton mare is. de Selim mare.

r Rataplan v. 1850, par The Baron et Pocahontas par Glencoë.

r Ratcatcher 1830, par Langar et Rufina par Blacklock. 66 courses, 25 victoires.

c Rattle 1839, par Langar et Whisker mare, Gohanna, Fraxinella.

Rattle v. 1720, par Son of J. Harpur's Barb et Royal mare.

c Rattler (Old) 1784, par Magnum Bonum et Flora par Lofty.

Rattler v. 1810, par Old Rattler et Snap mare, inconnue.

r Ratcatcher 1773, par Snap et Blank mare is. de Naylor.

Rattler 1787, par Imperator et Emma par Spectator.

Rattler 1819, par Thunderbolt et Madryna par Orange Flower.

c Rasselas 1825, par Wanderer et Orville mare is. de Selim's Dam.
   Rattler 1828, par Reveller et Trotinda par Williamson's Ditto.
c Rattrap v. 1834, par Bizarre et Y-Mouse par Godolphin.
c Rebel 1791, par Trumpator et Fancy par Florizel.
   Rebel 1829, par Phantom et Trotinda par Williamson's Ditto.
   Raymond 1824, par Catton et Banshee par Sorcerer.
c Record v. 1840, par Emilius et Farce par Swiss. Exp. 1844.
   Rocordon v. 1807, par Remembrancer et Fair Charlotte par Precipitate.
   The Recorder 1836, par Langar et Laura par Figaro.
f Recovery 1827, par Emilius et Rubens mare 1817 is. de Tippity Witchet.
   Recruit v. 1845, par Auckland et Bedlamite mare, Juniper, Caprice.
c Recruit 1794, par Volunteer et Highflyer mare is. de Teucer's Dam.
   Brother to Recruit 1795, par id. et id.
f Recruit 1823, par Whalebone et Teddy The Grinder mare, Gohanna mare.
c Recruit 1853, par The Colonel (Whisker) et Galatea par Amadis.
   Recruit 1803, par Soldier (Chocolate) et Crazy Jane par Tom Turf.
c Recruit 1779, par Eclipse et Plotina par Snap.
c Red Deer 1841, par Venison et Soldier's Daughter par The Colonel.
c Redgauntlet v. 1825, par Scud et Dulcinea par Cervantes.
f Red Hart 1844, par Venison et Soldier's Daughter par The Colonel.
   10 prix en une année.
   Red Robin v. 1845, par Gladiator et Brandy Snap par Muley Moloch.
c Red Rover 1827, par Middleton (Phantom) et Rubens mare 1813 is. de
   Guildford Nan.
c Red Rover 1851, par Venison et Soldier's Daughter par The Colonel.
   Red Rover 1841, par Sir John et Rachel par Muley.
c Red Rower 1831, par Lottery et Miss Thomasina par Welbeck.
   Redskin (ex National) 1849, par Robin Grey et Cleopâtre par Sir Hercules.
f Redshank 1833, par Sandbeck et Johanna par Selim. 31 courses, 19 vic.
*c Redstart 1827, par Whisker et Rhodacantha par Comus.
c Redstreat 1843, par Tipple Cider et Pollio mare, Phantom, inconnu.
c Regent 1816, par Election et Stamford mare is. de Miss Judy.
c Regent 1778, par Protector et Squirrel mare, Blank, Regulus.
   Regalia 1819, par Catton et Paynator mare is. de Violet.
c Regatta 1772, par Eclipse et Blank mare, Oroonoko, Regulus.
   Reginald 1827, par Figaro et Frailty par Filho da Puta.
c Reginald 1818, par Haphazard (Sir Peter) et Prudence par Waxy.
f Regulator 1767, par Careless et Cullen Arabian mare is. de Grisewood's
   Lady Thigh.
f Regulus 1739-1765, par Godolphin Arabian et Grey Robinson par The
   Bald Galloway. 8 courses, 8 victoires.
   Regulus 1747, par Regulus et Partner mare, Cupid, Hautboy.
   Regulus (Basset's), ou Milo, 1750, par Regulus et Whitefoot mare, Hip,
   Lord Carlisle's Angerton Horse.
   Regulus (Salt's) 1764, par Regulus et Sapho par Regulus.

Regulus 1788, par Y-Morwick et Princess par Turf.

Reindeer 1848, par Venison et Charlotte par Liverpool.

F Remembrancer 1800, par Pipator, ou Sir Peter, et Queen Mab par Eclipse. 10 victoires, dont le Saint-Léger et la Coupe de Doncaster.

*c Rembrandt 1819, par Vandyke Junior et Fillagree par Soothsayer.

Remnant 1825, par Blacklock et Anticipation par Beningbrough.

c Repeator 1791, par Trumpator et Demirep par Highflyer.

Brother to Repeator 1793, par id. et id.

Resolution 1813, par Orville et Star mare, Y-Marske, Emma.

Restoration v. 1835, par Recovery et Whisker mare, Sam, Morel.

c Restless 1788, par Phœnomenon et Duchess par Le Sang.

F Retriever 1836, par Recovery (Emilius) et Taglioni par Whisker.

Retriever 1827, par Spectre et Reality par Anticipation.

c Retriever 1827, par Smolensko (Sorcerer) et Georgina par Wofull.

c Revenge 1830, par Fungus et Williamson's Ditto mare is. d'Agnès.

Revenge 1798, par Tom Tit et Lethe par Highflyer.

c Revenge 1791, par Marske et Figurante par Regulus.

Revenue 1815, par Knowsley 1795 et Cerealia par Delpini.

F Reveller 1815, par Comus et Rosetta par Beningbrough. 15 victoires, dont le Saint-Léger et 3 Coupes d'or.

c Revolution 1827, par Oiseau et Emma par Don Cossack.

c Rhadamantus 1787, par Justice et Flyer par Sweetbriar. Vr du Derby.

c Rhadamantus 1815, par Camillus et Lady Rachel par Stamford.

Ranthos 1844, par Liverpool et Billingsgate par Filho da Puta.

F Rib 1738-1758, par Crab et Doll par Lord d'Arcy's Woodcock.

c Rib 1751, par Rib et Margery par Partner.

c Y-Rib 1757, par Old Rib et Mother Western par Smith's Son of Snake.

Richard 1803, par Groswenor Arabian et Nelly par Postmaster.

Richard's Arabian, at Hampton Court, v. 1715.

* Richemond 1849, par Melbourne et La Femme Sage par Gainsborough.

Richemond 1799, par Walnut et Paymaster mare 1788, Le Sang, Rib.

Richemond v. 1750, par Brilliant et Lath mare, Snake, Grey Wilkes.

c Riemming-Rhein 1841, par The Saddler et Mab par Duncan Grey. Vainqueur du Derby.

Richemond 1775, par Squirrel et Cade mare, Belgrade, Clifton Arabian.

c Richemond's, ou Duke of Richemond's Turk, v. 1730.

c Son of Duke of Richemond's Turk, ou Colt of Lord Cardighan's, v. 1735, par Richemond's Turk et Sister to Leedes par Leedes's Arabian.

Rider's Chesnut Barb v. 1700.

c Riddlesworth v. 1835, par Emilius et Fillagree par Soothsayer.

Brother to Riddlesworth v. 1835, par id. et id.

c Riffleman v. 1850, par Touchstone et Camp Follower par The Colonel.

c Riffleman v. 1800, par Soldier et Rockingham mare is. d'Hebe.

Rinaldo 1819, par Amadis et Clinkerina par Clinker.

c Righton v. 1835, par Palmerin et Occana par Cerberus.

c Ripon v. 1750, par Forester et Roundehad mare, Bartlet's Childers, Hartley's Blind Horse.
c Rioter 1782, par Conductor et Termagant par Eclipse.
c Risque (Mr Walker's) v. 1774, par Metaphysician et inconnue.
Roan Barb v. 1720.
F Robert de Goran 1839, par Sir Hercules et Duvernay par Emilius. 20 courses, 7 victoires, 2e au Derby.
c Robin Adair v. 1815, par Walton et Canidia par Sorcerer.
Robin 1839, par Doctor Syntax et Catton mare is. d'Altisidora.
* Y-Robin Adair 1825, par Robin Adair et Euphrasia par Rubens.
Robin Grey v. 1830, père non indiqué, et President mare, inconnue.
Robin Hood v. 1850, par Slane et Merlin mare, Oscar, Dairy Maid.
Robin Hood 1824, par Blacklock et Marion par Tramp.
c Robin Hood 1789, par Dungannon et Lady Teazle par Highflyer.
Robin Grey (ex Diomed) 1790, par Diomed et Grey Dorimant par Dorimant.
c Robin Hood 1817, par Octavius et Gohanna mare is. de Catherine.
Robin Hood 1828, par Lottery et Smolensko mare is. de Roxana.
c Robinson Crusoë v. 1732, par Jigg et Bustard mare is. de Old Wilkes.
Rob The Ranter 1811, par Caleb Quotem et Fair Forester par Alexander.
c Rob-Roy v. 1815, par Dick Andrews et Pipator mare is. de Queen Mab.
c Robinson Crusoë 1829, par Helenus et Zafra par Partisan.
F Robsy 1717, inconnu. Vainqueur de Chanter.
F Rocket 1758, par Blank et Crab mare is. de The Widdrington mare.
Rockingham Arabian v. 1760.
F Rockingham 1781-1799, par Highflyer et Purity par Matchem. 17 courses, 11 victoires, dont la Coupe du Roi.
c Rockingham 1830, par Humphrey et Medora par Swordsman.
c Rococo 1834, par Cetus et Blacklock mare is. d'Altisidora.
c Roëbuck 1829, par Partisan et Fawn par Smolensko.
c Rockdale 1801, par Sir Peter et Goldenlocks par Delpini.
Rocksby Turk v. 1730.
c Rockwood v. 1690, inconnu.
Son of Rockwood v. 1700, par Rockwood et inconnue.
Rocket 1751, par Regulus et Conqueress par Sir W. Wynn's Spot.
c Rockwood (Pulleine's) v. 1700, par Pulleine's Chesnut Arabian et Lonsdale's Tregonwell mare par Rockwood.
Son of Rockwood (Pulleine's) v. 1700, par Pulleine's Rockwood et inconnue.
* Roebruck 1842, par Venison et Katherine par Camel.
Rokeby 1812, par Orville et Belle Fille par Weazle.
c Roderic 1824, par Rubens et Prudence par Waxy.
Rolla 1797, par Overton et Highflyer mare is. de Plotina.
Roger Bacon 1815, par Sorcerer et Gohanna mare is. de Grey Skim
Rolla 1797, par Precipitate et Pumpkin mare is. de Fleatcatcher.

Roller v. 1814, par Quiz et Paleface par Y-Woodpecker.

Rollo 1782, par Sweetbriar et Matchem Middleton par Matchem.

* Romager 1842, par Venison et Minima par Sultan.

*c Romeo 1833, par Emilius et Wory par Wofull.

c Romp v. 1776, par Eclipse et Riot par Squirrel.

c Roscicrucian 1818, par Sorcerer et Cecilia par Worthy.

Rostrum v. 1835, par Glaucus et Rosalie par Whalebone.

Rouch Robin 1825, par Sober Robin et Langton mare is. de Passion Flower.

c Roubillac 1828, par Filho da Puta et Miss Chantrey par Clinker.

Roundchad (ex Guildford) 1824, par Hampden (Rubens). Voyez ce nom.

c Roundwaist 1826, par Whalebone et Nancy par Dick Andrews.

F Roundchad 1733, par Childers et Roxana par The Bald Galloway.

c Rover, ou Tom Tug, 1777, par Herod et Legacy par Snip. Irlandais.

c Rover 1839, par Muley Moloch et Miss Thomasina par Welbeck.

* The Roue 1846, par Claret et Roulette par Philip The First.

c The Roue 1847, par The Squire et Clerity par Velocipède.

c Rouncival v. 1835, par Partisan et Marrowfatt par Orville.

*c Rowlston 1819, par Camillus et Miss Zilia Teazle par Sir Peter.

Rowlston 1837, par Revolution et Reposada par Amadis.

c Rovedino 1807, par Beningbrough et Coriander mare, Weazle, Turk.

c Rowton 1826, par Oiseau et Katherine par Wofull. Vr du Saint-Léger.

Royal 1815, par Orville et Gramarie par Sorcerer.

• c Old Royal v. 1710, par Holderness Turk et Blunderbuss mare, is. de Royal mare.

c Royal Colt v. 1700, par Helmsley Turk et Sedbury Royal mare.

c Royal Colt (Lord d'Arcy's) v. 1700, par un arabe et d'Arcy's Royal mare.

* Royal George 1833, par Royal Oak et Destiny par Centaur.

Royal George 1720, par Soothsayer et Blowing par Buzzard et Pot 8o's mare.

c Royal George 1760, par Y-Cade et Rib mare, Snake, Coneyskings.

c Royal Oak 1802, par Telescope et Escape mare 1795 is. de Vernon Arabian mare.

*F Royal Oak 1823, par Catton et Smolensko mare is. de Lady Mary. 11 victoires.

c Royal Slave 1774, par Matchem et Sampson mare is. de Cerès.

c Royalist 1790, par Saltram et Herod mare is. de Carina.

*c Royalist 1851, par Melbourne et Her Royal Highness par Velocipède.

Rubello 1815, par Dick Andrews et Y-Darling par Patriot.

F Rubens 1805-1829, par Buzzard et Alexander mare, Highflyer, Alfred.

c Rubens Junior 1817, par Rubens et Webb par Waxy.

c Rubicon 1808, par Sorcerer et Persepolis par Alexander.

c Rubini 1828, par Saint-Patrick et Slight par Selim. Vr du Goodwood.

Ruby 1781, par Florizel et Ruby par Pantaloon.

c Ruhrough 1790, par Veazle et Espersykes mare, Priam, Cade.

r Ruffler (Mr Bethell's) 1717, par Son of Brimmer et Dick Burton's mare par Chesterfield Arabian.

Rugantino v. 1800, par Commodore (Tom Tug) et Highflyer mare is. de Shift par Sweetbriar.

Rugantino 1803, par Beningbrough et Highflyer mare, Cardinal Puff, Tatler.

r Rumbo 1800, par Whiskey et Spinetta par Trumpator.

r Ruler 1777-1707, par Y-Marske et Flora par Lofty. Vr du Saint-Léger.

c Rufus 1822, par Election et Prudence Sister to Pledge par Waxy.

Rumbald's Arabian v. 1760.

Rumbold Arabian v. 1785.

c Rumford v. 1730, par Y-True Blue et inconnue.

Runnemède 1831, par Lottery et Esmeralda par Cannon Ball.

Rupert 1826, par Master Henry et Banshee par Sorcerer.

Rutland Black Barb v. 1720.

Rutland Grey Turk v. 1720.

c De Ruyter 1848, par Lanercost et Barbelle par Sandbeck.

c Rupert 1827, par Emilius et Prudence par Waxy.

S.

Saanah Arabian v. 1760.

r The Saddler 1828-1847, par Wawerley (Whalebone) et Castrellina par Castrel 32 courses, 9 victoires (1 Sweepstakes célèbre). 2e au St-Léger.

Safeguard 1832, par Defence et Selim mare (Chesnut) is. d'Euryone.

c Sailor v. 1819, par Send et Goosander par Hambletonian. Vr du Derby.

Saint-Andero 1805,-1826, par Saint-George et Y-Marske mare Sister to Abba Thullè is. de Chatsworth mare.

St-Andrew 1837, par Langar et Calista par Saint-Patrick.

St-Domingo 1803, par Hambletonian et Petrina par Sir Peter.

c St-Francis 1855, par Saint-Patrick (Alcaston) et Surprise (Brown) par Send.

c St-George 1771, par Dragon et Sally par Blank.

r St-George 1789, par Highflyer et Eclipse mare 1775, Miss Spindleshanks.

c St-George 1843, par Saint-Martin et Royalty par Emilius.

c St-Gilles 1829, par Tramp et Arcot Lass par Ardrossan. Vr du Derby.

c St-Helena 1814, par Stripling (Pot 8o's) et Maniac par Shuttle.

c St-Hubert 1822-1842, par Williamson's Ditto et Trumpator mare is. de Demirep par Highflyer.

c St-Julien 1830, par Château-Margaux et Clinker mare is. de Bronze.

St-Lawrence, ou Captain Flathooker, 1839, par Muley Moloch et Smolensko mare is. de Miss Cannon.

c St-Lawrence 1837, par Lapwing, ou Skylark, et Helen par Blacklock.

c St-Lawrence 1833, par Saint-Nicholas et Belinda par Blacklock.

c St-Lawrence 1826, par Tiresias et Rivulet par Rubens.

St-Lawrence 1816, par Peruvian et Opal par Sir Peter.

St-Lawrence 1817, par Master Goodall et Olivia par Sir Oliver.

c St-Luke 1833, par Bedlamite et Elisa Leeds par Comus.

c St-Martin 1835, par Actœon et Galena par Walton.

c St-Martin's v. 1710, par Spanker et M. Burton's Natural Barb mare.

c St-Nicholas 1827, par Emilius et Sea Mew par Scud.

r St-Patrick 1817-1843, par Walton et Dick Andrews mare is. de Trumpator mare. 6 courses, 5 victoires, dont le Saint-Léger.

  Y-St-Patrick v. 1830, par Saint-Patrick et Selim mare, Columpus, Herod.

c St-Patrick 1832, par Alcaston et Bitteren par The Sligo Waxy.

c St-Giles 1854, par Womersley et Sleight of Hand mare (Palmestry).

  St-Nicolo, ou St-Nicholas, 1808, par Newcastle et Fair Forester par Alexander.

c St-Paul 1789, par Saltram et Purity par Matchem.

r St-Victor's Barb v. 1700.

  Salky, ou Coole Arabian, v. 1800.

r Saltram 1780, par Eclipse et Virago par Snap. 8 courses, 5 victoires, dont le Derby. 1 fois 2°.

c Sam v. 1815, par Scud et Hyale par Phœnomenon. Vr. du Derby.

  Sam 1822, par Rhadamantus et Loo Choo par Peruvian.

c Sam 1833, par Muley et Y-Rantipole par Orville.

c Samarcand 1830, par Blacklock et Jane par Moses.

r Sampson (Halifax's) 1721, par Grey Hound et Curwen's Bay Barb mare, Chesnut d'Arcy's Arabian mare. 8 courses, 6 victoires.

r Sampson 1745-1777, par Blaze et Hip mare, Spark, Snake. 5 vict. imp.

  Sampson v. 1815, par Soothsayer et Beningbrough mare is. de Sir Peter mare (Lady's Maid).

r Sancho 1801-1809, par Don Quixote et Highflyer mare 1783, Sister to Maid of all Work. Vr. du Saint-Léger.

  Sandal 1814, par Sorcerer et Slipper par Precipitate.

c Sarpedon 1765, par Y-Cade et Regulus mare, Bloody Buttocks, Faustina.

c Sarpedon 1828, par Emilius et Icaria par The Flyer.

c Sarpedon 1772, par Snap et Phœbe par Regulus.

  Satan, ou Jerry Sneak, 1840, par Jerry et Sneaker par Camel.

  Saturne 1778, par Eclipse et Helen par South.

r Sancho 1776-1801, par Herod et Cade mare, Bolton's Little John, Favorite.

  Santiago 1848, par Saint-Francis et Monœda par Taurus.

r Sandbeck 1848, par Catton et Orvillina par Beningbrough.

c Saracen v. 1820, par Selim et Trumpator mare is. de Countess.

c Sarpedon, ou Bay Richemond, 1769, par Feather et Matron par Cullen Arabian.

c Satellite 1774, par Eclipse et Titania par Shakespear.

  Saucebox 1810, par Walton et Dick Andrews mare is. de Trumpator mare.

*c Saucebox 1852, par Saint-Lawrence (Lapwing) et Priscilla par Tomboy. Vainqueur du Saint-Léger.

r Saucebox (Lord Middleton's) v. 1720, par Jigg (Mostyn's) et Lord Tracey's Whimsey par Darley Arabian.

c Saxe Cobourg v. 1780, par Bowdrow et Le Sang mare, Careless, Miss
  Barforth.
c Satirist 1838, par Pantaloon et Sarcasm par Teniers. Vr. du Saint-Léger.
  Satellite 1770, par Dumpling et Fidget par Spectator.
*rSaunterer 1854, par Irish Birdcatcher et Ennui par Bay Middleton. Vain-
  queur du Goodwood et de l'Ascot Cup.
  Scatten 1839, par Philip et Brandy Bet par Canteen.
  Scarborough 1823-1843, par Catton et Paynator mare, Saint-George,
  Abigaïl.
* Scarborough (ex Y-Bamboo) 1847, par Ratan et Muley Moloch mare is.
  de Y-Mary.
c Scarborough 1824-1843, par Catton et Luck's All mare, Pot 8o's mare.
  Scarborough Colt 1724, par Tiffer et Scarborough mare.
  Scarborough 1825, par Catton et The Gourd par Champignon.
  Scarborough 1820-1824, par Catton et Haphazard mare (Little Queen).
  Scarborough v. 1710, inconnu.
c Scarecrow 1810, par Canopus et Margaretta par Sir Peter. Vainqueur
  du Goodwood. ·
c Scampston Cade v. 1747, par Cade et Salome, ou Selima, par Bethell's
  Arabian.
  Scampston, ou Scamper, 1802, par Screveton et Henrietta par Saltram,
  Scamper (ex Scampston) 1802, par id. et id.
  Scampston v. 1763, par Scampston Cade et Poppet par Black Chance.
c Scaramouch 1787, par Pantaloon et Duchess par Herod.
  Scaramouch 1823, par Don Juan et Wagtail par Y-Woodpecker.
c Scaramouch 1768, par Snap et Sophia par Godolphin Arabian.
*cThe Scavenger 1840, par Slane et Vulture par Langar.
  Y-Scampston 1771, par Scampston et Blank mare, Oroonoko, Regulus.
c Scheidam v. 1850, par The Flying Dutchman et Emeute par Lanercost.
* Schamyl 1845, par Rough Robin et Kate Kearney par Napoleon.
  Schaftsbury Turk v. 1700.
c Schedony 1795, par Pot 8o's et Esther Sister to Escape par Highflyer.
* Schyloch v. 1850, par Simoon et The Queen par Sir Hercules.
  Scheik 1826, par Orford Arabian et Selma par Selim.
r Schertz 1850, par The Provost et jument allemande. Vr du Goodwood.
c Schotten Herring, de race espagnole, v. 1650.
  Sceptre 1782, par Highflyer et Squirrel mare is. de Cossack's Dam.
c Scipio 1825, par Filho da Puta et Miss Syntax par Paynator.
  Scipio (ex Twackum) v. 1745, par Son of Bay Bolton et Bartlet's Childers
  mare, Honywood's Arabian, True Blue's Dam par Byerly Turk.
c Scorpion 1785, par Il Mio et Nutcracker par Matchem.
r Scorpion 1805-1813, par Gohanna et Highflyer mare, Eclipse, Rosebud.
*cScroggins 1833, par Tramp et Arcot Lass par Ardrossan.
c Scind 1804-1825, par Beningbrough et Eliza par Highflyer.
c Senfari 1837 par Sultan et Velvet par Oiseau.

c Schahriar 1821, par Shuttle Pope et Dinarzade par Selim.

Scipio (Mr Fermor's) 1742, par un inconnu et Miss Mayer par Bartlet's Childers.

c Scrub 1785, par Garrick et Middlesex par Snap.

Scrub 1751, par Blaze et Lucretia par Partner.

Scipio 1842, par Sedbury et Miss Mayer par Bartlet's Childers.

Screveton 1790, par Highflyer et Matchem mare is. de Barbara.

c The Sea 1830, par Whalebone et Orville mare is. de Sir Solomon mare.

c Sea Horse 1839, par Camel et Sea Breeze par Paulowitz. 2e au Saint-Léger.

Sea Gull 1831, par Irish Drone et Lady Heron par Langar.

r Second 1735, par Childers et Basto mare Sister to Sorcheels.

c Sea Gull 1786, par Woodpecker et Middlesex par Snap.

* Secundus 1836, par Scipio et Sir Malachi Malgrowther mare, Caroline.

r Sedley Arabian, ou Compton Barb, v. 1767.

r Sedbury (Lord d'Arcy's) 1734-1753, par Partner et Old Montagu mare par Woodcock. 24 courses, 19 victoires. 5 fois 2e.

c Sedbury v. 1795, par Whiskey et Laïs par Diomed.

r Sejanus v. 1755, par Regulus et Cypron par Blaze.

r Selim 1803-1823, par Buzzard et Alexander mare, Highflyer, Alfred.

r Selaby Turk, ou The Marshall, v. 1680.

c The Selim Arabian, ou Arabian Selim v. 1800.

c Selim 1760, par Bajazet et Miss Thigh par Rib.

c Y-Selim v. 1803, par The Arabian Selim et Entreprize par Y-Marske.

c Senator 1818, par Prime Minister et Vesta par Delpini.

c Serpent 1786, par Eclipse et Fidget par Volunteer.

Sepoy 1833, par Mulatto (Catton) et Reposada par Amadis.

c Sergeant 1781, par Eclipse et Aspasie par Herod. Vr du Derby.

* The Setter 1848, par The Caster et Y-Medora par Prince.

c Seymour 1805, par Delpini et Bay Javelin is. de Y-Flora. Exp. 1827.

The Shadow v. 1840, par The Saddler et Arinette par Wanton.

Shafto Barb v. 1760.

r Shakespear 1845, par Hobgoblin et Little Hartley mare par Bartlet's Childers, 3 courses, 1 victoire.

c Shakespeare 1823, par Smolensko (Sorcerer) et Charmaing Molly par Rubens.

Shag 1778, par Marske et Tuzzimuzzi par Snap.

Sharper (Ripton's) v. 1750, inconnu.

c Sharper 1760, par Bajazet et Godolphin Arabian mare, Grey Robinson.

c The Shah 1833, par Sultan et Princess Victoria par Middleton.

The Shah 1837, par Abbas Mirza et Laura par Champion.

r Shark 1771, par Marske et Snap mare is. de Sister to Babraham. 29 courses, 19 victoires (401,325 fr.) Exp. v. 1778.

r Sharken v. 1770, par Marske et inconnue.

Shaver v. 1825, par Whisker et Castrella par Castrel.

Shark 1827, par Whalebone et Rectory par Octavius.

c Sharper 1819, par Octavius et Y-Amazon par Gohanna. Exp.

c Sharper (ex Decoy Duke) 1778, par Ranthos et Sweepstakes mare is. de Sister to Hutton's Careless.

* Sharavogue 1849, par Freney et Skylark mare is. de Fenella.

r Sheet Anchor 1832, par Lottery et Morgiana par Muley. Nomb. victoires.

c Sheet Anchor 1795, par Noble et Herod mare, Regulus, Y-Cade.

Shebdez v. 1817, non indiqué au Stud-Book.

Shelley's Barb v. 1760.

Shephred 1827, par Phantom et Fairiny par Waxy.

c Shepherd's Crab 1747, par Crab et The Widdrington mare par Partner.

c Sherwood 1820, par Filho da Puta et Lampedosa par Precipitate.

Shepherd 1795, par Shepherd's Crab et Starling mare is. de Dairy Maid.

c Shilelagh 1831, par Saint-Patrick et Whisker mare is. de Castrella.

r Shock 1792, par Jigg (Mos.) et Snake mare Sister to Old Country Wench.

c Showel v. 1780, par Magnet et Carlisle's Squirrel mare is. de Miss Starling Junior.

r Shuttle 1793, par Y-Marske et Wauxhall Snap mare is. de Hip.

c Shuttlecock 1818, par Orville et Shuttle mare, Hambletonian, Goldenlocks.

c Shuttle Pope, ou Pope, 1802-1825, par Shuttle et Oberon mare, Stride, The Engraver's Dam par Ranthos. Vr du Derby.

c Shuttle 1795, par Y-Cade et Patriot mare, Crab, Bay Bolton.

Shuttlecock 1769, par Feather et Blank mare, Partner, Bonny Lass.

Showeller 1792, par Woodpecker et Trentham mare is. de Coquette.

c Shuter 1791, par Sir Peter et Zilia par Eclipse.

c Shuffler v. 1819, par Walton et Drone mare, Matchem, Jocasta.

Shuttlecock 1803, par Schedoni et Conductor mare is. de Brunette.

c Silkworm 1821, par Castrel et Corinna par Waxy.

c Silvertail (Lord Portmore's) 1740, par Middleton's Saucebox et Silverlocks par The Bald Galloway.

Signol, arabe né en 1825, introduit en 1830.

Silvertail 1797, par Y-Pumpkin et Bourdeaux mare, Woodpecker, Margaretta.

r Silvio 1754, par Cade et Mab par Hobgoblin.

Brother to Silvio v. 1755, par Cade et Mab par Hobgoblin.

Silvio 1804, par Saint-George et Mary par Y-Marske.

Singleton 1839, par Ernest (Filho da Puta) et Gaberlunzie mare is. de Sola.

c Simoon 1838, par Camel et Sea Breeze par Paulowitz.

Sir Andrew (ex Norval) 1802, par Hambletonian et Evelina par Highflyer.

Sir Archy v. 1800, par Diomed et jument américaine.

* c Sir Benjamin (ex Miller) 1846, par Lanercost et Queen of Beauty par The Saddler.

* c Sir Benjamin Backbite 1829, par Whisker et Scandal par Selim.

Sir Benjamin Backbite 1812, par Pavilion et Rosebud par Clay Hall.

Sir W. Blacket's Surly v. 1700, inconnu.

* Sir Charles 1846, par Sleight of Hand et Macbeth mare is. de Margareth.
c Sir Cecil v. 1787, par Diomed et Cecilia par Herod.
c Sir Charles 1791, par Diomed et Fleatcatcher par Goldfinder.
  Sir Charles v. 1810, par Sir Archy et jument americaine.
c Sir Charles 1801, par The Arabian Selim et Lavinia par King Fergus.
c Sir Charles Black, ou Black Sir Charles, 1809, par Sorcerer et Wowsky
    par Mentor.
c Sir Charles, ou Tityrus, 1783, par Alexis et Grace par Snap.
  Sir Everard Fawkener's Grey Turk v. 1720.
c Sir Edward 1785, par Clay Hall et Herod mare is. de Rutilia.
f Sir David 1806, par Trumpator et Woodpecker mare, Trentham mare.
c Sir Francis 1842, par Jerry et Espérance par Lapdog.
f Sir Ferdinand, ou King Bladud, 1792, par Fortunio et Magnolia par
    Marske.
  Sir T. Gresley's Bay Arabian v. 1690.
  Sir T. Gresley's Bay Arabian v. 1720.
  Sir Gray 1821, par Rubens et Beningbrough mare (Bay), Delpini mare.
  Sir Guy 1804, par Sir Peter et Woodpecker mare 1793, Sweetbriar,
    Miss Fortune.
  Sir Gilbert 1815, par Y-Alexander et Olive Branch par Sir Peter.
c Sir Harry 1795, par Sir Peter et Matron par Alfred. Vr du Derby.
  Sir Harry 1816, par Williamson's Ditto et Alexander The Great mare is.
    de Dungannon mare.
c Sir Harry Dimsdale 1810, par Sir Peter et Contessina par Y-Marske.
  Y-Sir Harry Dimsdale 1821, par Sir Harry Dimsdale et Sigismunda par
    Buzzard.
  Sir Harry (M. Bacon's) 1775, par Wildair et Babraham mare, Sloë,
    Coughing Polly.
  Sir Hans 1838, par Physician et Orville mare is. de Lacerta.
f Sir Hercules 1826-1855, par Whalebone et Peri par Wanderer. 9 courses,
    7 victoires. 2e au Derby.
c Sir Huldibrand 1818, par Octavian et Pitshill par Gohanna.
c Sir J. Harpur's Barb v. 1720.
  Sir E. Hale's Turk v. 1700.
  Sirikoll 1840, par Sheet Anchor et Nanette par Partisan.
  Sirius v. 1822, non indiqué au Stud-Book.
c Sir Isaac 1831, par Camel et Arachne par Filho da Puta.
  Sir J. Jenkin's Arabian v. 1720.
  Sir Jenning's v. 1700, inconnu.
c Sir John 1828, par Tramp et Waxy mare is. de Bizarre.
  Sir John 1825, par Little John et Phantom mare, Gohanna, Chesnut Skim.
c Sir John Falstaff 1783, par Shark et Calliope par Slouch.
c Sir John 1822, par Souvenir et Medora par Swordsman.
  Sir John Sebright's Arabian v. 1740.
f Sir Joshua 1812, par Rubens et Sir Peter mare is. de Miss Herwey.

* Y-Sir Joshua 1812, par id. et id.
⅌ Sir J. Lowther's Babraham v. 1748, par Babraham et Golden Ball mare is. de Bushy Molly.
Sir N. Flanderkin's Turk v. 1715.
c Sir Marinel 1807, par Sir Peter et Magnolia The Younger par Pegasus.
Sir Malagigi 1808, par Sir Peter et Magnolia The Younger par Pegasus.
c Sir Malachi Malagrowther 1823, par Ardrossan et Lady Creamfeazer par Stamford.
Sir W. Morgan's Arabian v. 1735.
c Sir M. Newton's Arabian v. 1730.
⅌ Sir Oliver 1800, par Sir Peter et Matron par Florizel. 9 victoires, dont le Doncaster Cup.
c Sir Paul 1802, par Sir Peter et Peweet par Tandem.
Sir Pepper 1787, par Highflyer et Squirrel mare is. de Sister to Sir J. Lowther's Babraham par Babraham.
ⅴ Sir Peter, ou Sir Peter Teazle, 1784-1811, par Highflyer et Papillon par Snap. Vr du Derby et de 4,030 guinées de prix.
Y-Sir Peter 1799, par Sir Peter et Woodpecker mare 1793, Sweetbriar, Miss Fortune.
c Y-Sir Peter 1784, par Doge et Engineer mare, Cade, Bolton's Little John.
Sir Peter (Bettisson's) 1801 ou 1802. Nom donné à Holme ou Pierrepont.
Y-Sir Peter Teazle 1811, par Sir Peter et Alexander mare, Dux, Folly.
c Sir Petronel 1806, par Sir Peter et Y-Rachel par Volunteer.
Sir Philip v. 1850, par Lanercost et Miss Martin par Voltaire.
Sir Robert 1839, par Sheet Anchor et Miss Parkinson par Swiss.
* Sir Rolland de Bois 1845, par Touchstone et Falerina par Château-Margaux.
c Sir Richard 1825, par Wofull et Agnès par President.
c Sir Sacripant 1807, par Stamford et Legacy par Beningbroug.
⅌ Sir Solomon 1799-1819, par Sir Peter et Matron par Florizel.
Sir R. Sutton's Grey Arabian v. 1730.
c Sir Sidney 1797, par Pegasus et Paymaster mare is. de Pomona.
ⅴ Sir Tatton Sykes (ex Tibthorpe) 1843, par Melbourne et Margrave mare is. de Patty Primrose. Vr du Saint-Léger et d'une poule de 50,000 fr. 2ᵉ au Derby.
c Sir Thomas 1785, par Pontac et Sportmistress par Warren's Sportsman. Vr du Derby.
c Sir Thomas Gresley's Bay Arabian v. 1700.
c Sir W. Wynn's Bay Arabian, ou Wynn's Arabian, 1723-1735.
Sir Wharton's Commoner v. 1720, par Commoner (Croft's) et Dam of Sir Michaël's Creeping Molly.
⅌ Sir William's Turk, ou Honywood's Arabian, v. 1700.
Sir William's Strickland's Turk v. 1715.
c Sir Walter Raleigh 1810, par Waxy et Woodcock par Mentor.
Sir W. Wynn's Little Ball v. 1740, par Sir W. Wynn's Bay Arabian et Merlin mare, inconnue.

c Sir William, ou Old England, 1793, par Sir Peter et Maid of Ely par
 Tandem.
 Sir William v. 1818, par Williamson's Ditto et Sancho mare is. de Diana.
 Sir Walter v. 1826, par Ambo et King Bladud mare is. de Dollabella.
c Skiddaw v. 1805, par Gohanna et Catherine par Woodpecker.
f Skim (Lord Portmore's), ou Farmer, 1746, par Starling et Miss Mayer
 par Bartlet's Childers.
 Skiff v. 1825, par Partisan et Gohanna mare is. de Kezia.
 Skewball 1786, par Rantilope et Rantilope par Blank 1775.
c Skewball v. 1740, par Godolpin Arabian et Whitefoot mare 1733 is. de
 Leedes mare.
c Skelton 1791, par Delpini et Paymaster mare, Le Sang, Snip.
f Skim 1743, par Crab et Ebony par Childers.
c Skim v. 1805, par Gohanna et Grey Skim par Woodpecker.
c Skipjack v. 1730, par Darley Arabian et inconnue.
 Skipjack v. 1756, par Oroonoko et Tartar mare, Cub, A-la-Grecque's Dam.
*c Skirmisker 1833, par The Colonel (Whisker) et Luna par Wanderer.
c Skipton v. 1795, par Alfred et Herod mare is. de Proserpine.
c Skipton 1803, par Beningbrough et Coriander mare is. de Fanny.
c Skirmish 1809, par Sorcerer et Dungannon mare is. de Sister to Noble.
 Skilworm 1821, par Castrel et Corinne par Waxy.
c Skylark 1815, par The Arab Manac et Humming Bird par Pot 8o's.
c Skylark v. 1830, par The Sligo Waxy et Skylark par Musician.
c Skyrocket 1786, par Highflyer et Snap mare, Blank, Bay Starling.
f Skyscraper 1786-1807, par Highflyer et Everlasting par Eclipse.
f Slane 1838, par Royal Oak et Orville mare is. d'Epsom Lass. 18 c., 9 vic.
 Slang v. 1710, par Godolphin Arabian et inconnue.
* Slang 1831, par Sober Robin et Bellingsgate par Selim.
 Slapbang (ex Rival) 1782, par Florizel et Caprice par Marske.
 Slapbang 1796, par Delpini et Garrick mare is. de Monimia.
c Slack 1785, par Ulysses et Squirrel mare is. de Dowe.
c Slander v. 1830, par Comus (Sorcerer) et Venus par Smolensko.
c Slashing Harry 1834, par Voltaire et Arinette par Wanton.
c Slender Billy 1808, par Y-Woodpecker et Minerva par Walnut.
* Sledmère 1848, par Sleight of Hand et Hamptonia par Hampton.
c Sleight of Hand 1836, par Pantaloon et Decoy par Filho da Puta.
 Slider 1750, par Regulus et Partner mare, Croft's Egyptian, Grey
 Woodcock.
f Slipby v. 1735, par Fox (Clumsy) et Gipsy par Bay Bolton.
c Y-Slipby v. 1747, par Slipby et Miss Makeless par Grey Hound.
f Sloven (Duke of Bolton's) 1723, par Bay Bolton et Curwen's Bay Barb
 mare, Old Spot, White Legged Lowther's Barb.
c Slouch v. 1747, par Cade et Little Hartley mare par Hartley's Blind Horse.
c Sloë 1745, par Crab et Childers mare is. de Mermaid.
c Slug v. 1805, par Irish Drone et Chocolate mare is. de Lottery.
 Sligo 1821, par Waxy Pope et Cora par Master Bagot.

ʀ The Sligo Waxy, ou Waxy Pope, ou Pope. (Voyez Pope par Waxy.)

ʀ Slope 1782-1794, par Highflyer et Squirrel mare is. de Cossack's Dam.

Sloven 1785, par The Wolseley Barb et Blacklegs mare is. de Smith's Son of Snake mare.

c Smilling Ball 1758, par Tartar et Tipsey par The Bolton's Starling.

c Smilling Ball v. 1730, par Son of Acklem Merlin et Curwen's Bay Barb mare, Old Spot, Woodcock.

Son of Smilling Ball v. 1736, par Smilling Ball et inconnue.

c Smilling Tom (Gallant's) 1724, par Conyer's Arabian et Chillaby mare is. de Makeless mare.

Smith's Bary Chesnut Arabian v. 1760.

c Smith Son (Old) v. 1700, par Cole's Barb et inconnue.

Smith's Arabian v. 1760.

Smith's Arabian v. 1820.

ʀ Smith's Son of Snake v. 1710, par Snake et Old Wilkes par Hautboy et Miss d'Arcy's Pet mare.

c Smalhopes 1806, par Hambletonian et Sophia par Buzzard.

Smales (Old) v. 1710, par Whynot et Mr Wilkinson's Bay Arabian mare is. de Natural Barb mare.

c Smasher 1803, par Star et Mercury mare is. de Mary Ann.

ʀ Smolensko 1810-1829, par Sorcerer et Wowsky par Mentor. Vr du Derby.

c Smuggler v. 1805, par Hambletonian et Maria par Highflyer et Maria.

*cSmolensko 1811, par Stamford et Pegasus mare, Paymaster, Pomona.

Smockface v. 1725, par Darley Arabian et Old Hautboy mare, inconnue.

Smuggler 1823, par Tiresias et Burton Lass par Dick Andrews.

Snake 1779, par Herod et Blank mare is. de Fancy.

ʀ Snake v. 1700, par The Stradling et Old Hautboy mare, inconnue.

c Son of Snake v. 1715, par Snake et inconnue.

c Snail (Old), ou Sir W. Blacket's Snail, v. 1710, inconnu.

c Snail 1745, par Partner et Hip mare is. de Large Hartley mare.

*cSnail 1805, par Stamford et Bourdeaux mare is. de Prophet mare.

ʀ Snap 1750-1777, par Snip et Fox mare is. de Gipsy, 5 courses, 5 vict.

c Snap (Chedworth's) v. 1765, par Snap et Y-Bowes par Dormouse.

c Snap (Latham's) v. 1760, par Snap et Cade mare is. de Partner mare 1732 Sister to Miss Partner.

c Snap 1772, par Snap et Cade mare is de Partner mare 1732 Sister to Miss Partner.

Snap (Wildman's) (ex Dainty) 1761, par Snap et Miss Belsea par Regulus.

Snap 1802, par Delpini et Garrick mare is. de Monimia.

ʀ Snip 1736-1757, par Childers et Basto mare Sister to Soreheels.

Y-Snip 1757, par Snip 1736 et Miss Meredith par Cade.

Snip 1785, par Doge et Termagant par Tantrum.

c Snip 1783, par Highflyer et Silvertail par Careless.

Snip 1762, par Snap et Blank mare is. de Dizzy.

ʀ Snip 1750, par Snip et Parker's Lady Thigh par Partner.

Snip v. 1805, par Gohanna et Grey Skim par Woodpecker.

Snip 1790, par Woodpecker et Sweetwilliam mare is. de Middlesex.

Snofs Sampson v. 1725, par Childers et Bartlet's Childers et inconnue.

F Snow 1790, par Slope et Florizel mare, Goldfinder, Lovely.

Snow, inconnu. Monte en 1827.

Snowball 1818, par Sir Paul et Burton Lass par Dick Andrews.

* Snowball 1836, par Darlington et Seviglia par Figaro.

* Synders 1812, par Rubens et Orange Bud par Highflyer.

* Snug 1855, par Jack Robinson, ou Goojerat, et Decrepit par Defence.

c Sober Robin 1814-1833, par Orville et Harpy par Phœnomenon.

Sober Robin v. 1814, par Cramlington et Floyerkin par Stride.

* Sobraon 1847, par Amphion et Cardinal Cape par Sultan.

c Socrates 1796, par Buzzard et Xantippe par Eclipse.

F Soldier 1747, par Sedbury et Bartlet's Childers mare, Hartley's Blind Horse, Highland Laddie. 11 courses, 7 victoires.

Soldier 1790, par Chocolate et Comfort par Banker. Irlandais.

Soldier 1792, par Volunteer et Matchem mare, Dainty Davy, Son of Mogul.

F Soldier 1779-1802, par Eclipse et Miss Spindleshanks par Omar.

c Somebody 1775, par Matchem et Nisa par Omar.

c Sommerset Arabian v. 1734.

c Somnambule 1829, par Mosès et Dream par Soothsayer.

F Soothsayer 1801, par Sorcerer et Goldenlocks par Delpini. 4 victoires.

Soothsayer, ou Warthamslow, 1770, par Prophet et Cade mare is. de Sister to Lodge's Roan mare par Partner.

F Sorcerer 1796-1821, par Trumpator et Y-Giantess par Diomed. 23 courses, 17 victoires.

c Y-Sorcerer 1808, par Sorcerer et Amelia par Highflyer.

F Sorcheels v. 1715, par Basto et Curwen's Bay Barb mare Sister to Mixbury.

c Sotterly 1845, par Plenipotentiary et Liberia par Liverpool.

c Soud (père d'Actœon), lisez et voyez Scud par Beningbrough 1804-1825.

F South 1750, par Regulus et Sorcheell's mare, Makeless, Christopher d'Arcy's Royal mare.

South Barb at Hampton Court v. 1740.

c Sourkrout 1787, par Highflyer et Jewell par Squirrel.

Souvenir 1814, par Recordon et Fair Eleanor par Hambletonian.

Sovereign 1813, par Rubens et Pegasus mare (Bay) is. d'Highflyer mare.

Sovereign 1816, par Thunderbolt et Fadladinida par Sir Peter.

Sovereign 1821, par Catton et Walton mare is. de Helen.

c Sovereign v. 1830, par Emilius et Fleur-de-Lys par Bourbon.

F Spadille 1784-1803, par Highflyer et Flora par Squirrel. Vr du St-Léger.

Spangle 1785, par Doge et Miss Conforth par Matchem.

c Spaniel 1828, par Whalebone et Canopus mare is. de Y-Woodpecker mare. Vainqueur du Derby,

F Spaniard v. 1700, par Florizel et Herod mare is. de Ginger.

c Spanish Jack 1843, par Don John et Miss Lydia par Walton.

c Spaniard v. 1808, par Y-Drone et Alfred mare, Herod, Engineer.
c Spaniard 1806, par Waxy et Y-Doxy par Imperator.
   Spanker (Hunt's) 1747, par Goliah et Heneage's Jigg mare, inconnue.
   Spanker (Pengree's) 1758, par Antelope et Lord Leigh's Charmeing Molly
      par Second.
F Spanker v. 1795, par d'Arcy's Yellow Turk, ou d'Arcy's White Turk, et
      Lord Fairfax's Morocco Barb mare is. de Old Bald Peg.
F Spanking Roger 1732-1735, par Childers et Cyprus Arabian mare,
      Spanker, inconnue.
c Son of Spanker, ou Y-Spanker, v. 1705, par Spanker et inconnue.
c Spanker 1784, par Y-Marske et Chasworth mare, Engineer, Wilson's
      Arabian.
   Spark v. 1720, par Honey Comb Punch et Wilke's Old Hautboy mare.
   Sparrowhawk, ou Postboy, 1795, par Falcon et Dux mare is. de Regulus
      mare Sister to Figurante.
   Sparrowhawk 1779, par Buzzard et Termagant par Tantrum.
c Spartan v. 1810, par Milo et Pamela par Whiskey.
* Spatterdash 1835, par Sir Benjamin et Andrew mare is. de Governess.
c Spear v. 1786, par Javelin et Pomona par Herod.
   Y-Spear v. 1795, par Javelin et Juliana par Crop.
c Speaker v. 1816, par Camillus et Prime Minister mare, Sancho, Miss
      Hornpipe Teazle.
c Special Licence 1854, par Cossack et Bridal par Bay Middleton.
F Spectator 1749-1772, par Crab et Partner mare is. de Bonny Lass.
      8 courses, 8 victoires.
   Spectre 1781, par Herod et Cullen Arabian mare is. de Black Eyes.
   Spectre 1756, par The Gower Stallion et Crab mare, Hobgoblin, Bajazet's
      Dam par Whitefoot.
*cSpectre 1815, par Phantom et Fillikins par Gouty.
c Speculator 1795, par Dragon et Herod mare Sister to Sting.
   Speculator 1828, par Lottery et Cannon Ball mare Sister to Cadwall.
*cSpeculator, ou Ben Nevis, 1808. Voyez Ben Nevis.
   Spilsbury v. 1790, par Y-Marske et Highflyer mare, Matchem, Snap.
c Spindleshanks 1798, par Spadille et Sylvia par Y-Marske.
   Spinner v. 1720, par Almanzor et Grey Hautboy mare Sister to Bay Bolton.
   Y-Spinner v. 1779, par Amaranthus et Spinner par Regulus.
   Y-Spinner 1765, par Y-Cade et Spinner par Regulus.
   Spinner 1783, par Eclipse et Cricket par Herod.
c Spoildchild 1821, par Send et Remembrancer mare is. d'Aethe.
F Spot (Old), ou Curwen's Old Spot, v. 1695, par Selaby Turk et inconnue.
   Spot (Sir W. Ramsden's) v. 1700, par Old Spot et inconnue.
   Spot (Sir W. Wynn's) v. 1710, par Son of Pelham's Bay Barb et Lister
      Turk mare.
   Spot (Lord Portmore's) v. 1720, par Sir W. Ramsden's Spot et Curwen's
      Bay Barb mare.

Spot (Mʳ Hutton's) 1728, par Hartley's Blind Horse et Son of Hutton's Grey Barb mare, Coneyskins, Hautboy.

Spot (Mʳ Cornwall's) v. 1740, par Lord Portmore's Spot et The Gardiner's mare par The Bridgwater's Horse.

Spot 1740, par Looby et Partner mare is. de Old Country Wench.

Spot 1757, par Spot (Looby) et Godolphin Arabian mare Sister to Blank.

Spot 1760, par Infant et Crab mare Sister to Black and all Black 1749.

Spot 1772, par Otho et Zephyr par Squirrel.

Spot (Sir R. Burdett's) 1742, par Devonshire's Blacklegs et Whitefoot mare is. de Lord Tracy's Whimsey.

Spot 1801, par Pipator et Y-Marske mare, Brother to Silvio, Hutton's Spot.

Spot 1814, par Y-Woodpecker et Pipator mare, Dragon, Queen Mab.

ꜰ Sportsman (Warren's) 1753, par Cade et Silvertail par Mʳ Heneage's Whitenose.

ᴄ Spread Eagle 1792, par Volunteer et Highflyer mare , Engineer, Cade. Vainqueur du Derby.

ᴄ Sprightly 1754, par Cade et Cartouch mare, Fox, Snap's Dam.

Springy Jack 1845, par Hetman Platoff et Oblivion par Jerry.

ᴄ Sprite v. 1700, par Byerly Turk et inconnue.

* Spy 1812, par Walton et Chryseïs par Aspargus.

ꜰ Spy 1759, par Shepherd's Crab et Ginger par Blank.

ᴄ Squib 1808, par Sorcerer et Latimers par Volunteer.

ᴄ The Squire 1838, par The Saddler et Minos mare is. d'Aquilina.

ᴄ Squire Teazle 1798, par Master Teazle et Alfred mare Sister to Tickle Toby 1784.

Squirrel (Carlisle's) 1723, par Lord Carlisle's Barb et Wharton mare par Lord Carlisle's Turk.

ꜰ Squirrel (William's) 1719, par Smith's Son of Snake et Akaster Turk mare is. de Son of Pulleine's Chesnut Arabian mare. 3 courses, 3 vict, Brother to William's Squirrel v. 1710, par id. et id.

ꜰ Squirrel 1754-1780, par Traveller (Partner) et Grey Bloody Buttocks par Bloody Buttocks. 3 courses, 3 victoires.

ᴄ Squirrel, ou Surly, 1741, par Son of Bay Bolton et Bartlet's Childer's mare, Honywood's Arabian, True Blue's Dam.

Squirrel (Carlisle's), ou Carlisle's Son of Squirrel, v. 1765, par Squirrel et Moses mare Sister to Pharaoth.

ꜰ Squirt v. 1732, par Bartlet's Childers et Snake mare is. de Grey Wilkes. 17 courses, 6 victoires, 2 fois 2ᵉ.

Stadtholder 1742, par Roundehad et Bartlet's Childers mare, Honywood's Arabian True Blue's Dam.

ᴄ The Stag 1819, par Sorcerer et Jerboa par Gohanna.

Staghunter 1788, par Woodpecker et Mercury mare Sister to Mother Bunch.

ᴄ Stainborough 1814, par Dick Andrews et Hornpipe par Trumpator. 5 vic.

ᴄ Stamford Turk v. 1720.

ꝝ Stamford 1794-1810, par Sir Peter et Horatia par Eclipse. 11 victoires,
    dont le Doncaster Cup.

* Stamford, ou Locksley, 1817, par Smolensko (Stamford) et Tooee par
    Buzzard.

  Brother to Stamford 1800, par Sir Peter et Horatia par Eclipse.

c Standard, ou Annuity, 1773, par Sprightly et Molly Longs Legs par
    Babraham.

  Y-Standard v. 1745, par Standard et Partner mare is. de Brown Woodcock.

c Standard (ex Bashaw) 1736, par Y-Belgrade et Tiffer mare, Snake, Pooley
    Diamond.

ꝝ Standard 1790, par Phœnomenon et Kathleen par Alfred.

  Y-Standard 1799, par Standard et Diomed mare is. de Desdemona.

  Stanyan's Arabian v. 1725.

  Star (Queen Anne's) (ex Jacob) v. 1710, inconnu.

  Star (Duke of Bridgewater's) 1725, par Astridge Ball et Grey mare par
    Richard's Arabian.

c Star 1759, par Regulus et Poppet par Black Chance.

ꝝ Star 1785, par Highflyer et Snap mare is. de Riddle. Exp.

c Y-Star 1799, par Star et King Fergus mare Sister to Beningbrough.

c Starch 1824, par Wofull et Maid of The Mill par Zodiac.

c Starch 1819, par Waxy Pope et Miss Saveley par Shuttle.

c Starke 1855, par Wagner et Reel par Glencoë. Vr du Goodwood Stakes.

ꝝ Starling (Bolton's) 1827-1756, par Bay Bolton et Son of Browerlow Turk
    is. de Old Lady. 8 courses, 7 victoires, 1 fois 2e.

c Starling v. 1765, par Babraham Blank et Tipsey par The Bolton's Starling.

ꝝ Starling 1785, par Whitenose et Crab mare, Fox, Gipsy.

c Y-Starling (Holme's) 1751, par Starling et Partner mare (Matchem's Dam).

c Y-Starling 1752, par Starling et Red Rose par Partner.

  Starling 1800, par Sir Peter et Magnet mare Sister to Windlestone.

*c Statesman 1797, par Rockingham et Violet par Sweetbriar.

* Y-Statesman 1815, par Statesman et Sancho mare, Highflyer, Juno.

ꝝ Staveley 1802, par Shuttle et Drone mare, Matchem, Jocasta. Vainqueur
    du Saint-Léger.

* Y-Staveley 1814, par Sir David et Beningbrough mare is. de Lady's Maid.

  Stawell 1786, par Trentham et Matchem Middleton par Matchem.

ꝝ Steady (Old) 1735, par Childers et Miss Belvoir par Grey Grantham.

  Steady 1748, par Hutton's Spot et Fox mare, inconnue.

c Steady 1781, par Highflyer et Indiana par Snap.

  Steady (Lord Portmore's) 1752, par Cartouch et Steady mare, Crab,
    Egerton Nanny.

  Steamer 1827, par Champignon et Salvadora par Outcry.

  The Steamer 1834, par Emilius et Valve par Bob Booty.

c Steel Trap 1815, par Scud et Prophetess par Sorcerer. Exp.

  Sting v. 1841, par Musquito et Flight par Velocipède.

*c Sting 1843, par Slane et Echo par Emilius.

c Stirling v. 1792, par Volunteer et Harriet par Highflyer.

c Stocton 1799, par Gabriel et Alexander mare, Dux, Folly.

Stoctonian 1808, par Hambletonian et Phœnomenon mare is. de Calliope.

F Stockwell 1849, par The Baron et Pocahontas par Glencoë. Vainqueur du Saint-Léger.

F Stockport 1832, par Langar et Olympia par Sir Oliver.

Stoïc 1768, par Saanah Arabian et Oroonoko mare is. de Godolphin Arabian mare Sister to Mirza.

* Stoker 1842, par Steamer et Motley par Pantaloon.

c Storey's Arabian v. 1795.

c Stork 1759, par Blank et Wright par Grasshopper.

c Storm v. 1845, par Touchstone et Ghuznee par Pantaloon.

c Stormer 1774, par Goldfinder et Regulus mare is. de Silvertail.

Stork 1792, par Woodpecker et Sweetwilliam mare is. de Middlesex.

c Strainwaist 1823, par Whalebone et Nancy par Dick Andrews.

Strainwaist 1824, par Interpreter et Nancy par Dick Andrews. Exp. 1835.

F Stradling, ou Lister Turk, v. 1695.

c Stride 1795, par Precipitate et Highflyer mare is. de Merliton.

Strawberry 1771, par Squirrel et Trifle par Justice.

*cStreat Lam Lad 1810, par Remembrancer et Beatrice par Sir Peter.

F Stripling 1765, par Marske et Cade mare 1754 is. de Brown Slipby.

Stripling (Parker's) 1768, par Villager et Cullen Arabian mare is. de Black Eyes par Regulus.

Stratherne 1820, par Whisker et Shuttle mare Sister to Pope 1813.

c Stripling v. 1745, par Hutton's Spot et inconnue.

Stripling 1804, par Totteridge et Florella par Justice.

c Stride 1787, par Phœnomenon et Goldfinder mare is. de Lovely.

* Strong Font (ex Locksley), ou Stamford. Voyez Stamford 1810.

c Stripling 1795-1819, par Phœnomenon et Laura par Eclipse.

*cStrongbow 1846, par Touchstone et Miss Bowe par Catton.

Strymon 1822, par Quiz et Persepolis par Alexander.

c Stultz v. 1848, par Hornsea et Industry par Priam.

Stumps 1744, par Merry Tom (Brocklesby Turk) et Mr Wane's Little Partner par Partner.

Stumps (Humberston's) 1824, par Manica et Snake mare, Diamond mare.

F Stumps 1822, par Whalebone et Scotina par Delpini. 30 courses, 19 victoires, dont le Derby.

*cSubduer 1844, par Slane et Valerie par Don Juan.

Sulky 1786, par Garrick et Sportmistress par Warren's Sportsman.

Sulky, ou Coole Arabian v. 1817.

F Sulphur 1762, par Spectator et Devonshire's Chesnut Arabian mare, Lath, Childers.

Y-Sulphur 1773, par Sulphur et Caroline par Blank.

c Sultan 1730, par Lord Lonsdale's Arabian et Bay Bolton mare Sister to Bonny Lass.

F Sultan 1757, par Regulus et Partner mare, Gallant's Smilling Tom, Traveller's Dam.

Sultan 1788, par Highflyer et Squirrel mare is. de Sister to Sir Y-Lowther's Babraham par Babraham.

F Sultan 1816, par Selim et Bacchante par Williamson's Ditto. 34 c., 19 vic.

c Sultan Junior v. 1826, par Sultan et Margellina par Whisker.

c Sultan 1851, par Elis et Odessa par Sultan

Sultan 1852, par Crescent et Madame Vestris par The Distingue.

Supervisor v. 1795, par Spadille et Paymaster mare is. de Jocasta.

c Surface v. 1746, par Cullen Arabian et inconnue.

F Surplice 1845, par Touchstone et Crucifix par Priam. 5 courses, 4 victoires, dont le Derby et le Saint-Léger.

Surly v 1710, par Hutton's Grey Barb et inconnue.

c Surly (ex Squirrel) 1741, par Son of Bay Bolton et Bartlet's Childers mare, Honywood's Arabian, True Blue's Dam.

c Surprise 1797, par Buzzard et Maria par Highflyer et Maria

c Surveyor v. 1800, inconnu.

The Sutton Turk v. 1715.

Sutton Grey Arabian v. 1720.

c Suwarrow 1796, par Star et Y-Marske mare, Arbitrator, Daphné.

*c Swallow 1821, par Skim et Sir Petronel mare is. de Trumpator mare.

c Swallow 1784, par Woodpecker et Grace par Snap.

c Swap 1819, par Catton et Hambletonian mare is. de Vesta.

Sweeper v. 1750, par Sloë et Mogul mare, Partner, Coneyskins.

c Sweeper 1790, par Saltram et Nerina par Dorimant.

F Sweepstakes (Bolton's) 1722, par Oxford Bloody Shouldered Arabian et Basto mare, Old Spot, Y-Spanker.

F Sweepstakes (Gower's) 1749, par Gower Stallion et Partner mare 1731 Sister to Miss Partner.

c Swepstakes (Sir Charles Turner's) v. 1730, par Sweepstakes et Bay Bolton mare, Basto, Old Spot, Y-Spanker.

Y-Sweepstakes v. 1755, par Gower's Sweepstakes et inconnue.

c Sweepstakes 1761, par Gower's Sweepstakes et Fox Cub mare, Y-True Blue, Sister to Mr Pelham's Little George.

F Sweetbriar 1769, par Syphon et Shakespeare mare, Miss, Little Hartley.

* Sweet Cadee v. 1770, inconnu.

F Sweet Meat 1842, par Gladiator et Lollypop par Starch, ou Voltaire. 24 courses, 22 victoires, dont la Coupe de la Reine.

F Sweet William 1763, par Syphon et Miss Roan par Cade.

Sweet William 1840, par Pollio et Wamba mare is. de Myra.

F Swift v. 1755, par Cade et Cartouch mare, Fox, Gipsy.

c Swift 1785, par Woodpecker et Grace par Snap.

c Swindler v. 1795, par Master Bagot et Ariel par Highflyer.

Swindon 1816, par Lewes et Viscountess par Waxy.

c Swinton 1815, par Comus et Shuttle mare, Delpini, Tuberose.

Swinton v. 1840, par Mulatto (Catton) et Ringlet par Whisker.

v Swiss 1757, par Snip et Fox mare Sister to Slipby is. de Gipsy.

c Swiss 1821, par Whisker et Shuttle mare is. de Lady Sarah. Exp. 1834.

c Swordsman 1787, par Weazle et Turk mare, Locust, Changeling.

c Swordsman v. 1795, par Prize Fighter et Zara par Eclipse.

v Sylver v. 1780, par Mercury et Herod mare is. de Mayden.

c Symmetry 1795, par Delpini et Violet par Shark. Vr du Saint-Léger.

c Symmetry 1782, par Alexis et Grace par Snap.

c Symmetry 1808, par Sir Charles 1801 et Entreprize par Y-Marske.

Syntax 1820, par Amadis et Miss Syntax par Paynator.

Syphax v. 1727, par Bay Bolton et Goldenlocks par Grasshopper.

v Syphon 1754, par Squirt et Patriot mare, Crab, Bay Bolton, Curwen's
Bay Barb. 4 courses, 3 victoires, 1 fois 2e.

T.

Tally Ho 1837, par Emilius et Miss Rule par Merlin.

Tally Ho 1842, par Harkaway et Don Juan mare is. de Moll in The Wad.

c Tableau v. 1835, par Emancipation et Morisco mare is. de Miniature.

c Tadmor v. 1850, par Ion et Palmyra par Sultan.

v Taffolet Barb v. 1690.

c Taistheer 1833, par Zinganee, ou Whisker, et Acacia par Phantom.

c Talfourd v. 1850, par Ion et Palmyra par Sultan.

c Talisman 1820, par Soothsayer et Pope Joan Sister to Pledge par Waxy.

Talisman, ou Barne's Arabian, v. 1843.

c Tamerlane v. 1730, par Godolphin Arabian et inconnue.

c Tamerlane 1786, par Y-Marske et Miss Romp par Matchem.

*c Tancred 1820, par Selim et Hambletonian mare Sister to Amadis de Gaul.

Tancredi 1816, par Thunderbolt et Shuttle mare, Highflyer, Tandem.

v Tandem 1773-1793, par Syphon et Regulus mare, Snip, Cottingham.

*c Tandem (ex Multum in Parvo) 1816, par Rubens et Jeannette par King
Bladud.

c Tantivy 1749, par Sedbury et Hodge's Centurion mare is. de Betty
Byeblow.

v Tantrum 1760, par Cripple et Hampton Court Childers mare, Whitefoot,
Stanyan's Arabian

c Tantroy v. 1710, par Curwen's Bay Barb et inconnue.

c Tarquin 1745, par Godolphin Arabian et Scarborough Colt mare, Hip,
Tifter.

c Tarragon v. 1750, inconnu.

Tarragon v. 1816, par Haphazard et Arquebusade par Sancho.

Y-Tarragon 1831, par Tarragon et Rubens mare, Meteor, Petrowna.

Tarran's Black, arabe vivant v. 1700.

*c Tarrare 1823, par Catton et Henrietta par Sir Solomon. Vr du St-Léger.

Brother to Tarrare v. 1825, par id. et id.

r Tartar (ex Partner) 1743-1759, par Partner et Meliora par Fox.

c Tartar (Hamilton's) 1789, par Florizel et Ruth par Eclipse. Vr du St-Léger.

c Tartar (Wildman's) v. 1758, par Tartar et Miss Meredith par Cade.

c Tartar (ex Telegraph) 1794, par Phœnomenon et Miss West par Matchem.
   Taster 1785, par Florizel et Caprice par Marske.

c Tat (Old) 1780, par Highflyer et Playting par Matchem.
   Tat 1789, par Y-Marske et Tuberose par Herod.

c Tatler 1754, par Blank et Partner mare (Spectator's Dam) is. de Bonny
    Lass par Bay Bolton.

   Tatler 1824, par Manfred et Gossip par Walton.

c Tasso 1774, par Chrysolite et Emma par Spectator.

r Taurus 1826, par Phantom, ou Morisco, et Katherine par Soothsayer.
    Père des produits cités dans cet ouvrage.

c Taurus 1803, par Sir Peter et Paymaster mare is. de Pomona.
   Taurus 1825, par Ardrossan et The Smolt par Viscount, ou Stamford.
   Tavistock v. 1845, par Brother to Riddlesworth et The Colonel mare is.
    de Niobe par Sir David.

c Tawny Cowl v. 1835, par Buzzard (Blacklock) et Stately par Strainwaist.

c Tearaway 1838, par Voltaire et Taglioni par Whisker.
   Y-Tearaway v. 1845, par Tearaway et Clearstarcher par Starch.

c Teasdale 1807, par Master Teazle et Storace par Tandem.
   Teazer's to Hobgoblin, ou Hobgoblin, v. 1730, inconnu.
   Teazer 1730, par The Bolton's Starling et Bay Brocklesby par Partner.
   Teazer (Grisewood's) v. 1750, par Starling et inconnue.

c Teazle, ou Master Teazle, v. 1792, par Sir Peter et Horatia par Eclipse.

r Teddington 1848, par Orlando et Miss Twickenham par Rockingham.
    Vainqueur du Derby.

c Teddy, ou Teddy The Grinder, 1798, par Aspargus et Stargazher par
    Highflyer.

c Tekely 1805, par Waxy et Highflyer mare, Squirrel, Sophia.

c Telegraph, ou Tartar, 1794, par Phœnomenon et Miss West par Matchem

c Telegraph v. 1845, par Ratcatcher, ou Dulcimer, et The Abbess par
    Ranvilles.

c Telegraph v. 1795, par Sir Peter et Fame par Pantaloon.

r Telemachus 1770, par Herod et Skim mare, Janus, Spinster.

c Telemachus 1775, par Wildair et Regulus mare, Starling, Sister to Amelia.

c Telescope 1786, par Pot 8o's et Miss West par Matchem.

c Tempest 1816-1822, par Caliban et Beningbrough mare, Coriander,
    Wildgoose par Highflyer.

   Templar 1784, par Magnet et A-la-Grecque par Regulus.

c Teniers v. 1825, par Rubens et Snowdrop par Highflyer.

*c Terror 1825, par Magistrate et Torelli par Cerberus.

r Terror v. 1710, par Akaster Turk et Old Hautboy mare (Almanzor's Dam).
   Terror 1791, par Jupiter et Miss Conforth par Matchem.
   Test 1788, par Mercury et Dux mare is. de Folly.

Tetrarch 1777, par Herod et Careless mare is. de Babraham mare.

*c Telotum 1823, par Lottery et Smolensko mare is. de Miss Cannon. 3 vic.

*v Teucer (Cape's) 1769, par Northumberland et Snip mare, Bolton's Goliah, Partner.

v Teucer 1790, par Ulysses et Marske mare Sister to Pontac, A-la-Grecque.

*c Theodore 1819, par Wofull et Coriander mare is. de Wildegoose. Vainqueur du Saint-Léger.

Theodore v. 1819, par Comus et Cerberus mare is. de Diana.

c Theon 1837, par Emilius et Maria par Whisker.

Theorem 1824, par Merlin (Miss Newston's) et Pawn Junior par Waxy.

Thistle of Whipper 1839, par Beagle et Miss Maltby par Filho da Puta.

Thompson's Grey Arabian v. 1750,

c Thorn 1783, par Sweetbriar et Madonna par Herod.

Thornton 1818, par Comus et Dick Andrews mare is. de Trumpator mare.

c Thunder 1765, par Scampston Cade et Blank mare is. de Dizzy.

c Thump 1831, par Humprey Clinker et Ildegarda par Bob Booty.

v Thunderbolt v. 1723, par Counsellor (Wood's) et Snake mare, Luggs, Dawill's Woodcock.

c Thunderbolt 1774, par Eclipse et Dairy Maid par Y-Cade et Sedbury mare.

c Thunderbolt 1787, par Jupiter et Matchem mare is. de Brown Regulus.

c Thunderbolt 1806-1819, par Sorcerer et Wowsky par Mentor.

c Thunderbolt 1819, par Buzzard et Fadladinida par Sir Peter.

Thwackum, ou Scipio, 1745, par Son of Bay Bolton. Voyez Scipio.

*c Tiberius 1828, par Filho da Puta et Torelli par Cerberus.

v Tibthorpe, depuis Sir Tatton Sykes. Voyez Sir Tatton Sykes.

Tickler 1797, par Buzzard et Highflyer mare, Squirrel, Sophia.

c Tickle Pitcher, ou Derby's Tickle Pitcher, v. 1755, inconnu.

Tickle Pitcher 1757, par Cade et Sweepstakes mare, Hampton Court Chesnut Arabian, Makeless.

Tickle Pitcher 1779, par Eclipse et Sweeper mare, Tartar, Mogul.

Tickle Pitcher 1748, par Thunderbolt et Conqueress par Sir W. Wynn's Spot.

c Tickle Toby 1786, par Alfred et Cœlia par Herod.

c Tifter v. 1720, par Toulouze Barb et Leedes Arabian mare Sister to Leedes.

Tiger 1783, par Florizel et Moses mare is. de Miss Vernon.

c Tiger 1810, par Sir Paul et Lady Charlotte par Buzzard.

c Tiger 1817, par Middlethorpe et Cat par Stamford.

Tiger 1834, par The Lion (Brutandorf) et Comus mare, Delpini mare.

*c Tigris 1812, par Quiz et Persepolis par Alexander. 11 victoires

c Tim 1752, par Squirt et Godolphin Arabian mare Sister to Bajazet.

c Tim 1803, par Whiskey et Grey Duchess par Pot 80's.

*c Tim 1830, par Middleton (Phantom) et Merlin mare is. de Sea Mew.

Tim Tartlet 1791, par Saltram et Highflyer mare, Herod, Miss Middleton.

c Timothy 1825, par Whisker, ou Prime Minister, et Lady Grey par Stamford.

c Timothey 1794, par Delpini et Cora par Matchem.

* fTinker, ou Lottery, 1820. Voyez Lottery.

Tinker 1797, par Harpator et Dux mare, Regulus mare Sister to Figurante.

c Tincy (Lord Portmore's) 1756, par Skim et Silvertail mare is. de Natural
Arabian mare.

c Tintoret 1829, par Rubens et Haphazard mare is. de Promise.

*cTipple Cider 1833, par Defence et Deposit par Blacklock. Vainqueur des
Stakes de juillet à Newmarkett.

c Tippoo v. 1785, par Pantaloon et Herod mare is. de Ginger.

c Tirailleur v. 1835, par Captain Candid et Advance par Pionneer.

f Tiresias 1816, par Soothsayer et Pledge par Waxy. 18 courses, 14 victoires, dont le Derby.

c Titian 1818, par Rubens et Pope Joan Sister to Pledge par Waxy.

c Tityrus 1780, par Alexis et Grâce par Snap.

c Y-Tityrus, ou Sir Charles, 1783, par Alexis et Grâce par Snap.

f Toby 1783, par Highflyer et Matchem mare, Dainty Davy, Son of Mogul.

* Toil and Trouble 1829, par Manfred et Witchery par Sorcerer.

Tolyman, arabe, v. 1840.

c Tom Bagot, ou Dancer, 1780, par Herod et Marotte par Matchem.

Tom Bowling 1857, par The Flying Dutchman et Miss Bowe par Ithuriel.

c Tomboy 1829-1842, par Jerry et Ardrossan mare is. de Lady Eliza.

c Tommy 1776, par Wildair et Syphon mare is. de Charlotte. Vainqueur
du Saint-Léger.

c Tom Thumb 1824, par Whalebone et Gohanna mare is. d'Allegretta.

c Tom Thumb v. 1775, par Crescent et Jesse par Snap.

Tom Thumb 1840, par Non Sense et Madeira par Château-Margaux.

Tom Thumb 1842, par Buzzard, ou Saint-Martin, et Butterfly par Lottery.

Tom Tit 1836, par Firman et Patridge par Buzzard.

c Tom Tit 1783, par Woodpecker et Dux mare, Regulus mare Sister to
Figurante.

Tom Tit 1824, par Waxy Pope et Cervantes mare is. de Miss Brocket.

Tom Tit 1787, par Woodpecker et Anna par Eclipse.

c Tom Tit 1809, par Dick Andrews et Worthy mare is. de Y-Camilla.

Tom Tring 1785, par Y-Morwick et Plotina par Snap.

c Tom Tug, ou Tug (ex Rover), 1777, par Herod et Legacy par Y-Snip.

f Tom Turf 1781, par Lennox et Heroïne par Hero. (Irlandais.)

*cTooley 1809, par Walton et Phantasmagoria par Precipitate.

*cTop Gallant 1790, par Highflyer et Everlasting par Eclipse.

c Top Lass v. 1810, par Dick Andrews et Trumpator mare is. de Demirep.

Topsy Turvy v. 1805, par Saint-George et Beningbrough mare, Phlegon,
Turk, Bosphorus.

c Torcy 1841, par Ratcatcher et Turquoise par Selim.

Torrent 1780, par Herod et Goldfinder mare is. de Lovely.

f Tortoise 1762-1776, par Snap et Shepherd's Crab mare is. de Godolphin
Arabian Childers. 10 victoires.

f Torrismond v. 1741, par Starling et Partner mare is. de Makeless mare.

c Torchebearer 1815, par Comus et Saint-George mare, Pontac, Syphon.

f Tortoise v. 1734, par Whitefoot et Little Hartley mare par Bartlet's Childers.

c Tory Boy 1838, par Tomboy et Bessy Bedlam par Filho da Puta.

c Toss 1784, par Daniel et Daraxa par Herod.

c Toss 1822, par Bourbon et Gohanna mare is. de Fraxinella.

Toss Up v. 1830, inconnu.

c Tot, ou Chorus, par Trumpator et Sea Fowl par Woodpecker.

c Totteridge 1791, par Dungannon et Marcella par Mambrino.

c Touchstone 1769, par Squirrel et Harriet par Trifle.

f Touchstone 1831, par Camel et Banter par Master Henry. 37 courses, 21 victoires, dont le Saint-Léger, l'Ascot, le Doncaster et l'Heaton Park Cup. — 3 vainqueurs du Derby, 1 de l'Oaks, 1 du Saint-Léger.

f Toulouze Barb v. 1695.

Son of Toulouze Barb v. 1700, par Toulouze Barb et inconnue.

c Toughstick 1823, par Whalebone et Themis par Sorcerer.

* Tourist 1819, par Doctor Syntax et Governor mare is. de Anticipation.

Toweshand Barb v. 1750.

c Towzer (Mr Hartley's) (ex Counsellor) 1768, par Alcides et Jessamy mare, Torrismond, Countess.

* Tozer (ex Mistake) 1811, par Fildener et Fortunio mare, Highflyer, Nutcracker.

c Trafalgar, ou Harpocrates, 1803, par Gohanna et Highflyer mare, Eclipse, Rosebud.

f Trafalgar 1802, par Sir Peter et Aethe par Y-Marske.

c Trafalgar 1802, par Delpini et Ancaster mare is. de Damascus Arabian mare.

The Traitor 1839, par The Mummy et Tittle Tattle par Sam.

* Tragedian 1845, par Sir Isaac et Fanny Kemble par Paulowitz.

f Trajan 1748, par Regulus et Blacklegs mare, Smith's Son of Snake, Old Montagu.

f Tramp 1810-1835, par Dick Andrews et Gohanna mare is. de Fraxinella. 12 courses, 9 victoires. Ses descendants ont gagné 1,700,000 fr.

Y-Tramp 1818, par Tramp et Gabriel mare, Magnet, Dolly.

Trampeer (M. Watt's) 1817, par Tramp et Rosamond par Buzzard.

Tramper 1821, par Tramp et Beningbrough mare, Highflyer, Snap.

c Tranby 1826, par Blacklock et Orville mare is. de Miss Grimstone,

* c Trance 1817, par Phantom et Pope Joan Sister to Pledge par Waxy.

c Transit 1766, par Marske et Regulus mare, Bloody Buttocks, Faustina.

c Transit Mercury (ex Felix) 1789, par Mercury et Herod mare, Feather, Blank.

Transit 1770, par Chrysolite et Wright par Grasshopper.

c Transit (Hutchinson's) 1800, par Beningbrough et Tandem mare, Alfred, Brim.

c Traplin 1752, par Babraham et Firetail mare is. de Miss Slamerkin.
c The Trapper v. 1750, par Ion et Prairie Bird par Gladiator.
ʀ Traveller (Old) 1735-1759, par Partner (Jigg) et Almanzor mare, Grey Bautboy, Makeless.
Traveller (Mr Fermor's) v. 1758, par Traveller et inconnue.
ʀ Traveller 1785-1813, par Highflyer et Henricus mare, Cullen Arabian, Hobgoblin.
c Y-Traveller, ou Lauderdale, 1783, par King Fergus et Mr Holme's Y-Trunnion mare, Blank, Rib. Vainqueur du Saint-Léger.
c Traveller 1828, par Tramp et Tiara par Soothsayer.
Y-Traveller 1746, par Old Traveller et Bartlet's Childers mare is. de Mr Durham's Grey mare.
Treasurer v. 1740, inconnu.
c Treasurer 1766, par Sampson et Cade mare is. de Lass of The Mill.
c Treasurer v. 1805, par Stamford et Mercury mare is. d'Herod mare.
ʀ Trentham 1769, par Gower's Sweepstakes et Miss South par South.
c Trentham (Bay) 1811-1821, par Stamford et Beningbrough mare Sister to Skipton is. de Coriander mare.
c Tremamondo 1773, par Sprightly et Jett par Black and all Black.
Trial (ex Slapbang) 1788, par Florizel et Caprice par Marske.
ʀ Trifle v. 1738t par Fox et Alcock's Arabian mare, Curwen's Bay Barb, Natural Barb mare.
c Trifle 1753, par Trifle et Cœlia par Partner.
c Trifle 1773, par Prophet et Hecate par Snap.
c Trifle (Lord Donegall's) 1795, par Pot 8o's et Trifle par Justice.
Trimmer 1744, par Hobgoblin et Little Hartley mare par Bartlet's Childers.
c Trinculo 1822, par Comus et Morgiana par Coriander.
* Tring, ou Parchement, 1817, par Thunderbolt et Nepenthe par Walton.
c Trinidad 1806, par Gohanna et Trinidada par Y-Woodpecker.
c Trinidado 1780, par Herod et Blank mare, Oroonoko, Regulus.
Tripod 1758, par Blank et Blossom Junior par Crab.
c Triumvir 1797, par Volunteer et Highflyer mare is. de Playting.
c Triumvir 1842, par Emilius et Variation par Bustard.
Trissy 1810, par Remembrancer et L'Orient mare, Constitution, Dux.
c Troïlus 1764, par Blank et Phœbe par Tortoise.
c Troïlus 1834, par Priam et Green Mantle par Sultan.
c Troïlus 1837, par Priam et Idalia par Peruvian.
c Troïlus 1774, par Turf et Figurante par Regulus.
c Troïlus 1811, par Walton et Eleanor par Whiskey.
Trojan v. 1768, par Twig et Miss Peeper par Regulus.
c Trooper 1750, par Blank et Bald Charlotte's Filly par Sommerset Arab.
Trombone 1798, par Trumpator et Jet par Magnet.
c Trophonius (Bay) 1807, par Beningbrough et Stamford mare, Phœnomenon, Matron.
c Trophonius (Black) 1808, par Sorcerer et Dungannon mare is. de Flirtilla.

Trotter v. 1778, par Herod et Squirrel mare is. de Sister to Sir J. Lowther's Babraham par Babraham.

c Troubadour v. 1814, par Dick Andrews et Donna Clara par Cesario.

c Troubadour 1832, par Comus (Sorcerer) et Jane Shore par Wofull.

F True Blue 1710, par Sir William's Turk et Byerly Turk mare, inconnue.

F Y-True Blue 1718, par id. et id.

c True Blue v. 1765, par Henricus et Regulus mare, Roundhead, Snake.
True Blue 1770, par Julius Cæsar et Maria Careless par Regulus.
True Blue 1792, par Trumpator et Herod mare Sister to Postmaster.

c True Boy 1840, par Tomboy et Muley mare is. de Bequest.

c True Briton v. 1798, par Saint-George et Paymaster mare, Regulus mare Sister to A-la-Grecque.

*F Truffle 1808, par Sorcerer et Hornby Lass par Buzzard. 17 victoires.
Trulland Turk v. 1720.

F Trumpator 1782-1808, par Conductor et Brunette par Squirrel. 14 c., 10 v.
Trumpeter 1824, par Waxy Pope et Bella Dona par Seymour.

c Trunnion 1747-1776, par Cade et Meynell par Partner.

c Y-Trunnion (Mr Holme's) 1755-1780, par id. et id.
Trunnion v. 1780, irlandais, inconnu.
Truth 1815, par Teddy The Grinder et Y-Pitshill par Gohanna.

c Trustee 1829, par Catton et Emma par Whisker.

c Trusty 1782, par Florizel et Rantipole par Blank 1769.

c Trusty 1793, par Highflyer et Matchem mare (Fidget's Dam).
Truth 1776, par Chymist et Flora par Squirrel.
The Tullip 1831, par Wamba et Y-Chryseïs par Dick Andrews.

c Tug, ou Tom Tug, 1777. Voyez Tom Tug.

c Tup 1796, par Javelin et Favia par Plunder.

c Tupsley 1837, par Faustus et Sylph par Spectre.

c Turban 1732, par Sultan et Tiara par Soothsayer.

F Turban, ou Y-Colonel, 1838, par The Colonel (Whisker) et Zobeïda (Turban's Dam) par Hambletonian.

*c Turcoman 1824, par Selim et Pope Joan Sister to Pledge par Waxy.
Turf 1755, par Buffcoat et Cloudy par Forester.

F Turf 1766, par Matchem et Ancaster Starling mare, Oxford's Turk mare.

c Turk 1750, par Regulus et Crab mare is. de Childers mare (Amelia's Dam).
Turk Horse v. 1780.

c Turnip 1785, par Pot 8o's et Crosspatch par Dux. En Irlande.

c Turnus v. 1840, par Taurus et Clarissa par Defence.

c Turnus 1777, par Otho et Emma par Spectator.
Turpin v. 1753, par Cade et Partner mare, Grey Hound, Sophonisba's Dam.

c Turpin 1843, par Hornsea et Black Bess par Camel.

c Turtle v. 1804, par Gohanna et Carthage par Driver.

c Twinger 1762, par Spectator et Gamestone par Blank.

F Twig 1757, par Cade et Madam par Bloody Buttocks.

c Typhon 1763, par Blank et Naylor par Cade.

* Typhon v. 1845, par The Hydra et Venus par Amadis.
c Tyrant 1799, par Pot 8o's et Sea Fowll par Woodpecker. Vr du Derby.
* Tyrius 1836, par Laurel et Antiope par Whalebone.
  Tyrant 1833, par Luzborough et Sentiment par Selim.

U.

c The Ugly Buck 1841, par Venison et Monstrosity par Plenipotentiary.
  Ulric 1831, par Saint-Patrick et Turquoise par Selim.
c Ulysses 1777, par Florizel et Sprite par Blank.
  Uncle Toby 1830, 1830, par Caïn et Mary par Friday.
  Underley 1825, par Walton et Scheherazade par Selim.
  Union Jack 1842, par Defender et Marceline par Lottery.
* Union Jack 1855, par Gladiator et Taffrail par Sheet Anchor.
  Urbano v. 1845, par Clarionet et inconnue. Monte en 1835.
  Uriel 1846, par Touchstone et Verbena par Velocipède.
* Usbeck 1836, par Samarcand et Paradigme par Partisan.
  Usquebauch v. 1848, par Cotherstone et Drogheda par Saint-Patrick.
c Usquebaugh 1807, par Whiskey et Tawny par Mentor.
c Usquebaugh 1808-1822, par Y-Whiskey et Harriet par Volunteer 1799.
c Usquebaugh 1818-1822, par Henderskelf et Corinna par Whiskey.

V.

  Vagabond 1829, par Caïn et Gabrielle par Partisan.
c Valentissimo 1832, par Velocipède et Jane par Mosès.
  Valiant 1796, par Weathercock et Duchess par Le Sang.
c Valliant 1831, par Velocipède et Charity par Tramp.
c Vampire v. 1755, par Regulus et Steady mare (Wildair's Dam).
*c Vampyre 1817, par Waxy et Vestal par Walton.
c Van Amburgh 1838, par Pantaloon et Decoy par Filho da Puta. 2e au Derby.
  Vandal 1801, par John Bull et Dido par Eclipse.
c Vandal v. 1768, par Spectator et Gizzle par Blank.
c Van Diemen 1856, par West Australian et Barbelle par Sandbeck.
c Van Dyke 1805, par Sir Peter et Dabchick par Pot 8o's.
c Van Dyke Junior 1808-1825, par id. et id. 4 victoires.
* Y-Van Dyke 1817, par Van Dyke Junior et Buzzard mare, Tandem, Eclipse.
f Vanish 1825, par Phantom et Treasure par Camillus. 37 c., 24 vict.
* Van Speyck 1850, par Intriguer et Memoir par Hornsea..
*c Vanloo 1827, par Rubens et Louisa par Pegasus.
*c Vanloo 1827, par Waterloo et Sprite par Phantom.
f Van Tromp 1844, par Lancercost et Barbelle par Sandbeck. Vainqueur du
    Saint-Léger, de l'Ascot Cup, 2 fois du Goodwood, 2e au Derby et à
    Newmarkett, battu par Cossack qui courut 1 mille en 1 m. 44.
c Vatican v. 1846, par Venison et Vat par Langar.

c Varro 1825, par Orville et Emily par Stamford. Exp. 1835.

c Vedette 1852, par Voltigeur et Irish Birdcatcher mare is. de Nan Darrell.

r Velocipède 1825, par Blacklock et Juniper mare, Sorcerer, Virgin. 10 courses, 7 victoires, dont la Coupe de Liverpool et celle d'York, 2° au Saint-Léger.

* Velox 1846, par Velocipède et Whisker mare, Pipator, Dragon.

*c Velvet 1813, par Sorcerer et Woodpecker mare, Herod, Maiden.

r Venison 1833, par Partisan et Fawn par Smolensko. 22 courses, 16 victoires, dont la Coupe de Portland.

Verjuice 1782, par Highflyer et Mop Squeezer par Matchem.

c Vermin v. 1788, par Highflyer et Rosebud par Snap

Vermin 1741, par Partner et Grey Brocklesby par Bloody Buttocks.

c Vermuth v. 1850, par Cotherstone et Vat par Langar.

Vernon Arabian v. 1720.

Vernon Barb v. 1720.

c Vernon Arabian v. 1762.

c Vertumnus 1775, par Eclipse et Sweeper mare, Tartar, Mogul.

c Verulam 1836, par Lottery et Wire par Waxy.

c Vespasian 1793, par Pot 8o's et Lady Teazle par Highflyer.

c Vestment 1831, par Longwaist et Dulcamara par Waxy.

c Vestris v. 1825, par Whalebone et Varennes par Selim.

c Viator 1831, par Stumps et Katherine par Soothsayer.

* Viaur 1854, par Jack Robinson et Charley Boy mare is. de Marmion mare.

c Vice Roi 1777, par Le Sang et Rib mare is. de Mother Western.

Vice Roi v. 1835, par Voltaire et Valentine par Soothsayer.

Vice Roi 1834, par Y-Phantom et Babel par Interpreter.

Victorious (Lord Portmore's) 1725, par Fox et Bald Galloway mare is. de Champion mare.

Victorious (Hamilton's) 1722, par Ruffler et Hutton's Gray Barb mare is. de Bay Wilkinson's Dam.

Victory 1825, par Waterloo et Adeline par Soothsayer. Exp.

Victory 1786, par Fortitude et Syphon mare Sister to Sweetbriar.

Vidlair v. 1740, par Steady et inconnue.

c Villager 1752, par Cade et Miss Partner par Partner.

Villager 1789, par King Fergus et Snowdrop par Alfred.

c Vindex v. 1850, par Touchstone et Garland par Langar.

c Vinton 1840, par Camel et Monimia par Muley.

r Vintonian 1834, par id. et id.

r Violet Layton Barb, ou Layton Barb, v. 1720.

Viret 1792, par Volunteer et Wimbleton par Evergreen.

c Virginian 1840, par Tipple Cider et Virginia par Figaro.

r Viscount 1809-1828, par Stamford et Bourdeaux mare, Prophet, Virago.

The Viscount v. 1840, par Lord Stafford et My Lady par Battledore.

c Vision 1764, par Blank et Wright par Grasshopper.

*c Vivaldi 1796, par Woodpecker et Mercury mare is. de Cytherea.

Brother to Vivaldi 1798, par id. et id.

c Voivode 1853, par Surplice et Hybla par The Provost.

c Vol-au-Vent 1841, par Voltaire et Pauline par Mosès.

* Volcano 1846, par Vulcan (Verulam) et Mansfield Lass par Filho da Puta.

v Voltaire 1826, par Blacklock et Phantom mare, Overton, Walnut.
6 courses, 5 victoires, dont le Chester Cup et le Doncaster Cup.

Voltaire Junior 1835, par Voltaire et Silvertail par Gohanna.

Y-Voltaire v. 1840, par Voltaire et Nitocris par Whisker.

v Voltigeur 1847, par Voltaire et Martha Lynn par Mulatto. Vainqueur du Derby et du Saint-Léger. Battu une seule fois, et par Flying Dutchman que lui seul il avait une fois battu.

*c Volunteer, ou Volontaire, 1790, par Eclipse et inconnue.

v Volunteer 1780, par Eclipse et Tartar mare, Mogul, Sweepstakes.

c Volunteer 1817-1821, par Cavendish et Vixen par Pot 8o's.

v Volunteer (Wywill's) 1735, par Belgrade Turk et Bartlet's Childer's mare, Devonshire's Chesnut Arabian, Curwen's Bay Barb. 6 victoires et toujours second.

c Vulcan 1838, par Voltaire et Venus par Langar.

Vulcan v. 1840, par Verulam et Puss par Teniers.

Vulture 1790, par Highflyer et Snap mare, Lord Orford's Barb, Bartlet's Childers.

Vulture, ou Farmer, 1784, par Woodpecker et Lily par Blank.

c Vulture 1807, par Eagle et Justice mare is. de Parsley.

W.

Wag 1807, par Whiskey et Deceit par Tandem.

Wagner v. 1830, par Sir Charles (Sir Archy) et américaine inconnue.

Wagg 1751, par Crab et Childers mare, Cyprus Arabian, Commoner.

c Walnut 1786-1809, par Highflyer et Maiden par Matchem.

Walpoole Barb v. 1725.

Walpoole 1841, par Clearwell et Nininka par Lapdog.

v Walton 1799-1825, par Sir Peter et Arethuse par Dungannon. 17 vic.

Walton Arabian v. 1800.

Y-Walton 1826, par Walton et Miss Whasp par Waxy.

c Wamba 1823, par Merlin (Y-Bab) et Penelope par Trumpator.

c Wanderdeken 1850, par Bay Middleton et Barbelle par Sandbeck.

v Wanderer 1811-1830, par Gohanna et Catherine par Woodpecker. 24 vic.

Wane's Horse, ou M. Wane's Horse, v. 1720, inconnu.

c Wanota 1844, par Simoon et Cassandra par Priam et Zillah.

c Wanton 1747, par Cade et Lonsdale's Arabian mare, Bay Bolton mare Sister to Bonny Lass.

Wanton Willy v. 1695.

v Wanton 1819, par Wofull et Shuttle mare is. de Galatea. 11 c., 7 vic.

c Wanton 1769, par Matchem et Starling mare is. de Spinster.

Wanton 1819, par Frolic et Orville mare, Alexander, Highflyer.

Ward v. 1740, inconnu.

Ward's Arabian v. 1760.

f War Eagle 1845, par Lancercost et Valentine par Voltaire.

* Warkworth 1821, par Filho da Puta et Delpini mare, Beningbrough, Eustatia par Highflyer.

Warlock 1838, par Velocipède et Vat par Langar.

Warlock 1825, par Walton et Miss Witch par Sorcerer.

c Warrior 1768, par Matchem et Blank mare is. de Dizzy.

c Warrior 1833, par Camel et Monimia par Muley.

c Warrior 1803-1826, par Sir Peter et Y-Marske mare, Matchem, Tarquin.

c Warrior 1789, par Diomed et Blossom par Protector.

* Warrior 1843, par Pantaloon et Pasquinade par Camel.

c Warter 1794-1812, par King Fergus et Highflyer mare is. de Plutina.

Y-Warter v. 1812, par Warter et Dungannon mare Sister to Minimus.

Y-Warter 1808, par Warter et Sir Peter mare is. de Mary Gray. (En Irlande.)

Warthamslow, ou Soothsayer, 1770, par Prophet. Voyez Soothsayer.

Warwick 1790, par Pot 8o's et Herod mare, Regulus, Bajazet.

Warwick 1773, par Herod et Seraphina par Blank.

c The Warwick v. 1828, par Filho da Puta et Comus mare, Alexander, Sir Peter.

Warwick 1816, par Sorcerer et Belinda par Beningbrough.

Warwick 1821, par Phantom et Sir Petronel mare is. de Sorrow.

f Warwicksire-Wag v. 1760, par Bosphorus et Marlborough mare Sister to Babraham.

c Wasa 1846, par Charles XII et Emerald par Merchant.

c Washington 1801, par Sir Peter et Conductor mare is. de Brunette.

c Washington 1828, par Smolensko (Sorcerer) et Maid of The Mill par Zodiac.

Washington 1797, par Constitution et Amaranthus mare, Silvio, Daphné.

Washington 1772, par Spanker et Snap mare, Regulus, Moore's Partner.

c Wasp 1818, par Waxy et Ringtail par Buzzard.

Wasp 1753, par Whitenose et Crab mare is. de Jigg mare Sister to Partner.

Wastell's Turk v. 1690.

c Waterloo 1814, par Walton et Penelope par Trumpator.

c Waterloo 1821, par Walton et Lisette par Hambletonian. Exp. 1826.

c Wauxhall Snap, ou Mambrunello, 1761, par Snap et Cade mare, Bolton's Little John, Favorite.

f Wauxhall Snap v. 1765, par Snap et Y-Cade mare, inconnue.

c Waverley 1817, par Whalebone et Margaretta par Sir Peter.

c Waverley 1817, par Camerton et Delpini mare is. de Caprice. 5 c , 1 vic.

f Waxy 1790-1818, par Pot 8o's et Maria par Hérod. 12 courses, 10 victoires, dont le Derby; 1 fois 2e, battu par Gohanna. 4 vainqueurs du Derby et 2 de l'Oaks.

f Waxy Pope, ou Lord Sligo Waxy, ou Pope, 1806. Voyez Pope.

c Wazey v. 1794, par Pot 8o's et Maria par Herod.

c Weasel 1752, par Godolphin Arabian et Fox mare, Childers, Makeless.
c Weasel 1757, par Whitefoot et Flora par Regulus.
ᵣ Weasel 1766-1786, par Squirrel et Medusa par Regulus.
c Weasel 1809, par Golumpus et Cornwall Lass par Sweeper.
ᵣ Weatherbit 1842, par Sheet Anchor et Miss Letty par Priam. 8 c., 3 vic.
c Weathercock 1786, par Ruler et Miss Paul par Warren's Sportsman.
c Weathercock v. 1785, par Highflyer et Trinket par Matchem.
   Weatercock 1832, par Whisker et Versality par Blacklock.
*ᵣ Weathergage 1849, par Weatherbit et Taurina par Taurus. 28 courses,
     13 victoires, 8 fois 2ᵉ.
ᵣ Weazle, ou Weasel, 1776-1801, par Herod et Eclipse mare, Brillant,
     Shepherd's Crab. 14 courses, 8 victoires, 2 fois 2ᵉ.
c Wedlock 1828, par Figaro et Smolensko mare is. de Lady Ern.
   Wee Willie v. 1845, par Liverpool et Rachel par Amadis.
   Wegen Korp 1822, par Partisan et Wowsky par Mentor.
c Welbeck 1815, par Soothsayer et Pledge par Waxy.
   Welbeck 1841, par Beiram et Tragedie par Smolensko.
c Well Done 1756, par Slouch et Godolphin Arabian mare 1737 is. de
     Silverlocks.
   Wellington 1813, par Schedoni (Pot 8o's) et Olivia par Sir Oliver.
ᵣ Wellington, ou The Duke, 1818, par Champion (Pot 8o's) et Williamson's
     Ditto mare, Star, Y-Marske.
   Wellington 1823, par Cannon Ball et Psyche par Y-Whiskey.
c Wellington 1808, par Beninghrough et Violet par Eclipse.
   Wellesley Chesnut Arabian v. 1815.
ᵣ Wellesley Grey Arabian 1794-1812.
   Wentworth 1833, par Confederate et Ballad Singer par Tramp.
   Werner (ex Bob Logic) 1821, par Walton. Voyez Bob Logic.
c Westonian 1836, par Camel et Margellina par Whisker.
c Westbury (Sommerset's) v. 1715, par Curwen's Bay Barb et Old Spot
     mare is. de Woodcock mare.
c Westow 1846, par Melbourne et Muley Moloch mare, Smolensko mare.
ᵣ West Australian 1850, par Melbourne et Mowerina par Touchstone. Vain-
     queur du Derby, du Saint-Léger et des 4,000 Guinées.
   Wexford 1841, par Elvas et Helen par Blacklock.
c Whale 1830, par Whalebone et Rectory par Octavius.
ᵣ Whalebone 1807-1831, par Waxy et Penelope par Trumpator. Vain-
     queur du Derby.
   Y-Whalebone 1833, par Wawerley (Whalebone) et Catton mare, Governor,
     Anticipation.
c Whar Horse v. 1810, par Waxy et Fortunio mare, Eclipse, Angelica.
c Whasp 1753, par Whitenose et Crab mare, Jigg mare Sister to Partner.
   Whim 1775, par Eclipse et Regulus mare, Gaul'em, Sedbury.
   Whim 1824, par Comus et Y-Caprice par Waxy.
c Whip 1794, par Saltram et Herod mare, Oroonoko, Cartouch.

v Whisker 1812-1832, par Waxy et Penelope par Trumpator. 11 victoires, dont le Derby.

* Y-Whisker 1830, par Whisker et Election mare is. d'Amazon. Exp. 1830.
Y-Whisker 1821, par Whisker et Bay Trophonius mare, Slope, Lardella.
Y-Whisker 1832, par Whisker et Memina par Smolensko.

v Whiskey 1789, par Saltram et Calash par Herod. 4 victoires.

c Y-Whiskey 1801-1821, par Whiskey et Y-Giantess par Diomed.
Y-Whisker 1827, par Whisker et Sir Paul mare is. de Trumpator mare.
Whisper 1833, par Blacklock et Margellina par Whisker.

c Whisper 1833, par The Colonel (Whisker) et Scandal par Selim.

v Whistle Jacket 1749, par Mogul et Sweepstakes mare, Hampton Court Chesnut Arabian, Makeless.

c Whitefoot (Godolphin's) 1719, par Bay Bolton et Darley Arabian mare, Byerly Turk mare, Grey Ramsden's Dam.

c Whitefoot v, 1720, par Grey Hound et inconnue.

c Whitefoot (Panton's) v. 1715, par Grey Hound et inconnue.
Whitefoot (Duke of Rutland's) v. 1720, inconnu.

c Whitefoot (Read's) 1746, par Read's Son of Childers et Lucy par Gallant's Smilling Tom.
Whitefoot (Groswenor's) v. 1725, par Panton's Whitefoot et inconnue.
Whitefoot 1749, par Buffcoat et Jigg mare Sister to Shock.

v White Legged Lowther's Barb v. 1680.

c Whitelegs 1755, par Blank et Paragon par Snip.
Whitelegs (ex Harper) 1786, par Orpheus et Goldfinder mare is. de Lovely.
Whitelegs 1784, par Justice et Syphon mare Sister to Sweebriar.

v Whitelock 1803, par Hambletonian et Rosalind par Phœnomenon.

c Whitenose (Lord Portmore's) v. 1742, par Godolphin Arabian et Childers mare Sister to Blaze.
Brother to Whitenose v. 1789, par id. et id.

c Whitenose 1763, par Snip et Tartar mare, Mogul Sweepstakes.

c Whitenose 1806, par Don Quichotte et Cecilia par Sir Peter.

v Whitenose (Heneage's) 1722, par Hall's Arabian et Sir R. Mostyn's Jigg mare (M. Heneage's Jigg Dam).

c White Shirt v. 1680, inconnu.

c Whitworth (Parker's) v. 1776, par Matchem et Old England mare Sister to Pioneer.

c Whitworth 1805-1827, par Agonistes et Jupiter mare, Highflyer mare.

c Whizzig v. 1815, par Waxy et Penelope par Trumpator.

c Whynot v. 1690, par Frampton's Barb et inconnue.

v Whynot, ou Grey Whynot, 1700, par Fenwick's Barb et inconnue.

c Whynot 1744, par Crab et Fox mare is. de Gipsy.

v Whynot 1747-1764, par Cartouch et Hip mare is. de Large Hartley's mare.

c Whynot, ou Maximus, 1792, par Highflyer et Y-Tuberose par Y-Marske.

v Wildair 1753, par Cade et Steady mare, Partner, Grey Hound.
Wild-Boy 1852, par Liverpool et Vapiti par Camel.

c Wild-Dayrell 1852, par Ion et Ellen Middleton par Bay Middleton. Vain-
   queur du Derby.
   Wild-Doe 1844, par Venison et Vapiti par Camel.
c Wildair 1775, par Wildair et Starling mare is. de Spinster.
   Wildair 1804, par Woodpecker et Equity par Dungannon.
   Wildfire 1832, par Caïn et Squib par Soothsayer.
c Wildfire v. 1816, par Waxy et Penelope par Trumpator.
c Wildfire 1775, par Matchem et Jett par Black and all Black.
c Wild Hero (ex Y-Priam) 1836, par Priam et Sea Mew par Scud.
   Wilkinson's Barb v. 1690.
   Wilkinson's Grey Arabian v. 1695.
   Wilkinson's Turk v. 1695.
c The Wilkinson's Whynot v. 1695.
   Wilkinson's Turk v. 1730.
   Wilkinson's Bay Arabian v. 1700.
c Wilkes 1798, par Sir Peter et Nina par Eclipse.
   William's Arabian v. 1700.
r William's Turk, ou Honywood's Arabian, v. 1700.
   William Woodstock Arabian v. 1700.
c William, ou Old Duke's William, 1791, par Florizel et Snap mare is. de
   Blank Mixbury.
c William 1786, par Weasel et Columba par Alfred.
c William 1811, par Governor (1802) et Elisabeth par Spadille. Vainqueur du Saint-Léger.
c Williamson's Ditto, ou Ditto, 1800-1821. Voyez Ditto. V^r du Derby.
* c Willie Crawford, ou Liverpool, 1854. Voyez Liverpool.
   Willon's Chesnut Arabian 1753.
   Willow Arabian v. 1720.
   Will Scarlett 1829, par Robin Hood (1817) et Fyldener mare (Bay)
   is. de Justice mare.
c Willy Frizzle 1793, par Juniper et Cora par Matchem.
   Wilson's Arabian v. 1750.
c Wilton Arabian v. 1830.
c Win-All v. 1725, par Childers et inconnue.
c Winchelsea 1842, par Camel et Monimia par Muley.
c Winchester 1842, par Wintonian et Zebra par Partisan.
* c Windcliffe 1827, par Waverley (Whalebone) et Catton mare is. de Hannah.
c Windhound v. 1830, par Pantaloon et inconnue.
c Windischgraëtz 1848, par Jeremy Diddler et Medea par Whisker.
c Windle 1804, par Beningbrough et Mary Ann par Sir Peter.
r Windlestone 1783, par Magnet et Le Sang mare, Rib, Mother Western.
c Windsor 1840, par Recovery (Emilius) et Minna par The Colonel.
   Winkley 1832, par Velocipède et Coronation mare, Comus, Mowbray.
   Winton 1340, par Camel et Monimia par Muley,
c Wintonian 1834, par id. et id.

c Wiseacre 1804, par Sir Solomon et Catherine par Woodpecker.

c Wiseacre 1839, par Taurus (Phantom) et Victoria par Tramp.

c Witchraft 1817, par Van Dyke Junior et Miss Witch par Sorcerer.

c Witchraft 1798, par Oberon et Alfred mare qu'on croit être celle qui est issue d'Engineer mare.

c Witchraft 1801-1813, par Sir Peter et Queen Mab par Eclipse.
Witham Grey Arabian 1760-1780.

c De Witt 1845, par The Provost et Barbelle par Sandbeck.

c Wizard 1771, par Marske et Countess par Blank.

c Wizard 1806-1813, par Sorcerer et Precipitate mare is. de Lady Harriet.

c Y-Wizard 1814, par Wizard et Sir Peter mare is. de Violet.
Woburn Arabian v. 1760.
Woburn Arabian v. 1795.

f Wofull 1809, par Waxy et Penelope par Trumpator. 11 victoires.
Wolf 1780, par Florizel et Mosès is. de Miss Vernon.

c Wolf Dog 1842, par Freney et Isora par Tramp. Exp. 1859.

c Woldsman 1803, par Sir Peter et Y-Rachel par Volunteer.

c Woldsman 1840, par Hampton et Comus mare Sister to Grey Momus.

c The Wolseley Arabian v. 1750.

c Wolseley Barb v. 1750.

*c Womersley 1849, par Irish Birdcatcher et Cinizelli par Touchstone.

c Wonder 1794, par Phœnomenon et Diomed mare is. de Desdemona.

c Woodcock (Old), ou Dawill's Woodcock, v. 1690, inconnu.

f Woodcock (Bethell's) v. 1715, par Merlin et Son of Brimmer mare Sister to Ruffler.

f Woodcock (Lord d'Arcy's) v. 1695, inconnu.

c Woodcock v. 1710. inconnu.

c Woodcock 1783, par Woodpecker et Otheothea par Otho.

c Woodcock 1803, par Y-Woodpecker et Fractious par Mercury.

c Woodcock 1764, par Marske et Blank mare is. de Dizzy.

c Wood Dæmon v. 1805, par Lop et Highflyer mare is. de Yellow mare.

f Woodpecker 1773-1798, par Herod et Miss Ramsden par Cade. 30 c., 25 v.

c Y-Woodpecker 1794-1817, par Woodpecker et Eclipse mare, Rosebud.

c Y-Woodpecker (Mr Massey's) v. 1794, par Woodpecker et Eclipse mare 1787 is. de Miss Spindleshanks.

c Woodpigeon 1794, par Woodpecker et Spectator mare, mère inconnue.

c Woodpigeon 1842, par Velocipède et Amima par Sultan.

c Woolwick v. 1850, par Chatam et Clementina par Actœon.

c W. Wood's Tock Arabian, ou William Woodstock Arabian, v. 1700.

c Worlaby Bay Lock 1831, par Blacklock et The Vermin mare is. de Beningbrough mare.

c Wormwood v. 1700, par Place's White Turk et inconnue.
Wormwood (Hutton's) 1730, par Hutton's Blacklegs et Badger mare, Hackwood, Son of Rockwood.
Wormwood 1802, par Y-Woodpecker et Trentham mare Sister to Driver.

* c Worthless 1842, par Camel et Mouche par Emilius.
r Worthy 1795-1814, par Pot 8o's et Maria par Herod. 4 victoires.
c Worthy v. 1815, par Whalebone et Catherine par Woodpecker.
   Wotton's Arabian v. 1820.
c Wouvermans v. 1817, par Rubens et Brightonia par Gohanna.
c Wrangler 1794, par Diomed et Fleatcatcher par Goldfinder.
   Wrangler 1820, par Rajah et Snare par Scud.
r Wrangler 1816, par Walton et Lisette par Hambletonian. 9 c., 4 vict.
   Wrestler 1799, par Antœus et Drone mare, Magnel, Matchem.
r Wyndham 1719, par Hautboy et Selaby Turk mare, Bustler, Place's
   White Turk. 1 course, 1 victoire.
c Wyndham 1831, par Château-Margaux et Blacklock mare, Cerberus,
   Miss Cranfield.
c Wynn Arabian 1720.
c W. Wynn's, ou Sir W. Wynn's Arabian, v. 1735.

X.

c Xanthus 1790, par Volunteer et Abigaïl par Herod.
c Xenophon 1786, par Turf et Blank mare, Regulus, Cypron.
* c X-Y-Z 1808-1832, par Haphazard et Spadille mare is. de Sylvia.

Y.

c The Yellow Blossom 1803, par Waxy et Herod mare is. de Maiden.
c Yellow Boy 1842, par Tomboy et Muley mare is. de Bequest.
   Yellow Jack v. 1720, par Curwen's Bay Barb et inconnue.
   Yellow Jack 1778, par Dux et Sally Naylor's par Blank.
c Yellow Jack 1853, par Irish Birdcatcher et Jamaïca par Liverpool.
c Yeoman a Knuck 1841, par Wiseacre et Lucy Kemble par Camel, ou
   Mameluke.
   Yorick 1832, par Peter Lely et Banter par Master Henry.
c Yorkshire 1802, par Sir Peter et Queen Mab par Eclipse.
c Yorkshire Bite 1792, par Pot 8o's et Sting par Herod.

Z.

Zadic 1842, par Voltaire et Gipsy par Tramp.
c Zamora 1768, par Tatler et Bajazet mare, Lonsdale's Bay Arabian,
   Bonny Lass par Bay Bolton.
c Zanga 1786, par Laurel et Moorpoul par Y-Marske.
c Zanga 1830, par Shatherne et Venom par Rubens.
c Zealot 1820, par Partisan et Rubens mare 1812 is. de Guildford Nan.
c Zecharia 1796, par King Fergus et Herod mare is. de Pyrrha.
c Zenith 1815, par Zodiac et Grey Duchess par Pot 8o's.

Zimmerman v. 1820, non indiqué au Stud-Book.
f Zingance 1825, par Tramp et Elisabeth, ou Folly, par Y-Drone. 9 courses,
    6 victoires, dont le Claret Stakes.
c Zingaro 1833, par Zingance et Sontag par Wofull.
c Zingaro 1825, par Champignon et The Smolt par Viscount, ou Stamford.
c Zodiac 1777, par Eclipse et Engineer mare is. de Blank mare.
f Zodiac v. 1796, par Saint-George et Abigaïl par Woodpecker.
c Zohrab v. 1795, par Pot 8o's et Y-Camilla par Woodpecker.
c Zohrab 1832, par Lottery et Elizabeth par Walton.
*c Zoroaster 1805, par Sorcerer et Louisa par Ancient Pistol.

DEUXIÈME PARTIE.

—

JUMENTS.

—

A.

Abba Thullè mare 1801, par Abba Thullè et Violet par Eclipse.
    Id. 1800, par id. et Ruler mare, Matchem, Regulus.
c Abbess 1794, par Fidget et Herod mare Sister to Sling.
c Abbess 1795, par Delpini et Manilla par Goldfinder.
*c The Abbess 1839, par The Saddler et Blacklock mare is. de Cerberus mare.
c The Abbess v. 1835, par Ranvillies et Zeal par Partisan.
c The Abbess v. 1820, par Cardinal York et Nancy par Dick Andrews.
f Abigaïl (Lord Portmore's) v. 1735, par Y-Grey Hound et The Warlock
    Galloway par Snake.
c Abigaïl 1776, par Herod et Thereza par Matchem.
*c Abigaïl 1775, par Turk et Fairy Queen par Y-Cade.
f Abigaïl 1788, par Woodpecker et Firetail par Eclipse.
*c Abigaïl 1824, par Whalebone et Rubens mare is. de Pointer's Dam.
*c Abigaïl 1818, par Haphazard (Sir Peter) et Audrey par Marmion.
c Abigaïl 1836. par Mulátto (Catton) et Shœhorn par Teddy The Grinder.
* Abjer mare 1826, par Abjer et Orville mare, Pipator, Beatrice.

Id. 1825, par id. et The Duchess par Cardinal York.

* Ablette 1839, par Agreable et Whisker mare, Sam, Morel.

* Absence 1828, par Erix et Misery par Camerton.

c Absurdity v. 1788, par Highflyer mare et Marske mare, A-la-Grecque.

* c Accacia 1826, par Phantom et Augusta par Wofull.

* Achaïa 1843, par Elis et Miss Crawen par Master Lowe.

r Acklam Lass 1819, par Prime Minister et Y-Harriet par Camillus.

c Active 1820, par Partisan et Eleanor par Whiskey.

c Active 1784, par Woodpecker et Laura par Whistle Jacket

Actress 1820, par Blucher et Gohanna mare 1803, Sister to Election.

* r Ada 1824, par Whisker et Anna Bella par Shuttle.

c Ada 1822, par Wofull et Rubens mare 1813 is. de Guildford Nan.

c Addy 1820, par Whalebone et Wasp par Gohanna.

c Adela v. 1835, par Emilius et Fillagree par Soothsayer.

Adelaïde 1829, par Lottery et Sir Paul mare is. de Brown Justice.

c Adelina 1787, par Highflyer et Eclipse mare Sister to Soldier.

Adeline v. 1820, par Soothsayer et Elisabeth par Orville.

c Adeliza 1822, par id. et id.

Adriana v. 1830, par Comus 1809, et Y-Petuaria par Rainbow.

c Advance 1815, par Pioneer et Buzzard mare, Pot 8o's, Huncamunca.

c Ænigma 1764, par Matchem et Squirt mare, Mogul, Camilla.

r Æthe 1793, par Y-Marske et Serina par Goldfinder.

c Y-Æthe 1803, par Sir Peter et Æthe par Y-Marske.

c Affection 1838, par Tomboy et Benevolence par Figaro,

c Agatha 1814, par Orville et Star mare, Y-Marske, Emma.

c Agnès v. 1805, par Sorcerer et Amelia par Highflyer.

Agnès v. 1820, par Recordon et Rhoda par Commodore.

c Agnès 1830, par Blacklock et Emma par Whisker.

c Agnès, ou Duchess of York, 1795, par Delpini et Miss Judy par Alfred.

c Agnès v. 1800, par Shuttle et Highflyer mare, Goldfinder, Lady Bolingbroke.

c Agnès, ou Grey Agnès, 1821, par President 1811 et Hambletonian mare
is. de Marcia.

Agnès v. 1840, par Battledore et The Nun par Blacklock.

c Agnès Sorrel v. 1811, par Stamford et Remnant par Trumpator.

c Aigrette v. 1815, par Rubens et Opal par Sir Peter.

* c Aimable 1822, par Election et Y-Whiskey mare, Walnut, Flora.

Akaster Turk mare 1715, par Akaster Turk et Leedes mare, inconnue.

Id. v. 1709, par id. et Leedes Arabian mare is. de Spanker mare.

Id. v. 1714, par id. et Son of Pulleine's Chesnut Arabian mare is. de
Brimmer mare.

* Albania 1851, par Van Tromp et Ohio par Jerry.

* c Albania 1832, par Sultan et Marinella par Soothsayer.

* Albany mare (Papillotte) 1830, par Albany et Tiresias mare, Zobeïda.

c Alboni 1848, par The Grand Duke et Aldegand par Bay Middleton.

r A-la-Grecque 1760, par Regulus et Allworthy mare, Bolton's Starligng, Dairy Maid.

Alcock's Arabian mare v. 1738, par Alcock's Arabian et The Duke's Creeper's Dam, inconnue.

Id. v. 1730, par id. et Curwen's Bay Barb mare is. de Natural Barb mare.

Id. v. 1740, par id. et Pelham's Bay Barb mare is. de Natural Barb mare.

Id. (Merlin mare's Dam) v. 1725, par id. et inconnue.

Id. v. 1730, par id. et Grasshopper mare is. de Sister to Gentleman's Dam.

Alcides mare 1764, par Alcides et Crab mare, Fox, Gipsy.

Aldby Jenny v. 1720, par Leedes Dragon et Sir Matthew Pierson's Ruby.

c Aldegand v. 1840, par Bay Middleton et Angelica par Rubens.

c Alderney 1789, par Tandem et Io par Spectator.

c Alderney 1800, par Skyscraper et Cœlia par Volunteer.

*c Alca 1828, par Whalebone et Hazardess par Haphazard.

Alexander mare v. 1800, par Alexander (Eclipse) et Nelly par Otho.

Id. v. 1795, par id. et Berrington par Sweetwilliam.

r Id. 1794 (Rubens, Selim and Castrel's Dam), par id. et Highflyer mare, Alfred, Engineer, Bay Malton's Dam.

Id. 1800, par id et Sweetwilliam mare is. de Thetis.

Id. v. 1795, par id. et Ivy par Woodpecker.

Id. v. 1795, par id. et Highflyer mare, Cardinal Puff, Tatler.

Id. 1793, par id. et Dux mare is. de Folly.

Id. v. 1800, par id. et Sir Peter mare is. de Miss Herwey.

Id. 1795, par id. et Kiss My Lady par Highflyer.

Alexander The Great mare v. 1800, par Alexander The Great et Dungannon mare is. de Mark Antony mare.

c Alexandria v. 1800, par Alexander et Esther par Highflyer.

* Alexandria 1818, par Comus et Alexandria par Alexander.

c Alexandrina 1836, par The Saddler et Partisan mare is. de Jessy.

c Alexandrina 1842, par Glaucus et Lady Ern par Muley.

r Alexina 1788, par King Fergus et Lardella par Y-Marske.

*c Alexina 1826, par Whisker et Calypso par Sorcerer.

Alexina v. 1845, par Hetman Platoff et Medora par Prince.

Alexis mare 1781, par Alexis et Blank mare is. de Grey Snip.

c Alfana 1811, par Dick Andrews et Saltram mare, Matchem, Brown Regulus.

c Alfred mare v. 1780, par Alfred et Engineer mare, Cade, Lass of The Mill.

Id. v. 1780, par Alfred et Swift mare is. de Dairy Maid.

Id. 1786, par id. et Herod mare, Engineer, Cade.

c Id. (Sisters to Tickle Toby) 1784, 1788, 1789, par id. et Cœlia par Herod.

Id. v. 1785, par id. et Engineer mare is. de Sybil.

Id. v. 1785, par id. et Wakefield Lady par Lot.

Id. 1785, par id. et Magnolia par Marske.

Id. v. 1780, par id. et Pearson's Little Partner mare, Snip, Bloody Buttocks.

c Id. v. 1780, par id. et Brim par Squirrel.
  Id, 1782, par id. et Capella par Herod.
  Id. 1781, par id. et Locust mare, Changeling, Cade.
  Id. v. 1780, par id. et Matchem mare, Snap, Oroonoko.
c Aliena v. 1845, par Touchstone et Amima par Sultan.
  Alice v. 1845, par Langar et Miss Crachami par Magistrate.
v Alice Hawthorn 1838-1846, par Muley Moloch et Rebecca par Lottery.
    Vainqueur du Goowood.
c Aline 1797, par Woodpecker et Trentham mare is. de December.
  Alicracker v. 1755, par Regulus et Scarborough Colt mare.
c Alipes 1757, par Regulus et Lusty par Locust.
c Allabaculia 1773, par Sampson et inconnue. Vr du Saint-Léger.
c Allegranti 1797, par Pegasus et Orange Squeezer par Highflyer.
c Allegranti 1779, par Ancient Pistol et Angelina par Prophet.
c Allegretta 1801, par Trumpator et Y-Camilla par Woodpecker.
*c Allegretta 1819, par Orville et Allegretta por Trumpator.
*c Allumette 1840, par Taurus et Orville mare is. de Lacerta.
c Allworthy mare v. 1740, par Allworthy et Bolton's Starling mare is. de
    Dairy Maid.
  Id. v. 1754, par id. et Starling mare, Bloody Buttocks, Grey Hound.
c Ally 1818, par Partisan et Jest par Waxy.
c Almahide v. 1730, par Almanzor et Grey Ramsden mare, inconnue.
  Almanzor mare v. 1730, par Almanzor et Coquette par Basto.
  Id. v. 1730, par id. et Grey Hautboy mare, Makeless, Brimmer
  Id. v. 1730, par id. et Makeless mare, Brimmer, Curwen's Bay Barb.
v Altisidora 1810, par Dick Andrews et Mandane par Pot 80's. Vainqueur
    du Saint-Léger.
*c Alva 1841, par Bay Middleton et Malvina par Oscar.
c Alzira v. 1835, par Voltaire et Mathilda par Comus.
* Amabel 1818, par Octavius et Canopus mare is. de Y-Woodpecker mare.
c Amadis de Gaul v. 1804, par Hambletonian et Lady Sarah par Fidget.
  Amaranth 1839, par Bay Middleton et Miss Fanny par Walton.
  Amaranthus mare 1779, par Amaranthus et Dorimond mare is. de Portia.
  Id. 1781, par id. et Silvio mare is. de Hutton's Daphne.
v Amaranda 1771, par Omnium et Cloudy par Blank.
c Amaryllis v. 1825, par Cervantes et Lady Rachel par Stamford.
c Amaryllis 1842, par Velocipède et Amaryllis par Cervantes.
c Amazon 1776, par Le Sang et Rib mare is. de Mother Western.
v Amazon 1799, par Driver et Fractious par Mercury.
c Y-Amazon 1810, par Gohanna et Amazon par Driver.
  Amazon 1847, par Ratcatcher et Stream par Waxy Pope 1826.
c Ambiguity 1818, par Election, ou Blucher, et Alexander mare Selim's
    Dam is. d'Highflyer mare.
c Ambrosia 1783, par Woodpecker et Ruth par Blank.
c Amelia v. 1792, par Highflyer et Miss Timms par Matchem.

c Amelia 1748, par Godolphin Arabian et Childers mare, True Blue, Cyprus
    Arabian.
* Amelie 1834, par Camel et Lady Bird par Bustard.
c America 1773, par Marske et Snap mare, Regulus, Moore's, Partner.
    America v. 1792, par Imperator et inconnue.
* Amesbury mare 1844, par Amesbury et Edris par Rubello.
c Amima v. 1830, par Sultan et Augusta par Wofull.
c Amine 1855, par Pompey et Barbelle par Sandbeck.
c Amy 1818, par Muley et Aquilina par Eagle.
f Ancaster Nancy 1767, par Blank et Phœbe par Tortoise.
    Ancaster mare v. 1778, par Ancaster et Damascus Arabian mare, Sampson,
        Oroonoko.
    Ancaster Starling mare 1750, par Ancaster Starling et Orford Turk mare.
    Id. v. 1755, par id et Grasshopper mare, Sir M. Newton's Arabian, Pert.
c Id. (Traveller's Dam) v. 1750, par id. et inconnue.
c Anderida 1805, par Gohanna et Lazy par Driver.
c Angelica v. 1820, par Rubens et Plower par Sir Peter.
  'Angelica v. 1820, par Amadis et Miss Craigie par Orville.
f Angelica 1761, par Snap et Regulus mare, Bartlet's Childers, Honywood's
    Arabian. Vendue 500 guinées.
c Angelina 1772, par Prophet et Fair Forester par Sloë.
    Lord Carlisle's Angerton Horse mare v. 1720, par Lord Carlisle's Angerton
        Horse et Sir W. Blacket's Surly mare.
*c Anna (Sister to Flexible) 1826, par Whalebone et Themis par Sorcerer.
c Anna 1782, par Eclipse et Miss Rose par Spectator.
*f Anna 1826, par Godolphin et Barrosa par Vermin.
    Anna v. 1845, par Touchstone et Laura par Champion,
    Anna v. 1845, par Hutington et Marion par Tramp.
c Anna 1754, par Godolphin Arabian et Cloudy par Forester.
f Anna Bella v. 1810, par Shuttle et Drone mare is. de Contessina.
c Anna Maria 1836, par Hutington et Marion par Tramp.
c Anna Bullen 1843, par Taurus (Phantom) et Zelica par Muley.
c Anna Bullen v. 1800, par John Bull et Jupiter mare, Matchem, Snap.
* Anna Perenna 1841, par Alfred et Corinthian mare Sister to Æolus.
    Anna The Tird v. 1840, par id. et id.
* Anne Grey 1834, par Belzoni et Anne of Geierstein par Catton.
*c Anne of Geierstein 1829, par Catton et Rebecca par Soothsayer,
    Anne Page v. 1845, par Touchstone et Isabelle par Pantaloon.
c Anne 1779, par Mark Anthony et Priestess par Matchem.
c Annette 1794, par Volunteer et Wimbleton par Evergreen.
c Annette 1784, par Eclipse et Virago par Snap. Vainqueur de l'Oaks.
c Annette 1835, par Priam et Don Juan mare is. de Moll in The Wad.
*c Annetta 1845, par Mango (Emilius) et Ada par Whisker.
c Ann of The Forest 1790, par King Fergus et Miss West par Matchem.
* Antonia 1851, par Epirus et The Ward of Cheap par Colwick.

c Anonymous 1824, par Captain Candid et Columpus mare is. de King
Fergus mare Sister to Beningbrough.

c Antagonist 1844, par Venison et Defy par Defence.

F Anticipation 1802, par Beningbrough et Expectation par Herod.

c Antiope v. 1815, par Whalebone et Amazon par Driver.

Antonia 1773, par Bellario et Rachel par Blank.

Andrew mare v. 1825, par Andrew et Governess par Governor.

Antœus mare v. 1800, par Antœus et Mercury mare is. de Mary Ann.

* Antwerp 1831, par Waterloo et Election mare is. de Sorcerer mare.

Anvil mare 1788, par Anvil et Virago par Snap.

Id. 1790, par id. et Queen Mab par Eclipse.

c Aphrodite 1848, par Bay Middleton et Venus par Langar.

c Apollonia 1792, par Weazle et Turk mare, Locust, Changeling.

c Apollonia 1826, par Whisker et My Lady par Comus.

* Appleton 1850, par Bay Middleton et Mangosteen par Emilius.

c Apricot 1844, par Sir Hercules et Preserve par Emilius.

* A-Propos 1851, par Alarm et Glaucus mare is. d'Octave.

c Aquilina v. 1806, par Eagle (Volunteer) et Precipitate mare Sister to
Petworth. Mère des produits qui sont cités.

Aquilina v. 1806, par Eagle (Volunteer) et Mary Bella par Walnut.

* cArab 1824, par Woful et Zeal par Partisan.

Arab mare, jument arabe mère de Lady Ann, v. 1745.

c Arabella v. 1810, par Williamson's Ditto et Esther par Shuttle.

Arabians mares, juments orientales primitives; telles sont les mères de :
Basset Arabian mare v. 1720 ; de Restive, à Lord Lonsdale, v. 1695;
de Byerly Turk mare v. 1700 ; de Silvertail v. 1740 ; la jument du
capitaine Collier, en 1823.

Arabian d'Arcy Black Legged mare, par Arabian d'Arcy Black Legged
et Royal mare.

c Arachne v. 1822, par Filho da Puta et Treasure par Camillus.

c Arbis 1819, par Quiz et Persepolis par Alexander.

Arbitrator mare v. 1776, par Arbitrator et Hutton's Daphne par Regulus.

Arcadia (Chesnut) v. 1810, par Sorcerer et Whiskey mare Sister to Rumbo.

c Archeduchess 1821, par Rubens, ou Artichoke, et Queen of Diamonds
par Diamond.

Archer mare v. 1760, par Archer et Chub mare, Second, Starling.

c Arcot Lass 1821, par Ardrossan et Cramlington mare is. de Floyerkin.

F Ardrossan mare v. 1820, par Ardrossan et Lady Eliza par Whitworth.

Id. v. 1820, par id. et Rubens mare is. de Queen of The Hearts.

Id. v. 1820, par id. et Vicissitude par Pipator.

Id. v. 1820, par id. et Shepherdess par Shuttle.

F Arethusa 1792, par Dungannon et Prophet mare is. de Virago.

c Arethusa 1841, par Elis et Aunt Bliss par Wofull.

c Arethissa 1824, par Quiz et Persepolis par Alexander.

Ariel 1784, par Highflyer et Regulus mare Sister to Figurante.

c Arinette 1827, par Wanton (Wofull) et Ardrossan mare is. de Vicissitude.
c Aricia (ex Lady Russell) 1824, par Rubens et Diana par Stamford.
  Armida 1819, par Rinaldo et Buzzard mare Sister to Bos.
c Arquebusade 1818, par Sancho et Pot 80's par Editha.
c Arsena 1829, par Morisco et Arethissa par Quiz.
c Arsenic 1833, par The Colonel (Whisker) et Arsena par Morisco.
c Artichoke 1779, par Conductor et Jocasta par Herod.
  Artichoke 1827, par Skim et Mushroom par Dick Andrews.
c Aspasia v. 1830, par Pericles et Bess par Waxy.
c Aspasia 1775, par Herod et Doris par Blank.
  Aspatrica 1838, par Buskin et Herculea par Whalebone.
  Aspen v. 1840, par Abbas Mirza et Morea par Teniers.
c Astarte 1788, par Protector et Sweetbriar mare, Squirrel, Blank.
  Astrœa 1835, par Actœon et Lunaria par Whisker.
  Astridge Ball mare v. 1720, par Astridge Ball et Dodsworth mare,
     Barb mare.
c As-You-Like-It 1842, par Touchstone et Emma par Whisker.
F Atalanta 1769, par Matchem et Lass of The Mill par Oroonoko 1756.
c Atalanta 1808, par Walton et Javelin mare is. de Flavia.
*c Atalanta 1837, par Muley Moloch et Lilla par Blacklock.
  Atlas mare v. 1812, par Atlas et inconnue.
  Attraction 1786, par Magnet et Squirrel mare is. de Sophia.
  Auburn v. 1825, par Blacklock et Ruler mare is. de Treecreeper.
c Audrey v. 1825, par Marmion 1806 et Agnès par Sorcerer.
c Augusta 1784, par Eclipse et Herod mare, Bajazet, Regulus.
c Y-Augusta 1798, par Y-Eclipse (Juno) et Augusta par Eclipse.
F Augusta 1818, par Wofull et Rubens mare 1823 is. de Guildford mare.
     Vainqueur de l'Oaks.
c Augusta 1804, par Buzzard et Trumpator mare, Mark Anthony, Signora.
c Augusta (ex Flyer) 1792, par Highflyer et Tulip par Damper.
  Augustina 1798, par Drone et Catherine par Y-Marske.
c Aunt Bliss 1833, par Wofull et Mandoline par Waxy.
F Aura 1745, par Stamford Turk et Brother to Conqueror mare, Childers
     mare Sister to Blaze.
c Aura 1822, par Guy Mannering et Miss Platoff par Remembrancer.
c Aurora 1830, par Sandbeck et Parthenessa par Cervantes.
c Aurora v. 1830, par Emilius et Farce par Swiss.
*c Aurora 1848, par Pantaloon et Lady par Zinganee.
c Australia 1838, par Langar et Blucher mare, Camillus, Gabriel.
c Avena v. 1820, par Shuttle et Hyale par Phœnomenon.
c Ayesba v. 1830, par Sultan et Marinella par Soothsayer.
  Ayeska 1829, par Marengo et Gramaric par Sorcerer.
  Azalia 1833, par Velocipède et Miss Patrick par Walton.
c Azalia 1804, par Beningbrough et Gilliflower par Highflyer.
* Azora 1843, par Voltaire et Miniken par Manfred.

B.

r Bab 1787, par Bourdeaux et Speranza par Eclipse.

c Y-Bab 1799, par Sir Peter et Bab par Bourdeaux.

c Babel (ex Lilias) 1823, par Interpreter et Fair Ellen par Wellesley Grey Arabian. Vainqueur de l'Oaks.

c Bab Gore v. 1818, par Bob Booty et Y-Louisa par Bagot.

Babraham mare 1753, par Babraham et Puss par Steady.

Id. v. 1755, par id. et Sedbury mare is. de Ebony par Childers.

Id. 1760, par id. et Ball mare par Sir W. Wynn's Little Ball.

Id. (Sister to Sir J. Lowther's Babraham) v. 1749, par id. et Golden Ball mare is. de Bushy Molly.

Id. 1759, par id. et Sloë mare is. de Coughing Polly.

Id. (Blank mare's and Careless mare's Dam) v. 1755, par id. et inconnue.

Id. v. 1750, par id. Jigg mare (Miss Jigg) par Jigg.

c Id. (Cossack's Dam) 1760, par id. et Starling mare is. de Spinster.

Id. 1754, par id. et Chiddy par Hampton Court Childers.

Id. 1759, par id. et Starling mare is. de Martindale's Shepherdess.

Id. 1755, par id. et Crab mare, Dyer's Dimple, Bethell's Castaway.

Babraham Blank mare v. 1760, par Babraham Blank et Tipsy par Starling.

Baccelli 1771, par Marske et Miss Vernon par Cade.

c Bacchante v. 1810, par Williamson's Ditto Mercury mare, Herod, Folly.

Badger mare v. 1725, par Badger et Hackwood mare, is. de Son of Rockwood mare.

* Badinage 1842, par Mango (Emilius) et Drab par Reveller.

Bagot mare v. 1790, par Bagot et Mother Brown par Trunnion.

c Bajazetta 1754, par Bajazet et Traveller mare is. de M. Wyvill's Garnela.

Bajazet mare v. 1755, par Bajazet et Cartouch mare is. de Ebony.

Id. 1750, par id. et Lonsdale's Bay Arabian mare is. de Bonny Lass.

Id. 1751, par id. et Blacklegs mare, Smith's Son of Snake, Old Montagu.

Id. 1755, par id. et Regulus mare, Lonsdale's Arabian, Bonny Lass..

Id. 1762, par id. et Miss Western par Sedbury.

Balby, v. 1740, (Dam of Celadine) par Goliah et inconnue.

r Bald Charlotte 1721, par Old Royal et Bethell's Castaway mare is. de Brimmer mare.

c Bald Charlotte's Dam v. 1710, par Bethell's Castaway et Brimmer mare, inconnue.

r Bald Charlotte's Filly 1737, par Sommerset Arabian et Bald Charlotte par Old Royal.

Bald Charlotte 1786, par Y-Morwick et Serina par Goldfinder.

Bald Galloway mare v. 1730, par The Bald Galloway et Royal mare.

Id. v. 1730, par id. et Darley Arabian mare, Makeless, Brimmer.

Id. v. 1730, par id. et Grey Grantham mare, Burford Bull mare.

Id. v. 1730, par id. et Snake mare Sister to Old Country Wench.

Bald Galloway mare v. 1730, par id. et Snake mare is. de Old Wilkes.

Id. v. 1720, par id. et Curwen's Bay Barb mare, inconnue.

Id v. 1725, par id. et Snail mare, Darley Arabian, Y-Child mare.

Id. v. 1730, par id. et King William's Black Barb Whitout à Tongue mare.

Id. v. 1720, par id. et Champion mare.

c Id. v. 1720, par id. et Akaster Turk mare, Leedes Arabian, Spanker.

Id. v. 1719, par id. et Byerly Turk mare, inconnue.

f Id. (Old Lady) v. 1720, par id. et Wharton mare par Lord Carlisle's Turk.

Bald Peg (Mr Milbanks) v. 1700 (Dam of Wilkinson's Barb mare), inconnue.

f Bald Peg (Old) v. 1690, par General Fairfax's Arabian et Barb mare.

f Y-Bald Peg v. 1700, par Leedes Arabian et Old Morocco mare par Fairfax's Morocco Barb.

c Baleine 1830, par Whalebone et Soothsayer mare, Buzzard, Highflyer.

c Baleine v. 1820, par Whalebone et Vale Royal par Sorcerer.

*c The Ballet Girl 1847, par Earl of Richemond et Charlotte West par Glaucus.

Ballet Girl v. 1840, par Prize Fighter et Charlotte West par Tramp.

* Balaclava (ex Medoro mare) 1842, par Medoro et Mosti par Confederate.

Ballet Diana 1764, inconnue.

Ballad Singer v. 1830, par Tramp et Clinkerina par Clinker.

Ball mare 1752, par Ball et Crazy par Lath.

Ball mare 1754, par Sir W. Wynn's Little Ball et Starling mare, Partner, Makeless.

Banstead mare (Dam of Whynot mare) v. 1710, inconnue.

The Banister mare (Dam of Richemond mare) v. 1710, par Banister et inconnue.

f Banter v. 1825, par Master Henry et Boadicea par Alexander.

c Banshee 1812, par Sorcerer et Pot 80's mare is. de Maid of all Work.

Banshee 1815, par Y-Sorcerer et Podarge par Gouty.

Barbes mares, juments orientales primitives; telles sont les mères de : Dodsworth et Vixen v. 1695; Careless v. 1725; Old Bald Peg v. 1690; Grey Legs v. 1720; Diamond mare v. 1705; Wilkinson's Arabian mare v. 1700; Makeless mare v. 1700; Jews Trump v. 1705; Makeless mare, à Sir Hugh Cholmondley, v. 1710; Terror mare et Woodcock mare v. 1708; Curwen's Bay Barb mare 1712; Blossom v. 1705; Place's White Turk mare v. 1700; Babraham, Malborough mare, Silvertail mare v. 1740; Pelham's Bay Barb mare v. 1725.

c Barbara 1807, par Teddy The Grinder et Precipitate mare is. de Colibry.

c Barbara 1824, par The Laird et My Lady par Comus.

Barbakin v. 1841, par Plenipotentiary et Saffi par Son of Dick Andrews.

c Barbarina 1840, par Plenipotentiary et Saffi par Son of Dick Andrews.

Barbara 1838, par id. et id.

f Barbara 1767, par Snap et Miss Vernon par Cade.

* Barbarina 1835, par Brulandorf et Whisker mare is. de Rhodacantha.

c Barbiche 1831, par Lapdog et The Etching par Rubens.

v Barbelle 1835, par Sandbeck et Darioletta par Amadis.

Barbiniola 1774, par Herod et Bajazet mare is. de Miss Western.

c Barcelona 1848, par Don John et Industry par Priam.

Baroness v. 1845, par Irish Birdcatcher et Echidna par Economist.

Baroness v. 1840, par Leopold et Duchess par Cardinal York.

c Barrosa v. 1800, par Vermin et Nikè par Alexander.

Bartlet's Childers mare v. 1742, par Bartlet's Childers et Warlock Galloway par Snake.

Id. v. 1735, par id. et Bay Bolton mare is. de Belgrade Turk mare.

Id. v. 1730, par id. et Devonshire's Chesnut Arabian mare, Curwen's Bay Barb, Old Spot.

c Id. v. 1735, par id. et Bald Galloway mare (Old Lady), Wharton mare.

Id. v. 1740, par id. et M. Durham Grey mare par Son of The Bald Galloway.

c Id. 1735 et id. 1740, par id. et Honywood's Arabian mare is. de True Blue's Dam par Byerly Turk.

Id. 1745, par id. et Devonshire's Turk mare, Curwen's Bay Barb, Old Spot.

Id. 1730, par id. et Hartley's Blind Horse mare, Highland Laddie, Byerly Turk.

Id. v. 1730, par id. et Bay Bolton mare, Byerly Turk, Bustler.

Basset Arabian mare v. 1722, par Basset Arabian et Arabian mare.

*c Bassinoire (ex Emilius mare) 1828, par Emilius et Surprise (Brown) par Scud.

v Basto mare v. 1720, par Basto et Curwen's Bay Barb mare Sister to Mixbury.

Id. v. 1712, par id. et Y-Spanker mare is. de Hautboy mare.

Id. v. 1712, par id. et Makeless mare is. de Taffolet Barb mare.

Id. v. 1715, par id. et Old Spot mare, Y-Spanker, Hautboy.

Id. 1720 (Dam of Crab mare and Childers mare), par id. et inconnue.

* Battle v. 1850, par Ion et Lady Day par Rowton.

Battersea Lass 1825, par Phantom et Y-Election mare, Miss Manager.

*c Batwing 1846, par Pantaloon et Retort par Camel.

Battledore mare 1834, par Battledore et Pythia par Phantom.

*c Bay Araby 1836, par Camel et Bay Bess par Sultan.

c Bay Babraham 1760, par Babraham et Partner mare is. de Grey Brocklesby.

Bay Barb mare v. 1710, par Bay Barb et Makeless mare, Brimmer, Dodsworth.

c Bay Bess v. 1830, par Sultan et Napoléon Arabian mare is. d'Hippomenes mare.

v Bay Bloody Buttocks 1727, par Bloody Buttocks et Grey Hound mare, Makeless, Brimmer.

v Bay Bolton's Dam v. 1699, par Makeless et Brimmer mare is. de Diamond mare.

Bay Bolton mare v. 1725, par Bay Bolton et Belgrade Turk mare, inconnue.

Id. v. 1723, par id. et Basto mare, Old Spot, Y-Spanker.

— 148 —

c Id. v. 1735, par id et Curwen's Bay Barb mare, Old Spot, White Legged
   Lowther's Barb.
   Id. v. 1735, par id. et Commoner mare, Brisk, Hartley's Blind Horse.
   Id. v. 1730, par id. et Tifter mare, Newcastle's Turk, Byerly Turk.
   Id. v. 1728, par id. et Son of Brownlow Turk mare is de Old Lady.
   Id. v. 1735, par id. et Fox's Cub mare, Coneyskins, Hutton's Grey Barb.
c Id. v. 1715, par id. et Newcastle Turk mare, Byerly Turk, inconnue.
   Id. v. 1730 (Dam of Fox's Cub mare), par id. et inconnue.
   Id. v. 1725, par id. et Coneyskins mare, Hutton's Grey Barb, Byerly Turk.
   Id. v. 1720, par id. et Basto mare, Y-Spanker, Hautboy.
   Id. v. 1720, par id. et Pulleine's Chesnut Arabian mare, inconnue.
c Id. v. 1724, par id. et Darley Arabian mare, Byerly Turk, Taffolet Barb.
   Id. v. 1735, par id. et Pulleine's Chesnut Arabian mare, Lord Lonsdale's
   Tregonwell mare.
   Id. v. 1725, par id. et Curwen's Bay Barb mare is. de Old Spot mare.
   Id. v. 1725, par id. et Old Coquette par Basto.
   Id. v. 1725, par id. et Darley Arabian mare, inconnue.
   Id. (Dam of Elephant) v. 1725, par id. et inconnue.
   Id. v. 1720, par id. et Commoner mare is. de Restive.
   Id. v. 1720, par id. et Byerly Turk mare is. de Bustler mare.
   Id. v. 1725, par id. et Lister Turk mare, inconnue.
   Id. v. 1730, par id. et Old Spot mare, White Legged Lowthers Barb,
   Old Winter mare.
c Bay Javelin 1793, par Javelin et Y-Flora par Highflyer.
* Bay Malton mare v. 1777, par Bay Malton et inconnue.
   Bay Lustry mare v. 1720 (Dam of Garnet mare), inconnue.
* c Bay mare 1830, par Camel et Harmony par Reveller.
* c Bay mare, ou Cossack mare, 1850, par British Yeoman et Harry mare,
   Bustard, Harpalice.
* c Bay mare, ou Theon mare, 1848, par Theon et Lady Love par Kremelin.
c Bay Middleton mare v. 1840, par Bay Middleton et Vitula par Voltaire.
   Id. v. 1840, par id. et Nitocris par Whisker.
   Id., ou Ellen Middleton, v. 1840, par id. et Myrrha par Maleck.
* c Id., ou Regalia, 1837, par id. et Arbis par Quiz.
r Bay Peg v. 1708, par Leedes Arabian et Y-Bald Peg par Leedes Arabian.
   Bay Starling v. 1740, par Bolton's Starling et Miss Meynell par Partner.
c Bay Susan 1759, par Moses et Godolphin Arabian mare, Brother to
   Mixbury, Smockface.
   Beaufort Arabian mare v. 1725, par Beaufort Arabian et inconnue.
r Beatrice 1791, par Sir Peter et Pyrrha par Matchem.
c Beatrice v. 1825, par Blacklock et Smolensko mare is. de Lady Mary.
   Bedlamite mare 1834, par Bedlamite et Juniper mare is. de Caprice.
   Beaufort White Arabian mare v. 1730, par Beaufort White Arabian et
   Lord Brooke's Arabian mare, Darley Arabian, Brimmer.
c Beebee Bunnoo 1846, par Velocipède et Miss Wilfred par Lottery.

r Bee in a Bonnet v. 1825, par Blacklock et Maniac par Shuttle.

*cBee's Wing (ex Miss Edwards) 1838, par Doctor Syntax et Destiny par
    Centaur.

c Bee's v. 1810, par Waxy et Wixen par Pot 80's.

r Bee's Wing v. 1838, par Doctor Syntax et Ardrossan mare is. de Lady
    Eliza. 59 courses, 47 victoires, dont l'Ascot Cup et le Doncaster Cup.

c Beggar Girl (ex Bigottini) 1815, par Thunderbolt et Gohanna mare is.
    de Fraxinella.

r Beghum 1797, par Woburn Arabian et Cœlia par Volunteer.

c Beghum 1831, par Partisan et Sultana par Selim.

*cBeguine (ex Bequine) 1832, par Waxy Pope et Dinarzade par Selim.

  Belgrade Turk mare v. 1710 (Dam of Bay Bolton mare), par Belgrade
    Turk et inconnue.

  Id. v. 1715, par id. et Old Scarborough mare par Makeless.

  Y-Belgrade mare (Sister to Antelope) v. 1745, par Y-Belgrade et Scar-
    borough Colt mare, Bartlet's Childers, Devonshire's Turk.

  Id. v. 1736, par id. et Bartlet's Childers mare, Devonshire's Chesnut
    Arabian, Curwen's Bay Barb.

  Id. v. 1745, par id. et Clifton Arabian mare, Tifter, Hautboy.

  Id. v. 1740, par id. et Johnson's Arabian mare, Tifter, Hautboy

c Belinda 1804, par Beningbrough et Petrina par Sir Peter.

c Belinda 1825, par Blacklock et Wagtail par Prime Minister.

c Y-Belinda 1769, par Pangloss et Belinda par Tartar.

c Belinda 1754, par Tartar et Roundehad mare, Hodge's Centurion mare

c Bella v. 1830, par Actæon et Bella par Beningbrough.

c Bella v. 1812, par Beningbrough et Peterea par Sir Peter.

c Bella Donna 1790, par Dioméd et Blossom par Protector.

c Bella Donna 1816, par Seymour et Gramarie par Sorcerer.

c Belle Fille 1797, par Weazle et Y-Marske mare, Amaranthus, Dorimond.

c Belle 1782, par Justice et Marske mare is. de Suzan.

c Bellerophon mare v. 1828, par Bellerophon et Delpini mare 1803 is. de
    Tipple Cyder.

c Bellina 1796, par Rockingham et Anna par Eclipse. Vainqueur de l'Oaks.
  Bellina, ou Laurel Leaf, 1805. Voyez Laurel Leaf.

c Bellissima 1795, par Phœnomenon et Wren par Woodpecker. Vr de l'Oaks.

c Bellona 1777, par Herod et Jessica par Squirrel.

c Bellona 1791, par Dungannon et Miss Spindleshanks par Omar.
  Bellona 1811, par Fyldener et Stride mare, Star, Laurel.

c Bellona 1786, par Paymaster et Amazon par Le Sang.
  Bellona v. 1835, par Beagle (Whalebone) et Bella par Beningbrough.

*cBellone 1830, par Sober Robin (Cramlington) et Pasquinade par Soverign.
  Belshazzard mare v. 1836, par Belshazzard et Comus mare, Prime Mi-
    nister, Y-Harriet.

c Belvoirina v. 1810, par Stamford et Mercury mare, Herod, Maiden.

* Belvidère 1836, par Actæon et Belvoirina par Stamford.

r Benedict v. 1800, par Remembrancer et Beatrice par Sir Peter.
· Benefit v. 1825, par Oiseau et Prime Minister mare is. de Lady Ern.
Benevolence v. 1825, par Figaro et Shuttle mare is. de Lady Saarah.
Beningbrough mare v. 1800, par Beningbrough et Cecilia par Sir Peter.
Id. v. 1800, par id. et Buzzard mare, que le Stud-Book n'indique pas.
c Id. v. 1805, par id. et Jenny Mole par Carbuncle.
Id. v. 1799, par id. et Rosamond par Tandem.
Id. (Bay) v. 1805, par id. et Delpini mare is. de School Mistress.
Id. v. 1800, par id. et Mercury mare is. de Mary Ann.
Id. v. 1798, par id. et Eustatia par Highflyer.
Id. 1802, par id. et Expectation par Herod.
Id. v. 1800, par id. et Highflyer mare, Snap, Riddle.
Id. v. 1798, par id. et Fraxinella par Trentham.
Id. v. 1800, par id. et Mary Ann par Sir Peter.
Id. v. 1800, par id. et Precipitate mare is. de Magnolia The Younger.
Id. v. 1805, par id. et Lady's Maid par Sir Peter.
Id. v. 1800, par id. et Katherine par Highflyer.
Id. 1808, par id. et Sir Peter mare is. de Miss Ganpowder.
Id. v. 1800, par id. et Miss Tomboy par Highflyer.
Id. v. 1800, par id. et Woodpecker mare is. de Miss.
Id. 1804, par id. et Coriander mare is. de Wildgoose.
Id. 1804, par id. et Coriander mare is. de Fanny.
Id. v. 1798, par id. et Phlegon mare, Turk, Bosphorus.
c Bennington's Dam 1781, par Percy Ali Arabian et Herod mare, Snap,
    Shepherd's Crab.
Bequest mare v. 1830, per Muley et Bequest par Election.
c Bequest 1820, par Legacy et Rosabella par Schedony.
c Bequest v. 1815, par Election et Legacy par Beningbrough.
*c Bequine, ou Beguine, 1822, par Waxy Pope et Dinarzade par Selim.
Beresina v. 1820, par Smolensko (Sorcerer) et Sancho mare, non inscrite.
Beresina v. 1820, par Leopold et Stamford mare is. de Miss Bucckle.
c Berenice v. 1800, par Alexander et Brunette par Amaranthus.
c Berenice 1765, par Matchem et Lady par Sir C. Turner's Sweepstakes.
c Berrington 1781, par Sweetwilliam et Herod mare is. de Flora.
c Bertha v. 1830, par Reveller et Legacy par Beningbrough.
c Bessy 1815, par Y-Gouty et Grandiflora par Sir Harry Dimsdale.
r Bessy Bedlam 1826, par Filho da Puta et Lunatic par Prime Minister.
    Vainqueur du Saint-Léger.
c Bettina 1805, par Stamford. Voyez Laurel Leaf.
Betty Baylock 1838, par Worlaby Baylock et Arinette par Wanton.
Betty Bychlow v. 1730 (Dam of Hodge's Centurion mare), inconnue.
c Betty Deresfield v. 1710, par Leedes Arabian et inconnue.
Betty Martin 1830, par Blacklock et Filho da Puta mare, Smolensko, inc.
r Betty Percival v. 1705, par Leedes Arabian et Spanker mare, inconnue.
r Betty Leedes v. 1805, par Careless et Leedes Arabian mare Sister to Leedes.

* Betzy 1828, par Snow et Comus mare, inconnue.

c Betzy 1820, par Clinker et Bronze par Buzzard.

Bethell's Arabian mare v. 1715, par Bethell's Arabian et Castaway mare, Brimmer mare.

Biddy Tipkin 1796, par Stride et Violet par Eclipse.

* c Bilberry 1849, par Touchstone et Lady Sarah par Velocipède.

c Bigottini, ou Beggar Girl, 1815, par Thunderbolt. Voyez Beggar Girl.

c Billingsgate v. 1820, par Selim et Palma par Sir Peter.

c Billingsgate v. 1820, par Filho da Puta et Loo Choo par Peruvian.

c Bigottini 1821, par Bigot et Remembrance par Sir Solomon.

* c Biondetta 1819, par Rainbow et Jannette par Camillus.

Birdcatcher mare v. 1840, par Birdcatcher et Retrospectif par Cetus.

Id. v. 1845, par id. et Nan Darrell par Inheritor.

c Birdlime 1831, par Comus (Sorcerer) et Hedley mare is. de Jessy.

c Bird of Passage 1822, par Whisker et Orphan par Camillus.

c Birthday 1822, par Blucher (Waxy) et Belinda par Beningbrough.

c Bistripa 1815, par Cervantes, ou Sir Charles (Arabian Selim), et Fanny par Sir Peter.

c Bittern (Michaëlmas) 1818, par Thunderbolt et Plower par Sir Peter.

c Bittern 1826, par Sligo Waxy et Bigottini par Thunderbolt.

c Bizarre v. 1810, par Peruvian et Violante par John Bull.

* f Black Bess 1837, par Camel et Scud mare is. de Goosander.

c Black Beauty v. 1845, par Muley Moloch et Miss Iris par Blucher

c Black Beauty v. 1810, par Sorcerer et Sir Peter mare is. de Deceit.

Black Deuce v. 1800, par Trumpator et Peeress par Herod.

f Black Diamond 1804, par Stamford et Louisa par Ormoud.

c The Black Duchess 1838, par Rockingham et Bobadilla par Bobadil.

c Black Eyed Susan v. 1780, par Alfred et Herminta par Panton's Hermit.

c Black Eyes (Routh's) 1741, par Crab et Warlock Galloway par Snake.

c Black Eyes 1750, par Regulus et Routh's Black Eyes par Crab.

c Black Legged d'Arcy's Royal mare v. 1700 (Dam of Makeless mare and Oxford's Arabian mare).

c Blacking 1821, par Octavius et Teddy The Grinder mare, Cohanna, Catherine,

Blacklegs mare v. 1740, par Devonshire's Blacklegs et Dimple mare, Sir J. Jenkins Arabian mare.

Id. 1736, par id. et Smith's Son of Snake mare, Montagu, Son of Brimmer.

Id. 1741, par id. et Fox mare, Graham's Champion, Sir M. Pierson's Blue Cap.

Id. v. 1740, par id. et Son of Snake mare, Montagu, Hautboy, Brimmer, inconnue.

Id. 1741, par id. et The Duke of Leedes mare par The Holderness Turk.

Id v. 1734, par id. et Partner mare, Akaster Turk, Leedes Arabian.

Blacklegs 1792, par Weazle et Columba par Alfred.

F Blacklegs mare v. 1740, par Hutton's Blacklegs et Bay Bolton mare, Fox's
   Cub, Coneyskins.
Blacklock mare v. 1825, par Blacklock et Altisidora par Dick Andrews.
Id. v. 1825, par id. et Cerberus mare is. de Rosamond.
Id. v. 1830, par id. et Louisa par Orville et Thomasina.
c Id. v. 1825, par id. et Knowsley mare is. de Surveyor's Dam.
Id. v. 1825, par id. et Cerberus mare is. de Miss Cranfield.
Id. v. 1836, par id. et Olympia par Sir Oliver.
Id. v. 1825, par id. et Orville mare is. d'Hambletonian mare.
c Black Phantom 1747, par Phantom et Blacklegs mare, Bay Bolton, Fox's
   Cub.
Black Sultan mare 1822, par Black Sultan et Warrior mare, Cecilia.
c The Black-Sea 1843, par Glaucus et Y-Lady Ern par Muley.
Blackthorn 1774, par Turf et Lady Jane par Snap.
c Blanche of Middlebie 1854, par Melbourne et Phryne par Touchstone.
* Blanche 1834, par Skim, ou Château-Margaux, et Thalestris par Alexander.
c Blank mare 1759, par Blank et Bay Starling par Bolton's Starling.
c Id. v. 1760, par id. et Regulus mare, Sorcheels, Makeless.
Id. 1760, par id. et Babraham mare, inconnue.
c Id. 1755, par id. et Regulus mare, Lonsdale's Bay Arabian, Bonny Lass.
Id. 1760, par id. et Crab mare, Jigg mare Sister to Partner.
Id. 1757, par id. et Lord Leigh's Diana par Second.
Id. v. 1760, par id. et Snip mare, Lath, Snake.
Id. v. 1755, par id. et Childers mare, True Blue, Cyprus Arabian.
Id. v. 1755, par id. et Lass of The Mill par Traveller 1745.
Id. 1760, par id. et Fancy par Crab.
c Id. 1769, par id. et Grey Snip par Snip.
Id v. 1765, par id. et The Widdrington mare par Partner.
Id. v. 1750, par id. et Blaze mare, inconnue.
Id. v. 1759. par id. et Partner mare is. de Bonny Lass.
Id. v. 1755, par id. et Childers mare is. de Miss Belvoir.
Id. v. 1755, par id. et Blossom par Crab.
c Id. v. 1760, par id. et Cartouch mare, Sorcheels, Makeless.
Id. v. 1765, par id. et Oroonoko mare, Regulus, Brother to Mixbury,
   Bald Galloway.
Id. v. 1760, par id. et Lord Chedworth's Fox Hunter mare, Brother to
   Mixbury, Smockface.
Id. v, 1765, par id. et Lass of The Mill par Oroonoko.
Id. v. 1765, par id. et Godolphin Arabian mare, Snip, The Widdrington.
Id. v. 1764, par id. et Oroonoko mare, Regulus, Brother to Mixbury,
   Hutton's Barb.
Id v. 1755, par id. et Crab mare is. de Miss Slamerkin.
Id. v. 1766, par id. et Regulus mare is. de Cypron.
Id. v. 1755, par id. et Dizzy par Driver.
Id. v. 1760, par id. et Traveller mare is. de Ancaster Starling mare.

Id. v. 1765, par id. et Bajazet mare, Blacklegs, Smith's Son of Snake.

Id. 1763, par id. et Naylor par Cade

Id. 1753, par id. et Grasshopper mare, Alcock's Arabian, Duke's Creeper's Dam.

c Id. 1769, par id et Wright par Grasshopper.

Id. v. 1764, par id. et Blaze mare, Y-Grey Hound, Curwen's Bay Barb.

Id. v. 1760, par id. et Rib mare, Partner, Grey Hound.

c Blank Mixbury 1758, par id. et Brother to Mixbury mare, Bald Galloway, King William's Black Barb.

c Blanketta 1766, par id. et Grey Cade par Cade.

c Blast 1774, par Herod et Northumberland Arabian mare, Starling mare.

Blaze mare v. 1745, par Blaze et Fox mare, Darley Arabian, Merlin.

Id. v. 1745, par id. et Fox mare, Darley Arabian, Son of Brimmer.

Id. v. 1756, par id. et Y-Grey Hound mare is. de Curwen's Bay Barb mare.

Id. v. 1744, par id. et Hip mare, Spark, Snake.

Id. v. 1745 (Dam of Blank mare), par id. et inconnue.

Id. v. 1760, par id. et Mogul mare, Crab, Fox, Bay Bolton.

v Blink Bonny 1854, par Melbourne et Queen Mary par Gladiator. Vainqueur du Derby et de l'Oaks.

Bloody Buttocks mare 1734, par Bloody Buttocks et Lustry Thornthon par Croft's Bay Barb.

Id. v. 1735 (Dam of Snake mare), par id. et inconnue.

Id. v. 1835, par id. et Faustina par Hartley's Blind Horse.

Id v. 1740, par id. et Partner mare, Gred Hound, Brocklesby Betty.

Id. v. 1735, par id. et Grey Hound mare is. de Brocklesby Betty.

Id. v. 1730, par id. et Pulleine's Arabian mare, Bay Bolton, Darley Arabian.

v Bloody Buttocks (Grey) v. 1735, par Bloody Buttocks. Voyez au G.

Bloody Shouldered Arabian mare v. 1735, par Bloody Shouldered Arabian et Basset Arabian mare is. d'Arabian mare.

* Blossom mare v. 1776, par Blossom et inconnue.

Id. v. 1762, par id. et Ancaster Starling mare, Grasshopper, Sir M. Newton's Arabian.

v Blossom 1742, par Crab et Childers mare is. de Miss Belvoir.

c Blossom Junior v. 1743, par id. et id.

c Blossom 1782, par Protector et Flora par Squirrel.

Blossom mare v. 1718, par Blossom et Pulleine's Chesnut Arabian mare is. de Old Vinter mare.

c Blowing v. 1800, par Buzzard et Bennington's Dam par Percy Arabian.

c Blowing 1803, par id. et Pot 8o's mare, Maid of all Work.

Blucher mare v. 1720, par Blucher (Waxy) et Opal par Sir Peter.

Id. 1825, par id. et Camillus mare, Gabriel, Pot 8o's.

c Blue Bell 1831, par Duplicate (Tomes's) et Soothsayer mare (Oracle).

v Blue Bonnet 1839, par Touchstone et Maid of Melrose par Brutandorf. Vainqueur du Saint-Léger.

c Blue Bonnet 1827, par Master Henry et Manœuvre par Rubens.

c Blue Bell 1838, par Buzzard et Saracen mare is. de Pawn Junior.

c Blue Devils 1837, par Velocipède et Clare par Wofull.

c Blue Eyed Suzan v. 1730, par Rattle et Old Child mare par Sir Th. Gresley's Bay Arabian.

c Blue Stockling v. 1810, par John Bull et Pipator mare, Phœnomenon, Calliope.

c Blue Stockling 1816, par Popinjay et Briseïs par Beningbroug.

Blunderbuss mare v. 1700, par Blunderbuss et Royal mare.

Id v. 1700, par id. et d'Arcy's Grey Royal mare.

Id. v. 1705, par id. et Old Thornthon par Place's White Turk.

c Bobadilla 1825, par Bobadil et Pythoness par Sorcerer.

f Bobtail 1786, par Eclipse et Faith par Herod.

*c Bobtail Filly 1822, par Bobtail et Hecate par Sorcerer.

Bobtail mare v. 1720, par id. et Pandora par Dungannon.

c Boadicea v. 1795, par Alexander et Brunette par Amaranthus.

* Boil and Bubble 1826, par Centaur, ou Phantom, et Witchery par Sorcerer.

c Bohemienne 1839, par Confederate et Gipsy par Tramp.

Bolton Norris's mare 1755, par Bolton Norris's et Grasshopper mare, Godolphin Arabian, Whitefoot mare.

Bolton's Starling mare v. 1755, par Bolton's Starling et Dairy Maid par Bloody Buttocks.

c Bonduca 1760, par Bandy et Blossom Junior par Crab.

c Bonduca 1780, par Justice et Bonduca par Bandy.

f Bonny Black 1715, par Black Hearty et Persian Stallion mare.

c Bonnyface 1782, par Eclipse et Tartar mare, Mogul, Sweepstakes.

f Bonny Lass 1723, par Bay Bolton et Darley Arabian mare, Byerly Turk, Taffolet Barb.

c Bonny Lass 1750, par Snip et Lath mare, Snake, Grey Wilkes.

c Bonny Lass 1796, par Pot 8o's et Stargazher par Highflyer.

Bonby Betty v. 1834, par Robin Hood (Blacklock) et Bellerophon mare, Delpini, Tipple Cider.

c Bombasine v. 1820, par Thunderbolt et Delta par Alexander.

Boreas mare 1770. par Boreas et Fancy par Goliah.

Id. 1772 (Lucy Lockit's Dam), par id. et inconnue.

Bosphorus mare v. 1762, par Bosphorus et Rib mare, Hip, Large Hartley mare.

Id. 1770, par id. et W's Forester mare, Coalition Colt, Bustard.

Boudrow mare v. 1780, par Boudrow et Sybil par Herod.

Id. 1788, par id. et Squirrel mare, Babraham, Golden Ball.

c Bounty 1786, par Mercury et Petworth par Herod.

Bourbon mare v. 1825, par Bourbon et Tobosa par Don Quixote.

c Bourdeaux mare (Grey) 1790, par Bourdeaux et Prophet mare, Virago.

c Bowes v. 1720, par Hutton's Bay Barb et Byerly Turk mare, Selaby Turk, Place's White Turk.

Bourdeaux mare 1788, par Bourdeaux et Woodpecker mare is. de Margaretta.

Boxer mare v. 1810, par Boxer et Black Deuce par Trumpator.

c Y-Bowes 1755, par Dormouse et Little Bowes par Brother to Mixbury.

c Bran mare v. 1840, par Bran et Active par Partisan.

Id v. 1840, par id. et Mamzel Otz par Blacklock. .

c Brandy Bet 1829, par Canteen et Bigottini par Thunderbolt.

c Brandy Snap v. 1845, par Muley Moloch et Belinda par Blacklock.

Brazil 1829, par Ivanhoë et Velvet par Oiseau.

c Breeze v. 1820, par Soothsayer et Blowing par Buzzard et Pot 8o's mare.

c Brenda 1820, par Partisan et Diana par Stamford.

Brenda v. 1825, par Catton et Banshee par Y-Sorcerer.

Bridal v. 1845, par Bay Middleton et Goldpin par Whalebone.

* Bride of Abydos 1836, par Belzoni et Anne of Geierstein par Catton.

c Bridget 1776, par Herod et Jemima par Snap. Vainqueur de l'Oaks.

c Brightonia v. 1806, par Gohanna et Nutmeg par Sir Peter.

c Brillante 1806, par Whiskey et Diomed mare, Imperator, Otheothea.

c Brillante 1766, par Brillant et Shepherd's Crab mare, Miss Meredith.

c Brillante 1820, par Viscount et Brillante par Whiskey.

Brighton Belle 1784, par Mambrino et Lady Bolingbroke par Squirrel.

Bright's Roan mare v. 1715 (Dam of Rutland's Black Barb mare), par Bright's Roan et inconnue.

Brilliant mare v. 1760, par Brilliant et Crab mare is. de Miss Slamerkin.

Id. v. 1760, par id. et Shepherd's Crab mare, Godolphin, Childers.

Id. 1764 et 1765, par id et Wittington mare is. de Miss Slamerkin.

r Brim (ex Soubrette) 1771, par Squirrel et Helen par Blank.

Brimmer mare v. 1700, par Brimmer et Dodsworth mare, inconnue.

Id. v. 1700 (Dam of Son of Pulleine's Chesnut Arabian mare), par id. et inconnue.

r Id. (Old Thornthon) 1700, par id. et Dicky Pierson's mare, Burton Barb.

Id. v. 1700, par id. et Place's White Turk mare, Dodsworth, Layton Barb.

Id. v. 1700 (Dam of Scarborough Colt mare), par id. et inconnue.

Id. v. 1705 (Dam of Diamond mare), par id. et inconnue.

Id. v. 1700, par id. et Son of Dodsworth mare, Burton Barb mare.

Id· v. 1700 (Dam of Counsellor mare), par id. et inconnue.

Id. v. 1700 (Dam of Bald Charlotte's Dam), par id. et inconnue.

a Id. v. 1710, par id. et Diamond mare is. de Sister to Merlin's Dam.

Id. v. 1710, par id. et Curwen's Bay Barb mare, inconnue.

Id. v. 1700 (Dam of Scarborough mare), par id. et inconnue.

Id. v. 1700 (Dam of Hautboy mare), par id. et inconnue.

Id. 1710 (Dam of Darley Arabian mare), par id. et inconnue.

Id. v. 1700 (Dam of Two Castaway mares), par id. et inconnue.

Id. v. 1705, par id. et d'Arcy's Royal mare.

c Son of Brimmer mare v. 1715, par Son of Brimmer et Dick Burton's mare par Chesterfield Arabian.

c Britannia v. 1840, par Sheet Anchor et Pauline par Mosès.

ʳ Britannia 1772, par Herod et Matchem mare, Blank, Babraham.

c Britannia v. 1820, par Orville et Coriander mare is. de Fanny.

c Britannia v 1800, par Drone et Confessina par Y-Marske.

c Britannia v. 1840, par Irish Birdcatcher et Pauline par Mosès.

ʳ Briseïs 1804, par Beningbrough et Lady Jane par Sir Peter. Vʳ de l'Oaks.
Brisk mare v. 1728, par Brisk (Dar. Ar.) et Hartley's Blind Horse mare, inc.

c Brocade v. 1840, par Pantaloon et Bombasine par Thunderbolt.

c Brocard v. 1825, par Whalebone et Varennes par Selim.

c Brocklesby 1721, par Grey Hound et Brocklesby Betty par Curwen's
Bay Barb.

ʳ Brocklesby Betty 1711, par Curwen's Bay Barb et M. Leedes Hobby mare
par Lister Turk.

c Brocklesby (Bay) 1731, par Partner et Brocklesby par Grey Hound.

c Brocklesby (Grey) 1728, par Bloody Buttocks et Brocklesby par Grey
Hound.

c Broockside v. 1840, par Ratan et Hindoo mare is. de Marmion mare.

c Bronze 1803, par Buzzard et Alexander mare (Dam of Selim). Vainqueur de l'Oaks.

c Brown Bess 1789, par Peter et Papillon par Snap.

c Brown Bess 1801, par Sir Peter et Brown Charlotte par Highflyer.

ꜰ Brown Betty v. 1718, par Basto et his Massey's mare par M. Massey's
Black Barb.

c Brown Betty (Rutland's) v. 1720, par Childers et his Massey's mare par
Massey's Black Barb.

c Brown Charlotte 1786, par Highflyer et Eclipse mare, Miss Spindleshanks.

c Brown Bess 1841, par Muley Moloch et Tuft par Whisker.
Brown Bess 1839, par Clinker et Mansfield Lass par Filho Puta.

c Brown Duchess v. 1815, par Orville et Sagana par Sorcerer.

c Brown Betty (Routh's) v. 1745, par Regulus et Fox mare, Bay Bolton,
Newcastle Turk.

Brown Fanny v. 1798, par Maximin et Highflyer mare, inconnue.

*c Brown Fanny 1848, par Y-Tearaway et Ellen par Saint-Patrick.

c Brown Justice v. 1795, par Justice et Xenia par Challenger.

* Brown mare 1852, par Verulam et Revival par Pantaloon.

c Brown Slipby 1745, par Slipby et Partner mare, Woodcock, Croft's
Bay Barb.

c Brown Russet 1802, par Sir Peter et Brown Bess par Highflyer.

c Brown Starling 1750, par Starling et Partner mare, Woodcock, Croft's
Bay Barb.

c Brown Regulus 1759, par Regulus et Miss Starling Junior par Starling.
Brownlow Turk mare v. 1718, par Brownlow Turk et Old Lady par
Pulleine's Chesnut Arabian.

Son of Brownlow Turk mare v. 1720, par Son of Brownlow Turk et Old
Lady par Pulleine's Chesnut Arabian.

*c Brown Susan 1811, par Cleveland et Tawny par Mentor.

c Brown Woodcock 1717, par Woodcock et Lustry Thornthon par Croft's Bay Barb.

c Brunette 1801, par Overton et Highflyer mare, Tartar, Snip.

c Brunette 1810, par Waxy et Charcoal par Sir Peter.

F Brunette 1771, par Squirrel et Dove par Matchless.

c Brunette 1790, par Amaranthus et Mayfly par Matchem.

*c Brunette 1823, par Clavileno et Brunette par Waxy.

*c Brunette (ex Theorem) 1848, par Don John et Doctor Syntax mare is. de Problem.

Brutandorf mare v. 1830, par Brutandorf et Scancataldi par Sancho.

Id. 1829, par id. et Mrs Cruickshanks par Welbeck.

*c Bruyère 1843, par Y-Saint-Patrick et Aurora par Emilius.

c Bupta v. 1822, par Partisan et Coquette par Dick Andrews.

*c Burden 1832, par Camel et Maria par Waterloo.

Burdford Bull mare v. 1705, par Burdford Bull et Royal mare.

Id. v. 1715, par id. et Mrs Wilkinson's mare par Brimmer.

* Burgundy mare 1829, par Burgundy et Victorine par Haphazard.

*c Burlesque 1824, par Blucher (Waxy) et Boadicea par Alexander.

c Burletta v. 1830, par Actœon et Comedy par Comus.

Burton Barb mare v. 1695 (Dam of Dicky Pierson's mare and son of Dodsworth mare), par Burton Barb et inconnue.

Burton Bull mare v. 1705, par Burton Bull et Mr Wilkinson's mare par Brimmer.

c Burton Lass v. 1800, par Dick Andrews et Trumpator mare is. de Demirep.

c Bushy Molly v. 1736, par Hampton Court Childers et Bushy Molly par Chesnut Litton Arabian.

c Bushy Molly 1717, par Chesnut Litton Arabian et The Farmer mare par Chillaby.

c Bushy Molly (Lord Halifax's) v. 1722, par id. et id.

Bushy Molly v. 1815, par Schedony et irlandaise non inscrite.

c Busk 1828, par Whalebone et Car par Haphazard.

Bustard mare v. 1822, par Bustard (Castrel) et Walton mare is. de Gipsy.

Bustard mare v. 1714, par Bustard et Old Wilkes par Hautboy.

Bustard mare 1819, par Bustard (Buzzard) et Harpalice par Gohanna.

Bustard mare v. 1746, par Bustard et Lord Leigh's Charmaing Molly par Second.

c Bustle 1825, par The Sligo Waxy et Bigottini par Thunderbolt.

c Bustle 1827, par Whalebone et The Odd Trick par Quiz.

Bustler mare v. 1705 (Dam of Hautboy mare), par Bustler et inconnue.

Id. v. 1700 (Dam of Byerly Turk mare), par id. et inconnue.

c Id. v. 1705, par id. et Place's White Turk mare, Dodsworth, Layton Barb.

Id. v. 1695 (Dam of The Lonsdale's Tregonwell mare), par id. et inc.

c Bushy 1785, par Florizel et Squirrel mare, Matchem, Snip.

Butterfly v. 1795, par Mr Bagot et Bagot mare is. de Mother Brown.

c Butterfly v. 1825, par Magistrate et Fillagree par Soothsayer.

c Butterfly 1832, par Lottery et Comus mare is. d'Arabella.

c Butterfly 1782, par Eclipse et Lord Portmore's Highlander mare, Babraham, Puss.

c Buxon Lass 1811, par Beningbrough et Epsom Lass par Sir Peter.

c Buzzard mare v. 1800, par Buzzard et Hornpipe par Trumpator.

   Id. v. 1805, par id. et Treasure par Camillus.

   Id. v. 1800, par id. et Tandem mare, Eclipse, Abigaïl.

c Id. 1803, par id. et Highflyer mare is. de Catherine.

   Id. v. 1805, par id. et Pot 8o's mare is. d'Huncamunca.

   Id. v. 1800, par id. et Laïs par Diomed.

   Id. v. 1800 (Dam of Beningbrough mare), par id. et mère non indiquée.

   Id. v. 1800, par id. et Bennington's Dam par Percy Arabian.

   Id. 1802, par id. et Rose par Sweetbriar.

c Id. (Miss Holt) v. 1800, par id. et Camilla par Highflyer.

   Id. v. 1800, par id. et Totterella par Dungannon.

   Id. 1798, par id. et Ann of The Forest par King Fergus.

Buzzard mare v. 1835, par Buzzard et Donna Maria par Partisan.

Byerly Turk mare v. 1706, par Byerly Turk et Bustler mare, inconnue.

f Id. v. 1705 (True Blue's Dam), par id. et inconnue. (Mr Honywood's.)

   Id. v. 1700 (Dam of Highland Laddie mare), par id. et inconnue.

   Id. v. 1705 (Dam of Newcastle's Turk mare), par id. et inconnue.

   Id. v. 1700 (Dam of Hutton's Grey Barb mare and of son of Hutton's Grey Barb), par id. et inconnue.

   Id. v. 1795 (Dam of Bald Galloway mare), par id. et inconnue.

o Id. (Sir W. Ramsden's mare) v. 1705, par id. et Spanker mare, inconnue.

c Id. v. 1710, par id. et Taffolet Barb mare, Place's White Turk mare.

   Id. v. 1715, par id. et Selaby Turk mare is. de M. Place's mare.

   Id. v. 1710, par id. et Arabian mare.

   Id. v. 1700, par id. et The Wilkinson's Whynot mare, inconnue.

C.

Caccia Piatty mare v. 1828, par Caccia Piatty et Prodigious par Caleb Quotem.

Cackagay v. 1780 (Dam of Crazy Jane), par Banker et inconnue.

Cade mare 1754, par Cade et Brown Slipby par Slipby.

c Id. 1754, par id. et Partner mare Sister to Lodge's Roan mare.

c Id. 1751, par id. et Bolton's Little John mare is. de Favorite.

   Id. 1741, par id. et Crab mare is. de Basto mare.

   Id. 1753, par id. et Partner mare 1735, Makeless, Brimmer.

   Id. v. 1750, par id. et Lodge's Roan mare par Partner.

c Id. 1756, par id. et Lass of The Mill par Traveller et M. Makeless.

   Id. 1756, par id. et Brown Slipby par Slipby.

   Id. 1757, par id. et Crab mare, Childers, Confederate Filly.

Cade mare 1754, par id. et Lonsdale's Grey Arabian mare, Lonsdale's Bay Arabian, Toulouze Barb.

Id. v. 1766, par id. et Fox mare, Grey Hautboy, Makeless.

c Id. v. 1740, par id. et Partner mare 1732, Makeless, Brimmer.

c Id. 1749 et 1752, par id. et Lonsdale's Bay Arabian mare, Bonny Lass.

Id. 1753, par id. et Partner mare 1735, Makeless, Brimmer.

Id. v. 1745, par id. et Miss Makeless par Son of Grey Hound.

Id. v. 1755, par id. et Sampson mare, inconnue.

Id. 1756, par id. et Starling mare, Traveller, Highland Laddie.

Id. v. 1740, par id. et Little Hartley mare par Bartlet's Childers.

Id. 1754, par id. et Partner mare 1744, Sister to The Widdrington mare.

Id. v. 1765, par id. et Lonsdale's Bay Arabian mare, Bay Bolton, Darley Arabian.

Id. 1754, par id. et Red Rose par Partner.

Id. 1754, par id. et Bartlet's Childers mare, The Dam of Warlock Galloway.

Id. 1747, par id. et Fox mare, Graham's Champion, Sir M. P. Blue Cap.

Id. v. 1755, par id. et Mogul mare is. de Miss Slamerkin.

Id. 1752, par id. et Blacklegs mare, Bay Bolton, Fox's Cub.

Id. v. 1750, par id. et Miss Partner par Partner.

c Id. v. 1755, par id. et Brother to Fearnought mare is. de Miss Windham.

c Id. (Lord Bruce's) v. 1750, par id. et Y-Belgrade mare, Clifton Arabian, Tifler, Hautboy.

Id. v. 1755, par id. et Y-Grey Hound mare is. de Doll.

Y-Cade mare 1762 et 1763, par Y-Cade et Miss Thigh par Rib.

Id. v. 1770, par id. et Traveller mare, Treasurer, Regulus.

c Id. v. 1760 (Dam of Wauxhall's Snap), par Cade et jument non indiquée.

Id. 1756, par id. et Lass of The Mill par Traveller 1745.

Id. 1755, par id. et Fox mare is. de Gipsy par Bay Bolton.

Id. v. 1765, par id. et Sampson mare, Tartar, inconnue.

Id. 1767, par id. et Childerkin par Second.

Id. v. 1760, par id. et Regulus mare, Snake, Partner.

Id. v. 1765, par id. et Whitenose mare, Grey Hound, Hartley's Blind Horse.

Id. v. 1760, par id. et Cartouch mare, Fox, Gipsy.

c Caifacaratadaddera 1816, par Walton et Pipator mare, Delpini, Tuberose.

* Caïn mare 1832, par Caïn et Fairy par Filho da Puta.

r Calash 1775, par Herod et Thereza par Matchem.

c Calabria 1795, par Spadille et Alfred mare, Locust, Changeling.

Caleb Quotem mare v. 1810, par Caleb Quotem et Anna Bullen par John Bull.

Id. v. 1810, par id. et King Fergus mare is. de Cœlia.

Id. v. 1810, par id. et Weazle mare, Alfred, Wakefield Lady.

c Calista, ou Calisto, 1828, par Oiseau et Joke par Waxy.

c Calista 1828, par Saint-Patrick et Smolensko mare, Sir Peter, Mambrino.

c Calico 1836, par Filho da Puta et Corset par Whalebone.

c Calliope 1763, par Slouch et Coate's Lass of The Mill par Oroonoko 1756.
*c Caloric 1849, par Hetman Platoff et Oxygen par Emilius.
c Calypso 1773, par Matchem et Alcides mare, Crab, Fox.
c Calypso v. 1810, par Sorcerer et Houghton Lass par Sir Peter.
c Calypso v. 1840, par Liverpool et Orville mare, Wizard, Lisette.
c Calendulœ v. 1815, par Camerton et Snowdrop par Highland Flying.
*c Camarine 1833, par Camel et Wofull mare, Selim, Pipylina.
* Camarilla 1834, par Falcon, Waxy mare, Bobtail, Pandora.
f Camarine v. 1826, par Juniper et Rubens mare is. de Tippity Witchet.
    Camel mare v. 1836, par Camel et Lady Elisabeth par Lottery.
*c Camelia 1841, par Camel et Y-Worry par Emilius.
*c Camelia 1842, par Camel et Versality par Blacklock.
f Y-Camilla 1723, par Bay Bolton et Son of Brownlow Turk mare is. de
    Old Lady.
f Camilla 1746, par Son of Bay Bolton et Bartlet's Childers mare, Hony-
    wood's Arabian, Byerly Turk.
c Camilla 1778, par Snip et Camilla par Son of Bay Bolton.
f Camilla 1722, par Bay Bolton et Old Lady par Pulleine's Chesnut Arabian.
f Camilla 1770, par Trentham et Coquette par Compton Barb.
f Y-Camilla 1782, par Woodpecker et Camilla par Trentham.
c Camilla v. 1810, par Camillus et Paulina par Sir Peter.
c Camilla 1785, par Highflyer et Matchem mare is. de Riot.
c Camilla 1805, par Buzzard et Camilla par Highflyer.
c Camilla v. 1775, par Snap et Pyrrha par Matchem.
c Camilla v. 1826, par Sir Gilbert, ou Harborough Arabian, et Orvellina
    par Orville 1819.
c Camilla (Warren's) 1748, par Cullen Arabian et Diamond mare par North
    Country Diamond.
c Camillina 1822, par Camillus et Smolensko mare is. de Miss Cannon.
    Camillus mare 1809, par Camillus et Helen par Delpini.
    Id. v. 1810, par id. et Pot 8o's mare is. de Flyer.
    Id. 1815, par id. et Lady Rachel par Stamford.
    Id. v. 1815, par id. et Hyacinthus mare is. de Zara.
    Id. 1820, par id. et Shuttle mare is. d'Eliza par Highflyer.
    Id. (Chesnut) 1813, par id. et Precipitate mare, Paymaster, Pomona.
    Id. 1818, par id. et Sancho mare, Highflyer, Pomona.
    Id. v. 1810, par id. et Legacy par Beningbrough.
c Id. v. 1815, par id. et Gabriel mare, Pot 8o's, Flyer.
* Camlet 1832, par Camel et Fyldener mare (Bay), Guildford Nan's Dam.
f Camp Follower v. 1837, par The Colonel (Whisker) et Galatea par Amadis.
c Canary 1797, par Coriander et Miss Green par Highflyer.
c Canary 1826, par Wofull et Canary Bird par Whiskey.
f Canary Bird 1806, par Whiskey et Canary par Coriander.
c Canidia v. 1805, par Sorcerer et Orange Bud par Highflyer.
f Canezou 1846, par Melbourne et Mme Pelerine par Velocipède. Vainqueur

de l'Oaks et du Goodwood, 2e dans l'Ascot Cup, battue par The Flying
    Dutchman.
c Cannonade v. 1820, par Smolensko (Sorcerer) et Shepherdess par Shuttle.
c Cannon Ball mare 1820, par Cannon Ball et Miss Hap par Shuttle.
    Id. v. 1823, par id. et Williamson's Ditto mare, Woodpecker, Syphon.
c Canopus mare v. 1812, par Canopus et Y-Woodpecker mare is. de
    Fractions.
    Id. v. 1812, par id. et Teddy The Grinder mare, Precipitate, Colibry.
*c Cantaloupe 1818, par Soothsayer et Waxy mare is. de Penelope.
r Cantatrice v. 1765, par Sampson et Regulus mare, Blacklegs, Bay Bolton.
*c Canvas 1814, par Rubens et Gohanna mare 1803 is. de Chesnut Skim.
c Cantatrice 1827, par Comus et Jane Shore par Wofull.
*c Capella 1811, par Walton et Capella par Buzzard.
c Capella 1773, par Herod et Miss Cape par Regulus.
c Capella 1800, par Buzzard et Chymist mare, South, Babraham.
    Capiscum mare 1826, par Capiscum et Acklam Lass par Prime Minister.
*c Caprice 1812, par Walton et Vanity par Buzzard.
c Caprice 1778, par Marske et Julia par Regulus et Cade mare.
c Y-Caprice 1817, par Waxy et Caprice par Walton.
c Caprice v. 1785, par Anvil et Madcap par Eclipse.
c Captive 1771, par Matchem et Calliope par Slouch.
c Captain Care 1770, par Captain et Cade mare, Mogul, Miss Slamerkin.
    Captain Roucksby's Turk mare v. 1720 (Dam of Lucy), par Captain
    Roucksby's Turk et inconnue.
c Cara 1779, par Mark Anthony et Carina par Marske.
* Caramba 1850, par Inheritor et Saracen mare is. de Pawn Junior.
c Cardinal Cape 1832, par Sultan et Dulcinea par Cervantes.
c Cardinal Puff mare 1773, par Cardinal Puff et Tatler mare, Snip, Godol-
    phin Arabian.
c Cara 1765, par Adolphus et Allworthy mare, Bolton's Starling, Bloody
    Buttocks.
* Careless mare v. 1765, par Careless (Warren's) et inconnue.
    Son of Careless mare v. 1718, par Son of Careless et Old Smith's Son
    mare is. de Wanton Willy mare.
    Careless mare 1766, par Careless (William's) et Miss Barforth par Snap.
    Id. 1772, par id. et Cullen Arabian mare, Grisewood's Lady Thigh.
    Id. v. 1770, par id. et Babraham mare, inconnue.
    Careless mare v. 1710, par Careless et Leedes Arabian mare, Spanker,
    Morocco Barb.
    Sister to Hutton's Careless v. 1756 (Dam of Turner's Sweepstakes mare),
    inconnue.
c Car 1825, par Haphazard 1797 et Sorcerer mare, Precipitate mare (Grey).
    Carabineer mare v. 1780, par Carabineer et Y-Cade mare, Traveller,
    Treasurer.
    Carbuncle mare v. 1766, par Carbuncle et Alfred mare, Matchem, Snap.

c Carefull 1826, par Orville, ou Walton, et Pipylina par Sir Peter.

c Carina 1766, par Marske et Blank mare is. de Dizzy.

c Carlotta v. 1840, par Charles XII et Petrel par Cervantes.

c Carlotta v. 1850, par John-o-Gaunt et Esmeralda par Blacklock.

c Caroline 1793, par Phœnomenon et Faith par Pacolet.

c Caroline v. 1818, par Whalebone et Maria par Mufti. Vr de l'Oaks.

c Caroline v. 1820, par Walton et Brother to Eagle mare is. de Calabria.

c Caroline v. 1830, par Irish Drone et Don Juan mare, Moll in The Wad.

c Caroline v. 1825, par Whisker et Gibside Fairy par Hermès.

c Caroline v. 1825, par Filho da Puta et Lady Caroline par Partisan.

c Caroline 1762, par Snap et Regulus mare, Hip, Hartley's Blind Horse.

c Caroline 1820, par Poulton et Sorceress par Sorcerer.

c Caroline 1842, par Non Sense et Miss Petworth par Whalebone.

c Carthage v. 1795, par Driver et Fractious par Mercury.

c Cartouch mare v. 1740, par Cartouch et Ebony par Childers.
    Id. 1748, par id. et Soreheels mare, Makeless, Ch. d'Arcy's Royal mare.
    Id. 1755, par id. et d'Arcy's Arabian mare, Makeless, Brimmer.
    Id. v. 1730 (Dam of Evans Arabian mare), par id. et inconnue.

c Id. 1740, par id. et Fox mare is. de Gipsy par Bay Bolton.
    Id. v, 1740, par id. et Soreheels mare, Hartley's Blind Horse, Chesnut d'Arcy's Royal mare.
    Id. v. 1740, par id. et Sir John Sebright's Arabian mare, inconnue.

c Cassandra 1834, par Priam et Zillah par Whisker.

*c Cassandra 1834, par Priam et Manto par Tiresias.

c Cassandra 1756, par Blank et Childers mare, Basto, Curwen's Bay Barb.

*c Cassica 1842, par Touchstone et Laura par Champion.

c Cassiope 1813, par Zodiac et Grey Duchess par Pot 8o's.

c Castanelle v. 1845, par Don John et Nighname par Ishmaël.
    Castaway mare v. 1720 (Dam of Fox mare), par Bethell's Castaway et inconnue.
    Id. v. 1720, par id. et Whynot mare is. de Royal mare.
    Id. v. 1708 et v. 1715, par id. et Brimmer mare, inconnue.

f Castanca v. 1805, par Gohanna et Grey Skim par Woodpecker.

c Castaside v. 1835, par Mameluke, ou Camel, et Rowena par Rubens.

c Castrella, ou Castrel Madrigal, v. 1810, par Castrel et Madrigal par Sir Peter.

c Castrellina v. 1810, par Castrel et Waxy mare is. de Bizarre.

c Cast-Steel v. 1830, par Whisker et The Twincle par Walton.
    The Cat mare v. 1730 (Dam of Puss), inconnue.

c Cat 1755, par Cade et Mr Wane's Little Partner par Partner.

c Cat 1779, par Conductor et Brunette par Squirrel.

c Cat 1809, par Stamford et Louisa par Ormond.

* Catalina 1832, par Skiff et Sancho mare, Trumpator, Mark Anthony.

c Catalani v. 1820, par Tiger (Sir Paul) et Wilna par Smolensko et Morgiana.

c Catgut v. 1815, par Comus, ou Juniper, et Vanity par Buzzard.

ꝑ Catherine 1780, par Woodpecker et Camilla par Trentham.

c Catherine 1786, par Y-Marske et Gentle Kitty par Silvio.

c Catherine v. 1808, par Castrel et Alexander mare is. d'Ivy.

c Catherina v. 1815, par Walton et Catherine par Castrel.

ꝑ Catherine Hayes v. 1845, par Lanercost et Constance par Partisan.

Cato mare 1819, par Cato et Omphale par Waxy.

Catton mare 1818, par Catton et Henrietta par Sir Solomon.

Id. v. 1825 (Dam of Grenadier), par id. et mère non indiquée.

Id. 1822, par id. et Paynator mare is. de Violet par Shark.

Id. 1824, par id. et Hambletonian mare, Shuttle, Drone.

Id. 1818, par id. et Hannah par Gohanna.

Id. 1826, par id. et Governor mare is. d'Anticipation.

c Id. v. 1825, par id. et Melrose par Pilgarick.

*c Id. 1820, par id. et Dulcinea par Cervantes et Regina.

Id. v. 1820, par id. et Altisidora par Dick Andrews.

*c Cauliflower 1845, par Colwick et Ninny par Bedlamite.

c Cavatina v. 1845, par Redshank et Oxygen par Emilius.

*c Caveat 1852, par Cowl et Cavatina par Redshank.

c Cazille 1824, par Bob Booty et Waxy mare, Tug, Bagot.

c Cecilia 1793, par Sir Peter et Termagant par Tantrum.

c Cecilia 1805, par Worthy et Miss Furey par Trumpator.

c Cecilia 1804, par Beningbrough et Brown Justice par Justice.

c Cecilia 1779, par Herod et Maria par Blank.

c Cecilia 1829, par Comus (1809) et Miss Maltby par Filho da Puta.

c Cecilia 1829, par Filho da Puta et Strumpet par Hambletonian.

c Celadine (Lady Northumberland) 1755, par Y-Cade et Balby par Goliah.

c Celerity v. 1840, par Velocipède et Miss Patrick par Walton.

*c Celeste 1831, par Lottery et Columbine par Cervantes.

Centurion mare v. 1740, par Hodge's Centurion et Betty Byeblow.

Cerberus mare v. 1818, par Cerberus et Diana par Kill Devil.

Id. v. 1820, par id. et Rosamond par Buzzard.

c Id. v. 1816, par id. et Miss Cranfield par Sir Peter.

Id. v. 1818, par id. et Alfana par Dick Andrews.

Id. v. 1816, par id. et Delpini mare 1802 is. de Tipple Cyder.

c Cerealia 1808, par Delpini et Miss Gunpowder par Gunpowder.

c Cerès 1774, par Marske et Silvertail par Careless.

c Cerès 1756, par Cade et Red Rose par Blacklegs.

c Cerès 1793, par Woodpecker et Herod mare is. de Desdemona par Marske.

c Cerès 1779, par Sweetwilliam et Squirrel mare, Blank, Regulus. Vainqueur de l'Oaks.

c Cerès 1830, par Emilius et Mangel Wurzel par Merlin.

c Cerito v. 1837, par The Saddler et Amaryllis par Cervantes.

c Cerito 1838, par Birdcatcher et Caccia Piatty mare is. de Prodigious.

c Cerito 1837, par The Colonel (Whisker) et La Danseuse par Blacklock.

ꝑ Certhia 1793, par Woodpecker et Trentham mare is. de Cunegonde.

Cervantes mare v. 1815, par Cervantes et Miss Brocket par Sir Peter.
c Id. v. 1820, par id. et Emma par Don Cossack.
c Id. v. 1820, par id. et Golumpus mare, Paynator, Saint-George.
Id. v. 1815, par id. et Anticipation par Beningbrough.
Cesario mare v. 1810, par Cesario et Miss Holt par Buzzard.
Champignon mare 1828, par Champignon et Blucher mare is. d'Opal.
Champion mare (Graham's) v. 1725, par Graham's Champion et Darley
    Arabian mare is. de Merlin mare.
Id. v. 1715 (Dam of Bald Galloway mare), par id. et inconnue.
c Id. v. 1720 (Dam of Goliah), par id. et Sir M. Pierson's Blue Cap incon.
Champion mare 1827, par Champion (Pot 8o's) et Sally par Swindon.
Id. v. 1810, par id. et Brown Fanny par Maximin.
c Chantilly 1830, par Gustavus et Veil par Rubens.
Changeling mare 1758, par Changeling et Cade mare, Bolton's Little
    John, Favorite.
c Chaos v. 1830, par Emilius et Bertha par Reveller.
c Chaos 1812, par Waxy, ou Sorcerer, et Houghton Lass par Sir Peter.
c Charcoal v. 1800, par Sir Peter et Diomed mare is. de Desdemona.
c Charity 1824, par Tramp et Shuttle mare, Drone, Contessina.
*c Charley Boy mare 1843, par Charley Boy et Marmion mare is. de Harpalice.
c Charlotte 1807, par Buffer et Peweet par Tom Turf.
c Charlotte v. 1845, par John o Gaunt 1838 et Esmeralda par Economist.
c Charlotte v. 1785, par King Fergus et Y-Maiden par Highflyer.
c Charlotte 1766, par Blank et Crab mare, Dyer's Dimple, Castaway.
c Charlotte v. 1840, par Liverpool et Brocard par Whalebone.
c Charlotte 1760, par Blank et Slipby mare is. de Meynell.
c Y-Charlotte v. 1800, par Walnut et Charlotte par King Fergus.
c Charlotte West 1827, par Tramp et Fillagree par Soothsayer.
c Charlotte West v. 1840, par Glaucus et Corinna par Mulatto.
c Charm 1808, par Sorcerer et Grey Duchess par Pot 8o's.
c Charmaing Molly v. 1810, par Rubens et Comedy par Beningbrough.
c Charmer v. 1790, par Phœnomenon et Fitz Herod mare, Y-Cade, Regulus.
c Charmaing Molly (Lord Leigh's) v. 1742, par Second et M. Hanger's
    Brown mare par Stanyan's Arabian.
c Charmer 1766, par Blank et Cartouch mare, Sorcheels, Makeless.
c Charmaing Jenny v. 1700, par Leedes Arabian et Spanker mare, Morocco
    Barb mare (Spanker's Dam).
c Charmaing Kate 1841, par Sir Hercules et Ruby par Rubens.
* Château-Margaux mare, ou Miopess, 1835, par Château-Margaux et
    Vicarage par Octavius.
Id. v. 1835, par id. et Cervantes mare is. d'Emma.
c Chat v. 1818, par Quiz et Paleface par Y-Woodpecker.
Chatsworth mare 1772, par Chatsworth et Sally par Northumberland.
Id. v. 1767, par id. et Dyer's Dimple mare, Castaway, Whynot.
Id. v. 1775, par id. et Engineer mare, Wilson's Arabian, Button's Spot.

c Chemisette 1843, par Tipple Cider et Corset par Whalebone.

c Cherokee 1843, par Redshank et Middleton mare, Smolensko, Zoraïda.

c Cherub 1816, par Hambletonian et Spitfire par Pipator.

c Cheshire Witch v. 1835, par Pantaloon et Catton mare is. de Melrose.
   Chesnut d'Arcy's Arabian mare v. 1700, par Lord d'Arcy's Chesnut
   Arabian et White Shirt mare is. de Old Montagu mare.
   Id. v. 1700 (Dam of Curwen's Bay Barb mare), par id. et inconnue.

c Chesnut Layton v. 1710 (Dam of Y-Grey Hound mare), par Makeless
   et inconnue.

f Chesnut Skim v. 1795, par Woodpecker et Herod mare is. de Y-Hag.

c Chesnut Thornthon v. 1704, par Makeless et Old Thornthon par Brimmer.

*cChesnut Filly 1824, par Grey Walton et Governor mare (Black) is. de
   Sir Peter mare.

* Chevreuil 1836, par Lapdog, ou Partisan, et Fawn par Smolensko.

c Chicken 1732, par Childers et Cyprus Arabian mare is. de Bonny Black.
   Chicken Butcheress 1804, par Buzzard et Highflyer mare, Squirrel, Sophia.

c Chiddy 1733, par Hampton Court Arabian et Bald Charlotte par Old
   Royal.
   Chicken 1753, par Regulus et Chicken par Childers.
   Childers mare 1730, par Childers et Confederate Filly par Grey Grantham.

c Id. v. 1740, par id. et True Blue mare, Cyprus Arabian, Bonny Black.

c Id. 1732 et 1733, par id. et Miss Belvoir par Grey Grantham.
   Id. v. 1744, par id. et Cyprus Arabian mare, Commoner, Makeless.
   Id. v. 1735, par id. et Grey Grantham mare, Wilkinson's Barb, Mr Mil-
   bank's Bald Peg.
   Id. 1738, par id. et Basto mare, Curwen's Bay Barb Sister to Mixbury.
   Id. v. 1725, par id. et Basto mare, Makeless, Taffolet Barb.
   Id. v. 1735 (Dam of Y-Belgrade mare), par id. et inconnue.
   Id. 1744, par id. et Miss Jigg Sister to Partner par Jigg.
   Id. v. 1735, par id. et Basto mare, inconnue.
   Id. v. 1740 (Dam of Gower's Stallion mare), par id. et inconnue.
   Id. v. 1735, par id. et Walpoole Barb mare is. de Miss Belvoir.
   Id. v. 1735, par id. et Mermaid par The Sutton Turk.
   Id. v. 1735, par id. et Grey Grantham mare, Rutbland's Grey Turk,
   Betty Deresfield.
   Id. v. 1730, par id. et Makeless mare, Taffolet Barb, inconnue.

c Child mare (Old) v. 1700, par Sir T. Gresley's Bay Arabian et Vixen par
   Helmsley Turk.

c Y-Child mare (Burdet's) v. 1708, par Harpur Barb et Old Child mare par
   Sir T. Gresley's Bay Arabian.
   Chillaby mare v. 1715, par Chillaby et Makeless mare, inconnue
   Id. v. 1720 (Dam of Dyer's Dimple mare), par id. et Moonah Barb mare.

c Childerkin 1749, par Second et Fox mare is de Gipsy par Bay Bolton.

c Chincilla v. 1835, par Camel et Memina par Smolensko.

*cChisel 1847, par Touchstone et Lady Emely par Muley Moloch.

c Chit Chat 1835, par Actœon et Chat par Quiz.
*c Chloris 1824, par Partisan et Niobe par Sir David.
   Chorus mare v. 1820, par Chorus et Orville mare is. d'Anticipation.
   Chocolate mare v. 1790, par Chocolate et Lottery par Gamahoë.
c Chryseïs 1768, par Careless et Snappina par Snap.
c Chryseïs 1795, par Aspargus et Lady Jane par Sir Peter.
c Y-Chryseïs v. 1810, par Dick Andrews et Chryseïs par Aspargus.
*c Christabel 1824, par Wofull et Harriet par Periclès.
*c Christine 1826, par Master Henry et Manœuvre par Rubens.
*c Christobel 1845, par Charles XII et Lisbeth par Phantom.
   Chub mare v. 1755, par Chub et Second mare, Starling, Legacy.
   Chymist mare v. 1775, par Chymist et Snap mare, Cade, Crab.
   Id. 1777, par id. et South mare, Babraham, Golden Ball.
   Chrysolite mare 1771, par Chrysolite et Angelica par Snap.
c Cinderella 1789, par Dungannon et Cinderwench par Ancient Pistol.
c Cinderella 1824, par Merlin (Miss Newton's) et Spotless par Walton.
c Cinderella 1824, par Walton et Dick Andrews mare, Shuttle, Sir Peter.
c Cinderella 1828, par Lottery et Cervantes mare, Golumpus, Paynator.
c Cinderwench 1775, par Ancient Pistol et Regulus mare, Crab, Miss
       Slamerkin par Y-True Blue.
*c Cingara 1846, par Sir Isaac et Gipsy Queen par Tomboy.
c Cinizelli v. 1835, par Touchstone et Brocade par Pantaloon.
   Cinnamon mare v. 1745, par Cinnamon et Sir R. Sutton's Grey Arabian
       mare, Merlin, Commoner.
c Cintra 1850, par Picaroon et Coimbra par Actœon.
c Circassian 1791, par King Fergus et Miss West par Matchem.
c Circe v. 1766, par Feather et Blank mare, Crab, Partner.
c Circe 1808, par Sorcerer et Houghton Lass par Sir Peter.
*c Citron 1827, par Centaur et Rubens mare is. de Parasol.
r Clare v. 1820, par Marmion (Whiskey) et Harpalice par Gohanna.
c Clare v. 1825, par Wofull et Rubens mare is. de Tippity Witchet.
c Claret 1830, par Château-Margaux et Esmeralda par Cannon Ball.
c Clara v. 1830, par Filho da Puta et Clari par Smolensko.
c Clara 1818, par Selim et Donna Clara par Cesario.
c Clari v. 1824, par Smolensko et Hydrogen par Comus.
c Clarissa v. 1835, par Defence et Clara par Filho da Puta.
   Clavileno mare v. 1825, par Clavileno et Don Cossack mare, Sorcerer,
       Justice.
*c Clarion 1850, par Lancercost et Carlotta par Charles XII.
*c Clatter 1824, par Clinker et Nina par Selim.
c Cleopatra 1754, par Whitenose et Miss Langley par Blacklegs (Devons).
r Cleopatra 1790, par Saltram et Herod mare is. de Flora.
c Cleopatre v. 1840, par Sir Hercules et Happy to Lucky par Belzoni.
c Clearstarcher v. 1835, par Starch (Wofull) et Wegenkorb par Partisan.
c Clementina 1838, par Liverpool et Miss Parkinson par Swiss.

c Clementina 1835, par Actœon et Phantom mare, Gohanna, Ches. Skim.

c Clementina v. 1838, par Venison et Cobweb par Phantom.

c Clementina 1791, par Dungannon et Cinderwench par Ancient Pistol.

Clifton Arabian mare v. 1730, par Clifton Arabian et Tiffer mare, Hautboy Diamond.

c Clinkerina v. 1812, par Clinker et Pewcet par Tandem.

Clinker mare 1816, par Clinker et Bronze par Buzzard.

Id. v. 1820, par id. et Oberon mare, Stride, Xanthos.

c Clio 1760, par Y-Cade et Starling mare, Bartlet's Childers, Bay Bolton.

c Clio 1827, par Whisker et Bigottini par Bigot.

c Clio 1751, par Gower's Stallion et Partner mare 1831 Sister to Miss Partner.

c Clio, ou Hybla, 1771, par Matchem et Cypron par Blaze.

c Clio 1768, par Julius Cœsar et Blank mare is. de Bay Starling.

c Clio 1768, par Blank et Hawke's Lady Thigh par Greville's Merlin.

c Cloak v. 1838, par Rockingham et Green Mantle par Sultan.

c Clorinda v. 1806, par Hercules et Highflyer is. de Modish.

c Clorinda 1829, par Comus 1809 et Pipator mare, Delpini, Tuberose.

c Cloudy 1761, par Blank et Crab mare is. de The Widdrington mare.

c Cloudy 1745, par Forester et Grey Hound mare, Curwen's Bay Barb, Chesnut d'Arcy's Arabian mare.

* c Clotilde 1822, par Comus et Anticipation par Beningbrough.

Coaxer 1772, par Twig et Snap mare, Cullen Arabian, Gries. Lady Thigh.

Coarse Mary 1796, par Mentor et Jemima par Satellite.

Coalition Colt mare v. 1752, par Coalition Colt et Bustard mare is. de Lord Leigh's Charmaing Molly.

c Cobbea 1802, par Skyscraper et Woodpecker mare is. de Heynel.

f Cobweb 1824, par Phantom et Fillagree par Soothsayer. Vr de l'Oaks.

c Codicil v. 1815, par Smolensko (Sorcerer) et Legacy par Beningbrough.

c Cœlia 1790, par Volunteer et Highflyer mare is. de Giantess. Vr de l'Oaks.

c Cœlia 1775, par Herod et Proserpine par Marske.

c Cœlia v. 1775, par Marske et Spiletta par Regulus.

c Cœlia v. 1744, par Partner et Grey Brocklesby par Bloody Buttocks.

c Cœlia 1839, par Touchstone et Amima par Sultan.

f Coffin mare, ou Cercueil, v. 1695, par Place's White Turk et inconnue.

c Coheiress 1786, par Pot 8o's et Manilla par Goldfinder,

c Coheiress 1841, par Inheritor et Hygeia par Physician.

c Coïmbra v. 1835, par Actœon et Brocard par Whalebone.

f Colibry 1793, par Woodpecker et Camilla par Trentham.

f Colt of Lord Cardigan mare v. 1726, par Colt of Lord Cardigan et Whynot mare, M. Wilkinson's Arabian, Barb mare.

The Colonel mare v. 1838, par The Colonel (Whisker) et Niobe par Sir David.

Id. 1827, par id. et Mary Ann par Blacklock.

The Colonel's Daughter 1834, par id. et Frederica par Moses.

c Columbine 1783, par Y-Marske et Dorimond mare is. de Portia.

c Columbine 1778, par Eclipse et Joan par Regulus.

r Columbine 1778, par Espersykes et Babraham Blank mare is de Tipsy.

c Columbine v. 1826, par Cervantes et Flora par Camillus.

c Columba 1780, par Alfred et Engineer mare, Cade, Lass of The Mill.

c Columba v. 1781, par Alfred et Engineer mare, Regulus, Oroonoko.

c Columbine 1781, par Amaranthus et Matchem mare, Traveller, Slighted
By All par Fox's Cub.

c Comedy 1799, par Buzzard et Huncamunca par Highflyer.

c Comedy 1799, par Beningbrough et Mrs Jordan par Highflyer.

c Comedy v. 1815, par Comus et Star mare, Y-Marske, Emma.

c Comely v. 1815, par Comus et Anticipation par Beningbrough.

c Comet v. 1745, par Cade et Y-Grey Hound mare is. de Doll.

c Comfort 1777, par Banker et Lady Bountifull par Old England.

r Commoner mare v. 1715 (Dam of Firetail) par Commoner 1700 et inc.

Id. v. 1710, par id. et Restive mare par un arabe.

Id. v. 1715, par id. et Makeless mare, Brimmer, Son of Dodsworth.

Id. (Lady Northumberland's) v. 1715, et Makeless mare, Brimmer, Dicky
Pierson's.

Id. 1708, par id. et Coppin mare, inconnue.

Id. v. 1725, par id. et Makeless mare is. de Wormwood mare.

Id. v. 1730, par id· et Brisk mare is. de Hartley's Blind Horse mare.

Id. v. 1712, par id. et Son of Place's White Turk mare, inconnue.

Wharton's Commoner mare v. 1715, par Wharton's Commoner et Bald
Charlotte's Dam par Bethell's Castaway.

Compton Barb mare 1769, par Compton Barb et Vanessa par Regulus.

Id. v. 1775, par id. et Careless mare, Cullen Arabian, Gris. Lady Thigh.

Comus mare v. 1815, par Comus et Marciana par Stamford.

Id. v. 1825, par id. et Delpini mare is. de Miss Muston.

Id. (Grey) v. 1835, par id. et Phantom mare, Camillus, Shuttle.

Id. v. 1818, par id. et Arabella par Williamson's Ditto.

Id. 1825, par id. et Cervantes mare is. d'Emma.

Id. (Chesnut) v. 1830, par id. et Smolensko mare, Camillus, Gabriel.

Id. v. 1815, par id. et Alexander mare, Sir Peter, Miss Herwey.

Id. 1819, par id. et Mowbray mare, Beningbrough, Mercury.

Id. v. 1820 (Dam of Betzy), par id. et inconnue.

Id. v. 1825, par id. et Election mare (Margrave's Dam) is. de Fair Helen.

Id. v. 1815, par id. et Saint-George mare (Sister to Zodiac) Abigaïl.

Id. v. 1816, par id. et Shuttle mare, Delpini, Tuberose.

Id. 1820, par id. et Camillus mare is. d'Helen.

*rId. 1816, par id. et Sancho mare is. de Ringhtail.

Id. v. 1827, par id. et Prime Minister mare is. de Y-Harriet.

Id. 1817, par id. et Saint-George mare, Pontac, Syphon.

c Conceit v. 1815, par Walton et Vanity par Buzzard.

c Concertina 1838, par Actœon et Brocard par Whalebone.

c Conductor mare 1787, par Conductor et Brunette par Squirrel.
   Id. 1786, par id. et Eclipse mare, Herod, Carina.
   Coneyskins mare v. 1715, par Coneyskins et Hautboy mare, inconnue.
   Id. v. 1725 (Dam of Partner mare), par id. et inconnue.
   Id. v. 1725, par id. et Byerly Turk mare, inconnue.
   Id. v. 1720, par id. et The Fen mare par Hutton's Royal Colt.
   Id. v. 1715, par id. et Blunderbuss mare is. de Place's White Turk
      mare, inconnue.
   Id. v. 1715, par id. et Hutton's Bay Barb mare is. de Marshall's Turk mare.
   Id. v. 1720, par id. et Hutton's Grey Barb mare, Hutton's Royal Colt,
      Byerly Turk.
   Id. v. 1718, par id. et Hutton's Grey Barb mare, Byerly Turk, Bustler.
   Id. v. 1715, par id. et Hutton's Arabian mare, inconnue.
p Confederate Filly v. 1720, par Grey Grantham et Duke of Rutland's
      Black Barb mare is. de Bright's Roan mare
p Confidente 1776, par Matchem et Omar mare, Starling, Godol. Arab.
   Confederate mare v. 1830, par Confederate et Clinkerina par Clinker.
   Conqueress 1738, par Sir W. Wynn's Spot et Smilling Betty par Jacob.
   Brother to Conqueror mare v. 1738, par Brother to Conqueror et Childers
      mare, Basto, Curwen's Bay Barb.
c Conquestador 1807, par Skyscraper et Granadilla par Fidget.
c Conservation v. 1840, par Voltaire et Corset par Whalebone.
p Constantia 1796, par Walnut et Contessina par Y-Marske.
*c Constantia Ada 1843, par Gladiator et Frailty par Filho da Puta.
c Constantia 1796, par Buzzard et Flyer par Sweetbriar.
c Constance v. 1835, par Partisan et Quadrille par Selim.
c Constantia 1795, par Sir Peter et Mungo mare, Latham's Snap, Sappho.
c Constitution mare v. 1795, par Constitution et Dux mare, Herod, Engineer.
*c Contessa 1845, par Colwick et Marchesina par Tramp.
c Contessina 1787, par Y-Marske et Tuberose par Herod.
*c Contrition 1824, par Tiresias et Thereza Panza par Cervantes.
c Convulsion 1849, par Alarm et Elf par Shakespeare.
   Conyer's Arabian mare v. 1730, par Conyer's Arabian et Vernon Barb
      mare is. de Curwen's Grey Morocco Barb mare.
   Id. v. 1725, par id. et Curwen's Bay Barb mare, Old Spot, White Legged
      Lowther's Barb mare.
c Coombe Arabian mare 1768, par Coombe Arabian et Spectator mare,
      inconnue.
p Cope's mare v. 1750 (Dam of Granby), jument de chasse inconnue.
   Coppin mare v. 1700 (Dam of Commoner mare), inconnue.
p Coquette 1764, par Compton Barb et Godolphin Arabian mare is. de
      Grey Robinson par Bald Galloway.
c Coquette v. 1780, par Trentham et Coquette par Compton Barb.
c Coquette v. 1810, par Dick Andrews et Vanity par Buzzard.
c Coquette 1790, par Woodpecker et Coquette par Trentham.

ʀ Coquette (Devonshire's) v. 1718, par Basto et Old Spot mare, Son of Spanker, Hautboy.

c Coquette (Bolton's) 1730, par Bolton Sloven et Coquette par Basto.

c Cora 1777, par Matchem et Turk mare, Cub, Allworthy.

c Cora v. 1810, par Peruvian et Alexander mare is. de Berrington.

c Cora 1824, par Truffle et Helen par Whiskey.

c Cora 1813, par Master Bagot et Penelope par Swordsman.

* c Coral 1816, par Orville et Fairing par Waxy.

c Coral 1839, par Sir Hercules et Ruby par Rubens.

The Corby mare v. 1810, par Aurelius et Highflyer mare, Marske, A-la-Grecque par Regulus.

c Cordelia 1783, par Imperator et Brunette par Squirrel.

c Coriander mare v. 1795, par Coriander et Wildegoose par Highflyer.

Id. v. 1795, par id. et Weazle mare, Turk, Locust.

Id. v. 1795, par id. et Rosalind par Phœnomenon.

Id. v. 1794, par id. et Bellona par Paymaster.

Id. v. 1798, par id. et Sir Peter mare, Le Sang, Rib.

c Corinne 1815, par Waxy et Briseïs par Beningbrough. Vʳ de l'Oaks.

c Corinna v. 1835, par Mulatto (Catton) et Barbara par The Laird.

Corinthian mare 1834, par Corinthian et Otis par Bustard 1820.

Coronation mare 1828, par Coronation et Comus mare, Mowbray, Beningbrough.

c Cornwall Lass 1798, par Sweeper et Highflyer mare, Fanny par Eclipse.

c Corset 1829, par Whalebone et Sultana par Selim.

c Corumba v. 1834, par Filho da Puta et Brocard par Whalebone.

* c Coryphee 1848, par Venison et Duvernay par Emilius.

* Cossack mare, ou Bay mare, 1850, par British Yeoman. Voyez au B.

* c Cosachia 1844, par Hetman Platoff et Galata par Sultan.

ʀ Cotillon 1831, par Partisan et Quadrille par Selim.

c Cotillon 1798, par Overton et Fanny par Weazle.

Cottingham mare 1745, par Cottingham et Warlock Galloway par Snake.

ʀ Coughing Polly 1736, par Childers et Counsellor mare, Snake, Luggs.

Counsellor mare 1710, par Counsellor (Wood's) et Brimmer mare, inc.

c Id. v. 1710, par id. et Snake mare, Luggs, Dawill's Woodcock.

Id. v. 1700, par id. et Brimmer mare, Dicky Pierson's, Burton Barb.

Id. v. 1700, par id. et Coneyskins mare is. de Hutton's Arabian mare.

ʀ Countess 1760, par Blank et Rib mare, Wynn's Arabian, Governor.

c Countess v. 1740 (Dam of Torrismond mare), par Hartley's Blind Horse et inconnue.

c Countess 1796, par Sir Peter et Fame par Pantaloon.

c Countess 1824, par Comus et Fatima par Wofull.

c Countess v. 1835, par The Colonel (Whisker) et Jane par Moses.

c Countess 1820, par Catton et Hambletonian mare, Shuttle, Drone.

c Countess 1799, par Phœnomenon et Y-Marske mare, Silvio, Daphne.

c Countess v. 1846, par Auckland et Princess Alice par Velocipède.

c Countess 1798, par Precipitate et Woodpecker mare, Trentham, Pol...
c The Countess 1838, par The Earl et Marmion mare is. de Harpalice.
F Country Wench (Old) 1720, par Snake et Grey Wilkes par Hautboy.
c Y-Country Wench v. 1743, par Janus et Old Country Wench par Snake.
c Cowslip v. 1800, par Alexander 1782 et Anvil mare is. de Virago.
c Cowslip v. 1815, par Cock Fighter et Brown Javelin par Javelin.
c Cowslip 1782, par Highflyer et Syphon mare, Regulus, Snip. Vainqueur du Saint-Léger.
  Cox Comb mare 1780, par Cox Comb et Maria par Blank.
c Crab mare v. 1735, par Crab et Miss Jigg Sister to Partner par Jigg.
  Id. 1746, par id. et Childers mare is. de Confederate Filly.
  Id. v. 1748, par id. et The Widdrington mare par Partner.
  Id. v. 1735, par id. et Childers mare, Basto, Makeless.
  Id. 1750, par id. et Childers mare, True Blue, Cyprus Arabian.
  Id. 1750, par id. et Fox mare, Gipsy par Bay Bolton.
  Id. v. 1745, par id. et Hobgoblin mare, Godolphin Ar., Whitefoot 1731.
  Id. v, 1740, par id. et Cyprus Arabian mare, Commoner, Makeless.
  Id. 1745, par id et Hobgoblin mare, Godolphin Arabian, Grey Rob.
  Id. 1740, 1749, 1750, par id. et Miss Slamerkin par Y-True Blue.
  Id. 1735, par id. et Basto mare, inconnue.
  Id. v. 1730, par id. et Bald Galloway mare is. de Darley Arabian mare.
  Id. v. 1745, par id. et Fox mare, Bay Bolton, Curwen's Old Spot.
  Id. v. 1730, par id. et Bay Bolton mare, Curwen's Barb, Old Spot.
  Id. v. 1730, par id. et Childers mare is. de Miss Belvoir.
  Id. v. 1745, par id. et Partner mare is. de Twaist's Dun mare.
  Id. v. 1747, par id. et Dyer's Dimple mare, Bethell's Castaway, Whynot.
  Id. 1745, par id. et Hobgoblin mare, Whitefoot 1731, Leedes mare.
  Id. v. 1730, par id. et Dyer's Dimple, Whynot, Royal mare.
  Id. v. 1745, par id. et Childers mare, Basto, inconnue.
  Id. v. 1745, par id. et Darley Arabian mare is. de Faustina.
  Id. v. 1740, pal id. et Egerton Nanny par The Pigot Arabian.
  Id. v. 1740, par id. et Lord Portmore's Abigaïl par Y-Grey Hound.
  Id. 1750, par id. et Childers mrae is. de Miss Jigg par Jigg.
c Shepherd's Crab mare v. 1750, par Shepherd's Crab et Miss Meredith par Cade
c Id. v. 1760, par id. et Cade mare, Partner 1744, Bay Bloody Buttocks.
  Id. v. 1758, par id. et Crab mare, Lath, Childers, Basto.
  Id. 1755, par id. et Godolphin Arabian mare, Childers, True Blue.
F Cracker 1786, par Highflyer et Nutcracker par Matchem.
  Cramlington mare v. 1810, par Cramlington et Floyerkin par Stride.
c Crane v. 1780, par Highflyer et Middlesex par Snap.
F Cranfield, ou Miss Cranfield, 1803, par Sir Peter. Voyez à l'M.
  Craven v. 1740, par Partner et Grey Hound mare, Curwen's Bay Barb, Chesnut d'Arcy's Arabian.
c Craven Lass 1823, par The Chiseller et Houghton Lass par Sir Peter.

Crawford's Turk mare v. 1738, par Crawford's Turk et Devonshire's Blackleg's mare, Partner, Akaster Turk.

F Crazy v. 1744, par Lath et Childers mare, Basto, Curwen's Bay Barb.

F Crazy 1787, par Woodpecker et Eclipse mare, Tartar, Mogul.

C Crazy Jane 1798, par Pot 8o's et Dux mare, Regulus, Starling.

C Crazy Jane 1800, par Beningbrough et Eustatia par Highflyer.

C Crazy Jane 1795, par Tom Turf et Cackagay par Banker.

C Crazy Jane 1813, par Remembrancer et Beningbrough mare is. de Fraxinella.

C Crazy Jane v. 1835, par Bedlamite et Brutandorf mare, Scancataldi.

C Cream 1831, par Partisan et Custard par Soothsayer.

C Cream Cheeks 1787, par Lennox et Comfort par Banker.

* C Cream of Tarter 1854, par Cossack et Lady of Lyons par Fleatcatcher.

C Cream Cheeks (Sir John Pearson's) v. 1710, par Spanker et Hautboy mare. Crecy mare 1823, par Crecy et Mistake par Waxy.

C Creeping Kate 1765, par Babraham Blank et Smilling Dorothy par Torrismond.

C Creeping Kate 1784, par Vertumnus et Io par Spectator.

* C Creeping Jenny 1851, par Inheritor et Maid of Erin par Ishmaël.

C Creeping Molly (Sir N. Michaël's) v. 1715, par Curwen's Bay Barb et Creeping Molly's Dam.

C Creeping Molly (M. Thurland's) 1722, par Croft's Grey Barb et Creeping Molly's Dam.

F Creeping Molly's Dam v. 1705 (Dam of Commoner; Panton's Molly; Thurland's Creeping Molly), inconnue.

F Creeping Molly 1745, par Second et Evan's Arabian mare, Cartouch, inconnue.

F Creeping Polly (Tuting's Polly) 1756, par Black and all Black. Voyez au P.

F Crème de Barbade 1764, par Snap et Regulus mare, Blacklegs, Dimple.

F Cressida 1807, par Whiskey et Y-Giantess par Diomed.

* C Creusa 1834, par Priam et Varna par Sultan.

C Cricket 1776, par Herod et Sophia par Blank.

C Cripple Barb at Hampton Court mare 1714-1715-1717, par Cripple Barb at Hampton Court et Makeless mare, Brimmer, Place's Wh. Turk. Croft's Bay Barb mare v. 1718, par Croft's Bay Barb et Chesnut Thornthon par Makeless.

Id. v. 1720, par id. et Desdemona par Grey Hound.

Id. v. 1718, par id. et Makeless mare, Brimmer, Son of Dodsworth.

Id., ou Lustry Thornthon, v. 1715, par id. Voyez Lustry Thornthon. Croft's Egyptian mare v. 1725, par Croft's Egyptian et Grey Woodcock par Woodcock.

C Cross Bow 1808, par Flying Gib et Mrs Jordan par Highflyer.

F Cross Patch 1774, par Dux et Snap Dragon par Snap.

* C Crotchet 1824, par Partisan et Catgut par Comus, ou Juniper.

F Crucifix 1837, par Priam et Octaviana par Octavian. V^r de l'Oaks.

ᴘ Crucifix v. 1850, par Melbourne et Pocahontas par Glencoë.

ᴘ Cruisken 1834, par Sir Hercules et Brandy Bet par Canteen. Vainqueur du Chester Cup et du Cæsarewitch.

✶ ᴄ Croppler (Tilbit) 1843, par The Saddler et Joanna par Sultan.

✶ ᴄ Crystal 1814, par Triumvir et Woodnymph par Trumpator.

Cub, ou Fox's Cub mare, 1761, par Fox's Cub et Squirt mare, Mogul, Camilla 1723 par Bay Bolton.

Id. v. 1760, par id. et Allworthy mare, Starling, Bloody Buttocks.

Id. v. 1745, par id. et Allworthy mare, Bolton's Starling, Dairy Maid.

Id. v. 1745, par id. et Coneyskins mare, Hutton's Grey Barb, Hutton's Royal Colt.

Id. v. 1745, par id. et Bay Bolton mare, Coneyskins, Hutton's Grey Barb.

Id. v. 1745, par id. et Y-True Blue mare, Curwen's Bay Barb, inconnue.

Id. v. 1745, par id. et Bay Bolton mare, inconnue.

✶ ᴄ Cuckoo 1843, par Elis et Reel par Camel.

ᴄ Cuirass 1823, par Oiseau et Castanea par Gohanna.

ᴄ Cuirass v. 1833, par Defence et Cuirass par Oiseau.

Cullen Arabian mare 1750, par Cullen Arabian et Patriot mare, Gander, Brother to Grey Grantham.

ᴄ Id. 1750, par id. et Cade mare is. de Miss Makeless.

Id. 1749, par id. et Grieswood's Lady Thigh par Partner.

Id. v. 1748, par id. et Almanzor mare, Grey Hautboy, Makeless.

Id v. 1760, par id. et Miss Cade par Cade et Miss Makeless.

Id. v. 1750, par id. et Bolton's Little John mare, Lonsdale's Arabian, Snake.

Id. v. 1760, par id. et Torrismond mare, Y-Belgrade, Johnson's Arabian.

Id. v. 1760, par id. et Partner mare, Curwen's Bay Barb, inconnue.

Id. 1760, par id. et Hobgoblin mare, Godolphin Arabian, Grey Rob.

Id. v. 1760, par id. et Partner mare, Curwen's Bay Barb, inconnue.

Id. 1757, par id. et Black Eyes par Regulus.

ᴘ Cunegonde 1769, par Blank et Cullen Arabian mare, Patriot, Gander.

ᴄ Cunegonde (Trentham mare) 1779, par Trentham et Cunegonde par Blank.

Cupid mare v. 1715, par Cupid (Rider's) et Hautboy mare, Bustler mare.

Id. v. 1725 (Dam of Wilkinson's Turk mare), par Cupid (Darley Arabian) et inconnue.

ᴘ Curiosity v. 1760, par Snap et Regulus mare, Bartlet's Childers, Honywood's Arabian.

✶ ᴄ Curl 1832, par Confederate et Ringlet par Whisker.

✶ ᴘ Currency 1837, par Saint-Patrick (Walton) et Oxygen par Emilius.

Curwen's Bay Barb mare v. 1715, par Curwen's Bay Barb et Barb mare.

Id. v. 1712, par id. et Chesnut d'Arcy's Arabian mare, inconnue.

Id. v. 1720 (Dam of Y-Grey Hound mare), par id. et inconnue.

Id. v. 1715 (Dam of Bald Galloway mare), par id. et inconnue.

Id v. 1710, par id. et Chesnut d'Arcy's Arabian mare, Whiteshirt, Old Montagu par Woodcock.

Curwen's Bay Barb mare v. 1710, par Curwen's Bay Barb et Wastell's Turk mare is. de Foreign Horse mare.

Id. v. 1718, par id. et Byerly Turk mare, inconnue.

F Id. v. 1720, par id. et Old Spot mare, White Legged Lowther's Barb, Old Winter mare.

Id. v. 1705 (Dam of Brimmer mare), par id. et inconnue.

Id. v. 1715, par id. et Byerly Turk mare is. de Arabian mare.

Id. v. 1720 (Dam of Sweepstakes mare), par id. et inconnue.

Id. (Sister to Pelham's Little John) v. 1715, par id. et inconnue.

Id. v. 1712, par id. et Old Spot mare is. de Woodcock mare.

Id. v. 1720 (Dam of Partner mare), par id. et inconnue.

Id. v. 1710 (Dam of Lord Portmore's Old Spot), par id. et inconnue.

Son of Curwen's Bay Barb mare v. 1740 (Dam of Saucebox mare), par Son of Curwen's Bay Barb et inconnue.

Curwen's Grey Morocco Barb mare v. 1715, par Curwen's Grey Morocco Barb et Leedes Arabian mare, Spanker, Old Peg.

c Cwrw 1809, par Dick Andrews et Lady Charlotte par Buzzard.

Id. v. 1740, par Id. et Bay Bolton mare, inconnue.

c Custard v. 1821, par Soothsayer et Miss Sophia par Stamford.

c Cygnet 1798, par Buzzard et Didapper par Herod.

v Cygnet mares (Dams of Florizel, Bourdeaux, King Pepin, and Macbeth) 1761 et 1766, par Cygnet et Cartouch mare is. de Ebony.

c Cyprian v. 1833, par Partisan et Frailty par Filho da Puta. Vr de l'Oaks.

c Cyprès 1795, par Woodpecker et Trentham mare is. de December.

c Cymba v. 1850, par Melbourne et Skyff par Sheet Anchor.

v Cypher 1772, par Squirrel et Regulus mare, Bartlet's Childers, Honywood's Arabian.

* c Cyprienne 1839, par Camel et Albania par Sultan.

v Cypron 1750, par Blaze et Selima par Bethell's Arabian.

Cyprus Arabian mare v. 1725, par Cyprus Arabian et Bonny Black par Black Hearty.

Id. 1724, par id. et Spanker mare, inconnue.

Id. v. 1735, par id. et Commoner mare (Lady Northumberland's) is. de Makeless mare.

Id. v. 1735, par id. et Commoner mare, Makeless, Brimmer, Son of Dodsworth.

c Id. 1730, par id. et Basto mare, Curwen's Arabian mare Sister to Mixbury.

Id. v. 1735, par id. et Fox mare is. de Gipsy par Bay Bolton.

c Cytherea v. 1775, par Herod et Lily par Blank.

c Czarina v. 1780, par Babraham Blank et Melpomène par Alcides.

D.

c Dabchick v. 1800, par Pot 8o's et Drab par Highflyer.

* c Dacia 1845, par Gladiator et Polyxena par Priam. Vr du Cambridgeshire.

f Daffodil's Dam v. 1720, par Foreign Horse of Sir Th. Gascoigne's et inc.

c Daffodil (Lord Portmore's) 1725, par Bald Galloway et Daffodil's Dam.

c Dairy Maid 1767, par Y-Cade et Sedbury mare is. de Brother to William's Squirrel mare.

c Dairy Maid 1794, par Diomed et Nelly par Conductor.

c Dairy Maid 1765, par Cade et Miss Western par Sedbury.

c Dairy Maid v. 1730, par Almanzor et The Hambletonian mare par Syphon.

c Dairy Maid (ex Redlock) v. 1825, par Blacklock et Scancataldi par Sancho.

c Dairy Maid 1737, par Bloody Buttocks et Bay Brockleshy par Partner.

c Dairy Maid v. 1815, par Wofull et Tiny par Sir Peter.

Dainty Davy mare v. 1770, par Dainty Davy et Son of Mogul mare, Crab, Bay Bolton.

Id. v. 1770, par id. et Cullen Arabian mare, Bolton's Little John, Lonsdale's Arabian.

c Daisy (ex Tulip) 1798, par Buzzard et Tulip par Damper.

Damascus Arabian mare 1764, par Damascus Arabian et Changeling mare, Cade, Bolton's Little John

Id. v. 1770, par id. et Sampson mare, Oroonoko, Sophia.

*c Damietta 1822, par Blucher (Waxy) et Delta par Alexander.

c Danceaway 1826, par Nicolo et Ina par Bettisson's Sir Peter.

c Danceaway 1801, par Moorcock et Escap mare 1796, Vernon Arabian, Snap.

c Danceaway 1843, par Harkaway et Taglioni par Whisker.

c Dandizette 1817, par Waxy Pope et Leitrim Clib par Cornet.

c Dandizette 1820, par Whalebone et Fair Ellen par Wellesley Grey Arabian.

c La Danseuse v. 1825, par Blacklock et Madame Saqui par Remembrancer.

f Dandelion 1789, par Mercury et Marigold par Herod.

Dandy mare v. 1826, par Dandy 1817 et Avena par Shuttle.

Id. v. 1822, par Dandy 1815 et Moll Anthony par Commodore.

c Danoise v. 1830, par Oscar et Rubens mare is. de Tippity Witchet.

c Daphne 1753, par Godolphin Arabian et Fox mare, Childers, Makeless.

c Daphne v. 1830, par Laurel et Maid of Honour par Champion.

f Daphne (Hutton's) v. 1760, par Regulus et Sedbury mare, Starling, Son of Hutton's Grey Barb.

f Daphne 1796, par Windlestone et King Fergus mare, Herod, Pyrrha.

* Dapper mare v. 1772, par Dapper et inconnue.

Daraxa 1776, par Herod et Ethelinda par Snap.

D'Arcy's Royal Colt mare v. 1700, par D'Arcy's Royal Colt et Lambert Turk mare, inconnue.

D'Arcy's Yellow Turk mare v. 1695, par D'Arcy's Yellow Turk et Fairfax's Morocco Barb mare is. de Old Bald Peg.

D'Arcy's White Turk mare v. 1695 (Dam of Duchess), par D'Arcy's White Turk et inconnue.

c Darioletta 1822, par Amadis et Selima par Selim.

Darley's Arabian mare v. 1730, par Darley's Arabian et Faustina par Hartley's Blind Horse.

Darley's Arabian mare v. 1720, par Darley's Arabian et Brimmer mare, inc.

Id. v. 1715, par id. et Byerly Turk mare, Taffolet Barb, Place's White Turk.

Id. v. 1715, par id. et Y-Child mare par Harpur's Barb.

Id. v. 1715 (Dam of Brimmer mare), par id. et inconnue.

Id. v. 1715, par id. et Makeless mare, Brimmer, Diamond.

Id. v. 1715, par id. et Old Child mare par Sir T. Gresley's Arabian.

Id. v. 4725 (Dam of Bay Bolton mare), par id. et inconnue.

Id. v. 1715, par id. et Son of Brimmer mare is. de Dick Burton's mare.

Id. v. 1720, par id. et Old Merlin mare, inconnue.

Id. v. 1725 (Dam of Godolphin's Whitefoot mare), par id. et inconnue.

c Darling 1844, par Bay Middleton et Emilia par Y-Emilius Eric.

c Darling 1775, par Antinoüs et Spectator mare is. de Horatia par Blank.

c Darling v. 1835, par Actæon et Jenny Mills par Whisker.

c Y-Darling 1804, par Patriot et Highflyer mare is. de Tiffany par Eclipse.

*cDarthula 1815, par Scud et Topaz par Stamford.

F Datura 1829, par Reveller et Don Cossack mare, Sorcerer, Justice.

c Daughter of The Old Montagu mare v. 1725, par un inconnu et Old Montagu mare par D'Arcy's Woodcock et Hautboy mare.

c Dauntless 1835, par Defence et Miss Bab par Highland Flying.

c Deceit 1784, par Tandem et Perdita par Herod.

c Deceit 1836, par Venison et Diversion par Defence.

c Deceit Full 1835, par Defense et Lady Stumps par Tramp.

c December Filly (ex Miss Allegro) 1815, par Waxy et Rosabella par Whiskey.

c December v. 1763, par Shakespear et Polly par Black and all Black.

c December 1799, par Buzzard et Sincerity par Matchem.

F Deception 1836, par Defence et Lady Stumps par Tramp. Vainqueur de l'Oaks et 2e au Derby.

c Decoy 1825, par Filho da Puta et Finesse par Peruvian.

c Deception v. 1836, par Mountebank et Advance par Pioneer.

*cDecrepit 1846, par Defence et Victoria Adelaïde Louisa par Peter Lely.

c Decision v. 1820, par Magistrate et Remembrancer par Sir Solomon.

Deceiver mare v. 1815, par Deceiver et Dragon mare is. de Queen Mab.

*cDeer 1817, par Van Dyke Junior et Black Beauty par Sorcerer.

*cDeer Chase 1843, par Venison et Diversion par Defence.

F Defiance 1816, par Rubens et Little Folly par Highland Flying.

c Y-Defiance v. 1825, par Saracen et Defiance par Rubens.

*cDefly 1838, par Defence et Selim mare (Chesnut) is. d'Euryone.

c Delight Full 1831, par Defence et Lady Stumps par Tramp.

c Delenda v. 1805, par Gohanna et Carthage par Driver.

c Delta 1810, par Alexander et Isis par Sir Peter.

Defence mare v. 1835, par Defence et Soldier's Joy par The Colonel.

Delpini mare v. 1795, par Delpini et Black Eyed Susan par Alfred.

Id. v. 1790, par id. et Flycap par Sampson.

Delpini mare v. 1795, par Delpini et Y-Marske mare is. de Gentle Kitty.

Id. v. 1805, par id. et Hutchinson's Hermit mare, inconnue.

Id. v. 1795, par id. et Dorimond mare, Highflyer, Snap, Shepherd's Crab.

c Id. v. 1808, par id. et Miss Muston par King Fergus.

F Id. (Miss Newston's) 1804, par id. et Tipple Cyder par King Fergus.

Id. v. 1795, par id. et Tuberose par Herod.

Id. v. 1795, par id. et School Mistress par Ranthos.

Id. v. 1795, par id. et Engineer mare is. de Sybil par Matchem.

Id. 1793, par id. et Plotina par Snap.

Id. v. 1800 (Dam of Spinette), par id. et id. Non indiquée au Stud-Book.

Id. v. 1800, par id. et Beningbrough mare is. d'Eustatia.

c Id. v. 1800, par id. et Caprice par Marske.

Id. 1802 et 1803, par id. et Tipple Cyder par King Fergus.

Id. v. 1805, par id. et Y-Charlotte par Walnut.

Id. 1790, par id. et Carlisle's Squirrel mare is. de Miss Starling Junior.

c Delusion v. 1830, par Comus 1809 et Aricia par Rubens.

c Delusion 1731, par Defence et Lady Stumps par Tramp.

F Demirep v. 1780, par Highflyer et Brim par Squirrel.

* c Deminus 1839, par Bran et Kalmia par Magistrate.

* c Deodara v. 1840, par Vélocipède et Datura par Reveller.

* c Denique 1849, par Defence et Layla par Liverpool.

c Deposit (Chesnut) v. 1825, par Blacklock et Comus mare, Saint-George,
    Abigaïl par Woodpecker.

c Dervise 1823, par Merlin (Miss Newton) et Pawn Junior par Waxy.

F Desdemona 1714, par Grey Hound et Chesnut Thornthon par Makeless.

F Desdemona 1770, par Marske et Y-Hag par Skim.

c Desdemona v. 1820, par Orville et Fanny par Sir Peter.

c Desdemona 1803, par Sir Peter et Heroïne par Phœnomenon.

c Design v. 1830, par Tramp et Defiance par Rubens.

* Désespérée 1849, par Maroon, ou Morotto, et Plenipotentiary mare is. de
    Vespertillo.

c Despatch 1822, par Blucher (Waxy) et Iris par Sir Peter.

c Despatch v. 1835, par Defence et Nanette par Partisan.

* c Despair (ex Lady Sophia) 1835, par Brutandorf et Fanny Davies par Filho
    da Puta.

* c Destiny 1829, par Centaur et Pawn Junior par Waxy.

* c Destiny 1833, par Sultan et Fanny Davies par Filho da Puta.

c Desperate 1796, par Escape 1785 et Alfred mare, Herod, Engineer.

F Destaffina v. 1845, par Don John et Industry par Priam.

c Destruction v. 1815, par Thunderbolt et Limblifter par Beningbrough.

Devonshire's Turk mare v. 1720, par Devonshire's Turk et Curwen's Bay
    Barb mare, Old Spot, Woodcock.

Devonshire's Chesnut Arabian mare v. 1745, par Devonshire's Chesnut
    Arabian et Lath mare, Childers, Grey Grantham.

Id. v. 1730, par id. et Curwen's Bay Barb mare, Old Spot, Woodcock.

Devy Sing mare v. 1810, par Devy Sing et Lily of The Valley par Windlestone.

c Dezara, ou Zara, 1801, par Delpini et Flora par King Fergus.

c Diamentina v. 1820, par Rubens et Canary Bird par Whiskey.

Diamond mare v. 1710, par Diamond (inconnu) et Barb mare.

Id. v. 1710, par id. et Hautboy mare is. de Kitt D'Arcy's mare.

Id. v. 1705 (Dam of Snake mare), par id. et inconnue.

c Id. v. 1705, par id. et Sister to The Dam of Merlin, inconnue.

Id. v. 1710, par id. et Brimmer mare, inconnue.

Diamond mare v. 1740, par North Country Diamond et Blue Eyed-Susan
par Rattle.

c Dian 1785, par Eclipse et Diana par Shakespear.

c Diana 1752, par Whitenose et Lord Chedworth's Diana par Whitefoot.

c Diana 1806, par Beningbrough et Abba Thullè mare, Violet par Eclipse.

c Diana 1808, par Stamford et Whiskey mare is. de Grey Dorimant.

f Diana 1809, par Kill Devill et Pot 8o's mare is. de Maid of The Oaks

c Diana v. 1800, par Dungannon et Mark Anthony mare is. de Noisette.

r Diana (Lord Leigh's) 1740, par Second et M. Hanger's Brown mare par
Stanyan's Arabian.

c Diana 1772, par Shakespear et Bajazet mare, Lonsdale's Bay Arabian,
Bay Bolton.

c Diana 1779, par Conductor et Norfolk Mayden Head par Squirrel.

f Diana (Lord Chedworth's) 1737 (Dam of Dormouse), par Whitefoot et
inconnue.

c Diana (Allenby's) v. 1750, par Goliah et inconnue.

c Diana 1763, par Regulus et Cottingham mare is. de Warlock Galloway.

*c Diane 1840, par Defence, ou Venison, et Isabella par Comus.

*c Diane 1851, par Van Tromp et Miss Martin par Voltaire.

Dick Andrews mare v. 1815, par Dick Andrews et Miss Watt par Delpini.

Id. v. 1810, par Id. et Grouse mare is. de Wixen.

Id. v. 1812, par id. et Rosette par Beningbrough.

Id. 1810, par id. et Trumpator mare, Highflyer, Otheothea.

Id. v. 1810, par id. et Gammer Gurton par Pharamond.

Id. 1812, par id. et Shuttle mare, Sir Peter, Herod.

r Id. (Eleonore) 1814, par id. et Eleanor par Whiskey.

Id. v. 1710, par id. et Hare par Sweetbriar.

Id. v. 1810, par id. et Desdemona par Sir Peter.

Id. v. 1815, par id. et Donna Clara par Cœsario.

Dicky Pierson's mare v. 1695, par Dicky Pierson's et Burton Barb mare,
inconnue.

c Dick Burton's mare v. 1695 (Dam of son of Brimmer), inconnue.

f Dick Burton's mare v. 1705, par Chesterfield Arabian et Hutton's Grey
Barb mare, Whynot, Wilkinson's Turk.

c Didapper 1780, par Herod et Old England mare, Cullen Arabian, Cade.

c Dido v. 1780, par Eclipse et Miss Rose par Spectator.

c Dido v. 1825, par Whiskey et Miss Garforth par Walton.
   Dido v. 1820 (Dam of Phantom mare), par Y-Lambinos et irland. incon.
c Dido 1760, par Changeling et Squirt mare, Mogul, Camilla.
*c Diggory Diddle 1841, par Velocipède et Countess par The Colonel.
c Dil Bar 1839, par Touchstone et Peri par Wanderer.
c Dimity v. 1790, par Trumpator et Lily par Highflyer.
c Dimple, ou Reluctance, 1794, par Highflyer et Smallbones par Justice.
   Dimple mare 1738, par Dimple et Merlin mare is. d'Alcock's Arabian mare.
   Id. v. 1735, par id. et Sir J. Jenkin's Arabian mare, inconnue.
* Dinah 1854, par Jack Robinson et Nursling par Physician.
c Dinah v. 1815, par Champignon et Louisa par Orville et Thomasina.
c Dinarzade 1811, par Selim et Princess par Sir Peter.
   Diomed mare v. 1795, par Diomed et Desdemona par Marske.
c Id. v. 1795, par id. et Imperator mare is. d'Otheothea.
   Id. v. 1792, par id. et Harriet par Matchem et Flora.
c Dione 1824, par Comus et Shuttle, Delpini, Tuberose.
c Diploma v. 1840, par Plenipotentiary et Icaria par The Flyer.
c Dirce v. 1835, par Partisan et Antiope par Whalebone.
c Discolure 1838, par Muley Moloch et The Mystery par Lottery.
c Discord 1812, par Popinjay et Briseïs par Beningbrough.
c Dismal 1819, par Woful et Minstrel par Sir Peter.
c Diversity 1830, par Muley et Johanna Southcote par Beningbrough.
c Diversion v. 1835, par Defence et Folly par Middleton.
c Dizzy 1741, par Driver et Smilling Tom mare, Oysterfoot, Merlin.
c Dizzy 1757, par Blank et Dizzy par Driver.
c Doctrine v. 1845, par The Doctor et Bay Araby par Camel.
   Doctor Syntax mare 1838, par Doctor Syntax et Problem par Merlin.
c Id. v. 1838, par id. et Minima par Election.
*c Dodo 1819, par Viscount et Brillante par Whiskey.
c Dodona v. 1808, par Waxy et Drap par Highflyer.
   Dodsworth mare v. 1688, par Dodsworth et Barb mare.
   Id. v. 1685 (Dam of Place's White Turk mare), par Id. et inconnue.
   Id. v. 1685, par id. et Layton Barb mare, inconnue.
   Id. v. 1695 (Dam of Brimmer mare), par id. et inconnue.
   Son of Dordsworth mare v. 1695, par Son of Dodsworth et Burton Barb
      mare, inconnue.
   Doge mare v. 1775, par Doge et Engineer mare, Cade, Bolton's Little John.
   Id. v. 1768, par id. et Bolton Norris's mare, Grasshopper, Godolphin's
      Whitefoot.
c Doll (Sir R. Milbank's) 1721, par Lord D'Arcy's Woodcock et Moonah
      Barb mare.
c Doll Tearshell 1813, par Sorcerer et Blowing par Buzzard et Pot 8o's mare.
c Dolly v. 1766, par Snap et Nancy Sister to Rocket par Blank.
c Dollalolla v. 1795, par Transit (1770) et Cracker par Highflyer.
*c Dolly Warden 1846, par Muley Moloch et Pocahontas par Glencoë.

Don Cossack mare v. 1815, par Don Cossack et Nitre par Precipitate.

Id. v. 1815, par id. et Mistake par Waxy.

Id. v. 1816, par id. et Sorcerer mare, Justice, Parsley.

* cld. (Brown) 1821, par id. et Buzzard mare is. de Rose.

v Don Juan mare v. 1823, par Don Juan et Moll in The Wad par Hambletonian.

Id. 1828, par id. Proselyte mare is. de Miss Cantley.

Don Quixote mare v. 1798, par Don Quixote et Lœtitia par Highflyer.

c Donna Clara v. 1809, par Cæsario et Nimble par Florizel.

c Donna Maria 1824, par Partisan et Donna Clara par Cæsario.

c Dora v. 1800, par Sir Peter et Storace par Tandem.

c Dora 1802, par Driver et Fractious par Mercury.

c Dorcas 1821, par Octavius et Y-Pitshill par Gohanna.

c Dorabella v. 1825, par Whisker et Y-Petuaria par Rainbow.

Dorimant mare v. 1785, par Dorimant et Muse par Herod.

Id. v. 1780, par id. et Trunnion mare is. de Ripton's Sharper mare.

Id. v. 1790, par id. et Highflyer mare, Snap, Shepherd's Crab.

c Dorimond mare v. 1765, par Dorimond et Portia par Regulus.

c Dorina 1808, par Gohanna et Dora par Driver.

c Dorinda 1761, par Hector et Countess par Blank.

c Doris v. 1766, par Blank et Helen par Spectator.

Dormouse mare 1754, par Dormouse et Hampton Court Childers mare, is. de Bushy Molly.

Id 1754, par id. et Whitefoot mare, Hip, Lord Carlisle's Angerton Horse.

Id. v. 1755, par id. et Hampton Court Childers mare, Leedes, Moonah Barb mare.

c Doubtfull v. 1825, par Emilius, ou Comus, et Sylvertail par Gohanna.

c Doubtfall 1793, par Pot 8o's et Fortitude mare, Squirrel, Blank.

v Dove 1764, par Matchless et Ancaster Starling mare, Grasshopper, Sir M. Newton's Arabian.

c Dowager 1792, par Highflyer et Sincerity par Matchem.

Double Bass v. 1825, par Random et Expectation mare is. de Tipple Cyder.

v Dowager 1803, par Hambletonian et Goldenlocks par Delpini.

c Doxy 1777, par Herod et Impudence par Eclipse.

c Y-Doxy 1784, par Imperator et Doxy par Herod.

c Drab 1791, par Highflyer et Hebe par Chrysolite.

c Drab v. 1830, par Reveller et Ambiguity par Election, ou Blucher.

c Dragon mare v. 1795, par Dragon et Queen Mab par Eclipse.

Id. v. 1795, par id. et Matchem mare, Syphon, Shakespear.

Id. v. 1795, par id. et Hippolyta par Mercury.

c Dream 1823, par Soothsayer et Wathcote Lass par Remembrancer.

Driver mare v. 1800, par Driver et Alfred mare, Swift, Dairy Maid.

Id. v. 1795, par id. et Fractious par Mercury.

* c Drill 1848, par Touchstone et Parade par Pantaloon.

c Drogheda v. 1830, par Saint Patrick et Pawn Junior par Waxy.

Drone mare v. 1805, par Y-Drone et Chocolate mare is. de Lottery.

Drone mare 1792, par Drone et Lardella par Y-Marske.

Id. 1789, par id. et Y-Marske mare, Bosphorus, Rib, Hip.

Id. v. 1795, par id. et Catherine par Woodpecker.

Id. 1794, par id. et Magnet mare, Matchem, Brown Regulus.

Id. 1793, par id. et Matchem mare is. de Jocasta par Con. Forest.

Id. 1789, par id. et Sylvia par Y-Marske.

c Id. (Britannia) v. 1795, par id. et Catherine par Y-Marske.

c Id. v. 1800, par id. et Contessina par Y-Marske.

c Drowsy 1790, par id. et Old England mare, Cullen Arabian, Miss Cade.

c Drowsy 1828, par Moses et Dream par Soothsayer.

c Drudge v. 1815, par Waxy Pope et Cora par Master Bagot.

c Dreg 1795, par Precipitate et Highflyer mare. Snap, Miss Timms.

c Dryad 1780, par Dorimant et Zephyr par Squirrel.

c Dryad 1829, par Whalebone et Harpalice par Gohanna.

c Duchess 1827, par Catton et Miss Cantley par Stamford.

f Duchess (M. Fenwick's) 1748, par Whitenose et Miss Slamerkin par
    Y-True Blue.

f Duchess (Duncomb's) 1745, par Devonshire's Blacklegs et Fox mare,
    Graham's Champion, Sir M. Pearson's Blue Cap.

c Duchess 1777, par Herod et Gaudy par Blank.

*c Duchess 1841, par Sir John et Rachel par Muley.

f Duchess 1775, par Le Sang et Calliope par Slouch.

c Duchess 1790, par Phœnomenon et Duchess par Le Sang.

c Duchess 1700, par Newcastle's Turk et D'Arcy's White Turk mare, inc.

c Duchess 1792, par Alexander 1782 et Herod mare, Oroonoko, Cartouch

f The Duchess 1813, par Cardinal York et Miss Nancy par Beningbrough.
    Vainqueur du Saint-Léger.

c The Duchess 1832, par Irish Blacklock et Foam par Langar.

c Y-Duchess 1826, par Walton et Brown Duchess par Orville.

c The Duchess of York v. 1815, par Waxy et Gohanna mare, Grey Skim.

c Y-Duchess 1824, par Constable (Comus) et The Abbess par Cardinal York.

c Duchess of York (ex Agnès) 1795, par Delpini et Miss Judy par Alfred.

c Duchess of Limbs 1795, par Pot 8o's et Macaria par Herod.

c Duchess of Lorraine v. 1840, par Pantaloon et Shiraz par Camel.

c The Duchess of Kent v. 1840, par Belshazzard et Pepper par Saint-Nicholas.

c The Duchess v. 1840, par Sultan Junior et Grace Darling par Defence.

c Duckling v. 1825, par Phantom et Orville mare, Hambletonian, Sir Peter.

c Duckling 1800, par Grouse et Bounty par Mercury.

c Duck 1796, par Trumpator et Bounty par Mercury.

c Duckling 1820, par Whalebone et Canopus mare, Woodpecker, Fractions.

The Duke of Leede's mare v. 1725, par Holderness Turk et Snake mare
    is. de Diamond mare.

Duke of Newcastle's Turk mare v. 1715, par Duke of Newcastle's Turk
    et Byerly Turk, Taffolet Barb, Place's White Turk.

The Duke's Cullen mare (Dam of Blacklegs) v. 1725, inconnue.

Duke of Rutland's Black Barb mare v. 1720, par Duke of Rutland's Black Barb et Bright's Roan mare.

Son of The D. of Richemond's Turk mare v. 1723, par Son of The D. of Richemond's Turk et Whynot mare, Wilkinson's Bay Arab., Barb mare.

Duke of Beauffort's Arabian mare v. 1745, par Duke of Beauffort's Arabian et Lord Brocke's Arabian mare, Brimmer, Darley Arabian.

c Dulcamara v. 1820, par Waxy et Witchery par Sorcerer.

r Dulcinea v. 1815, par Cervantes et Regina par Moorcock.

*c Dulcinea 1764, par Whistle Jacket et Cade mare, Bolton's Little John, M. Durham's Favorite.

*c Duet 1834, par Mambrino et Hydrogen par Comus.

Dungannon mare 1790, par Dungannon et Lœtitia par Highflyer.

f Id. (Arethuse) 1792, par id. et Prophet mare is. de Virago.

Id. 1790 et 1799, par id. et Highflyer mare is. de Brim.

Id. 1791, par id. et Barbiniola par Herod.

Id. v. 1790, par id. et Squirrel mare is. de Dove.

Id. v. 1790, par id. et Heinel par Squirrel.

Id. v. 1790, par id. et Turf mare, Herod, Golden Growe.

Id. 1788, par id. et Flirtilla par Conductor.

Id. v. 1790, par id. et Miss Euston par Snap.

Id. v. 1795, par id. et Lady Teazle Sister to Sir Peter par Highflyer.

Id. v. 1790, par id. et Mark Anthony mare is. de Noisette.

Id. 1791, par id. et Matchem mare is. de Nisa par Omar.

Id. 1795, par id. et Pastorella par Otho.

Dunkirk mare v. 1735, par Dunkirk et Fox mare, Bethell's Castaway mare, inconnue.

c Duplicity 1779, par Eclipse et Doge mare, Bolton Norris's, Grasshopper.

c M. Durham's Grey mare v. 1728, par Son of Bald Galloway et Daffodil's Dam par a Foreign Horse.

c Duvernay v. 1830, par Emilius et Varennes par Selim.

Dux mare 1771, par Dux et Folly par Blank.

Id. v. 1770, par id. et Virago par Panton's Arabian.

Id. v. 1777, par id. et Regulus mare, Starling, Fox.

Id. 1781, par id. et Herod mare, Engineer, Bay Malton's Dam par Cade.

Dyer's Dimple mare v. 1730, par Dyer's Dimple et Chillaby mare is. de Moonah Barb mare.

Id. v. 1742, par id. et Bethell's Castaway mare, Whynot, Royal mare.

Id. v. 1730, par id. et Sommerset Jenny Come Tyeme par a Foreign Horse.

Id. v. 1725, par id. et Whynot mare is. de Royal mare.

E.

Earl of Bristoll's mare v. 1712, par Earl of Bristoll's et Chartres's Hawker mare inconnue.

c Earring 1837, par Merchant et Earwig par Emilius.

* c Earwig 1828, par Emilius et Shoveler par Scud.

c Eaton Lass 1793, par Pot 8o's et Highflyer mare, Snap, Shepherd's Crab.

Eaton mare v. 1820, par Eaton et Sorcerer mare, Whiskey, Spinette.

Eagle mare 1812, par Eagle et Sir Peter mare is. de Deceit.

id. 1802, par Brother to Eagle et Calabria par Spadille.

Brother to Eagle mare v. 1810, par id. et id.

* c Ebauche 1836, par Emancipation et Morisco mare is. de Miniature.

f Ebony (Old) 1720, par Basto et his Massey mare par Massey's Bl. Barb.

f Ebony, ou Ebony mare, 1728, par Childers et Old Ebony par Basto.

c Y-Ebony 1746, par Crab et Ebony par Childers.

Ebor mare v. 1820, par Ebor et Shuttle mare, Delpini, Tuberose.

* c Eccentricity 1841, par Defence et Albania par Sultan.

* c Eccola 1841, par Bay Middleton et Arsenic par The Colonel.

f Echidna v. 1835, par Economist et Miss Pratt par Blacklock.

f Echo v. 1830, par Emilius et Scud, ou Pioneer mare is. de Canary Bird.

c Eclat v. 1835, par Edmund et Squib par Soothsayer.

c Echo 1838, par Lambtonian et Tarantula par Catterick.

c Echo 1839, par Prince Eugène et Little Agnès par Starch.

Eclipse mare 1775, par Eclipse et Rarity par Matchem.

Id. 1786, par id. et Highflyer mare, Snap, Miss Middleton.

c Id. 1772, par id. et Brilliant mare, Shepherd's Crab, Godolphin Arabian.

Id. 1775, par id. et Tartar mare, Mogul, Sweepstakes.

Id. 1783, par id. et Herod mare is. de Thereza par Matchem.

Id. v. 1775, par id. et Dormouse mare, Whitefoot, Hip.

Id. 1782, par id. et Herod mare, Bajazet, Regulus.

Id. v. 1773, par id. et Blank mare is. de Lass of The Mill par Traveller.

Id. 1775, par id. et Y-Cade mare (Dam of Wauxhalls Snap), inconnue.

Id. 1782, par id. et Angelina par Prophet.

Id. 1783, par id. et Abigaïl par Herod.

Id. 1778, par id. et Rosebud par Snap et Miss Belsea.

f Id. 1775 et 1787, par id. et Miss Spindleshanks par Omar.

c Id. 1783, par id. et Y-Cade mare 1763 is. de Miss Thigh.

Id. 1782, par id. et Herod mare is. de Carina par Marske.

Id. 1779, par id. et Lisette par Snap.

* Id. 1779, par id. et Snap mare, Shepherd's Crab, Miss Meredith.

c Edith 1823, par Magistrate et Catton mare is. de Hannah.

c Editha 1781, par Herod et Elfrida par Snap.

* c Edgworth Bess 1839, par Glaucus et Emmelina par Blacklock.

c Edris v. 1825, par Rubello (Dick Andrews) et Narina par Knowsley.

* c Effie Deans 1815, par Ashton et Harriet par Sir Harry.

f Egeria v. 1835, par Emilius et Mangel Wurzel par Merlin.

* c Eglé 1825, par Wofull et Selim mare is. de Pipylina.

Egerton Nanny v. 1730 (Dam of Crab mare), par Pigot Turk et inconnue.

c Eel v. 1835, par Langar et Cuirass par Oiseau.

ʀ Eleanor 1798, par Whiskey et Y-Giantess par Diomed. Vainqueur du
Derby et de l'Oaks.
ᴄ Eleanor v. 1816, par Governor 1802 et Elisabeth par Spadille.
ᴄ Eleanor v. 1825, par Comus et Orville mare, Waxy, Highflyer.
ᴄ Eleanor 1829, par Middleton (Phantom) et Eliza par Rubens.
ᴄ Eleanor v. 1825, par Manfred et Bellona par Fyldener.
ᴄ Eleanor 1816, par Election et Emily par Y-Whiskey.
Election mare 1818, par Election et Modesty par Delpini.
ᴄ Id. v. 1815, par id. et Highflyer mare, Eclipse, Rosebud.
ᴄ Id. 1815, par id. et Fair Helen par Hambletonian.
Id. v. 1820, par id. et Sorcerer mare is. de Black Diamond.
ᴄ Id. v. 1815, par id. et Alexander mare (Rubens and Selim's Dam).
*ʀId. 1815, par id. et Amazon par Driver.
Y-Election mare v. 1825, par Y-Election et Miss Manager par Giles.
ᴄ Electress 1819, par Election et Stamford mare is. de Miss Judy.
*ʀEleonore 1814, par Dick Andrews et Eleanor par Whiskey.
*ᴄElephanta 1823, par Filho da Puta et Shuttle mare, Oberon, Stride.
ᴄ Elfleda 1778, par Alfred et Engineer mare, Regulus, Oroonoko.
ʀ Elf v. 1835, par Shakespeare et Zinc par Wofull.
ᴄ Elflock v. 1835, par Château-Margaux et Redlock par Blacklock.
ᴄ Elfrid v. 1823, par Wanderer et Selim mare is. de Maiden.
ᴄ Elfrida 1768, par Snap et Miss Belsea par Regulus.
ʀ Elisa 1791, par Highflyer et Augusta par Eclipse.
ᴄ Elisa 1825, par Filho da Puta et Vermin mare, Beningbrough, Eustatia.
ᴄ Elisabeth, ou Folly, v. 1810, par Y-Drone et Regina par Moorcock.
ᴄ Elisabeth 1802, par Beningbrough et Miss Judy par Alfred.
ᴄ Elisabeth v. 1815, par Orville et Penny Trumpet par Trumpator.
ᴄ Elisabeth 1800, par Waxy et Active par Woodpecker.
* Elisabeth 1832, par Saracen et Juniper mare is. de Caprice.
ᴄ Elisabeth v. 1825, par Rainbow et Belvoirina par Stamford.
ᴄ Elisabeth 1810, par Sancho et Brunette par Overton.
ᴄ Elisabeth 1802, par Spadille et Dungannon mare is. de Pastorella.
ᴄ Elisabeth 1824, par Walton et Trulla par Sorcerer.
ᴄ Elisabeth 1822, par Soothsayer et Grey Duchess par Pot 8o's.
ᴄ Elisabeth v. 1820, par Mango et Stamfordia par Stamford.
* Elis mare 1842, par Elis et Selim mare (Chesnut) is. d'Euryone.
ᴄ Eliza (ex Emerald) 1823, par Smolensko 1810. Voyez Eliza.
ᴄ Eliza 1823, par Rubens et Little Folly par Highland Flying.
ᴄ Eliza 1836, par Physician et Mathilda par Comus.
ᴄ Eliza 1839, par Mulatto, ou Starch (Wofull), et Dorabella par Whisker.
ᴄ Eliza 1817, par Whalebone et Orville mare, Alexander mare (Selim's Dam).
ᴄ Eliza 1783, par Alfred et Eclipse mare, Brilliant, Shepherd's Crab.
ᴄ Elisa 1778, par Doge et Eclipse mare, Brilliant, Shepherd's Crab.
ʀ Eliza Leedes v. 1820, par Comus et Helen par Hambletonian.
ᴄ Elizanne 1827, par Filho da Puta et Stamford mare is. de Miss Buckle.

c Ellen 1814, par Y-Woodpecker et Pipator mare, Delpini, Tuberose.

c Ellen 1831, par Starch (Wofull) et Cuirass par Oiseau.

c Ellen (ex Michaëlmas Day) v. 1830, par Saint-Patrick (Alcaston) et Erica
     par Emilius.

*c Ellen Lorraine 1845, par The Lord Mayor et Lady Mary par Voltaire.

c Ellerdale v. 1845, par Lanercost et Tomboy mare is. de Tesane.

c Ellen Middleton 1845, par Bay Middleton et Myrrha par Malock.

c Ellen Percy 1832, par Lottery et Erin Lass par Holly Hoc.

*c Ellipsis 1843, par Emilius et Maria par Whisker.

c Eloïsa v. 1825, par Emilius et Camilla par Camillus.

c Elphine 1837, par Emilius et Variation par Bustard.

c Elve v. 1807, par Sorcerer et Highflyer mare 1788, Marske, inconnue.

c Eloïsa 1758, par Regulus et Bartlet's Childers mare 1740, Honywood's
     Arabian, Byerly Turk.

*c Elvina 1839, par Caïn et Muley mare, Shuttle, Oberon.

*c Elvira 1817, par Orville et Beningbrough mare, Buzzard, inconnue.

*c Elvira 1829, par Erix et Coral par Orville.

*c Emelina 1829, par Emilius et Scornfull par Wofull.

*c Emerald 1837, par Merchant et Zinc par Wofull.

c Emeute v. 1845, par Lanercost et Bellona par Beagle.

c Emerald (Eliza) 1823, par Smolensko 1810 et Epsom Lass par Sir Peter.

c Emerald 1841, par Defence et Emiliana par Emilius.

c Emilia 1823, par Abjer et Emily par Stamford.

*c Emiliana 1829, par Emilius et Whisker mare is. de Castrella.

c Emilia 1840, par Y-Emilius-Eric et Partisan par Whisker.

*c Emilius mare, ou Bassinoire, 1828, par Emilius. Voyez Bassinoire.

*c Id. 1837, par id. et Nanette par Partisan.

   Id. v. 1830, par id. et Rubens mare is. de Guildford Nan.

v Emily 1810-1830, par Stamford et Whiskey mare is. de Grey Dorimant.
     Vainqueur de l'Oaks.

c Emily v. 1810, par Y-Whiskey et Amelia par Highflyer.

c Emily v. 1840, par Pantaloon et Elisabeth par Mango.

c Emma 1759, par Regulus et Grey Hound mare, Woodcock, Barb mare.

c Emma 1770, par Snap et Horatia par Blank.

c Emma 1768, par Spectator et Lucy par Blank.

   Emma 1751, par Godolphin Arabian et Hobgoblin mare 1737, Whitefoot,
     Leede's, Moonah Barb.

v Emma 1781, par Telemachus et A-la-Grecque par Regulus.

c Emma 1817, par Don Cossack et Vesta par Delpini.

c Emma 1819, par Orville et Miss Sophia par Stamford.

v Emma 1824, par Whisker et Gibside Fairy par Hermès.

c Emma Donna 1846, par Galanthus et Whisker mare, Phantom, Overton.

c Emmelina v. 1825, par Blacklock et Agatha par Orville.

c Emmeline 1817, par Waxy et Sorcerer par Sorcerer.

*c Emotion 1838, par Emilius et Y-Maniac par Tramp.

c Empress 1772, par Eclipse et Golden Grove par Cartouch.
c Empress v. 1830, par Emilius et Mangel Wurzel par Merlin.
*c The Empress 1846, par Defence et Chaos par Emilius.
c Empress 1779, par Paymaster et Coate's Lass of The Mill par Oroo-
       noko 1756.
c Enchantress 1800, par Volunteer et Marcella par Mambrino.
c Enchantress 1831, par Reveller et Gramarie par Sorcerer.
c Enchantress 1814, par Sorcerer et Beningbrough mare is. de Rosamond.
c Enchantress 1814, par Sorcerer et Maiden par Sir Peter.
*c Energy 1830, par Blacklock et Juniper mare, Sorcerer, Virgin.
   Engineer mare v. 1785, par Engineer et Sybil par Matchem.
     Id. v. 1777, par id. et Regulus mare, Oroonoko, Traveller
     Id. 1769, par id. et Changeling mare, Cade, Bolton's Little John.
c   Id. v. 1765, par id. et Cade mare is. de Lass of The Mill par Traveller.
     Id. v. 1770, par id. et Blank mare is. de Lass of The Mill par Traveller.
     Id. v. 1771, par id. et Cade mare, Bolton's Little John, Favorite.
     Id. v. 1770, par id. et Wilson's Arabian mare, Hutton's Spot, Mogul.
     Id. v. 1775 (Dam of Highflyer mare), par id. et jument du duc de Roc-
       kingham, inconnue.
c Ennui 1843, par Bay Middleton et Blue Devils par Velocipède.
c Ennui 1832, par Humphey Clinker et Cazille par Bob Booty.
c Old England mare (M. Goodricke's) 1767, par Old England et Traveller
       mare is de Smilling Molly.
c Id. 1766, par id. et id. et Cullen Arabian mare, Cade, Miss Makeless.
c Entreprize 1793, par Y-Marske et Empress par Paymaster.
c Entreprize 1834, par Defence et Lady Stumps par Tramp.
c Eoïna v. 1820, par Haphazard (Sir Peter) et Dodona par Waxy.
*c Eoline 1842, par Muley Moloch et Dryad par Whalebone.
c Epaulette 1839, par The Colonel (Whisker) et Vicarage par Octavian.
c Ephemera, ou Rushligt, 1797, par Woodpecker et Bobtail par Eclipse.
       Vainqueur de l'Oaks.
c Epilogue 1841, par Inheritor et Comedy par Comus.
r Epsom Lass (ex Orange Girl) 1803, par Sir Peter et Alexina par King Fergus.
c Equation 1839, par Emilius et Emma par Whisker.
c Equity 1789, par Dungannon et Justice mare, Regulus, Starling.
c Erica v. 1830, par Emilius et Shoveler par Scud.
c Erichto v. 1810, par Sorcerer et Highflyer mare is. de Purity.
c Erin Lass v. 1828, par Holly Hoc et Rally par Waxy et Rattle.
r Ermine 1833, par Emilius et Mercy par Merlin.
*c Erycina 1850, par Saint-Martin et Venus par Langar.
   Escape mare 1795 et 1796, par Escape 1785 et Vernon Arabian mare,
       Snap, Shepherd's Crab.
c Esmeralda 1833, par Zinganee et Pastille par Rubens.
c Esmeralda 1840, par Economist et Flint par Picton.
e Esmeralda 1825, par Cannon Bull et Shoehorn par Teddy The Grinder.

c Esmeralda, ou Betty Martin, 1830, par Blacklock. Voy. Betty Martin.

c Espagnolle 1816, par Orville et Barrosa par Vermin.

* c Y-Espagnolle 1828, par Partisan et Espagnolle par Orville.

c Esperance 1827, par Partisan et Sleight of Hand par Sorcerer.

c Esperance 1836, par Lapdog et Grisette par Merlin.

c Espoir 1841, par Liverpool et Esperance par Lapdog.

   Espersykes mare v. 1780, par Espersykes et Priam mare, Cade, Sampson.

c Estelle v. 1836, par Brutandorf et Juniper mare, Sorcerer, Virgin.

c Esther 1804, par Shuttle et Drone mare, Matchem, Jocasta.

c Esther 1786, par Highflyer et Squirrel mare, Babraham, Golden Ball.

c Esther (Tisiphone) 1817, par Langton et Stamford mare is. de Remnant.

c The Etching v. 1820, par Rubens et Lamas par Gohanna.

c Etiquette v. 1820, par Orville et Boadicea par Alexander.

* c Etrennes 1832, par Langar et Mantua par Wofull.

c Ethelinda 1768, par Snap et Miss Holmes par Cade.

c Etcetera 1825, par Tramp et Stamford mare is. de Remnant.

c Eulogy 1843, par Euclid et Martha Lynn par Mulatto.

c Euphrasion v. 1815, par Sorcerer et Witch of Endor par Sorcerer.

* c Eugenie 1846, par Touchstone et Gipsy par Tramp.

r Euphrosyne 1819, par Comus et Shuttle mare, Drone, Confessina.

c Euphrosyne v. 1785, par Highflyer et Sweetbriar mare is. de Rarity.

r Europa 1829, par Reveller et Selim mare (Chesnut) is. d'Euryone.

r Euryone 1828, par Reveller et Selim mare (Chesnut) is. d'Euryone.

r Euryone 1813, par Witchcraft 1801 et Fair Ellen par Wellesley Grey Ar.

* r Eusebeia 1839, par Emilius et Mangel Wurzel par Merlin.

c Eustatia 1781, par Highflyer et Wren par Woodpecker.

c Evan's Arabian mare v. 1736, par Evan's Arabian et Cartouch mare, inc.

* r Eva 1832, par Sultan et Eliza Leeds par Comus.

   Evander mare 1811, par Evander et Marcia par Coriander.

   Id. v. 1810, par id. Miss Gunpowder par Gunpowder.

c Eve v. 1830, par Lottery et Hand Maiden par Walton.

r Evelina 1791, par Highflyer et Termagant par Tantrum.

* c Evelina 1825, par Orville et Canvas par Rubens.

c Evelina v. 1821, par Paulowitz et Beningbrouh mare is. de Lady's Maid
      par Sir Peter.

c Evelina 1821, par Smolensko 1810 et Stamford mare is. de Louisa.

* Evelyn 1838, par Mundig et Progress par Langar.

c Evens v. 1820, par Walton et Sancho mare is. de Miss Fury.

c Event v. 1846, par Toss Up et Earring par Merchant.

   Evergreen mare 1786, par Evergreen et Thereza par Matchem.

r Everlasting 1775, par Eclipse et Hyena par Snap.

* c Example 1841, par Emilius et Maria par Whisker.

c Excitement v. 1836, par Emilius et Bee in a Bonnet par Blacklock.

* c Exotic 1836, par Emilius et Flora par Partisan.

c Executrix 1836, par Liverpool et Hand Maiden par Walton.

c Expectation 1779, par Herod et Skim mare, Janus, Spinster.

Expectation mare 1805, par Expectation et Calabria par Spadille.

Id. v. 1805, par id. et Tipple Cyder par King-Fergus

c Eyebright 1777, par Matchem et Snap mare, Cullen Arabian, Grisewood's Lady Thigh.

*c Eyebrow 1832, par Whisker et Send mare (Chesnut) is. de Goosander.

F.

Faggergill mare v. 1775, par Faggergill et Northumberland Golden Arabian mare, Traveller, Hip, Snake.

c Fadladinida v. 1800, par Sir Peter et Fanny par Diomed.

c Fair Barbara 1783, par Eclipse et Mop Squeezer par Matchem.

c Fair Charlotte 1799, par Precipitate et Woodpecker mare is. d'Everlasting.

c Fair Charlotte v. 1820, par Catton et Henrietta par Sir Solomon.

c Fair Eleanor 1806, par Hambletonian et Mary Ann par Sir Peter.

f Fair Ellen 1809, par Wellesley Grey Arabian et Maria par Highflyer et Nutcracker. 2e à l'Oaks.

c Fair Ellen 1840, par Liverpool et Wildrose par Confederate.

c Fair Forester 1753, par Sloë et Forester mare, Partner, Croft's Bay Barb.

c Fair Forester 1794, par Alexander 1782 et Sir Peter mare, Maid of Ely.

*c Fair Forester 1823, par Agricola, ou Egremont, et Lancashire Witch par Master Teazle.

*c Fair Helen 1823, par Crecy et Morgiana par Coriolanus.

*c Fair Helen 1832, par Emilius et Dirce par Partisan.

c Fair Helen v. 1806, par Hambletonian et Helen par Delpini.

*c Fair Helen 1837, par Priam et Dirce par Partisan.

c Fair Helen 1843, par Pantaloon et Rebecca par Lottery.

*c Fair Rosamond 1841, par Inheritor et Maid of Avenel par Waverley.

c Fair Star 1823, par Sir Oliver et Woodpecker mare is. d'Equity.

c Fairing v. 1810, par Waxy et Rattle par Trumpator.

f Fairy 1782, par Highflyer et Fairy Queen par Y-Cade.

c Fairy 1789, par Tandem et Rantipole par Blank 1775.

f Fairy Queen 1762, par Y-Cade et Routh's Black Eyes par Crab.

c Fairy v. 1825, par Filho da Puta et Britannia par Orville.

c Fairy 1754, par Shepherd's Crab et Miss par Lath.

c Fairy 1822, par Castrel et Gift par Cardinal York.

c Fairy v. 1828, par Wofull et Remembrancer mare is. de Charmer.

c The Fairy Queen 1817, par Walton et Paynator mare is. de Violet.

Fairy v. 1833, par Mayfly (Piscator) et Salva par Harbinger.

c Fairy Queen 1835, par Brutandorf et Fickle par Smolensko.

f Faith 1778, par Herod et Curiosity par Snap, Vainqueur de l'Oaks.

c Faith 1779, par Pacolet et Atalanta par Matchem.

c Faith 1840, par Muley Moloch et Patroness par President.

c Falerina v. 1830, par Château-Margaux et Selina par Delpini.

c. Fame 1776, par Pantaloon et Spectator mare, Blank, Childers.
* Fame 1776, par Matchem. Mère non indiquée au Stud-Book.
c. Famine v. 1830, par Humphrey Clinker et Steam par Waxy Pope.
c. Fan 1803, par Beningbrough et Miss Judy par Alfred.
c. Fan 1804, par Y-Espersykes et Matchem mare, Syphon, Shakespear.
c. Fancy 1751, par Goliah et Y-Belgrade Turk mare, Scarborough Colt, Bartlet's Childers.
f. Fancy 1751, par Crab et The Widdrington mare par Partner
f. Fancy 1780, par Florizel et Spectator mare, Blank, Childers.
c. Fancy v. 1835, par Osmond et Catton mare, Hambletonian, Shuttle.
c. Fancy 1791, par Dungannon et Prophet mare is. de Virago.
c. Fanina 1807, par Sir Solomon et Fan par Beningbrough.
c. Fanchon 1834, par Lapdog et Scuffle par Partisan.
c. Fanny's Fancy 1811, par Cardinal York et Cotillon par Overton.
c. Fanny 1770, par Horatius et Locusta par Locust.
f. Fanny 1785, par Weazle et Turk mare, Locust, Changeling.
c. Fanny 1790, par Diomed et Ambrosia par Woodpecker.
f. Fanny v. 1800, par Sir Peter et Diomed mare is. de Desdemona.
c. Fanny 1827, par Whisker et Camillus mare, Precipitate, Paymaster.
c. Fanny 1751, par Tartar et Starling mare, Childers, Grey Grantham, Wilkinson's Barb
f. Fanny 1776, par Eclipse et Tuting's Polly par Black and all Black.
Y-Fanny v. 1777, par Eclipse et Maria West, inconnue.
c. Fanny v. 1796, par Toby et Herod mare is. de Trinket par Matchem.
c. Fanny (Laura) 1800, par Pegasus et Orange Squeezer par Highflyer.
c. Fanny 1830, par Jerry et Fair Charlotte par Catton.
f. Fanny (Orville mare) v. 1820, par Orville et Buzzard mare is. de Hornpipe.
c. Fanny Davies v. 1825, par Filho da Puta et Treasure par Camillus.
*c Fanny Hill (ex Archery) 1845, par Hetman Platoff et Miss Bowe par Catton.
c. Fanny Kemble v. 1820, par Paulowitz et Loyalty par Rubens.
c. Fanny Leg v. 1815, par Castrel et Miss Hap par Shuttle.
c. Fanny Squeers v. 1840, par Percy et The Gude Wife O'Tulloshill par Cleveland.
c. Farewell v. 1795, par Slope et Y-Marske mare, Brother to Silvio, Hutton's Spot.
f. Farewell (Bay) 1708, par Makeless et Counsellor mare, Brimmer, Dicky Pierson's.
f. Farewell (Brown) 1706, par Makeless et Brimmer mare, Place's White Turk, Dodsworth.
c. Farce v. 1822, par Swiss et Comedy par Comus.
c. Fartingale v. 1850, par Cotherstone et Cloak par Rockingham.
c. Farmer (Lord Halifax's) v. 1710, par Chillaby et Byerly Turk mare is. de Spanker mare.
c. Fashion 1830, par Starch (Wofull) et Pert par Wanderer.
c. Fatima v. 1820, par Selim et Pipator mare is. de Queen Mab.

Fatima v. 1765 (Dam of Louisa), par Bustard (Crab) et inconnue.

Fatima, jument arabe introduite vers 1840.

c Fatima v. 1816, par Wofull et Remembrancer mare is. de Charmer.

*c Favorita 1847, par Inheritor et Victoria par Elizondo.

f Favorite (Horatia) 1758, par Blank et Childers mare 1733, Miss Belvoir.

c Favourite 1730, par Smilling Tom et Castaway mare, Brimmer mare.

c Favorite 1776, par Le Sang et Maria par Northumberland.

c Favourite 1756, par Cade et Childerkin par Second.

f Favourite 1760, par Regulus et Y-Ebony par Crab.

c Favorite 1821, par Blucher (Waxy) et Scheherazade par Selim.

c Favourite (M. Durham's) v. 1735, par Son of Bald Galloway et Daffodil's
    Dam.

* Faugh a Ballah mare 1850, par Faugh a Ballah et Simoon mare, Cassandra.

c Faustina 1725, par Hartley's Blind Horse et Blossom mare, Pulleine's
    Chesnut Arabian, Old Winter mare.

f Fawn v. 1822, par Smolensko (Sorcerer) et Jerboa par Gohanna.

c Fawn 1841, par Bay Middleton et Flycatcher par Godolphin.

c Fay 1815, par Phantom et Beningbrough mare, Sir Peter, Miss Gunpowder.

c Feather mare 1761, par Feather et Crazy par Lath.

    Id. v. 1770, par id. et Blank mare, Bonny Lass.

c La Femme Sage v. 1840, par Gainsborough, ou Physician, et Whisker
    mare, Pipator, Dragon.

c Fenella 1820, par Comus et Diana par Beningbrough.

c Fernande 1847, par Slane et Elf par Shakespeare.

    Feltona v. 1820, par X-Y-Z et Jannetta par Beningbrough.

c Brother to Fearnought mare v. 1740, par Brother to Fearnought et Miss
    Wyndham par Wyndham.

    The Fen mare v. 1715, par Hutton's Royal Colt et Blunderbuss mare
    is. de Old Thornthon.

c Ferret v. 1765, par Brother to Silvio et Regulus mare, Lord Morton's
    Arabian, Mixbury.

*c Festival 1836, par Camel et Michaël mas par Thunderbolt.

c Fenella v. 1812, par Master Goodall et Friendly par Tom Tug.

c Fib (ex Western Lass v. 1820, par Bobadil et Medora par Swordsman.

c Fickle v. 1820, par Smolensko 1810 et Orville mare is. de Lisette.

c Fidelity 1830, par Whisker et Fortuna par Comus.

* Fidelity 1828, par Worthy et Moggy par Canopus.

c Fidget v. 1770, par Spectator et Gaudy par Blank.

    Fidget mare v. 1790, par Fidget et Lily of The Valley par Eclipse.

    Figgs mare v. 1740, par Sir W. Morgan's Arabian et Whimsey par
    Darley Arabian.

c Fiddlededee v. 1821, par Granicus et Lewina par Selim.

f Figurante 1763, par Regulus et Starling mare, Fox, Gipsy.

c Figurante 1822, par Comus et Shuttle mare, Oberon, Phœnomenon.

*c Figurante 1849, par Venison et Duvernay par Emilius.

Filho da Puta mare v. 1818, par Filho da Puta et Catherine par Castrel

Id. 1832, par id. et Dick Andrews mare is. de Hare.

Id. v. 1820, par id. et Miss Catton par Golumpus.

Id. 1832, par id. et Dick Andrews mare is. de Desdemona.

Id. v. 1825, par id. et Smolensko mare (Dam of Farnsfield), inconnue.

Id. v. 1825, par id. et Dick Andrews mare is. de Miss Watt.

Id. 1826, par id. et Strumpet par Hambletonian.

Id. v. 1825, par id. et Sancho mare, Fidget, Lilly of the Valley.

Id. 1818, par id. et Comus mare, Saint-George, Abigaïl.

r Fillagree v. 1815, par Soothsayer et Webb Sister to Wire par Waxy.

c La Fille mal Gardée 1828, par Lottery et Morgiana par Muley.

c Fille de Joie v. 1815, par Filho da Puta et Paynator mare, Delpini, Y-Marske, Gentle Kitty.

c Fillikins v. 1810, par Gouty et King Fergus mare, Herod, Blank.

r Finesse 1815, par Peruvian et Violante par John Bull.

c Filippanta 1768, par Snap et Miss Cranbourne par Godolphin.

Firelock mare v. 1815, par Firelock et Driver mare, Alfred, Swift.

c Fire v. 1830, par Blacklock et et Steam par Waxy Pope.

c Fire Fly 1833, par Velocipède et Lunatic par Prime Minister.

c Fire Fly 1833, par Lamplighter et Rubens mare is. de Tippity Witchet.

c Firetail 1772, par Eclipse et Blank mare is. de Naylor par Cade.

r Firetail mare v. 1738, par Firetail et Miss Slamerkin par Y-True Blue.

c Fisher Lass v. 1825, par Osmond et Phantom mare, Overton Walnut.

Fitz Herod mare 1780, par Fitz Herod et Y-Cade mare, Regulus, Snake.

Fitz Teazle mare v. 1815, par Fitz Teazle et Hyacinthus mare, Overton, Catherine.

c Flavia 1783, par Plunder et Miss Euston par Snap.

c Fleec'em 1731, par Childers et Miss Belvoir par Grey Grantham.

r Fleatcatcher 1773, par Goldfinder et Squirrel mare, Ball, Crazy.

*r Fleur de Lys 1822, par Bourbon et Lady Rachel par Stamford. 16 courses, 14 victoires, dont 2 fois le Goodwood.

c Flea v. 1780, par un inconnu et Miriam par Snap.

*c Flighty 1830, par Y-Phantom et Diana par Kill Devill.

c Flight v. 1835, par Velocipède et Miss Wilkes par Octavian.

c Flirt v. 1765, par Squirrel et Helen par Blank.

c Flirtilla v. 1775, par Conductor et Flirt par Squirrel et Helen.

c Flirt 1840, par Non Sense et Zelica par Muley.

c Flapper v. 1845, par Touchstone et Mickleton Maid par Velocipède.

c Flirt v. 1765, par Squirrel et Angelica par Snap.

c Flirt v. 1835, par Y-Blacklock et Taste par Bob Booty.

c Flirt v. 1825, par Blacklock et Waultress par Walton.

*c Flirtation 1840, par Rococo et Flirt par Y-Blacklock.

r Flight 1809, par Escape (Irish) et Y-Heroïne par Master Bagot.

c Flint v. 1840, par Picton et Waxy Pope mare is. de Double Bass.

c Flora v. 1755, par Regulus et Flora par Bartlet's Childers.

F Flora 1768, par Squirrel et Angelica par Snap.
F Y-Flora 1785, par Highflyer et Flora par Squirrel. Vr du Saint-Léger.
c Flora v. 1735, par Bartlet's Childers et Bay Bolton mare, Belgrade Turk mare, inconnue.
c Flora v. 1805, par Camillus et Ruler mare is. de Treecreeper.
c Flora 1755, par Y-Cade et Midge par Son of Bay Bolton.
*cFlora 1829, par Partisan et Fatima par Selim.
c Flora 1765, par Lofty et Riot par Regulus.
c Flora 1826, par Cannon Ball et Hit or Miss mare, Selim mare.
c Flora 1789, par King Fergus et Atalanta par Matchem.
c Floranthe 1822, par Amadis et Orvillina par Beningbrough.
c Floranthe v. 1815, par Octavian et Caprice par Anvil.
c Florella 1788, par Justice et Flyer par Sweetbriar.
c Florence 1838, par Langar et Routine par Election.
c Florestine v. 1825, par Whisker et Flora par Camillus.
*F Florida 1835, par Mulatto (Catton) et Floranthe par Amadis.
   Florizel mare 1791, par Florizel et Pyrrha par Matchem.
   Id. 1783, par id. et Goldfinder mare is. de Lovely.
c Id. v. 1780, par id. et Matchem mare 1771 is. de Brown Regulus.
   Id. 1781, par id. et Matchem mare, Syphon, Shakespear.
   Id. 1778, par id. et Spectator mare is. de Horatia par Blank.
c Flower of The Tees v. 1835, par Langar et Lady of The Tees par Octavian.
c Floyerkin v. 1805, par Stride 1795 et Javelin mare, Highflyer, Matchem.
c Flycap v. 1770, par Sampson et Cade mare, Y-Grey Hound, Doll.
c Flyer 1777, par Sweetbriar et Squirrel mare, Regulus.
F Flying Whig 1718, par William's Woodstock Arabian et Points par Saint-Victor's Barb.
c Flycatcher 1779, par Buzzard et Manilla par Goldfinder.
c Flycatcher 1831, par Godolphin et Phantom mare is. de Fillagree.
c Fly By Night v. 1850, par The Flying Dutchman et Flapper par Touchstone,
c Flying Gib 1838, par Sheet Anchor et Betty Martin par Blacklock.
   Flying Gib mare v. 1790, par Flying Gib et Highflyer mare, Snap, Miss Timms par Matchem.
c Flyer, ou Augusta, 1792, par Highflyer et Tulip par Damper.
c Flyer 1756, par Cade et Crab mare, Childers, Confederate Filly.
c Foam 1825, par Langar et Steam par Waxy Pope.
   A Foreign Horse of Sir W. N. Horse mare v. 1695 (Dam of Wastell's Turk mare), inconnue.
*cForest Fly 1841, par Musquito et Walfruna par Velocipède.
*cForest Flower 1842, par Glaucus et March First par Saint-Nicholas.
*cForfeta 1846, par Harkaway et Agnès par Blacklock.
c Folly 1771, par Marske et Vixen par Herod.
c Folly (King's) v. 1776, par Y-Marske et Vixen par Regulus.
c Folly 1806, par Waxy et Dungannon mare is. de Heinel.
c Folly 1764, par Blank et Godolphin Arabian mare is. de Grey Robinson.

c Folly v. 1830, par Middleton 1822 et Little Folly par Highland Flying.

c Folly, ou Elisabeth, 1808, par Y-Drone et Regina par Moorcock.

c Y-Folly v. 1815, par Asmodæus et Folly par Y-Drone.

*r Forget me Not v. 1842, par Hetman Platoff et Oblivion par Jerry.

c Forlorn Hope 1848, par Charles XII et Baleine par Whalebone 1830.

William's Forester mare v. 1760, par William's Forester et Coalition Colt mare, Bustard, Lord Leigh's Charmaing Molly.

Forester mare v. 1745, par Forester et Partner mare, Croft's Bay Barb, Makeless.

c Fortitude 1826, par Whisker et Fortuna par Comus.

Fortitude mare 1788, par Fortitude et Lady Bolinghroke par Squirrel.

Id. 1787, par id. et Squirrel mare, Blank, Regulus.

c Fortuna v. 1815, par Comus et Patriot mare, Phœnomenon, Czarina.

c Fortuna v. 1804, par Beningbrough et Cecilia par Sir Peter.

c Fortune 1762, par Blank et Lord Leigh's Diana par Second.

c Fortuna (School Mistress) 1781, par Ranthos et Turner's Sweepstakes mare is. de Sister to Hutton's Careless.

Fortunio mare v. 1800, par Fortunio et Eclipse mare is. de Angelina.

Id. v. 1798, par id. et Highflyer mare is. de Nutcracker.

r Fortress v. 1835, par Defence et Jewess par Mosès.

Fox mare v. 1735 (Dam of Snip mare), par Fox (Clumsy) et inconnue.

Id. v. 1778, par id. et Bay Bolton mare, Old Spot, White Legged Lowther's Barb.

Id. v. 1735, par id. et Bay Bolton mare, Newcastle's Turk, Byerly Turk.

Id. v. 1730, par id. et Bethell's Castaway mare, inconnue.

Id. v. 1735, par id. et Bonny Lass par Bay Bolton.

c Id. v. 1830, par id. et Graham's Champion mare is. de Sir M. Pearson's Blue Cap.

Id. v. 1725, par id. et Grey Hautboy mare, Makeless, Brimmer.

Id. v. 1740, par id. et Darley Arabian mare, Merlin, inconnue.

r Id. v. 1734, par id. et Gipsy par Bay Bolton.

Id. v. 1740 (Dam of Steady), par id. et inconnue.

Id. v. 1740, par id. et Childers mare, Makeless, Taffolet Barb.

Id. v. 1735, par id. et Darley Arabian mare, Son of Brimmer, D. B. mare.

Id. 1740, par id. et Bloody Shouldered Arabian mare, Basset Arabian m.

Cole's Fox Hunter mare 1740 et 1742, par Cole's Fox Hunter et Partner mare, Bald Galloway, Akaster Turk.

Id. v. 1740 (Dam of Whitenose mare), par id. et inconnue.

Chedworth's Fox Hunter mare v. 1745, par Lord Chedworth's Fox Hunter et Brother to Mixbury mare is. de Snail mare.

Id. 1749, par id. et Godolphin Arabian mare, Brother to Mixbury mare.

Fleet Wood's Fox Hunter mare v. 1740, par Fleet Wood's Fox Hunter et Almanzor mare, Makeless, Brimmer.

r Fractions v. 1772, par Mercury et Woodpecker mare is. d'Everlasting.

*c Fracas 1853, par The Flying Dutchman et Emeute par Lanercost.

c Frailty 1821, par Filho da Puta et Agatha par Orville.
c Frances 1842, par Doctor Faustus et Ninny par Bedlamite.
c Frances 1800, par Ambrosio et Highflyer mare is. de Lily of the Valley.
c Francesca 1829, par Partisan et Orville mare, Buzzard, Hornpipe.
c Francesca 1829, par Attwood's Arabian et Cap. Collier's Arabian mare.
* cFrantic 1831, par Bedlamite et Catherina par Walton.
F Fraxinella v. 1795, par Trentham et Woodpecker mare is. d'Everlasting.
c Frantic v. 1830, par Champignon et Maniac par Shuttle.
* cFraudulent 1843, par Venison et Deceit Full par Defence.
c Frederica 1827, par Mosès et Gohanna mare, Sir Peter, Nerissa.
c Frederica 1828, par Sultan et Fortuna par Comus.
c Frederica 1827, par Little John et Phantom mare, Gohanna, Ch. Skim.
c Freedom (Jenny Nettles) 1791, par Volunteer et Wimbleton par Evergreen.
c Freetrader 1844, par Wintonian et Fire Fly par Vélocipède.
c Freetrader 1844, par Wintonian et Wildfire par Jerry.
F Frenzy 1774, par Eclipse, Engineer mare, Blank, Lass of The Mill par
      Traveller.
   Friendly v. 1798, par Tom Tug et Cream Cheeks par Lennox.
   Friendhip v. 1825, par Master Goodall et Tom Tug mare, Cream Cheeks.
c Fringe 1848, par Plenipotentiary et Valance par Sultan.
c Frisky 1793, par Fidget et Herod mare, Northumberland Arabian, Starling.
* cFrisure 1843, par Stockport et Ringlet par Whisker.
   Frolic mare v. 1820, par Frolic et Selim mare is. de Maiden.
c Fury 1832, par Tramp et Lunatic par Blacklock.
c Fury 1820, par Soothsayer et Stella par Sir Oliver.
c Fugitive v. 1796, par Escape 1785 et Mercury mare, Highflyer, Snap.
   Fyldener mare (Bay) v. 1810, par Fyldener et Justice mare is. de Parsley.

G.

* cGable 1845, par Venison et Flycatcher par Godolphin.
   Gaberlunzie mare 1735 et 1736, par Gaberlunzie et Sola par Partisan.
   Id. 1832, par id. et Waxy par Gohanna.
   Gabriel mare 1799, par Gabriel et Magnet mare is. de Dolly.
c Id. v. 1800, par id. et Legacy par King Fergus.
   Id. v. 1805, par id. et Pot 8o's mare, Flyer par Sweetbriar.
c Gabrielle v. 1830, par Partisan et Coquette par Dick Andrews.
c Gadabout v. 1820, par Orville et Minstrel par Sir Peter.
   Gadfly v. 1830, par Mayfly 1819 et Sabra par Harbinger.
c Galatea 1786, par Highflyer et Orange Girl par Matchem.
   Galatea (Dam of Shuttle mare), on la suppose être Galatea par Highflyer.
   Y-Galatea v. 1805, Ben Devaynes et Galatea supposée par Highflyer.
c Galatea 1816, par Amadis et Paulina par Sir Peter.
c Galata 1829, par Sultan et Advance par Pioneer. Vainqueur de l'Oaks.
c Galena v. 1825, par Walton et Comedy par Comus.

c Galopade 1828, par Reveller et Romp par Selim.
c Galopade 1828, par Catton et Camillina par Camillus.
c Gaiety 1824, par Frolic et Mermaid par Orville.
c Gamahoë mare v. 1775, par Gamahoë et Patty par Tim.
   Id. (Sister to Noble) v. 1760) par id. et inconnue.
*cGame Chicken 1850, par Orlando et Game Lass par Tramp.
c Game Lass v. 1830, par Tramp et Florestine par Whisker.
c Gamestone 1759, par Blank et Blossom par Crab.
c Gammer Gurton v. 1790, par Pharamond et America par Marske.
   Gander mare v. 1735, par Gander et Brother to Grey Grantham mare,
      Pulleine's Chesnut Arabian, Spanker.
c Garcia v. 1820, par Octavian et Shuttle mare is. de Katherine.
   The Gardiner's mare v. 1735, par Bridgwather's Horse et Commoner
      mare, Makeless, Wormwood.
c Garland 1790, par Mercury et Marigold par Herod.
c Garland v. 1770, par Herod et Y-Cade mare, Cartouch, Fox.
c Garland v. 1835, par Langar et Cast Steel par Whisker.
   Garrick mare 1785, par Garrick et Monimia par Matchem.
   Id. 1782, par id. et Engineer mare, Regulus, Oroonoko.
   Id. 1795, par id. et Herod mare is. de Pyrrha par Matchem.
   Garnet mare v. 1730, par Garnet et Bay Lustry mare.
   Garneta (Sir M. W. Wyvill's) v. 1736 (Dam of Traveller mare), inconnue.
c Gaudy 1760, par Blank et Blossom par Crab.
c Gaudy (ex Petworth) 1776, par Herod et Blank mare, The Widdrington
      mare par Partner.
c Gaudy 1782, par Alfred et Old England mare, Cullen Arabian, Cade.
   Gaul'em mare v. 1750, par Gaul'em et Sedbury mare, Cartouch, Darley
      Arabian, Makeless.
c Gawkey 1785, par Highflyer et Giantess par Matchem.
c Gawkey (Grey) 1786, par Mambrino et Giantess par Matchem.
c Gay Lass 1820, par Blucher 1811 et The Glory par Election.
*cGaze 1842, par Bay Middleton et Flycatcher par Godolphin.
c Gazer 1797, par John Bull et Stargazher par Highflyer.
ף Gentle Kitty 1774, par Silvio et Dorimond mare is. de Portia.
*cGenuine 1827, par Master Henry et Libra par Zodiac.
ף Georgiana 1771, par Matchem et Snap mare, Cullen Arabian, Grisewood's
      Lady Thigh.
c Georgina 1821, par Orville et Barrosa par Vermin.
c Georgina v. 1835, par Partisan et Clinker mare is. de Bronze.
c Georgina 1827, par Welbeck et Banshee par Y-Sorcerer.
c Georgian 1831, par Buzzard et Variety par Selim.
c Georgiana 1785, par Sweetbriar et Capella par Herod.
c Georgiana 1802, par George et Petrina par Sir Peter.
c Georgina v. 1820, par Wofull et Shepherdess par Shuttle.
c Georgina v. 1804, par Saint-George et Y-Marske mare is. d'Emma.

c Georgina (Miss King) 1803, par Patriot 1790, et Coheiress par Pot 8o's.

c Gertrude 1768, par Matchem et Pretty Polly par Starling.

f Ghuznee 1838, par Pantaloon et Languish par Caïn. Vr de l'Oaks.

f Giantess 1769, par Matchem et Molly Longs Legs par Babraham.

f Y-Giantess 1790, par Diomed et Giantess par Matchem.

c Gift 1812, par Cardinal York et Coriander mare is. de Bellona.

c Gift v. 1816, par Y-Gohanna et Sir Peter mare, Trumpator, Herod.

Gibson's Arabian mare 1766, par Gibson's Arabian et Cade mare, Mogul, Miss Slamerkin.

c Giglet v. 1826, par Wanton (Wofull) et Floranthe par Octavian.

c Gilly Flower 1790, par Highflyer et Goldfinder mare, Marske, Cullen Ar.

c The Gimmer v. 1825, par Filho da Puta et Calypso par Sorcerer.

c Gin 1823, par Juniper et Princess Jemima par Remembrancer.

c Gin 1806, par Whiskey et Trumpator mare, Highflyer, Otheothea.

f Ginger 1754, par Blank et Crab mare is. de Miss Slamerkin.

c Gipsy (Miss Langley) 1740, par Blacklegs. Voyez Miss Langley.

f Gipsy v. 1720, par Bay Bolton et Duke of Newcastle's Turk mare is. de Byerly Turk mare.

f Gipsy v. 1720, par King William's Turk no Tongued Barb et Makeless mare is. de Royal mare.

c Gipsy v. 1800, par Guildford (Highflyer) et America par Imperator.

c Gipsy 1791, par King Fergus et Highflyer mare is. de Monimia.

f Gipsy 1789, par Trumpator et Herod mare, Snap, Gower Stallion.

c Gipsy 1828, par Tramp et Clinkerina par Clinker.

*f Gipsy (Whalebona) 1827, par Whalebone et Elfrid par Wanderer.

c Gipsy 1832, par Tramp et Orville mare, Wizard, Lisette.

c Gipsy Queen v. 1830, par Doctor Syntax et Malibran par Rubens.

*c Gipsy 1833, par Sir Hercules et The Witch par Soothsayer.

c Gipsy Queen v. 1840, par Tomboy et Lady Moore Carew par Tramp.

f Gibside Fairy v. 1810, par Hermès et Vicissitude par Pipator.

c Giselle 1841, par Emilius et Lantern par Lamplighter.

*c Gladiole 1847, par Gladiator et The Saddler mare is. de Stays.

*c Glauca 1846, par Cotherstone et Kalmia par Magistrate.

*c Glaucopis 1851, par Melbourne et Bellona par Beagle.

Glaucus mare v. 1840, par Glaucus et Octave par Emilius.

Id. (Caroline West) v. 1840, par id. et Corinna par Mulatto.

Id. v. 1840, par id. et The Nun par Blacklock.

c Glauvina v. 1800, par Moorcock et Matchem mare, Snap, Cade.

c Glencairne v. 1835, par Sultan et Trampoline par Tramp.

c Glendule 1848, par Cotherstone et Glencairne par Sultan.

c Glenlui 1837, par Sultan et Trampoline par Tramp.

*c Gloriette 1835, par Partisan et Nanine par Selim.

c The Glory 1814, par Election et Sir Peter mare, Woodpecker 1793, Sweetbriar, Miss Fortune.

Godolphin Colt mare 1760, par Godolphin Colt et Flora par Regulus.

Godolphin Arabian mare 1747-1750-1752, par Godolphin Arabian et Hobgoblin mare 1737, Whitefoot, Leedes, Moonah Barb.

Id. v. 1740, par id. et Whiteneck par Pelham's Bay Barb.

Id. v. 1752, par id. et Belgrade Turk mare, Bartlet's Childers, Devonshire's Chesnut Arabian.

c Id. (Lady Cow) 1739, par id. et Little Hartley mare par Bartlet's Child.

Id. v. 1740, par id. et Partner mare 1730, Sister to Miss Partner.

Id. v. 1745, par id. et Pelham's Barb mare, Old Spot, White Legged Lowther's Barb.

Id 1738 et 1739, par id. et Sylverlocks par Bald Galloway.

Id. 1746, par id. et Whitefoot mare 1731, Leedes mare.

Id. v. 1748, par id. et Blossom Junior par Crab.

Id. 1750, par id. et Stanyan's Arabian mare, Pelham's Barb, Old Spot.

Id. 1735, par id. et Conyer's Arabian mare, Curwen's Bay Barb, Old Spot, White Legged Lowther's Barb.

Id. v. 1752, par id. et Snip mare is. de The Widdrington mare.

Id. v. 1740, par id. et Frampton's Whiteneck par Curwen's Bay Barb.

Id. v. 1746, par id. et Childers mare, True Blue, Cyprus Arabian.

Id. v. 1750, par id. et Childers mare, Basto, Curwen's Bay Barb.

Id. v. 1740, par id. et Brother to Mixbury mare, Smockface, Snail.

c Id. 1743, par id. et Grey Robinson par Bald Galloway.

Godolphin Grey Barb mare v. 1740, par Godolphin Grey Barb et Whitefoot mare is. de Little Hartley mare.

c Gohanna mare 1801, par Gohanna et Grey Skim par Woodpecker.

c Id. 1803 et 1805, par id. et Chesnut Skim par Woodpecker.

c Id. (Y-Amazon) v. 1805, par id. et Amazon par Driver.

c Id. v. 1805, par id. et Fraxinella par Trentham.

Id. 1810, par id. et Allegretta par Trumpator.

Id. v. 1805, par id. et Kezia par Satellite.

Id. v. 1805, par id. et Sir Peter mare, Woodpecker 1793, Sweetbriar.

Id. v. 1805, par id. et Sir Peter mare is. de Nerissa.

c Id. v. 1805, par id. et Catherine par Woodpecker.

Id. v. 1805, par id. et The Pitshill mare par Driver.

c Golconde 1779, par Herod et Matchem Middleton par Regulus.

c Golden Apple 1788, par Volunteer et Helen par South.

c Golden Drop v. 1835, par Actæon et Whisker mare, Phantom, Overton.

Golden Drop v. 1835, par Sultan et Advance par Pioneer.

r Goldenlocks 1793, par Delpini et Violet par Shark.

r Goldenlocks v. 1755, par Oroonoko et Crab mare, Partner, Thwaist Dun mare par Akaster Turk.

Golden Ball mare v. 1740, par Golden Ball et Bushy Molly par Hampton Court Childers.

c Golden Rose 1772, par Eclipse et Regulus mare, Crab, Childers.

c Goldenlocks v. 1720, par Mostyn's Grasshopper et Earl of Bristoll's Hog mare, Chartres's Hawker mare.

c Golden Grove 1760, par Blank et The Widdrington mare par Partner.
c Golden Grove 1760, par Cartouch et Y-Country Wench par Janus.
*c Goldfinch 1833, par Mameluke et Benefit par Oiseau.
c Goldfinch 1832, par Filho da Puta et Orpheline par Orville.
Goldfinder mare 1772, par Goldfinder et Lovely par Babraham.
Id. v. 1780, par id. et Marske mare, Cullen Arabian, Black Eyes.
Id. v. 1775, par id. et Compton Barb mare is. de Vanessa.
Id. 1779, par id. et Lady Bolingbroke par Squirrel.
c Id. v. 1774 et 1778, par id. et Sedley Arabian mare is. de Vanessa.
c Goldpin 1826, par Whalebone et Y-Amazon par Gohanna.
c Goldwire 1823, par id. et id.
Goliah mare v. 1750, par Duke of Bolton's Goliah et Partner mare is. de
Wilkinson's Turk mare.
Id. 1745, par id. et Dimple mare, Merlin, Alcock's Arabian.
c Golumpus mare v. 1810, par Golumpus et King Fergus mare, Herod,
Pyrrha par Matchem.
c Id. v. 1810, par id. et Paynator mare, Saint-George, Abigaïl.
f Goosander v. 1810, par Hambletonian et Rally par Trumpator.
c Gossamer v. 1840, par Irish Birdcatcher et Cast Steel par Whisker.
Gossip v. 1820, par Walton et Hesperia par Cœsario.
c Gossamer v. 1835, par Velocipède et Phantom mare is. de Fillagree.
*c La Goualeuse 1843, par The Saddler et Langar mare is. de Cobweb.
The Gourd v. 1825, par Champignon et Reposada par Amadis.
c Governante v. 1810, par Governor 1801 et Beningbrough mare, Précipitate, Magnolia The Younger.
c Governess 1797, par Ruler et Empress par Paymaster.
c Governess v. 1810, par Governor 1801 et Highflyer mare, Otheothea.
c Governess 1820, par id. et Miss Haworth par Spadille.
c Governess 1816, par Soothsayer et Blowing par Buzzard et Pot 8o's mare.
f Governess 1855, par Chatam et Laurel mare is. de Flight. Vainqueur de
l'Oaks et de Two Thoushand Guineas Stakes.
Governor mare v. 1735, par Governor et Alcocks Arabian mare, Grasshopper, Sister to Gentleman's Dam.
Governor mare (Bay) v. 1816, par Governor 1801 et Anticipation par
Beningbrough.
Id. (Black) v. 1812, par id. et Sir Peter mare is. de Doubtfull.
Gower Stallion mare 1757, par Gower Stallion et Regulus mare, Hip,
Large Hartley mare.
Id. v. 1760 (Dam of Snap mare), par id. et Childers mare, inconnue.
c Grace 1769, par Snap et Pussey par Regulus.
c Grace 1783, par Turf et Coombe Arabian mare is. de Spectator mare.
c Grace Darling v. 1835, par Defence et Don Cossack mare is. de Mistake.
c Gramarie (Sir Peter mare) v. 1800, par Sir Peter et Deceit par Tandem.
c Gramarie v. 1812, par Sorcerer et Gramarie par Sorcerer.
c Granadilla 1794, par Fidget et Dryad par Dorimant.

c Granadilla 1776, par Herod et Mop Squeezer par Matchem.
c Granby mare (Lucia) v. 1830, par Granby et Juliana par Gohanna.
* c Grand Duchess 1849, par Emperor et Spangle 1824 par Crœsus.
c Grandiflora v. 1815, par Sir Harry Dimsdale et Pipator mare, Phœnomenon, Calliope.
   Lord Bristoll's Grasshopper mare v. 1725 (Dam of Hartley's Blind Horse
   mare), par Lord Bristoll's Grasshopper et inconnue.
c Id. 1725 (Dam of Gentleman), par id. et inconnue.
   Id. v. 1730 (Sister to Gentleman's Dam), par id. et inconnue.
   Mostyn's Grasshopper mare v. 1735, par Mostyn's Grasshopper et Godol-
   phin's Whitefoot mare is. de Darley Arabian mare.
   Id. v. 1725 (Sister to Golden Locks). Voyez Golden Locks.
   Grasshopper mare v. 1745, par Grasshopper (Crab) et Sir M. Newton's
   Arabian mare, Pert, Saint-Martin's.
   Id. v. 1745, par id. et Alcock's Arabian mare, The Duke's Creeper's Dam.
   Id. v. 1745, par id. et Sister to Gentleman's dam par Lord Bristoll's
   Grasshopper et inconnue.
r Gratitude 1801, par Shuttle et Walnut mare, Ruler, Piracantha.
c Grecian Queen v. 1826, par Catton et Queen Coil par Sweetwilliam.
r Grecian Princess v. 1770, par William's Forester et Coalition Colt mare,
   Bustard, Lord Leigh's Charmaing Molly.
c Green Gage 1786, par Magnum Bonum et Empress par Paymaster.
c Green Mantle 1826, par Sultan et Dulcinea par Cervantes. Vr de l'Oaks.
* c The Greek Slave 1841, par Ratan et Prairie Bird par Touchstone.
* c Grenada 1833, par Muley et Bequest par Election.
c Grenta Green v. 1825, par Whalebone et Y-Amazon par Gohanna.
r Grey Dorimant 1781, par Dorimant et Dizzy par Blank.
c Grey Duchess v. 1795, par Pot 80's et Duchess par Herod.
r Grey Bloody Buttocks 1733, par Bloody Buttocks et Grey Hound mare,
   Makeless, Brimmer.
c Grey Cade v. 1755, par Cade et Snip mare is. de Parker's Lady Thigh.
r Grey Grantham Filly v. 1720, par Grey Grantham et inconnue.
   Grey Grantham mare v. 1720, par id. et Burford Bull mare, Royal mare.
   Id. v. 1722, par id. et Rutland Grey Turk mare is. de Betty Deresfield.
   Id. 1725, par id. et Wilkinson's Barb mare, M. Milbank's Bald Peg.
   Brother to Grey Grantham mare v. 1730, par Brother to Grey Grantham
   et Pulleine's Chesnut Arabian mare is. de Spanker mare.
c Grey Helen 1821, par Teasdale et Election mare is. de Fair Helen.
c Grey Hautboy mare v. 1715, par Grey Hautboy et Makeless mare, Brim-
   mer, Diamond.
r Grey Hound mare 1727, par Grey Hound et Brown Farewell par Makeless.
   Id. 1722, par id. et Bay Farewell par Makeless.
   Id. v. 1720, par id. et Woodcock mare, Bay Barb, Makeless.
   Id. v. 1720, par id. et Chesnut Layton par Makeless.
   Id. v. 1725, par id. et Makeless mare, Brimmer, Diamond

Grey Hound mare 1716, par Grey Hound et Pet mare par Wastell's Turk.

Id. 1721, par id. et Brocklesby Betty par Curwen's Bay Barb.

Id. 1723, par id. et Curwen's Bay Barb mare, D'Arcy's Chesnut Arabian, White Shirt, Old Montagu.

Id. v. 1720, par id. et Makeless mare, Counsellor, Brimmer.

Id. v. 1720, par id. et Makeless mare, Brimmer, Place's White Turk, Dodsworth.

Id. v. 1738, par id. et Hartley's Blind Horse mare, Blossom, Bay Bolton

Y-Gred Hound mare v. 1734, par Y-Grey Hound et Chesnut Layton par Makeless.

Id. v. 1745, par id. et Curwen's Bay Barb mare, inconnue.

Id. v. 1736, par id. et Doll par Lord D'Arcy's Woodcock.

Id. v. 1738, par id. et Faustina par Hartley's Blind Horse.

Grey mare v. 1720 (Dam of Star) par Richard's Arabian at Hampton Court et inconnue.

Grey Ramsden mare v. 1720 (Dam of Almahide) par Grey Ramsden et inc.

r Grey Robinson v. 1732, par Bald Galloway et Snake mare, Old Wilkes.

r Grey Skim v. 1790, par Woodpecker et Herod mare is. de Y-Hag.

c Grey Snip 1752, par Snip et Parker's Lady Thigh par Partner.

c Grey Slouch 1755, par Slouch et Parker's Lady Thigh par Partner.

r Grey Starling 1745. par Starling et Coughing Polly par Bartlet's Childers.

r Grey Wilkes v. 1706, par Hautboy et Miss D'Arcys Pet mare is. de Sedbury Royal mare.

c Grey Woodcock 1720. par Woodcock et Pet mare par Wastell's Turk.

c Grisette v. 1820, par Merlin (Y-Bab) et Coquette par Dick Andrews.

c Griselda v. 1732, par Oxford Arabian et Careless mare, Leedes Arabian, Spanker, Morocco Barb.

c Grizzle 1762, par Blank et Blossom par Crab.

*c Grist 1845, par Don John et Meal par Bran.

Grouse mare 1801, par Grouse et Vixen par Pot 8o's.

c Guadiana 1809, par Quiz et Persepolis par Alexander.

*c Guava 1850, par Sweetmeat et Gadfly par Mayfly.

c The Gude Wife O'Tulloshill 1828, par Cleveland et Prodigious par Caleb Quotem.

r Guiccioli v. 1825, par Bob Booty et Flight par Irish Escape.

r Guildford's Nan v. 1800, par Guildford 1792 et Justice mare, Parsley.

*c Guile v. 1840, par Deception et Lady Stumps par Tramp.

c Gulnare 1824, par Smolensko 1810 et Medora par Selim. Vr de l'Oaks.

c Guinea Pig 1780, par Chrysolite et Lily par Blank.

c Gutty 1824, par Whalebone et Whasp par Gohanna.

H.

c Hackney v. 1808, par Precipitate et Cerès par Woodpecker.

Hackwood mare v. 1716, par Hackwood et Son of Rockwood mare, inc.

c Hackbout 1794, par Escape 1785 et Syphon mare, Regulus, Snip.

f Hag 1754, par Crab et Ebony par Childers.

f Y-Hag 1761, par Skim et Hag par Crab.

c The Hambleton mare v. 1720 (Dam of Dairy Maid), par Syphon et inc.

c Hambletonia 1791, par King Fergus et Highflyer mare is. de Moninia.

c Hambletonia v. 1815, par Stamford et Harmonica par Hambletonian.

c Hambletonian mare v. 1805, par Hambletonian et Vesta par Delpini.

   Id. 1804 et 1805, par id. et Sir Peter mare, Le Sang, Rib.

   Id v. 1805, par id. et Lady Sarah par Fidget.

   Id. v. 1804, par id. et Constantia par Sir Peter.

   Id. 1804, par id. et Y-Marske mare, Matchem, Tarquin.

   Id. v. 1810, par id. et Shuffle mare, Overton, Herod.

c Id. v. 1805, par id. et Marcia par Coriander.

   Id. 1804, par id. et Goldenlocks par Delpini.

   Id. v. 1810, par id. et Lady Caroline par Buzzard.

c Id. 1813, par id. et Shuffle mare, Drone, Catherine.

   Id. v. 1805, par id. et Coriander mare, Sir Peter, Le Sang.

   Id. (Thwat) v. 1805, par id. et Violet par Shark.

   Id. 1802, par id. et Y-Marske mare, Silvio, Daphné.

   Id. v. 1800, par id. et Highflyer mare, Marske, A-la-Grecque.

c Id. 1804, par id. et Y-Marske mare, Matchem, Tarquin, Y-Belgrade.

   Hampton mare v. 1838, par Hampton et Comus, Cervantes, Emma.

c Hamptonia, ou Hampton mare, v. 1839, par id. et Darling par Actæon.

c Hamptonia 1834, par The Colonel (Whisker) et Belvoirina par Stamford.

   Hampton Court Arabian mare v. 1716, par Hampton Court Arabian et
      Brown Farewell par Makeless.

   Id. v. 1730, par id. et The Leedes mare par Leedes Arabian.

   Id. v. 1718, par id. et Makeless mare, Brimmer, Place's White Turk,
      Dodsworth.

   Hampton Court Childers mare v. 1735, par Hampton Court Childers et
      Leedes mare is. de Moonah Barb mare.

   Id. v. 1745, par id. et Bushy Molly par Hampton Court Childers.

   Id. v. 1735, par id. et Conyer's Arabian mare, Vernon Barb mare.

   Id. 1740, par id. et Whitefoot mare, Stanyan's Arabian, Moonah Barb.

   Hampton Court Chesnut Arabian mare v. 1712, par Hampton Court
      Chesnut Arabian et Pet mare par Wastell's Turk.

   Id. v. 1729, par id. et Makeless mare, Brimmer, Place's White Turk.

c Hannah v. 1805, par Gohanna et Hannah par Sorcerer.

c Hanna v. 1805. par Gohanna et Humming Bird par Woodpecker.

c Hannah v. 1800, par Sorcerer et Amelie par Highflyer.

f M. Hanger's Brown mare v. 1730, par Stanyan's Arabian et Gipsy par King
      William's no tongued Barb

f Hand Maiden v. 1825, par Walton et Anticipation par Beningbrough.

*c Haphazard Filly 1818, par Haphazard (Sir Peter) et Waxy mare, High-
      flyer, Squirrel.

c Hand Maid 1800, par John Bull et Sir Peter mare is. de Barb.

Haphazard mare v. 1820 (Dam of Lady Jersey), par id. et j^t non inscrite.

Id. 1819, par id. et Miss Fury par Trumpator.

Id. v. 1818, par id. et Precipitate mare is. de Colibry.

Id. v. 1820, par id. et Precipitate mare, Magnolia the Younger.

Id. v. 1820, par id. et Webb Sister to Wire par Waxy.

Id. v. 1820, par id. et Promise par Walton.

c Id. (Little Queen) 1815, par id. et Precipitate mare (Grey) 1797.

Id. v. 1814, par id. et Pot 8o's mare, Pegasus, Highflyer.

c Happy to Lucky v. 1830, par Belzoni et Hit or Miss mare, Selim, Oscar.

c Haras v. 1761, par Captain et Cade mare 1754, Bartlet's Childers mare.

r Harmonia, ou Harmony, 1776, par Eclipse et Miss Spindleshanks par Omar.

c Harmony 1775, par Herod et Rutilia par Blank.

c Harmony 1826, par Reveller et Selim mare is. de Pipylina.

c Harmony v. 1825, par id. et Orville mare is. de Mirth par Trumpator.

c Harmony 1827, par id. et Seymour mare is. de Gramarie par Sir Peter.

c Harmonica v. 1804, par Hambletonian et Monica par Sir Peter.

c Harmonia 1831, par Lottery et Ridotto par Reveller.

r Hare 1794, par Sweetbriar et Justice mare, Chymist, South.

c Harpalice v. 1805, par Gohanna et Amazon par Driver.

c Harpoon 1842, par Glaucus et Balcine par Whalebone 1830.

r Harpham Lass v. 1810, par Camillus et Statyra par Beningbrough.

c Harpy 1798, par Phœnomenon et Hornet par Drone.

c Harriet 1764, par Blank et Crab mare, Hobgoblin, Godolphin Arabian.

c Harriet 1769, par Matchem et Flora par Regulus.

c Harriet 1760, par Trifle 1753 et Bajazet mare, Blacklegs.

c Harriet v. 1805, par Sir Harry et Dorimant mare is. de Muse.

c Harriet 1810, par Selim et Slipper par Precipitate.

r Harriet 1819, par Periclès et Selim mare is. de Pipylina.

c Harriet 1804, par Precipitate et Y-Rachel par Volunteer.

c Harriet 1799, par Volunteer et Alfred mare is. de Magnolia.

c Harriet 1794, par id. et Highflyer mare 1784, Herod, Miss Middleton.

c Harriet 1783, par Highflyer et Y-Cade mare is. de Childerkin.

c Harriet v. 1815, par Stripling 1795 et Maniac par Shuttle.

c Harriet 1808, par Delpini et Saltram mare, Matchem, Regulus.

c Y-Harriet 1812, par Camillus et Harriet par Precipitate.

Harry mare 1829, par Harry et Bustard mare is. d'Harpalice.

Hartley's Blind Horse mare v. 1735, par Hartley's Blind Horse et Bay Bolton mare is. Pulleine's Chesnut Arabian mare.

Id. v. 1735 (Dam of Traveller mare), par id. et inconnue.

Id. v. 1723 (Dam of Brisk mare), par id. et inconnue.

Id. v. 1735, par id. et Grasshopper mare, inconnue.

Id. v. 1724, par id. et Highland Laddie mare, Byerly Turk mare.

Id. v. 1725 et 1726, par id. et Flying Whig par W. Woodstock Arabian.

c Harvest Home 1811, par Eagle 1796 et Volumnia par Mr Teazle.

c Hasty 1801, par Walnut et Brown Javelin par Javelin.

Hautboy mare v. 1710, par Old Hautboy et Bustler mare, inconnue.

r Id. v. 1700 (Dam of Almanzor, Terror and Champion), par id. et incon.

r Id. v. 1705 (Dam of Snake and Aleppo), sœur de la précédente.

Id. v. 1705 (Dam of Sir J. Pearson's Cream Checks), par id. et inconnue.

Id. v. 1705 (Dam of Coneyskings mare), par id. et inconnue.

Id. v. 1710, par id. et Diamond mare is. de Brimmer mare.

Id. v. 1705, par id. et Kitt D'Arcy's mare, inconnue.

Id. v. 1700, par id. et Pl. White Turk mare, Dodsworth, Layton Barb.

Id. v. 1700, par id. et Sir J. Jenning's mare, inconnue.

Id v. 1715 (Dam of Hutton's Bay Turk mare), par id. et inconnue.

Id. (Wilke's) v. 1710 (Dam of Spark), par id. et inconnue.

r Id. v. 1706, par id. et Brimmer mare, inconnue.

c Id. v. 1700, par id. et Lord D'Arcy's Royal mare.

Son of Hautboy mare v. 1715, par Son of Hautboy et Brimmer mare, Dodsworth, inconnue.

c Hawise 1841, par Jered et Velocipède mare, Cerberus, Miss Cranfield.

Chartres's Hawker mare v. 1705 (Dam of Earl of Bristoll's mare), par
Chartres's Hawker et inconnue.

c Hazardess 1818, par Haphazard 1797 et Orville mare is. de Spinetta.

c Hebe 1774, par Chrysolite et Proserpine par Marske.

*c Hebe 1819, par Rubens et Virtuosa par Precipitate.

c Hebe 1801, par Overton et Sir Peter mare is. de Maid of Ely.

c Hebe 1765, par Snap et Cade mare, Red Rose par Partner.

c Hebe 1827, par Rubens et Haphazard mare is. de Promise.

c Hecate 1765, par Snap et Miss Cleveland par Regulus.

c Hecate v. 1815, par Sorcerer et Little Peggy par Buzzard.

Hedley mare 1817, par Hedley 1802 et Gramarie par Sorcerer.

Hedley mare (Sister to Luss) 1822, par Hedley 1803 et Jessy par Totteridge.

c Heiress v. 1835, par The Colonel (Whisker) et Codicil par Smolensko.

c Heiress 1789, par Highflyer et Metaphysician mare, Y-Cade, Sampson.

*c Heiress 1833, par Pericles et Selim mare is. de Pipylina.

*c The Heiress 1842, par Westment et Honey Moon par Filho da Puta.

r Heinel 1771, par Squirrel et Principessa par Blank.

c Helen 1758, par Blank et Crab mare is. de Miss Jigg par Jigg.

c Helen 1801, par Delpini et Rosalind par Phœnomenon.

c Helen v. 1804, par Hambletonian et Susan par Overton.

*c Helen 1809, par Whisker et Brown Justice par Justice.

*c Helen v. 1775, par Conductor et Shakespeare mare, Cade, Partner.

c Helen 1777, par id. et id.

c Helen 1763, par South et Whitenose mare, Brot. to Mixbury, Bald Gal.

c Helen 1828, par Blacklock et Helena par Rubens.

c Helen 1761, par Spectator et Daphne par Godolphin Arabian.

c Helena 1797, par Coriander et Coheiress par Pot 8o's.

c Helena v. 1815, par Rubens et Sprightly par Whiskey.

c Helen Mar 1810, par Remembrancer et Miss Aide par Sir Peter.

c Helga 1833, par Château-Margaux et Elfrid par Wanderer.

c Helianta 1808, par L'Orient et Delpini mare is. de Flycap.

*c Heloïse 1835, par Theodore (Wofull) et Penance par Emilius.

c Henriade v. 1835, par Voltaire et Mathilda par Comus.

c Henricus mare 1768, par Henricus et Cullen Arabian mare, Hobgoblin, Godolphin Arabian.

c Henrietta v. 1808, par Sir Solomon et Woodpecker mare, Trentham, December par Shakespear.

*c Henrica 1823, par Wofull et Miss Sophia par Stamford.

c Henriette Wilson 1824, par Manfred et Sybil par Sorcerer.

c Henrietta 1792, par Saltram et Highflyer mare 1784, Herod, Miss Middl.

c Hepatica (Milk Maid) 1770, par Syphon et Milksop par Cade.

c Herculea 1828, par Whalebone et Ogress par Octavius.

*c Heritage 1850, par Inheritor et Margareth par Edmund.

c Herminta v. 1770, par Panton's Hermit et Alicracker par Regulus.

*c Hermine 1843, par Emilius et Chincilla par Camel.

f Hermione 1791, par Sir Peter et Paulina par Florizel. Vr de l'Oaks.

c Her Highness 1828, par Mosès et Princess Royal par Castrel.

c Her Majesty 1832, par Velocipède et Miss Garforth par Walton.

c Her Majesty 1839, par Touchstone et Mrs Clarke par Comus.

Hermit (Hutchinson's) mare v. 1798 (Dam of Delpini mare), par Hutchinson's Hermit et inconnue.

c Herodia 1763, par Regulus et Cypron par Blaze.

c Herodia 1767, par Herod et Bay Susan par Mosès.

f Herod mare 1775, par Herod et Maiden par Matchem.

Id. v 1780, par id. et Proserpine par Marske.

c Id. v. 1770, par id. et Thereza par Matchem.

f Id. 1780, par id. et Pyrrha par Matchem.

Id. 1772 et 1774, par id. et Snap mare, Shepherd's Crab, Miss Meredith.

Id. v. 1780, par id. et Thisbe par Latham's Snap.

Id. 1774, par id. et Snip mare, Godolphin Arabian, Grey Robinson.

Id. 1774, par id. et Y-Cade mare, Regulus, Snake.

Id. 1774, par id. et Snap mare, Gower Stallion, Childers.

Id. 1780, par id. et Desdemona par Marske.

Id. 1774, par id. et Miss Middleton par Regulus.

Id. v. 1775, par id. et Harriet par Blank.

Id. v. 1775, par id. et Goldfinder mare, Compton Barb, Vanessa.

Id. v. 1770, par id. et Carina par Marske.

f Id. v. 1770, par id. et Y-Hag par Skim.

c Id. 1779, par id. et Regulus mare, Rib, Snake.

Id. 1780, par id. et Goldfinder mare, Sedley Arabian, Vanessa.

c Id. v. 1770, par id. et Bajazet mare, Regulus, Lonsdale's Arabian.

Id. v. 1770, par id. et Northumberland Arabian mare, Starling mare.

Herod mare 1779, par Herod et Rutilia par Blank.
Id. v. 1777, par id. et Blank mare is. de Grey Snip.
Id. v. 1776, par id. et Matchem mare, Blank, Babraham.
Id. v. 1774, par id. et Engineer mare, Cade, Lass of the Mill.
Id. v. 1770, par id. et Monimia par Matchem.
Id. 1778, par id. et Trincket par Matchem.
* Id. v. 1774, par id. et inconnue.
Id. v. 1775, par id. et Folly par Marske.
Id. 1774, par id. et Flora par Squirrel.
Id. v. 1775, par id. et Blank mare, Crab, Miss Slamerkin.
Id. 1769, par id. et Regulus mare, Starling, Snap's Dam.
F Id. (Sister to Sting) 1780, par id. et Cygnet mare, Cartouch, Ebony.
Id. 1771, par id. et Feather mare, Blank, Partner.
Id. v. 1780, par id. et Oroonoko mare, Sir J. Sebright's Arabian.
Id. v. 1770, par id. et Godolphin Arabian mare, Childers, Basto.
Id. v. 1775, par id. et Blank mare is. de Wright.
Id. 1779, par id. et Golden Grove par Blank.
Id. v. 1780, par id. et M. King's Folly par Y-Marske.
Id. 1774, par id. et Ginger par Blank.
c Heroïne 1789, par Phœnomenon et Princess par Eclipse.
c Heroïne 1757, par Blank et Rib mare, Wynn Arabian, Governor.
c Heroïne 1828, par Bustard (Castrel) et Maid of Orleans par Sorcerer.
c Heroïne v. 1775, par Hero (Cade) et Snap mare, Godolphin Arabian,
   Grey Robinson par Bald Galloway.
c Y-Heroïne v. 1795, par Master Bagot et Heroïne par Hero.
c Hersey 1842, par Glaucus et Hester par Camel.
c Her Royal Highness 1838, par Velocipède et Miss Garforth par Walton
c Hesperia v. 1810, par Cesario et Hind par Sir Peter.
c Hesse Hombourg 1848, par Robert de Goran et Landgravine par Elis.
F Hester 1832, par Camel et Monimia par Muley.
c Hetman Platoff mare v. 1841, par Hetman Platoff et Water Witch par
   Sir Hercules.
c Highflyer mare 1785, par Highflyer et Tiffany par Eclipse.
Id. 1790 (Sister to Escape), par id. et Squirrel mare, Babr., Golden Ball.
c Id. v. 1790, par id. et Cardinal Puff mare, Tatler, Snip.
Id. v. 1780, par id. et Snap mare, Riddle par Matchem.
Id. 1792, par id. et Dido Sister to Javelin par Eclipse.
c Id. v. 1788, par id. et Goldfinder mare is. de Lady Bolingbroke.
Id. v. 1775, par id. et Juno par Spectator.
Id. (Sister to Bangtail) v. 1792, par id. et Catherine par Y-Marske.
Id. v. 1775, par id. et Maiden par Matchem.
Id. v. 1775, par id. et Modish par Matchem.
Id. 1782, par id. et Monimia par Matchem.
Id. 1791, par id. et Shift par Sweetbriar.
c Id. 1788, par id. et Fanny par Eclipse.

c Highflyer mare v. 1780, par Highflyer et Plotina par Snap.

Id. v. 1785, par id. et Matchem mare, Old England, Traveller.

Id. v. 1782, par id. et Matchem mare, Snap, Oroonoko.

f Id. v. 1775, par id. et Alfred mare, Swift, Dairy Maid.

Id. 1785, par id. et Snap mare, Shepherd's Crab, Miss Meredith.

Id. 1790, par id. et Squirrel mare, Sophia par Blank.

Id. 1791, par id. et The Yellow mare par Tandem.

Id. 1788, par id. et Nutcracker par Matchem.

Id. 1792, par id. et Otheothea par Otho.

Id. v. 1780, par id. et Trincket par Matchem.

Id. 1788 (vendue à l'encan sans certificat d'origine), par id. et Y-Marske mare, inconnue.

c Id. 1781, par id. et Playling par Matchem.

Id. 1792, par id. et Squirrel mare, Babraham, Golden Ball.

Id. 1785 (Sister to Toby), par id. et Matchem mare, Dainty Davy mare.

f Id. 1785, par id. et Alfred mare, Engineer, Cade, Lass of the Mill.

Id. 1784, par id. et Giantess par Matchem.

Id. 1791, par id. et Eclipse mare, Rosebud par Snap.

c Id. 1789, par id. et Marske mare is. de A-la-Grecque.

Id. 1786, par id. et Eclipse mare 1775, Y-Cade mare 1760.

Id. v. 1788, par id. et Termagant par Tantrum.

c Id. (Sisters to Maid of all Work) 1783-1787-1789, par id. et Syphon mare, Regulus, Snip.

c Id. 1781, par id. et Miranda par Snap.

Id. v. 1780, par id. et Snap mare is. de Miss Timms.

Id. (Sister to Noble) v. 1782, par id. et Brim par Squirrel.

Id. v. 1780, par id. et Purity par Matchem.

f Id. v. 1780, par id. et Engineer mare, Cade, Lass of The Mill.

Id. 1784, par id. et Herod mare is. de Miss Middleton.

Id. 1791, par id. et Lily of The Valley par Eclipse.

Id. 1782, par id. et Silvertail par Careless.

Id. 1790, par id. et Smallbones par Justice.

Id. 1782, par id. et Merliton par Snap.

Id 1788, par id. et Everlasting par Eclipse.

Id. 1785, par id. et Snap mare, Lord Orford's Barb, Bartlet's Childers.

c Id. 1787, par id. et Tatler mare, Snip, Godolphin.

Id. v. 1788 (Dam of Pegasus mare Bay), on la croit fille de la Goldfinder mare is. de Lady Bolingbroke.

Id. 1784, par id. et Snap mare, Marlborough, Royal mare.

Id. 1794, par id. et Chymist mare, Snap, Cade.

Id. v. 1789, par id. et Engineer mare, inconnue.

Id. v. 1782, par id. et Flora par Squirrel.

Id. v. 1785 (Dam of Brown Fanny). On la croit issue de Trincket.

Id. v. 1788, par id. et Snip mare, Bolton's Goliah, Partner.

Id. v. 1785, par id. et Matchem mare is. de Miss Elliot.

c Highflyœna v. 1785, par id. et Eclipse mare, Dormouse, Whitefoot.

c Highland Laddie mare v. 1718, par Highland Laddie et Byerly Turk mare, inconnue.

Highlander mare (Lord Portmore's) v. 1765, par Lord Portmore's Highlander et Babraham mare is. de Puss.

c Hind 1797, par Sir Peter et Paulina par Florizel.

Hindoo mare v. 1835, par Hindoo et Marmion mare is. d'Harpalice.

c The Hind 1834, par Actœon et Sir David mare, Hambletonian, Highflyer.

c Hinda 1838, par Sultan et Katherine par Wofull.

Hip mare v. 1730 (Dam of Bashfull), par Pelham's Hip et inconnue.

c Id. v. 1735, par id. et Spark mare, Snake, Lord D'Arcy's Queen.

Id. v. 1735, par id. et Lord Carlisle's Angerton Horse mare is. de Sir William's Blacket's Surly.

Id. 1727, par id. et Lister Turk mare Sister to Pepping Peg.

Id. v. 1732, par id. et Large Hartley mare par Hartley's Blind Horse.

Id. v. 1730, par id et Snake mare, Rutland's Black Barb, Blunderbuss.

Id. v. 1730, par id. et Tifter mare, Snake, Diamond.

c Hip 1775, par Herod et Godolphin Arabian mare 1752, Hobgoblin 1737, Whitefoot.

*cHippia 1847, par Gladiator et Diversion par Defence

c Hippolyta 1787, par Mercury et Hip par Herod. Vr de l'Oaks.

c Hippolyta 1781, par Amaranthus et Gentle Kitty par Silvio.

c Hippomenes mare 1810, par Hippomenes et Quick Silver mare, Doge 1775, Engineer.

c Hirondelle 1788, par Woodpecker et Grace par Snap.

*cHirondelle 1809, par Gohanna et Grey Skim par Woodpecker.

c L'Hirondelle v. 1835, par Velocipède et Dick Andrews mare, Rosette.

c His Grace's Sloven mare, ou Coquette, v. 1730, par His Grace's Sloven, aussi appelé Bolton Sloven, et Coquette par Basto.

F His Majesty 1837, par Velocipède et Miss Garforth par Walton.

Hit or Miss mare v. 1820, par Hit or Miss (Haphazard) et Selim mare, Oscar, Dairy Maid.

c Hobby mare (M. Leedes) v. 1705 (Dam of Brocklesby Betty), par Lister Turk et inconnue.

c Hobgoblin mare (Mab) 1742, par Hobgoblin et Little Bowes par Brother to Mixbury.

Id. v. 1740, par id. et Bald Galloway mare, Snail, Darley Arabian.

Id. 1737 et 1739, par id. et Whitefoot mare, Leedes, Moonah Barb mare.

Id. 1748, par id. et Godolphin Arabian mare is. de Grey Robinson.

Id. v. 1750, par id. et Brother to Mixbury mare, Bald Galloway mare.

c Hoity Toity v. 1788, par Highflyer et Goldfinder mare, Lady Bolingbroke.

c Hoity Toity v. 1830, par Bedlamite et Dick Andrews mare, Desdemona.

c Hollandaise 1775, par Matchem et Virago par Panton's Arabian. Vainqueur du Saint-Léger.

c Hollandaise 1840, par Gladiator et Roterdam par Juniper.

c Holme 1808, par Paynator et Delpini mare, Engineer, Sybil.

c Homeward Bound v. 1846, par Sheet Anchor et Lilla par Blacklock.

c Honey Comb 1760, par The Dun Barb et Babraham mare is. de Chiddy.

f Honey Moon 1830, par Filho da Puta et Hybla par Rubens.

c Honey Suckle 1797, par Meteor et Peggy Bull par Fortitude.

c Honoria v. 1835, par Camel et Maid of Honor par Champion.

f Hony Wood's Arabian mare v. 1715, par Hony Wood's Arabian et Byerly Turk mare (True Blue's Dam).

*cHood (Nightcap) 1847, par Cotherstone et Cloak par Rockingham.

c Hope 1788, par Tandem et Cora par Matchem.

c Hope 1826, par Rubens et Haphazard mare is. de Promise.

c Hope v. 1840, par Sheet Anchor et Cerberus mare is. de Diana.

c Hopefull 1800, par Sir Peter et Herod mare, Regulus, Rib.

c Hopeless v. 1840, par Beagle et Georgian par Buzzard.

*cHopeless 1851, par Melbourne et Hope par Sheet Anchor.

f Horatia 1758, par Blank et Childers mare 1733 is. de Miss Belvoir.

c Hornby Lass 1796, par Buzzard et Puzzle par Matchem.

c Horatia 1778, par Eclipse et Countess par Blank.

c Hornet 1790, par Drone et Manilla par Goldfinder.

c Horatia 1834, par Y-Emilius Sowerby's et Lady Henry par Orville.

*cHornet 1829, par Partisan et Emma par Orville.

c Hornpipe v. 1790, par Trumpator et Luna par Herod.

* Hortence 1833, par Gaberlunzie et Shrimp par Grey Leg.

f Hospitality v. 1815, par Election et Alexander mare (Dam of Rubens).

f Houghton Lass 1801, par Sir Peter et Alexina par King Fergus.

c The Howdy 1834, par Actœon et Italienne par Blacklock.

c Hoyden v. 1835, par Tomboy et Rochana par Velocipède.

*cHumbug 1821, par Hedley (Gohanna), ou Seymour, et Gramaric par Sorcerer.

c L'Huile de Venus v. 1809, par Whiskey et Pot 80's mare, Maid of all Work par Highflyer.

c Humming Bird 1797, par Woodpecker et Camilla par Trentham.

c Humming Bird v. 1798, par Pot 80's et Mambrino mare is. de Lavender.

Humphrey Clinker mare v. 1830 (Dam of Ferneley), par Humphrey Clinker et inconnue.

Id. v. 1831, par id. et Langar mare is. de Mother Bunch.

c The Huntsman's mare v. 1818, par Waxy Pope. Voyez Pope mare.

f Huncamunca v. 1780, par Highflyer et Cypher par Squirrel.

Hutton's Arabian mare v. 1710 (Dam of Coneyskins mare), par Hutton's Arabian et inconnue.

Hutton's Bay Barb mare v. 1710, par Hutton's Bay Barb et Marshall's Turk mare is. de Place's White Turk mare.

Id. v. 1720, par id. et Hutton's Grey B. mare, Whynot, Wilkilson's Turk.

Id. v. 1720, par id. et Byerly Turk mare, Selaby Turk, M. Place's mare.

Id. v. 1712, par id. et Byerly Turk mare, Bustler mare, inconnue.

Hutton's Bay Turk mare v. 1731, par Hutton's Bay Turk et Hautboy mare, inconnue.

Hutton's Grey Barb mare v. 1710, par Hutton's Grey Barb et Byerly Turk mare, Bustler mare, inconnue.

Id. v. 1712, par id. et Hutton's Royal Colt mare, Byerly Turk, Bustler.

Id. v. 1710 (Dam of Leedes Arabian mare), par id. et inconnue.

c Id. v. 1716, par id. et Whynot mare, Wilkinson's Turk, Woodcock.

Son of Hutton's Grey Barb mare v. 1725, par Son of Hutton's Grey Barb et Coneyskins mare is. de The Fen mare.

Id. v. 1720, par id. Coneyskins mare, Hautboy, inconnue.

Hutton's Royal Colt mare v. 1705, par Hutton's Royal Colt et Byerly Turk mare, Bustler mare.

Hutton's White Turk mare v. 1717, par Hutton's White Turk et Highland Laddie mare, Byerly Turk mare.

c Hyacinthus mare 1806, par Hyacinthus et Zara par Delpini.

c Id. v. 1810, par id. et Flora par King Fergus.

Id. v. 1810, par id. et Overton mare is de Katherine.

c Hyale 1797, par Phœnomenon et Rally par Trumpator.

c Hyale 1792, par Highflyer et Miss Pratt par Syphon.

*c Hybernia 1848, par Oakley et Britannia par Sheet Anchor.

c Hybla (ex Clio) 1771, par Matchem et Cypron par Blaze.

r Hybla v. 1820, par Rubens et Larissa par Trafalgar.

c Hybla v. 1845, par The Provost et Otisina par Liverpool.

c Hydrogen v. 1815, par Comus et Nitre par Precipitate.

c Hydrangea 1840, par Beiram et Datura par Reveller.

c Hyena 1762, par Snap et Miss Belsea par Regulus.

c Hygeia v. 1840, par Physician et Orville mare is. d'Helianta.

c Hydrophobia (ex Miss Totteridge) 1797, par Dungannon et Marcella par Mambrino.

I.

*c Ianthe 1847, par Ithuriel et Belshazzard mare is. de Comus mare.

c Iberia v. 1800, par Delpini et Drone mare, Y-Marske, Bosphorus.

c Ibis v. 1795, par Woodpecker et Isabella par Eclipse.

c Ibla 1818-1822, par Truffle et Emily par Stamford.

*c Icaria 1824, par The Flyer et Parma par Dick Andrews.

*c Ida 1828, par Whalebone et Thalestris par Alexander.

r Idalia v. 1815, par Peruvian et Musidora par Meteor.

c Ierne 1785, par Bagot et Gamahoë mare is. de Patty.

c Ignorance v. 1816, par Little Known et La Bohemienne par Confederate.

c Ildegarda 1825, par Bob Booty et Pope mare par Waxy Pope.

*c Illusion 1850, par Bay Middleton et Exotic par Emilius.

c Iiona 1837, par Priam et Eaton mare, Sorcerer, Whiskey.

*c Image 1838, par Langar et Tuft par Whisker.

c Imogene 1839, par Langar et Tuft par Whisker.

c Imogene 1852, par Y-Tearaway et Simoon mare is. de Cassandra.

c Impeachement 1806, par Gohanna et Skyscraper mare is. d'Isabel.

c Imp 1833, par Waverley (Whalebone) et Isabella par Smolensko.
   Imperator mare v. 1780, par Imperator et Otheothea par Otho.

F Imperatrix 1779, par Alfred et Old England mare, Cullen Arabian mare.

c Imperieuse 1854, par Orlando et Eulogy par Euclid. Vr du Saint-Léger.

c Impudence 1772, par Eclipse et Modesty par Cade.

c Ina 1816, par Bettison's Sir Peter et Two Shoës par Aspargus.

c Ina v. 1816, par Smolensko 1810 et Morgiana par Coriander.

c Incognita v. 1830, par Whalebone et Frolic mare, Selim mare.

c Indiana 1775, par Snap et Bajazet mare, Regulus, Lonsdale's Arabian.

c Industry 1835, par Priam et Arachne par Filho da Puta. Vr de l'Oaks.
   Infant mare 1760, par Infant et Willington mare, Crab, Miss Slamerkin.
   Mortimer's Infant mare v. 1722, par Mortimer's Infant et The Sir Edward
      Longville's mare, inconnue.

* c Ingratitude 1848, par Jerry et Arethusa par Elis.

c Inheritress 1840, par The Saddler et Executrix par Liverpool.

c Interlude v. 1840, par Physician et Comedy par Comus.

c Integrity v. 1800, par Totteridge et Pharamond mare, Mark Anthony
      mare, Signora.

F Io 1767, par Spectator et Blank mare is. de Lord Leigh's Diana.

c Y-Io 1778, par Pyrrhus et Io par Spectator.

* c Io 1836, par Taurus et Problem par Merlin.

* c Iodine 1845, par Ion et Sir Hercules mare is. d'Electress.

c Iole 1839, par Sir Hercules et Miss Letty par Priam.

c Irène 1788, par Woodpecker et Squirrel mare, Ancaster Nancy.

c Irène 1820, par Soothsayer et Omphale par Waxy.

c Iris v. 1795, par Brush et Herod mare is. de Goldfinder mare.

c Iris 1848, par Ithuriel et Miss Bowe par Catton.

c Iris v. 1795, par Sir Peter et Isabella par Eclipse.

c Isabel 1787, par Woodpecker et Squirrel mare, Ancaster Nancy.

c Isabel v. 1830, par Pantaloon et Larissa par Trafalgar.

c Isabella 1783, par Eclipse et Squirrel mare, Ancaster Nancy.

c Isabella 1785, par Shark et Sultana par Y-Cade.

c Isabella 1819, par Comus et Shepherdess par Shuttle.

c Isabella 1819, par Comus et Shuttle mare, Oberon, Phœnomenon.

c Isabella 1822, par Smolensko 1810 et Anna Bella par Shuttle.

c Isabel (Wanderer mare) v. 1830, par Wanderer et Caroline par Whalebone.

* c Isabella v. 1840, par Canteen et Keapsake par Memorandum.

c Isis 1805, par Sir Peter et Ibis par Woodpecker.

c Isora 1827, par Tramp et Euphrosyne par Comus.

c Italienne v. 1830, par Blacklock et Marchesa par Comus.

c Ivory 1832, par Humphrey Clinker et Ildegarda par Bob Booty.

c Ivy 1792, par Woodpecker et Trentham mare is. de Cunegonde.

c I-Wigh You May Get it v. 1835, par Defence et Euryone par Reveller.

J.

ʀ Jacinth 1771, par Chrysolite et Lily par Blank.

c Jacintha 1773, par Conforth's Forester et Bay Babraham par Babraham.

c Jamaïca 1841, par Liverpool et Preserve par Emilius.

c Jamaïca 1835, par Medora et Quadron par Catton.

Jamaïca v. 1825 (Dam of oh Dont), par Fitz Orville 1814 et irland. inc.

c Jamella 1806, par Sir Peter et Miss Eliza Bull par John Bull.

ʀ Jane 1825, par Mosès et Harriet par Selim.

c Jane 1822, par Ardrossan et Sheba's Queen par Sir Solomon.

* Jane 1824, par Little John et Reading Lass par Orville.

c Jane Shore 1806, par John Bull et Tickle Toby mare is. de Poor Rachel.

c Jane Shore v. 1820, par Wofull et Bella Donna par Seymour.

c Jannetta v. 1808, par Beningbrough et Drone mare is. de Contessina.

c Jannette (Lady Easby) v. 1825, par Whisker et Y-Woodpecker mare, Beningbrough, Miss Tomboy.

c Jannette 1806, par King Bladud et Drug par Precipitate.

Janus mare 1751, par Janus et Spinster par Crab.

* c Japan 1843, par Amato et Miss Wilfred par Lottery.

Javelin mare v. 1795, par Javelin et Y-Flora par Highflyer.

ʀ Id. (Bay Javelin) 1793, par id. et id.

Id. 1790, par id. et Sweet Heart par Herod.

c Id. 1792 et 1797, par id. et Highflyer mare, Matchem, Dainty Davy.

Id. v. 1795, par id. et Flavia par Plunder.

ʀ Brown Javelin 1773, par Javelin et Y-Maiden par Highflyer.

c Jeanne d'Arc 1818, par Walton et Pipator mare, Delpini, Tuberose.

c Jeannette 1809, par Camillus et Helen par Delpini.

* c Jeannette 1825, par Rainbow et Brown Susan par Cleveland.

c Jeanneton 1823, par Rainbow et Jeannette par Camillus.

* c Jelly Fish 1846, par Venison et Baleine par Whalebone 1830.

c Jemima 1786, par Satellite et Maria par Herod.

c Jemima 1769, par Snap et Matchem Middleton par Matchem.

c Jemima 1798, par Phœnomenon et Eyebright par Matchem.

c Jennale 1844, par Touchstone et Emma par Whisker.

c Jennet v. 1828, par Shakespeare et Janneton par Rainbow.

* c Jenny 1829, par Whalebone et Cobanna mare is. d'Allegretta.

c Jenny Bull 1791, par Fortitude 1777 et Xantippe par Eclipse.

c Jenny Jones v. 1840, par Sir Hercules et Minstrel par Little John.

c Jenny Mole v. 1778, par Curbuncle et Prince T. Quassaw mare, Regulus, Partner, Grey Brocklesby.

c Jenny Jumps v. 1833, par Rococo et Jennet par Shakespeare.

c Jenny Nettles (ex Freedom) 1791, par Volunteer. Voyez Freedom.

c Jenny O!... 1759, par Regulus et Lass of The Mill par Traveller.

c Jenny Spinner 1797, par Dragon et Eclipse mare 1775, Miss Spindleshanks.

c Jenny Wren 1812, par Dick Andrews et Worthy mare, Y-Camilla.

c Jenny Wren 1815, par Y-Woodpecker et Lady Cow par John Bull.

c Jenny Spinner 1740, par Partner et Grey Hound mare, Curwen's Bay
    Barb, D'Arcy's Chesnut Arabian.

c Jenny Mills v. 1825, par Whisker et Cerberus mare, Miss Cranfield.

c Jenny Wren v. 1825, par Comus et Cerberus mare is. d'Alfana.

c Jenny Trumps v. 1834, par Roccoco et Jennet par Shakespeare.

c Jenny Come Tye me 1729, par Bartlet's Childers et Northern Nancy par
    Counsellor.

*c Jenny Vertpré 1827, par Bobadil et Bella Donna par Seymour.

v Jerboa v. 1805, par Gohanna et Camilla par Trentham.

Jessamy mare v. 1760, par Jessamy et Torrismond mare is. de Countess.

c Jesse 1763, par Snap et Regulus mare, Bloody Buttocks, Faustina.

v Jessica 1769, par Squirrel et Sophia par Blank.

c Jessica 1891, par Volunteer et Herod mare, Cygnet, Cartouch.

c Jessica 1788, par Highflyer et Jessica par Squirrel.

*c Jessie 1835, par Emancipation et Eliza par Smolensko.

c Jessy v. 1800, par Totteridge et Cracker par Highflyer.

*c Jessy 1844, par Lancercost et Miss Lydia par Belshazzard.

*c Jessy 1835, par Jerry et Georgina par Partisan.

*c Jessy Hammond 1842, par Voltaire et Adriana par Comus.

c Jest v. 1812, par Waxy et Scotia par Delpini.

c Jester v. 1710 (Dam of Manica), par Merlin et inconnue.

c Jet 1785, par Magnet et Jessica par Squirrel.

c Jet, ou Jett, 1757, par Black and all Black et Bartlet's Childers mare is.
    de Old Lady par Bald Galloway.

c Jewell 1775, par Squirrel et Sophia par Blank.

c Jewess 1803, par Ambrosio et Jessica par Volunteer.

v Jewess v. 1820, par Moses et Calendula par Camerton.

*c Jew Girl 1843, par Elis et Zipporah par Moses.

v Jigg mare, ou Miss Jigg, v. 1730, par Jigg (Mostyn's) et Curwen's Bay
    Barb mare, Old Spot, White Legged Lowther's Barb.

  Id. v. 1730, par id. et Makeless mare, Brimmer, Place's White Turk.

c Id. v. 1720, par id. et Old Lady par Pulleine's Chesnut Arabian.

  Id. v. 1730, par id. et Snake mare, Grey Wilkes par Hautboy.

c Id. v. 1724 (Dam of Heneage's Jigg), par id. et inconnue.

c Id. v. 1735 (Dam of Spanker, Hunt's Jigg, Hunt's Fox), par M. Heneage's
    Jigg et inconnue.

c Jilt 1749, par Godolphin Arabian et Blossom par Crab.

c Jilt 1801, par Buzzard et Mark Anthony mare is. de Signora.

c Jilt 1755, par Blank et Jilt par Godolphin Arabian.

c Joan 1757, par Regulus et Silvertail par Heneage's Whitenose.

c Joanna v. 1826, par Sultan et Fillagree par Soothsayer.

v Joanna v. 1735, par Priam et Joanna par Sultan.

c Joan of Arc 1809, par Sorcerer et Pot 8o's mare is. de Huncamunca.

c Joan of Arc 1828, par Bustard (Castrel) et Miss Witch par Sorcerer.

c Joannina 1835, par Priam et Joanna par Sultan.

c Jocasta 1767, par Conforth's Forester et Milksop par Cade.

c Jocasta (ex Latona) 1774, par Highflyer et Rutilia par Blank.

f Johanna 1813, par Selim et Skyscraper mare, Dragon, Matchem.

c Johannah Southcote v. 1808, par Beningbrough et Lavinia par Pipator.

c Y-Johannah Southcote 1826, par Walton et Johannah Southcote par Beningbrough.

Johnson's Arabian mare v. 1735, par Johnson's Arabian et Tifter mare, Hautboy, Brimmer, Diamond.

c Joke v. 1810, par Waxy et Scotia par Delpini.

c Josephine 1838, par Bentley, ou Doctor Syntax et Mount Etna par Figaro.

c Jonquille 1770, par Squirrel et Lucy par Spectator.

c Josephine v. 1805, par Sir Peter et Fanny par Diomed.

*c Juana 1852, par Don John et Reminiscence par The Saddler.

c Jubilee 1807, par Cesario et Ibis par Woodpecker.

o Jubilee v. 1826 (Dam of Cattoniam and Cattonite), par Catton et Paynator mare is. de Violet.

c Jubilee v. 1825, par Catton et Phantom mare is. de Violet.

c Julia 1759, par Regulus et Cade mare, Partner 1732 Sister to Miss Partner.

f Julia 1756, par Blank et Partner mare is. de Bonny Lass.

c Julia 1859, par Regulus et Hutton's Spot mare, Bay Bolton, Fox's Cub.

f Julia 1799, par Whiskey et Y-Giantess par Diomed.

c Julia 1814, par Remembrancer et Vesta par Delpini.

*c Julia 1848, par Epirus et Monstrosity par Plenipotentiary.

f Juliana 1787, par Crop et Alexis mare, Blank, Grey Snip.

f Juliana (Lady Thigh) 1810, par Gohanna et Plotina par Mercury.

c Juliana 1826, par Peter Lely et Diana par Kill Devill.

c Juliet 1782, par Trentham et Polly par Shakespare.

c July 1810, par Waxy et Drowsy par Drone.

Jumelle 1812, par Buffer et Peweet par Tom Turf.

Juniper mare v. 1825, par Juniper et Caprice par Walton.

Id. 1819, par id et Trumpator mare, Highflyer, Othcothea.

f Id. v. 1815, par id. et Sorcerer mare is. de Virgin.

Id. v. 1820, par id. et Sir Peter mare is. de Brown Charlotte.

c Id. (Roterdam) 1819, par id. et Spotless par Walton.

f Juno 1764, par Spectator et Horatia par Blank.

f Juno v. 1750, par Bajazet et Aura par Stamford Turk.

c Juno 1803, par John Bull et Brunette par Amaranthus.

c Juno 1780, par Conductor et Norfolk Maiden Head par Squirrel.

Jupiter mare v. 1785, par Jupiter et Matchem mare, Snap, Oroonoko.

Id. v. 1790, par id. et Highflyer mare, Matchem, Snap.

c Justice mare v. 1794, par Justice 1774 et Parsley par Pot 8o's.

c Id. 1786, par id. et Chymist mare, South, Babraham.

Id. 1797, par id. et Highflyer mare, Matchem, Dainty Davy.

Justice mare 1780, par Justice et Regulus mare, Starling, Fox, Gipsy.
Id. 1780, par id. et Miss Cleveland par Regulus.
Id. 1780, par id. et Marianne par Squirrel.
Lord Halifax's Justice mare v. 1745 (Dam of Atlas), par Lord Halifax's Justice et inconnue.

K.

c Kalmia v. 1820, par Magistrate et Zephyrina par Middethorpe.
c Kate v. 1847, par Aukland et The Gipsy Queen par Doctor Syntax.
c Kate v. 1826, par Catton et Miss Garforth par Walton.
c Kate v. 1830, par Frolic et Suke par Whisker.
c Kate Kearney 1837, par Napoleon et Sir Walter mare, Champion mare.
c Katherina (ex Perspective) v. 1830, par Wofull et Landscape par Rubens.
c Katherine 1790, par Highflyer et Sincerity par Matchem.
c Katherine 1798, par Delpini et Paymaster mare 1788, Le Sang mare.
c Katherine 1821, par Soothsayer et Quadrille par Selim.
c Katherine v. 1835, par Camel et Jenny Vertpré par Bobadil.
c Kathleen 1785, par Alfred et Engineer mare, Oroonoko, Miss Makeless.
*c Kathleen 1843, par Windcliffe et Flirt par Y-Blacklock.
c Keapsake v. 1830, par Memorandum 1814 et Zaïre par Selim.
*r Kermesse 1832, par Camel et Martha par Merlin.
*c Ketty 1827, par Tramp et Sir David mare is. de Stamford mare.
c Kezia 1788, par Satellite et Maria par Herod.
c King Fergus mare 1790, par King Fergus et Cœlia par Herod.
    Id. v. 1790, par id. et Empress par Paymaster.
    Id. v. 1790, par id. et Herod mare, Pyrrha par Matchem.
    Id. v. 1790, par id. et Herod mare, Blank, Wright.
    Id. v. 1790, par id. et Empress par Eclipse.
King Bladud mare 1803, par King Bladud et Dollalolla par Transit.
King William's Black Barb Whitout à Tongue mare v. 1720, par King William's Barb, Whitout à Tongue et Makeless mare is. de D'Arcy's Black Legged Royal mare.
Kill Devill mare 1806, par Kill Devill et Juliana par Crop.
c Kiss 1827, par Waxy Pope et Champion mare is. de Brown Fanny.
c Kissaway 1846, par Harkaway et Yratilda par Belshazzard.
c Kiss My Lady 1787, par Highflyer et Coombe Arabian mare, Spectator.
c Kite v. 1797, par Buzzard et Calash par Herod.
c Kite v. 1822, par Bustard (Castrel) et Olympia par Sir Oliver.
c Kittums v. 1828, par Abjer et Filho da Puta mere, Miss Catton.
*c Kitty 1838, par Musquito et Kate par Frolic.
c Kitty Burdett 1714, par Darley Arabian et Y-Child mare par Harpur Barb.
c Y-Kitty Burdett 1720, par Old Smales et Kitty Burdett par Darley Arabian.
c Kitt D'Arcy's mare v. 1695 (Dam of Hautboy mare), inconnue.
c Knightlegs mare v. 1700, par Byerly Turk et inconnue.
c Knowsley mare v. 1813, par Knowsley 1795 et Surveyor's Dam.

L.

c Lacerta 1816, par Zodiac et Jerboa par Gohanna.

f Lady (Old) v. 1710, par Pulleine's Chesnut Arabian et Lord Lonsdale's Tregonwell mare par Rockwood.

f Lady (Old) v. 1815, par Bald Galloway et Wharton mare par Lord Carlisle's Turk.

f Lady 1755, par Sir Ch. Turner's Sweepstakes et Patriot mare, Bay Bolton.

*c Lady 1818, par Seymour et Lady of the Lake par Sorcerer.

c Lady 1791, par Pot 8o's et Duchess par Herod.

c Lady 1833, par Zinganee et Octaviana par Octavian.

c Lady Abbess 1811, par Cardinal York et Miss Nancy par Beninghrough.

c Id. Adela 1839, par Touchstone et Adela par Emilius.

*c Id. Arthur 1845, par Arthur et Langar mare que l'on croit fille de Cobweb.

*c Id. Albert 1832, par Langar et Lady Easby par Whisker.

c Id. Ann 1788, par Phœnomenon et Y-Marske mare, Silvio, Daphne.

c Id. Ann 1833, par Langar et Tuft par Whisker.

c Id. Ann v. 1748, par Standard et Arab mare, jument primitive.

c Id. Ann 1750, par Y-Standard et Beaufort's White Arabian mare, Lord Brocke's Arabian, Brimmer, Darley Arabian.

c Id. Augusta 1748, par Hutton's Spot et Crab mare is. de Miss Jigg.

c Id. Bab v. 1790, par Assassin et Bowdrow mare, Sybil par Herod.

*c Id. Bangtail 1845, par Erymus et Empress par Emilius.

c Id. Betty 1767, par Snap et Miss Cleveland par Regulus.

c Id. Barbara v. 1845, par Launcelot et Buzzard mare is. de Donna Maria.

*c Id. Bird 1829, par Bustard (Castrel) et Brown Duchess par Orville.

*c Id. Bird 1751, par Irish Birdcatcher et Lady par Zinganee.

f Id. Bolingbroke v. 1770, par Squirrel et Cypron par Blaze.

c Id. Bountifull 1766, par Old England et Second mare, Emma par Reg.

c Id. Bull 1795, par John Bull et Isabella par Eclipse.

c Id. Brouch 1801, par Stride et Drone mare is. de Sylvia.

c Id. Caroline 1798, par Buzzard et Calash par Herod.

c Id. Caroline v. 1820, par Partisan et Trumpator mare is. d'Orange Bud.

c Id. Canford v. 1828, par Catton et Blacklock mare, Orville, Hambletonian.

c Id. Charlotte 1799, par Buzzard et Calash par Herod.

*c Id. Charlotte 1836, par Reveller et Rubens mare is. de Guildford Nan.

*c Id. Charlotte 1841, par Velocipède et Miss Wilfred par Lottery.

c Id. Cow 1739, par Godolphin Arabian et Little Hartley mare par Bartlet's Childers.

c Id. Cow v. 1800, par John Bull et Drone mare is. de Lardella.

c Id. Creamfeazer v. 1816, par Stamford et Mrs Barnet par Waxy.

*c Id. Crompton 1848, par Scheik et Brutandorf mare is. de Mrs Cruickshanks.

c Id. Day 1837, par Rowton et Tarantella par Tramp.

c Id. Day 1842, par Jered et Brutandorf mare is. de Mrs Cruickshanks.

c Lady Day 1833, par Saint-Hubert et Clare par Wofull.

c Id. Easby (ex Jannette) v. 1825, par Whisker. Voyez Jannette.

c Id. Elisabeth 1828, par Lottery et Miss Wentworth par Cervantes.

c Id. Eliza v. 1815, par Whitworth et Spadille mare is. de Sylvia.

c Id. Emily 1826, par Emilius et Antiope par Whalebone.

f Id. Emily v. 1807, par Lennox et Highflyer mare, Matchem, Miss Elliot.

c Id. Emely v. 1840, par Muley Moloch et Caroline par Whisker.

c Id. Emmeline v. 1825, par Y-Phantom et Orville mare, Buzzard mare.

c Id Ern 1806, par Stamford et Trumpator mare ic. de Demirep.

c Y-Lady Ern 1829, par Muley et Lady Ern par Stamford.

c Lady Fly 1829, par Bustard (Castrel) et Brown Duchess par Orville.

c Id. Fractious 1828, par Comus 1809 et Waultress par Walton.

c Id. Frances 1827, par Figaro et Lady Rachel par Stamford.

c Id. Frances 1807, par Mr Teazle et Volunteer mare is. de Storace.

c Id. Fulford 1820, par Walton et Maniac par Shuttle.

c Id. Georgiana 1823, par Catton et Paynator mare is. de Violet.

c Id. Grey v. 1808, par Stamford et Bourdeaux mare, Prophet, Virago.

c Id. Harriet v. 1782, par Mark Anthony et Georgiana par Matchem.

c Id. Heron 1827, par Langar et Stork par Oiseau.

c Id. Heron 1816, par Marmion 1806 et Peterea par Sir Peter.

c Id. Henry 1816, par Orville et Miss Sophia par Buzzard.

*c Id. Isabel 1849, par The Baron et Red Rose par Rubini.

f Id. Jane 1796, par Sir Peter et Paulina par Florizel.

c Id. Jane 1806, par Hambletonian et Bay Javelin par Javelin.

Id. Jersey 1830, par Theodore (Wofull) et Haphazard mare, jt non inser.

c Id. Jane 1802, par Buzzard et Garland par Mercury.

c Id. Jane v. 1765, par Snap et Cade mare, Crab, Childers.

c Id. Julia (ex Sylphide) 1830, par Tiresias et The Fairy Queen par Walt.

c Id. Lowe 1842, par Kremelin et Birthday par Blucher.

c Id. Le Gros 1831, par Y-Phantom et Cerberus mare is. de Miss Cranfield.

c id. Legs v. 1750, par Regulus et Partner mare, inconnue.

*c Id. Lurewell v. 1836, par Hornsea et Dirce par Partisan.

c Id. Marcia 1829, par Whisker et Lady of The Wale par Mowbray.

c Id. Margaret 1842, par Don John et Peri par Wanderer.

c Id. Mary 1800, par Beningbrough et Highflyer mare, Marske, A-la-Gree.

c Id. Mary v. 1800, par Trumpator et Pot 8o's mare is. d'Amaranda.

c Id. Mary v. 1840, par Voltaire et Lady Moore Carew par Tramp.

c Id. Margery 1828, par Wanton (Wof.) et Lady of the Wale par Mowbray.

c Id. Maud 1829, par Jerry et Lady of The Wale par Mowbray.

c Id. Mayoress 1838, par Pantaloon et Honey Moon par Filho da Puta.

c Id. Mayoress 1840, par Doctor Faustus et Miss Newton par Longwaist.

f Id. Moore Carew v. 1830, par Tramp et Kite par Bustard.

c Id. Mowbray 1827, par Blacklock et Lady of The Wale par Mowbray.

*c Id. De Normandie 1832, par Emilius et Caleb Quotem mare, King Fergus,
    Cœlia par Herod.

c Lady Northumberland, ou Celadine, 1755. Voyez Celadine.
f Id. Of the Lake 1809, par Sorcerer et Saltram mare, Herod, Thisbe.
c Id. Of the Lodge v. 1850, par Iago et Palma par Emilius.
*c Id. Of Lyons 1852, par Flatcatcher et Bran mare is. de Mamzel Otz.
c Id. Of the Tees v. 1828, par Octavian et Sancho mare, Miss Furey.
c Id. Of the Swale 1815, par Mowbray et Shuttle mare, Oberon, Phœn.
f Id. Of the Wale 1817, par Mowbray et Shuttle mare, is. d'Hopefull.
f Id. Rachel 1805, par Stamford et Y-Rachel par Volunteer.
c Id. Racket 1829, par Starch 1819 et Peri par Wanderer.
c Id. Riddlesworth v. 1835, par Emilius et Fidelity par Whisker.
c Id. Russell, ou Aricia, 1824, par Rubens. Voyez Aricia.
c Id. Sale 1841, par Sheet Anchor et Valencia par Cervantes.
c Id. Sarah 1794, par Fidget et Alfred mare is. de Magnolia.
c Id. Sarah 1826, par Tramp et Miss Wentworth par Cervantes.
c Id. Sarah v. 1810, par Champion 1797 et Leitrim Clib par Cornet.
c Id. Sarah v. 1837, par Velocipède et Lady Moore Carew par Tramp.
c Id. Sophia v. 1808, par Sancho et Sophia par Buzzard.
*c Id. Sophia, ou Despair, 1835, par Brutandorf. Voyez Despair.
c Id. Stafford v. 1824, par Comus et Waxy mare is. de Bizarre.
f Id. Stumps v. 1825, par Tramp et Ursula par Cervantes.
c Id. Teazle 1781, par Highflyer et Papillon par Snap.
f Id. Thigh (Parker's) 1740, par Partner et Grey Bloody Buttocks par
    Bloody Buttocks.
c Id. Thigh 1747, par Regulus et Parker's Lady Thigh par Partner.
f Id. Thigh (Grisewood's) 1731, par Partner et Grey Hound mare, Cur-
    wen's Bay Barb, D'Arcy's Chesnut Arabian.
f Id. Thigh 1747, par Grieswood's Partner et Figgs mare par Sir W. Mor-
    gan's Arabian.
c Id. Thigh 1763, par Merlin et Poppet par Black Chance.
f Id. Thigh (Hawke's) 1763, par Y-Merlin et Cinnamoun mare is. de Sir
    R. Sutton's Grey Arabian mare.
c Id. Thigh, ou Juliana, 1810, par Gohanna et Plotina par Mercury.
c Id. Thigh 1779, par Eclipse et Helen par South.
c Id. Thigh (Old) 1760, par Merlin et Cinnamon mare is. de Sir R. Sutton's
    Grey Arabian mare.
c Id. Trampoline 1842, par Touchstone et Trampoline par Tramp.
c Id. Vane 1825, par Reveller et Waxy mare is. de Bizarre.
f Lady's Maid 1799, par Sir Peter et Alfred mare, Sister to Tickle Toby 1789.
c The Lady mare v. 1720, par Pert et Saint-Martin mare, Sir E. Hale's
    Turk, The Old Field mare.
c The Lady of Gisland 1838, par The Earl et Otis par Bustard 1820.
c Lady's Slipper v. 1830, par Waxy Pope et Rubens mare is. de Slipper.
c The Ladye of Sylverkeld Well 1839, par Velocipède et Emma par Whisker.
c Lætitia 1783, par Highflyer et Matchem mare, Blank, Babraham.
c Laïs 1787, par Diomed et Grace par Snap.

c Lalla Rooks 1837, par Defence et Leila par Waterloo.

* c Lalnelly 1840, par Liverpool et Albany mare is. de Tiresias mare.
    Lambert Turk mare v. 1695 (Dam of D'Arcy's Royal Colt mare), par
        Lambert Turk et inconnue.

c Lamas v. 1810, par Gohanna et Sir Peter mare, Woodpecker 1793,
        Sweetbriar, Miss Fortune.

* c Lamia Filly 1822, par Robin Adair et Lamia par Gohanna.

c Lamia v. 1805, par Gohanna et Certhia par Woodpecker.

* c Lammas Lass 1837, par Defence et The Monarch mare, Marmion mare.

c Lampedo v. 1795, par Pot 8o's et Nameless par Florizel.

c Lampedosa 1801, par Precipitate et Bobtail par Eclipse.

* c Lampoon 1838, par Camel et Banter par Master Henry.

c Lancashire Witch v. 1800, par Mr Teazle et The Yellow mare par Tandem.

c Landscape 1813, par Rubens et Iris par Brush. Vainqueur de l'Oaks.

c The Landgrawine v. 1840, par Elis et Margrawine par Little John.

c Landrail 1822, par Bustard (Castrel) et Olympia par Sir Oliver.

* c Landrail 1845, par Sir Hercules et Margrawine par Little John.

c Landgrawine 1829, par Waterloo, ou Smolensko, et Electress par Election.

* c Lanercost mare 1847, par Lanercost et Camp Follower par The Colonel.
    Langar mare 1839, par Langar et Cobweb par Phantom.
      Id. v. 1837, par id. et Phantom mare is. de Fillagree.
      Id. v. 1825, par id. et Mother Bunch par Dick Andrews.
      Id. 1833, par id. et Marion par Tramp.
      Id. 1835, par id. et Tuft par Whisker.
    Langton mare v. 1810, par Langton et Passion Flower par Sir Peter.

f Languid, ou Linguid, 1831, par Caïn et Lydia par Poulton.

c Languis, ou Linguish, 1830, par id. et id.

c Lantern 1837, par Lamplighter et Danoise par Oscar.

c Lapwing 1792, par Justice et Smallbones par Highflyer.

c Lapwing 1828, par Morisco et Valentina par Smolensko.

c Lapwing 1837, par Bustard (Castrel) et Muley mare is. de Rosanne.

c Lark 1822, par Partisan et Brown Duchess par Orville.

c Lark 1824, par Rubens et Stella par Sir Oliver.

f Lardella 1780, par Y-Marske et Cade mare, Brother to Fearnought mare.

f Larissa v. 1815, par Trafalgar (Sir Peter) et Meteora par Meteor.

c Larissa 1823, par Rubens et Squire Teazle mare is. de Sweeper mare.

f Large Hartley mare 1724, par Hartley's Blind Horse et Flying Whig par
      William's Woodstock Arabian.

f Lass of The Mill 1756, par Oroonoko et Miss Makeless par Son of Grey
      Hound.

f Lass of The Mill, ou Clarke's Lass of The Mill, 1745, par Traveller et
      Miss Makeless par Son of Grey Hound.

c Lass of The Mill (Coate's) v. 1756, par Oroonoko et Traveller mare,
      Sister to Holme's Miss Makeless par Son of Grey Hound.

c Latitat 1823, par Champion 1812, ou Piscator et Fanina par Sir Solomon.

Lath mare v. 1738, par Lath et Snake mare is. de Miss D'Arcy's Pet mare.
c Id. v. 1742, par id. et Snake mare is. de Grey Wilkes.
Id. v. 1750, par id. et Childers mare, Basto, Curwen's Bay Barb.
Id. v. 1746, par id. et Childers mare, Grey Grantham, Rut. Gr. Turk.
c Latimers 1802, par Volunteer et Sir Peter mare is. d'Elfleda.
f Latitude 1835, par Langar et Olympia par Sir Oliver.
c Latona (Jocasta) 1774, par Herod et Rutilia par Blank.
c Latona 1779, par Herod et Calypso par Matchem.
* Launcelot mare 1847, par Launcelot et Maria par Sir Hercules.
c Laundry Maid 1843, par Wintonian et Tiresias mare, Landscape.
f Laundress 1825, par Tiresias et Landscape par Rubens.
c Laura 1778, par Eclipse et Locust mare, Traveller, Holme's Miss Mak.
c Laura 1809, par Beningbrough et Teddy The Grinder mare, Cowslip.
c Laura (ex Fanny) 1800, par Pegasus et Orange Squeezer par Highflyer.
c Laura 1766, par Whistle Jacket et Pretty Polly par Starling.
c Laura 1829, par Champion (Selim) et Larissa par Trafalgar.
c Laura 1834, par Emilius et Maria par Whisker.
*c Laura 1827, par Figaro et Juliana par Gohanna.
c Laura 1809, par Beningbrough et Teddy The Grinder mare, Countess.
c Laura 1837, par Physician et Mathilda par Comus.
c Laura v. 1840, par Don Cossack et Marciana par Stamford.
c Laurel Leaf (ex Bettina) 1805, par Stamford et Pot 80's mare is. de Maid
   of The Oaks par Herod.
Laurel mare v. 1785, par Laurel et Moorpoult par Y-Marske.
f Laurel mare v. 1840, par Laurel et Flight par Velocipède.
c Lauretta 1830, par Lottery et Springle par Send.
*c Lauretta 1835, par Doctor Faustus et Cannon Ball mare is. de Miss Hap.
f Lavender 1778, par Herod et Snap mare is. de Miss Roan.
c Lavinia 1794, par Trumpator et Nerina par Dorimant.
c Lavinia 1776, par Eclipse et Hyena par Snap.
c Lavinia 1772, par Rockingham et Vertumnus, ou Eclipse mare, is. de
   Compton Barb mare.
c Lavinia 1790, par King Fergus et Camilla par Snap.
c Lavinia v. 1790, par Pipator et Highflyer mare, Cardinal Puff, Tatler.
c Laycock v. 1765, par South et Molly Longs Legs par Babraham.
c Layla v. 1840, par Liverpool et Cantatrice par Comus.
f Layton Barb mare v. 1680 (Dam of Dodsworth mare), par Layton Barb
   et inconnue.
Id. v. 1685 (Dam of Burford Bull), par id. et inconnue.
Id. v. 1685 (Dam of M. Wilkinson's mare), par id. et inconnue.
c Layton (Bay) v. 1700, par Counsellor et Brimmer mare, Place's White
   Turk, Dodsworth.
c Layton (Grey) v. 1705, par Counsellor mare et Place's White Turk,
   Dodsworth, Layton Barb.
c Layton v. 1710 (Chesnut), par Makeless et Bay Layton par Counsellor.

c Lazy 1800, par Driver et Tag par Trentham.

c Leda v. 1825, par Filho da Puta et Treasure par Camillus.

   Leedes mare v. 1710, par Leedes et Spanker mare is. de Old Peg.

c The Leedes mare v. 1710, par id. et Moonah Barb mare.

   Leedes Arabian mare v. 1705 et 1714, par Leedes Arabian et Spanker
      mare, inconnue.

      Id. v. 1700, par id. et Spanker mare is. de Old Peg.

      Id. v. 1708 (Dam of Akaster Turk mare), par id. et inconnue.

F Id. v. 1705, par id. et Spanker mare, Old Morocco Barb (Spanker's Dam).

      Id. v. 1700, par id. et Spanker mare is. de Old Bald Peg.

      Id. v. 1700, par id. et Dodsworth mare is. de Barb mare.

c Legacy (Croft's) 1730, par Grey Hound et Soreheels mare is. de Pet mare.

c Legacy 1762, par Y-Snip et Fox mare is. de Gipsy.

c Legacy v. 1805, par Beningbrough et Roxana par Sir Peter.

c Legacy 1812, par Sir David et Stamfordia par Stamford.

c Legacy 1794, par King Fergus et Mortonia par Herod.

b Legend v. 1825, par Merlin (Miss Newton) et Piquet par Sorcerer.

c Legerdemain 1846, par Pantaloon et Decoy par Filho da Puta.

c Leicester Lass v. 1800, par Y-Imperator et Alexander mare is. de Kiss
      My Lady par Highflyer.

c Leitrim Clib 1801, par Cornet (Tug) et Dungannon mare, Miss Euston.

c Leila 1823, par Waterloo et Scheherazade par Selim.

c Lelia 1825, par Blucher 1810 et Scheherazade par Selim.

c Lemonade 1812, par Brigliadoro et Lemon Squeezer par Wellesley Grey
      Arabian.

c Lemon Peel 1802, par Precipitate et Goldenlocks par Delpini.

c Lemon Squeezer 1807, par Wellesley Grey Arabian et Orange Squeezer
      par Highflyer.

c Lemon 1778, par Herod et Cade mare is. de Brown Slipby.

c Lena v. 1835, par Glaucus et Zillah par Reveller.

c Leonora 1772, par Squirrel et Figurante par Regulus.

c Leopardess v. 1765, par Merlin et Babraham mare is de Miss Jigg.

c Leon Forte v. 1810, par Eagle 1796 et Tamborine par Trumpator.

c Leonora 1773, par Shakespear et Spectator mare is. de Horatia.

*F Leopoldine 1822, par Hedley (Sir Peter) et Gramarie par Sorcerer.

F Leopoldine v. 1818, par Walton et Cressida par Whiskey.

c Lethe 1784, par Highflyer et Snap mare, Shepherd's Crab, Miss Merlin.

c Le Sang mare 1774, par Le Sang et Rib mare is. de Mother Western.

F Id. (Amazon) 1776, par id. Voyez Amazon.

   Id. 1774, par id. et Regulus mare, Partner, Brocklesby.

   Id. v. 1772, par id. et Careless mare is. de Miss Barforth.

F Id., ou Serpent, v. 1770, par id. et Snip mare, Bolton's Goliah, Partner.

c Leveret v. 1781, par Florizel et Maiden par Matchem.

c Lewina 1815, par Selim et Mistake par Waxy.

c Libra 1814, par Zodiac et Piquet par Sorcerer.

Lexington Arabian mare v. 1722, par Lexington Arabian et Curwen's Spot mare, Spanker, Byerly Turk.

c Liberia v. 1835, par Liverpool et Mandane par Sultan.

c Liberty 1836, par Langar et Prime Rose par Clinker.

c Light Foot 1815, par Camillus et Minstrel par Sir Peter.

c Light Foot v. 1720, par Curwen's Bay Barb et inconnue.

Lignum Vitæ mare 1812, par Lignum Vitæ et Isis par Sir Peter.

c Lilias (Babel) 1823, par Interpreter et Fair Ellen par Wellesley Grey Arabian. Vainqueur de l'Oaks.

c Lilias 1822, par Bob Booty et Penelope par Swordsman.

c Lilla v. 1827, par Blacklock et Catton mare is. d'Altisidora.

F Lily 1765, par Blank et Peggy par Cade.

F Lily of the Valley 1777, par Eclipse et Tartar mare, Mogul, Sweepstakes.

F Lily of the Valley 1794, par Windlestone et Columba par Alfred.

c Lily 1812, par Sorcerer et Precipitate mare (Grey), Highflyer mare.

c Lily v. 1788, par Highflyer et Imperatrix par Alfred.

c Lily of the Valley 1771, par Brilliant et Babraham mare, Starling, Spinster.

*cLily 1829, par Partisan et Rhoda par Aspargus.

c Limblifter 1809, par Beningbrough et Sir Peter mare, Miss Gunpowder.

c Linda 1824, par Ranter et Enchantress par Sorcerer.

c Linda 1831, par Mameluke, ou Tarrare, et Linda par Waterloo.

c Linda 1827, par Waterloo et Cressida par Whiskey.

c Linnet 1822, par Bustard (Castrel) et Stella par Sir Oliver.

c Linnet 1828, par Paulowitz et Linnet par Bustard.

c Linnet 1802, par Moorcock et Hornet par Drone.

c Lisbeth v. 1830, par Phantom et Elisabeth par Rainbow.

F Lisette 1772, par Snap et Miss Windsor par Regulus.

F Lisette v. 1805, par Hambletonian et Constantia par Walnut.

c Lissy 1806, par Swordsman et Tug mare, Bagot, Mother Brown.

Lister Turk mare v. 1700 (Dam of Hip), par Lister Turk et inconnue.

Id. v. 1700 (Dam of Bay Bolton mare), par id et inconnue.

Id. (Sister to Pepping Peg) v. 1700, par id. et inconnue.

Id. v. 1700 (Dam of Sir W. Wynn's Spot), par id. et inconnue

c Little Agnès 1830, par Starch (Wofull) et Agnès par Recordon.

c Id. Beagle (Miss Barneley) 1834, par Beagle et Georgian par Buzzard.

F Id. Bowes v. 1735, par Brother to Mixbury et Bowes par Hutton's Bay Barb.

c Id. Charlotte v. 1825, par Waterloo 1814 et Belvoirina par Stamford.

*cId. Fawn 1845, par Venison et Fawn par Bay Middleton.

*cThe Little Fawn 1848, par Venison et Lady Charlotte par Velocipède.

F Little Hartley mare 1728, par Bartlet's Childers et Flying Whig par William Woodstock Arabian.

c Id. Folly v. 1810, par Highland Flying et Harriet par Volunteer.

c Id. Nan 1801, par Pipator et Paymaster mare is. de Serpent.

F Id. Peggy 1801, par Buzzard et Tandem mare, Eclipse, Abigaïl.

* c Lady Finch 1842, par Hornsea et Hinda par Sultan.

c Id. Fairy 1841, par Hornsea et Lacerta par Zodiac.

Bolton's Little John mare v. 1740, par Bolton's Little John et Lonsdale's Bay Arabian mare, Snake, Rutland Turk.

Id. v. 1744, par id. et M. Durkam's Favorite par Son of Bald Galloway.

Pearson's Little Partner mare v. 1765, par Pearson's Little Partner et Snip mare is. de Bloody Buttocks mare.

c Little Sally 1766, par Northumberland et Traveller mare, Goliah, Dimple.

r M. Wane's Little Partner 1731, par Partner et Grey Hound mare is. de Brown Farewell.

Little Red Rower mare v. 1840, par Little Red Rower et Eclat par Edmund.

c Id. Polly 1789, par Highflyer et Tuzzimuzzi par Snap.

* c Lizzy 1849, par Lanercost et Velocipède mare, Cerberus, Miss Cranfield.

c Lobelia 1836, par Camel et Evens par Walton.

* c Locket 1825, par Blacklock et Miss Paul is. de Miss Dunnigton.

* c Loan (Y-Maniac) 1825, par Tramp et Maniac par Shuttle.

c Locusta 1752, par Locust et Pamela par Orion.

Locust mare 1757, par Locust et Cade mare is. de Miss Makeless.

c Id. v. 1772, par id. et Changeling mare, Cade, Little John.

Id. v. 1762, par id. et Traveller mare is. de Holme's Miss Makeless.

Id. v. 1760, par id. et Clarke's Lass of The Mill par Traveller.

r Lodge's Roan mare (Miss Layton) 1731, par Partner et Son of Duke of Richemond's mare, Whynot, Wilkinson's Bay Barb.

* c Lola Montes 1845, par Slane et Hester par Camel.

c Lolly Pop 1836, par Starch 1824, ou Voltaire, et Belinda par Blacklock.

Lonsdale's Bay Arabian mare v. 1728, par Lonsdale's Bay Arabian et Curwen's Bay Barb mare, Byerly Turk, Arabian mare.

c Id. v. 1740, par id. et Bonny Lass par Bay Bolton,

Id. v. 1730, par id. et Bay Bolton mare, Darley Arabian, Byerly Turk.

Id. v. 1735, par id. et Toulouze Bay Barb mare, inconnue.

c Id. v. 1731, par id. et Cyprus Arabian is. de Basto mare.

Id. v. 1730, par id. et Snake mare is. de Rutland Turk mare.

c Lonsdale's Arabian mare v. 1698 (Restive's Dam), jument Arabe.

Lonsdale's Grey Arabian mare v. 1745, par Lonsdale's Grey Arabian et Lonsdale's Bay Arabian is. de Toulouze Barb mare.

Looby mare 1744, par Bolton's Looby et Margery par Partner.

c Loo Choo 1815, par Peruvian et Iris par Sir Peter.

Lord Lonsdale's Tregonwell mare v. 1704, par Rockwood et Bustler mare.

Id. Lowther's Barb mare v. 1809 (Dam of Son of Dick Andrews), jt barbe.

Id. Brocke's Arabian mare v. 1735, par Lord Brocke's et Darley Arabian mare is. de Brimmer mare.

c Id. Oxford's Dun Arabian mare v. 1705, par Lord Oxford's Dun Arabian et D'Arcy's Black Legged Royal mare.

c Id. Lonsdale's mare v. 1720, par Darley Arabian et inconnue.

Id. Petre's mare v. 1680, jument arabe donnée à Lord Petre par Louis XIV.

Lord Morton's Arabian mare v. 1745, par Lord Morton's Arabian et Mixbury mare, Mulso Bay Turk, Bay Bolton.

Id. Oxford's Barb mare v. 1760, par Lord Oxford Barb et Bartlet's Childers mare, Bald Galloway, Curwen's Bay Barb.

c Id. Carlisle's Turk mare (Wharton mare) v. 1705, par Lord Carlisle's Turk et Bald Galloway mare is. de Byerly Turk mare.

Id. Stamford's Old George mare v. 1755, par Lord Stamford's Old George et inconnue.

L'Orient mare 1805, par L'Orient et Constitution mare, Dux, Herod.

Id. 1805, par id. et Carbineer mare, Y-Cade, Traveller.

c Lottery 1776, par Gamahoë et Thayne's Shepherdess par Y-Snip.

c Id. 1800. par Weazle et Y-Marske mare, Amaranthus, Dorimond.

c Id. 1752, par Blank et Grasshopper mare, Sir M. Newton's Arabian mare.

c Lottery mare 1832, par Lottery et Elisabeth par Walton.

c Id. 1828, par id. et Camillus mare, Sancho, Highflyer.

Id. v. 1830, par id. Wagtail par Prime Minister.

Id. 1831, par id. et Williamson's Ditto mare is. de Y-Rachel.

c Loto v. 1830, par Popinjay 1822 et Piquet par Sorcerer.

c Louisa v. 1780, par Friar et Fatima par Bustard.

c Id. 1794, par Javelin et Herod mare, Snap, Shepherd's Crab.

c Id. 1802, par Buzzard et Garland par Mercury.

c Id. 1820, par Bob Booty et Y-Louisa par Bagot.

c Id. v. 1790, par Ancient Pistol et Calash par Herod.

c Id. 1799, par Pegasus et Nelly par Postmaster.

*c Id v. 1841, par Tomboy et Catalani par Tiger.

c Id. v. 1800, par Ormond et Evelina par Highflyer.

c Id. v. 1820, par Orville et Thomasina par Timothy.

c Id. v. 1820, par Orville et Quadrille par Selim.

c Id. 1787, par Highflyer et Matchem mare, Traveller, Slighted by all.

c Y-Louisa v. 1795, par Bagot et Louisa par Friar.

c Lovely v. 1764, par Babraham et Cullen Arabian mare is. de Grieswood's Lady Thigh par Partner.

c Loyalty v. 1815, par Rubens et Penny Royal par Coriander.

f Lucetta 1826, par Reveller et Luss par Hedley.

c Lucia (Granby mare) v. 1830, par Granby et Juliana par Gohanna.

Luck's All mare 1811, par Luck's All et Pot 80's mare, Maid of all Work.

Luck's All mare 1837 (Dam of Commodore), par Luck's All 1832 et inc.

c Lucretia 1743, par Partner et Lucy par Gallant's Smilling Tom.

c Lucretia 1765, par Locust et Miss Wilkinson par Regulus.

c Lucrèce 1843, par Voltaire et Gaberlunzie mare 1835 is. de Sola.

c Lucinda v. 1814, par Haphazard 1797 et Sancho mare, Miss Furcy.

c Lucy 1732, par Gallant's Smilling Tom et Captain Roucksby's Turk mare.

c Id. 1762, par Spectator et Blank mare, Childers, True Blue.

*c Id. 1776, par Herod et Boreas mare is. de Fancy.

f Id. 1790, par Florizel et Frenzy par Eclipse.

c Lucy 1761, par Blank et Peggy par Cade.
c Id. 1775, par Conductor et Lucy par Spectator.
c Id. Banks 1839, par Elis et Walfruna par Vélocipède.
f Id. Grey v. 1800, par Timothy et Lucy par Florizel.
c Id. Kemble v. 1835, par Camel, ou Mameluke, et Brazil par Ivanhoë.
*c Id. Long 1841, par Camel et Miniken par Manfred.
c Id. Long 1841, par Sheet Anchor et Lady Jersey par Theodore.
*c Id. Lockit v. 1775, par Syphon et Boreas mare, inconnue.
c Lufra 1841, par Bay Middleton et Barbiche par Lapdog.
   Luggs mare v. 1705, par Luggs et Dawill's Old Woodcock mare.
   Id. v. 1714, par Darley Arabian et Makeless mare, Brimmer, Diamond.
c Lugwardine v. 1833, par Bobadil et Sylph par Spectre.
f Luna 1779, par Herod et Proserpine par Marske.
c Id 1804, par Volunteer et Stargazher par Highflyer.
c Id. 1776, par Eclipse et Blank mare, Lass of The Mill par Oroonoko.
*c Id. 1825, par The Flyer et Moonshine par Soothsayer.
c Id. v. 1825, par Wanderer et Canopus mare, Teddy The Grinder mare.
c Lunatic 1818, par Prime Minister et Maniac par Shuttle.
*f Lunacy 1824, par Blacklock et Maniac par Shuttle.
c Lunaria v. 1825, par Whisker et Sancho mare, Miss Furey.
c Lunettes 1820, par Comus et Saint-George mare, Pontac, Syphon.
   Lurcher mare v. 1795, par Lurcher et Phlegon mare, Merlin, Regulus.
   Id v. 1815, par id. et Merlin mare, Oscar, Dairy Maid.
f Luss v. 1818, par Hedley 1803 et Jessy par Totteridge. Cette jument a
      été par erreur inscrite au rang des chevaux.
*f Lustre 1830, par Swiss et Lunettes par Comus.
c Lustry 1751, par Locust et Pamela par Orion.
c Lustry Thornthon v. 1715, par Croft's Bay Barb et Chesnut Thornthon
      par Makeless.
c Lycoris 1769, par Herod et Lucy par Blank.
c Lutestring 1765, par Shepherd's Crab et Crazy par Lath.
f Lydia 1802, par Whiskey et Y-Giantess par Diomed.
c Id. v. 1820, par Poulton et Variety par Hyacinthus.
c Id. v. 1838, par Newton et Mameluke mare, Smolensko, Brunette.
c Lyrnessa v. 1820, par The Flyer et Briseis par Beningbrough.

M.

f Mab 1742, par Hobgoblin et Little Bowes par Brother to Mixbury.
*c Mab 1833, par Duncan Grey et Macbeth mare is. de Margareth.
c Macaria 1780, par Herod et Titania par Shakespear.
   Macbeth mare v. 1825, par Macbeth et Margareth par Hambletonian.
f Madam 1735, par Bloody Buttocks et Miss Partner par Partner.
c Id. 1772, par Herod et Cassandra par Blank.
f Madame Pelerine 1838, par Vélocipède et Balcine par Whalebone 1820.

c Madame Saqui v. 1815, par Remembrancer et Fadladinida par Sir Peter.
c Id. Vestris 1818, par Comus et Lisette par Hambletonian.
c Id. Vestris 1834, par The Distingue et Lilias par Bob Booty.
c Madcap v. 1820, par Dinmont et Star mare is. de Moorpoult.
c Id. 1771, par Snap et Miss Meredith par Cade.
c Id. 1774, par Eclipse et Blank mare, Blaze, Y-Grey Hound.
  Madcap mare v. 1728, par Madcap et Dyer's Dimple mare is. de The
    Sommerset Jenny Come tye me.
f Mademoiselle 1789, par Diomed et Belle par Justice.
c Id. Guimard 1772, par Chrysolite et Miss Elliot par Grieswood's Partner.
c Madge 1752, par Blank et Paragon par Snip.
c Id. 1758, par Regulus et Whitefoot mare, Hip, Lord Carlisle's Ang. Horse.
c Id. Wildfire v. 1845, par Muley Moloch et Gipsy Queen par Doctor Syntax.
c Madeira 1806, par Shuttle et Brunette par Overton.
c Madonna 1774, par Herod et Paragon par Snip.
c Madrigal v. 1800, par Sir Peter et Mistletoë par Pot 80's.
c Madryna (Orange Girl) 1807, par Orange Flower et Sweet Heart par Sir
    Peter.
c Madeira v. 1835, par Château-Margaux et Rectory par Octavian.
c Magnet v. 1830, par Reveller et Morisca par Morisco.
  Magnet mare 1784, par Magnet et Dolly par Snap.
  Id. 1780-1782-1792, par id. et Le Sang mare, Rib, Mother Western.
  Id. v. 1785, par id. et Matchem mare is. de Brown Regulus.
f Magnolia v. 1770, par Marske et Babraham mare, Sedbury, Ebony.
f Y-Magnolia v. 1785, par Highflyer et Magnolia par Marske.
c Magnolia the Younger v. 1800, par Pegasus et Y-Magnolia par Highflyer.
c Magdalena 1788, par Highflyer et Matchem mare, Traveller, Sligted by all.
c Maia 1833, par Caïn et Filho da Puta mare, Sancho, Fidget.
c Maid of Avenel 1834, par Waverley (Whalebone) et Gin par Juniper.
*c Id. of Fez 1841, par Muley Moloch et Streatlam Sprite par Physician.
*f Id. of Heart 1846, par The Provost et Martha Lynn par Mulatto.
*c Id. of Erin 1841, par Ishmaël et Potteen par Irish Blacklock.
c Id. of Lorn v. 1810, par Castrel et Y-Marske mare par Richardson's
    Marske et Rockingham mare.
c Id. of Monton v. 1835, par Recovery et Cinderella par Walton.
*f Id. of Mona 1845, par Tory Boy et Kite par Bustard.
c Id. of Honor v. 1830, par Champion (Selim) et Etiquette par Orville.
f Id. of the Oaks 1780, par Herod et Rarity par Matchem. Vr de l'Oaks.
f Id. of all Work 1786, par Highflyer et Syphon mare, Regulus, Snip.
c Id. of Orleans 1806, par Sorcerer et Pot 80's mare is. de Huncamunca.
    Vainqueur de l'Oaks.
c Id. of Lune v. 1830, par Whisker et Gibside Fairy par Hermès.
c Id. of the Mill 1788, par Plunder et Miss Euston par Snap.
c Id. of the Mill 1820, par Raphaël et Paynator mare is. de Violet.
c Id. of the Mill 1803, par Brother to Eagle et Star mare, Moorpoult.

c Maid of the Mill 1814, par Zodiac et Tobosa par Sancho.
F Id. of Melrose 1829, par Brutandorf et Whisker mare (Bay), Orville mare.
c Id. of the Oaks 1829, par Brutandorf et Smolensko mare, Lady Mary.
c Id. of Ely 1785, par Tandem et Herod mare, Y-Cade, Regulus.
c The Maid of Burghley v. 1830, par Sultan et Palais Royal par Blucher.
c Mainbrace v. 1845, par Sheet Anchor et Bay Middleton mare, Nitocris.
F Maiden 1770, par Matchem et Squirt mare, Mogul, Y-Camilla.
F Id. 1804, par Sir Peter et Phœnomenon mare is. de Matron.
*c Id. 1819, par Hedley 1803 et Selim mare, Oscar, Dairy Maid.
F Y-Maiden 1780, par Highflyer et Maiden par Matchem.
Makeless mare v. 1705, par Makeless mare is. de Barb mare.
F Id. (Queen Anne's) v. 1706, par id. et Brimmer mare, Place's White
    Turk, Dodsworth.
c Id. v. 1705, par id. et Brimmer mare is. de Dicky Pierson's mare.
Id. v. 1705, par id. et Black Legged D'Arcy's Royal mare.
Id. v. 1705, par id. et Taffolet Barb mare et inconnue.
Id. 1710, par id. et Counsellor mare, Brimmer, Dicky Pierson's Bay Barb.
Id. v. 1705 (Dam of Chilluby mare), par id. et inconnue.
F Id. 1717, par id. et Brimmer mare, Diamond, Sister to Merlin's Dam.
Id. v. 1712, par id. et Sir Hugh Cholmondley's Barb mare.
Id. v. 1715, par id. et Brimmer mare is. de Curwen's Bay Barb mare.
Id. v. 1715, par id. et Brimmer mare, Son of Dodsworth, Burton Barb.
Id. v. 1720, par id. et Wormwood mare, inconnue.
Id. v. 1710, par id. et Royal mare.
Id. v. 1706, par id. et Brimmer mare, Dodsworth, inconnue.
Id. v. 1705, par id. et Taffolet Barb mare, inconnue.
F Id. v. 1708, par id. et Christopher D'Arcy's Royal mare.
c Makeless v. 1715, par Makeless et Wastell's Turk mare, Hautboy mare.
*c Malvina 1826, par Manfred et Rachel par Rubens.
c Malay v. 1840, par Mulatto (Catton) et Laura par Don Cosssack.
*c Malvina 1843, par Emilius et Heloïse par Theodore.
c Id. v. 1830, par Oscar et Spotless par Walton.
c Malibran 1822, par Rubens et Trumpator mare, Highflyer, Otheothea.
*c Id. 1830, par Whisker et Garcia par Octavian.
*c Malice 1850, par Iago et The Warwick mare par Merman.
c Malvoisie 1843, par Bay Middleton et Malvina par Oscar.
c Ma Mie 1839, par Jerry et Fanchon par Lapdog.
Mambrino mare v. 1780, par Mambrino et Marigold par Herod.
Id. v. 1780, par id. et Lavender par Herod.
Mameluke mare 1831, par Mameluke et Smolensko mare, Brunette.
c Mamzel Otz v. 1830, par Blacklock et Whisker mare, Miss Cranfield.
Mango mare 1840, par Mango 1834 et Zafra par Partisan.
F Mandane 1800, par Pot 80's et Y-Camilla par Woodpecker.
c Id. v. 1830, par Sultan et Maria par Waterloo.
F Id. 1766, par Groswenor Arabian et Amelia par Godolphin.

c Manfreda (ex Tawny) 1814, par Williamson's Ditto et Tawny par Mentor.
Manfred mare v. 1820, par Manfred et Sun Flower par Castrel.
* c Mania 1828, par Don Juan et Miss Fulford par Walton.
c Id. 1829, par Figaro et Maniac par Shuttle.
Manica mare v. 1740 (Dam of Blacklegs), par Manica et inconnue.
c Mandoline v. 1820, par Waxy et Penny Trumpet par Trumpator.
c Mangosteen v. 1730, par Emilius et Mustard par Merlin.
* c Mantle 1837, par Reveller et Green Mantle par Sultan.
v Mangel Wurzel v. 1843, par Merlin (Miss Newton) et Morel par Sorcerer.
v Maniac 1806, par Shuttle et Anticipation par Beningbrough.
* c Y-Maniac (ex Loan) 1826, par Tramp et Maniac par Shuttle.
* c Mantua 1823, par Wofull et Miltonia par Patriot.
* c Manœuvre 1821, par Rubens et Finesse par Peruvian.
v Manilla 1777, par Goldfinder et Old England mare, Cullen Arabian mare.
* c Manille 1825, par Orville et Tredrille par Walton.
v Manuella 1809, par Dick Andrews et Mandane par Pot 8o's. V' de l'Oaks.
c Mansfield Lass 1825, par Filho da Puta et Variety par Selim.
c Manto v. 1825, par Tiresias et Walton mare, Y-Noisette.
c Marchesa v. 1825, par Comus et Delpini mare (Miss Newton's).
c Marchesina 1834, par Tramp et Marchesa par Comus.
c Marceline v. 1830, par Lottery et Marchesa par Comus.
* v Marcella 1835, par Zingance et Emma par Orville.
v Marcia v. 1785, par Coriander et Faith par Pacolet.
c Id. 1783, par Highflyer et Baccelli par Marske.
c Marchioness 1823, par Catton et Hambletonian mare, Shuttle, Drone.
c Id. 1797, par Lurcher et Miss Cogden par Phœnomenon.
c Id. d'Eu v. 1848, par Sweetmeat et Echidna par Economist.
c Marchionest 1852, par Melbourne et Cinizelli par Touchstone. V' de l'Oaks.
c Id. 1836, par Merchant et Turquoise par Selim.
c Margaret 1779, par Eclipse et Madcap par Snap.
c Margareth 1804, par Beningbrough et Roxana par Sir Peter.
c Margaretta v. 1774, par Syphon et Y-Snip mare, Cade, Partner.
* c Margaret 1831, par Edmund et Medora par Selim.
c Marcellina 1804, par Worthy et Marcella par Mambrino.
c Marcella 1783, par Mambrino et Medea par Sweetbriar.
c Marcia (ex Spider Brusher) 1772, par Matchem et Lady par Sir Ch. Turner's Sweepstakes.
c Margaretta 1802, par Sir Peter et Highflyer mare is. de Nutcracker.
* c Margareth 1845, par Drayton et Medora par Selim.
c Margareth 1808, par Hambletonian et Rosamond par Buzzard.
v Margellina 1826, par Whisker et Manuella par Dick Andrews.
v Marciana v. 1805, par Stamford et Marcia par Coriander.
c March First v. 1830, par Saint-Nicholas 1808 et Miss Iris par Blucher.
c Margery Daw v. 1740, par Hobgoblin et Godolphin Arabian mare is. de Little Hartley mare.

r Margery 1730, par Partner et Woodcock mare, Makeless, Brimmer.
Margaret 1804, par Sir Peter et Brown Bess Sister to Sir Peter par Highflyer et Papillon.
c Margravine 1821, par Smolensko 1810 et The Duchess par Cardinal York.
Margrave mare v. 1837, par Margrave et Patty Primerose par Confederate.
c Margravine v. 1837, par Margrave et Whisker mare is. de Manuella.
c Margravine v. 1830, par Brutandorf et Her Highness par Moses.
f The Margravine 1830, par Little John et Phantom mare, Gohanna mare.
c Margrave's Dam (Election mare) 1815, par Election et Fair Helen par
Hambletonian.
c Maria 1756, par Second et Spinster par Crab.
c Id. 1765, par Blank et Bonny Lass par Ship.
c Id. 1766, par Northumberland et Lady Legs par Regulus.
c Id. 1760, par Godolphin Colt et Blacklegs mare, Bay Bolton, Fox's Cub.
c Id. v. 1820, par Trissy et Caleb Quotem mare is. de Anna Bullen.
f Id. 1783, par Telemachus et A-la-Grecque par Regulus.
f Id. (Waxy's Dam) 1777, par Herod et Lisette par Snap.
c Id. 1789, par Highflyer et Nutcracker par Matchem.
c Id. 1791, par Highflyer et Maria par Telemachus.
c Id. 1768, par Snap et Tartar mare, Mogul, Sweepstakes.
*cId. 1832, par Langar et Gohanna mare, The Pitshill mare.
*rId. 1822, par Walton et Lisette par Hambletonian.
c Id. 1820, par Waterloo et Belvoirina par Stamford.
*fId. 1827, par Whisker et Gibside Fairy par Hermès.
c Id. 1833, par Sir Hercules et Pleiad par Bob Booty.
c Maria Careless 1760, par Regulus et Whimsey par Cullen Arabian.
c Marianne v. 1815, par Sorcerer et Thomasina par Timothy.
f Id. 1798, par Mufty (Damascus Arabian) et Maria par Telemachus.
* Id. v. 1770, inconnue.
c Id. v. 1810, par Stamford et Marcia par Coriander.
c Id. 1767, par Squirrel et Miss Miredith par Cade.
c Id. (Mary Ann) 1815, par Marmion 1806 et Witch of Endor par Sorcerer.
Maria West v. 1765 (Dam of Wagner and Fanny), inconnue.
c Marinella v. 1824, par Soothsayer et Bess par Waxy.
c Marigold 1777, par Herod et Toy par Blank.
c Marion v. 1830, par Tramp et Rosamond par Buzzard.
c Marion 1839, par The Mole et Agnès par Battledore.
f Marlborough mare (Sister to Babraham), v. 1750, par Marlborough et
Royal mare.
c Maritorness 1813, par Cervantes et Sally par Sir Peter.
Mark Anthony mare v. 1785, par Mark Anthony et Noisette par Squirrel.
c Id. v. 1780, par id. et Signora par Snap.
Id. v. 1790, par id. et Y-Doxy par Imperator.
c Marmelade 1833, par Emilius et Mustard par Merlin.
c Marmion mare 1823, par Marmion 1806 et Harpalice par Gohanna.

c Marotte 1766, par Matchem et Traveller mare, Hartley's Blind Horse mare.
c Marmora v. 1830, par Sultan et Miss Catton par Golumpus.
p Marpessa v. 1830, par Muley et Clare par Marmion.
c Marphisa 1816, par Haphazard 1797 et Sorcerer mare, Sir Harry mare.
c Marrowfat v. 1815, par Orville et Peablossom par Don Quixote.
c Marske mare 1773, par Marske et A-la-Grecque par Regulus.
  Id. 1770, par id. et Susan par Bajazet.
c Id. 1771, par id. et Regulus mare, Steady, Partner.
  Id. 1774, par id. et Cullen Arabian mare, Black Eyed par Regulus.
  Id. v. 1760 (Dam of Pacolet mare), par id. et inconnue.
  Clayhall's Marse mare v. 1790, par Clayhall's Marske et Herod mare,
    Goldfinder, Compton Barb.
  Marshall's Turk mare v. 1700, par Marshall Turk et Place's White Turk
    mare, inconnue.
  Y-Marske mare v. 1780, par Y-Marske et A-la-Grecque par Regulus.
  Id. 1789, par id. et Amaranthus mare, Dorimond, Portia.
  Id. 1791, par id. et Chatsworth mare, Engineer, Wilson's Arabian.
c Id. 1780, par id. et Silvio mare is. de Hutton's Daphné.
  Id. v. 1780, par id. et Bosphorus mare, Rib, Hip.
  Id. v. 1780, par id. et Matchem mare, Tarquin, Y-Belgrade.
  Id. 1787, par id. et Dorimond mare is. de Portia.
  Id. 1794, par id. et Phœnomenon mare is. de Calliope.
c Id. v. 1785, par id. et Arbitrator mare, Daphné par Regulus.
c Id. v. 1780, par id. et Brother to Silvio mare, Sister to Stripling.
  Id. 1786, par id. et Pyrrha par Matchem.
  Id. v. 1780, par id. et Silvio mare, Hutton's Daphné par Regulus.
  Id. v. 1790, par id. et Emma par Telemachus.
  Id. v. 1790, par id. et Gentle Kitty par Silvio.
  Id. v. 1780 (Dam of Highflyer mare), par id. et inconnue.
  Id. 1780, par id. et Brother to Silvio mare, Hutton's Daphné.
  Y-Marske mare 1804, par Richardson's Marske et Rockingham mare,
    Butterfly par Eclipse.
c Martha v. 1795, par Woodpecker et Venus par Eclipse.
c Martha Lynn v. 1835, par Mulatto 1823 et Leda par Filho da Puta.
c Martha v. 1815, par Merlin (Miss Newton) et Sea Mew par Scud.
c Marvel 1792, par Phœnomenon et Old England mare, Cullen Arab. mare.
*c Martingale 1844, par The Saddler et Barbakin par Plenipotentiary.
c Mary v. 1800, par Sir Peter et Diomed mare is. de Desdemona.
c Id. 1797, par Y-Marske et Gentle Kitty par Silvio.
c Id. 1823, par Friday et Luna par Volunteer.
c Id. v. 1805, par Gohanna et Mercury mare is. de Marigold.
c Id. 1854, par Idle Boy 1845 et Alexina par Hetman Platoff.
c Id. 1840, par Elis et The Margravine par Little John.
c Y-Mary 1816, par Mowbray et Mary par Y-Marske.
c Mary Ann 1825, par Waxy Pope et Witch par Sorcerer et Precipitate m.

— 222 —

c Mary Ann 1825, par Frolic et Otis par Bustard 1820.

f Id. Cop v. 1852, par Flying Dutchman et Blue Bonnet par Touchstone.
   Vainqueur du Goodwood, 2e à l'Oaks.

c Id. Ann 1784, par Florizel et Goldfinder mare is. de Lovely.

f Id. Ann 1791, par Sir Peter et Y-Marske mare, Matchem, Tarquin.

c Id. 1813, par Marmion. Voyez Marianne.

c Id. Ann v. 1825, par Blacklock et Alfana par Dick Andrew's.

c Id. Bella v. 1800, par Walnut et Maria par Telemachus.

c Id. Gray v. 1830, par Partisan et Barbara par The Laird.

f Id. Gray v. 1792, par Ruler et Sampson mare, Regulus, Sister to Wane's
   Little Partner.

c Id. Grey v. 1780, par Friar et Timante par Tim.

c Masquerade 1771, par Marske et Y-Cade mare 1762 is. de Miss Thigh.

c Masquerade v. 1779, par Buzzard et jument qu'on croit être Totterella
   par Dungannon.

f M. Hanger's Brown mare v. 1730, par Stanyan's Arabian et Gipsy par
   Bay Bolton.

f The Massey mare, ou His Massey's mare, v. 1710 (Dam of Old Ebony
   and Rutland's Brown Betty), par M. Massey's Black Barb et inconnue.
   Matchem mare 1774, par Matchem et Barbara par Snap.
   Id. v. 1775, par id. et Regulus mare, Starling, Ringbone.
   Id. 1773 et 1778, par id. et Nisa par Omar.
   Id. 1777, par id. et Perdita par Herod.
   Id. 1777, par id. et Dainty Davy mare, Son of Mogul, Crab.
   Id. 1777, par id. et Jocasta pas Conforth's Foresterr

f Id. 1772, par id. et Syphon mare, Shakespear, Miss Meredith.
   Id. v. 1770, par id. et Regulus mare, Partner, Curwen's Bay Barb.
   Id. 1769, par id. et Riot par Regulus.
   Id. 1771 et 1774, par id. et Brown Regulus par Regulus.

* Id. v. 1770, v. 1770, v. 1772, par id. et mères inconnues.
   Id. v. 1774, par id. et Old England mare, Traveller, Smilling Molly.
   Id. 1769, par id. et Snip mare, Regulus, Parker's Lady Thigh.

c Id. 1774, par id. et Snap mare, Oroonoko, Godolphin Arabian.
   Id. v. 1770, par id. et Tarquin mare, Y-Belgrade, Scarborough Colt.
   Id. v. 1775, par id. et Snap mare, Cade, Partner.

c Id. v. 1765, par id. et Blank mare, Babraham, inconnue.

c Id. 1767, par id. et Squirt mare, Mogul, Y-Camilla.
   Id 1777, par id. et Traveller mare is. de Slighted By all.
   Id. 1767, par id. et Dormouse mare, Hampton Court Childers, Bushy Mol.
   Id. v. 1770, par id. et Miss Elliot par Grieswood's Partner.

c Matchem Middleton (ex Miss Hartley) v. 1760, par Matchem et Miss
   Middleton par Regulus.
   Matchless mare 1764, par Matchless et Snip mare, Godolphin Arabian,
   Frampton's Whiteneck.

c Matron 1755, par Cullen Arabian et Bartlet's Childers mare, Old Lady.

c Matron 1785, par Alfred et Marske mare, Regulus, Steady.
r Id. v. 1780, par Florizel et Maiden par Matchem.
*c Matilda 1832, par Shakespeare et Maud par Morisco.
*c Id. 1827, par Whisker et Remembrance par Sir Solomon.
c Id. 1804, par Whiskey et Highflyer mare Sister to Toby, Matchem mare.
*c Id. 1818, par Orville et Sorcerer mare is. de Matilda.
r Id. 1824, par Comus et Juliana par Gohanna. Vr du Saint-Léger.
c Id. 1805, par Ambrosio et Don Quixote mare is. de Lœtitia.
c Id. 1833, par Humphrey Clinker et Ildegarda par Bob Booty.
c Id. 1833, par Memnon et Tintoretto par Rubens.
r Maud v· 1820, par Morisco et Merry Maid par Buzzard.
c Maud 1802, par Sir Peter et Brown Bess Sister to Sir Peter par Highflyer.
c May 1804, par Beningbrough et Primerose par Mambrino.
c Mayfly 1771, par Matchem et Starling mare, Grasshopper, Sir M. N. Arab.
c Id. 1787, par Florizel et Mayfly par Carabineer.
c Id. 1829, par Middleton 1822 et Codicil par Smolensko.
c Id. 1837, par Emilius et Mercy par Merlin.
c Id. 1798, par Dragon et Herod mare, Cygnet, Cartouch.
r Id. 1779, par Carabineer et Sampson mare, Regulus, Sister to Wane's
    Little Partner.
*c May Queen 1850, par Earl of Richemond et Recreation par Reveller.
*c Mayfield 1856, par Orlando et Gaze par Bay Middleton.
c Meal 1838, par Bran et Tintoretto par Rubens. 2e à l'Oaks.
c Mecca 1835, par Sultan et Miss Cantley par Stamford.
*c Medaille 1832, par Gaberlunzie et Hazardess par Haphazard.
c Medea v. 1775, par Sweetbriar et Angelica par Snap.
   Medina 1824, par Shebdeez et Passamaquoddi par Lignum Vitœ.
* Medulline 1853, par Jack Robinson et Hindoo mare is. de Brookside.
c Medusa v. 1745, par Regulus et Little Bowes par Brother to Mixbury.
r Medora 1811, par Swordsman 1795 et Trumpator mare is. de Peppermint.
    Vainqueur de l'Oaks.
r Medora v. 1811, par Selim et Sir Harry mare is. de Volunteer mare.
c Y-Medora v. 1830, par Prince 1823 et Fib par Bobadil.
c Medea v. 1830, par Whisker et Octavian mare is. de Y-Mary.
c Medina v. 1805, par Worthy et Javelin mare 1797 is. d'Highflyer mare.
*c Medoro mare (Balaclava) 1842, par Medoro et Mosti par Confederate.
c Meg Merillies v. 1816, par Soothsayer et Precipitate mare, Lady Harriet.
r Meliora 1729, par Fox et Milkmaid par Sir W. Blacket's Snail.
c Meliora v. 1830, par Tramp et Octavia par Walton.
c Melody v. 1830, par Bustard (Castrel) et Black Sultan mare Warrior,
    Cecilia par Beningbrough.
c Melrose 1826, par Pilgarick et Whisker mare, Orville, Expectation.
c Melpomène 1765, par Alcides et Lass of the Mill par Oroonoko 1756.
c Memina 1824, par Smolensko 1810 et Jerboa par Gohanna.
c Memphis v. 1825, par Whisker et Manuella par Dick Andrews.

*c Memoir 1840, par Hornsea et Legend par Merlin.

c Memory 1818, par Recordon et Helen Mar par Remembrancer.

ʀ Mendicant 1843 (Dam of Beadsman, and Musjid), par Touchstone et Lady
    Moore Carew par Tramp. Vainqueur de l'Oaks.

*c Menalippe 1837, par Merchant et Phantom mare, Periclès, Mary.

*c La Méprisée 1834, par Velocipède et Zenobia par Whalebone.

    Mercury mare 1790, par Mercury et Cytherea par Herod.

    Id. v. 1790, par id. et Marigold par Herod.

    Id. 1792, par id. et Mary Ann par Florizel.

c Id. 1789, par id. et Herod mare is. de Maiden par Matchem.

c Id. v. 1792, par id. et Herod mare is. de Folly par Marske.

    Id. 1788, par id. et Highflyer mare is. de Miranda.

    Id. 1788, par id. et Miranda par Snap.

    Id. 1789, par id. et Highflyer mare, Snap, Marlborough.

ʀ Mercy v. 1825, par Merlin (Miss Newton's) et Shoveler par Scud.

c Meretrix v. 1830, par Filho da Puta et jument non indiquée.

ʀ Merlin's Dam v. 1698, inconnue.

    Sister to Merlin's Dam v. 1700 (Dam of Diamond mare), inconnue.

    Merlin mare v. 1710 (Dam of Old Royal mare), par Merlin et inconnue.

    Id. v. 1710 (Dam of Darley Arabian mare), par id. et inconnue.

    Id. v. 1715, par id. et Commoner mare is. de Coppin mare.

    Merlin mare v. 1730, par Merlin 1720 et Alcock's Arabian mare, incon.

    Id. v. 1726, par id. et Pert mare, Commoner, Coppin mare.

    Id. v. 1730 (Dam of Sir W. Wynn's Little Ball), par id. et inconnue.

    Merlin mare v. 1768, par Merlin 1748 et Regulus mare, inconnue.

    Id. v. 1760, par id. et Mother Pratt par Marsk's man.

    Id. v. 1822, par Merlin (Y-Bab) et Delpini mare (Miss Newton's).

*   Id , ou Scud mare, 1822, par id., ou Scud, et Remembrancer mare,
      Aethe par Y-Marske.

    Merlin mare v. 1825, par Merlin (Miss Newton's) et Sea Mew par Scud.

*   Id. 1828, par id. et Adeline par Soothsayer.

    Id. v. 1825, par id. et Mermaid par Orville.

    Id. v. 1810, par Merlin 1805 et Oscar mare, Dairy Maid.

c Merliton 1768, par Snap et Miss Windsor par Godolphin Arabian.

c Mermaid 1825, par Merlin (Y-Bab) et Matilda par Orville.

c Id. (Orville mare) 1811, par Orville et Sir Solomon mare, Miss Brim.

c Id. 1720, par The Sutton Turk et Basto mare, Makeless, Taffolet Barb.

c Id. v. 1810, par Governor 1801 et Y-Marske mare, Gentle Kitty.

c Id. v. 1830, par Whalebone et Miss Emma par Walton.

c Merry Maid 1803, par Buzzard et Highflyer mare, Smalbones.

c Merope v. 1835, par Voltaire et Juniper mare, Sorcerer, Virgin.

*c Messène 1838, par Merchant et Phantom mare, Periclès, Mary.

ʀ Meteora 1802, par Meteor et Maid of all Work par Highflyer.

    Meteor mare v. 1810, par id. et Alexandria par Alexander.

    Id. v. 1810, par id. et Petrowna par Sir Peter.

c Meta v. 1800, par un inconnu et Delpini mare, Black Eyed Susan.
  Metaphysician mare v. 1784, par Metaphysician et Y-Cade mare, Samp-
    son, Tartar.
c Mètre v. 1810, par Waxy et Woodbine par Woodpecker.
f Meynell 1736, par Partner et Grey Hound mare, Curwen's Bay Barb.
c Michaëlmas (ex Bittern) 1818, par Thunderbolt et Plover par Sir Peter.
c Miami 1841, par Venison et Diversion par Defence. Vr de l'Oaks.
  Middleton mare 1830, par Middleton 1822 et Smolensko mare, Zoraïda.
f Middlesex 1772, par Snap et Miss Cleveland par Regulus.
f Midge 1742, par Son of Bay Bolton et Bartlet's Childers mare, Hony-
    wood's Arabian, Byerly Turk.
*c Middsummer 1833, par Filho da Puta et Stella par Sir Oliver.
c Mignonette 1813, par Sorcerer et Symmetry par Sir Peter.
c Michaëlmas Day, ou Ellen, v. 1830, par Saint-Patrick. Voyez Ellen.
c Y-Mignonette 1829, par Bustard (Castrel) et Mignonette par Sorcerer.
  Milesius mare v. 1826, par Milesius et Bushy Molly par Schedony.
f Miltonia 1804, par Patriot et Miss Muston par King Fergus.
c Milkmaid, ou Hepatica, 1770, par Syphon. Voyez Hepatica.
c Minaret 1828, par Ibrahim et Dandizette par Whalebone.
c Minerva 1797, par Walnut et King Fergus mare, Herod, Pyrrha.
c Milwood v. 1780, par Imperator et Y-Fanny par Eclipse.
c Id. v. 1847, par Monarch (Comus) et Fanny par Whisker.
*c Id. 1844, par Sir Hercules et Miss Betzy par Plenipotentiary.
c Miniken 1827, par Manfred et Morgiana par Coriolanus.
f Milksop 1753, par Cade et Miss Partner par Partner et Makeless mare.
*c Minetta v. 1830, par Wofull et Posthuma par Orville.
c Minima v. 1815, par Election et Leopoldine par Walton.
c Mickleton Maid v. 1835, par Velocipède et Maid of Lune par Whisker.
c Midnight v. 1800, par Saltram et Lavinia par Trumpator.
  Minos mare v. 1822, par Minos et Aquilina par Eagle et Mary Bella.
* Id. v. 1825, par id. et Angelica par Amadis.
c Milliner 1768, par Matchem et Cassandra par Blank.
c Minna v. 1835, par The Colonel (Whisker) et Minetta par Wofull.
c Minstrel 1803, par Sir Peter et Matron par Florizel.
c Id. v. 1825, par Little John et Mètre par Waxy.
* Miopess 1835, par Château-Margaux et Vicarage par Octavian.
c Milliner 1770, par Herod et Cassandra par Blank.
c Miniature 1829, par Teniers et Springe par Scud.
c Ministrel v. 1818, par Prime Minister et Miss Paul par Sir Paul.
c Minion 1770, par Herod et Principessa par Blank.
c Minuet 1812, par Waxy et Woodbine par Woodpecker. Vr de l'Oaks.
c Minima v. 1836, par Rowton et Deception par Mountebank.
c Minna 1821, par Wofull et Diana par Stamford.
c Minima v. 1830, par Sultan et Aspasia par Pericles.
*c Mina 1833, par Gaberlunzie et Gohanna mare is. de Catherine.

c Miniature 1814, par Rubens et Prue par Trumpator.

c Id. 1822, par Rubens et Y-Chryseïs par Dick Andrews.

c Minx v. 1835, par Humphrey Clinker et Cervantes mare, Golumpus mare.

c Miranda 1830, par Phantom et Juniper mare, Sir Peter, Brown Charl.

f Milk Maid v. 1720, par Old Snail et Shields Galloway par M. Curwen's.

c Miranda 1843, par Rococo et Y-Mignonnette par Bustard.

*c Y-Miracle 1832, par Harry (Y-Chryseïs) et Miracle par Soothsayer.

c Miracle v. 1820, par Soothsayer et Merry Maid par Buzzard.

c Miriam 1771, par Snap et Miss Cape par Regulus.

c Id. 1824, par Whalebone et Gohanna mare is. de Grey Skim.

c Miranda 1769, par Snap et Miss Middleton par Regulus.

*c Miscellany 1842, par Bentley et Battersea Lass par Phantom.

c Misery 1815, par Camerton et Tobina par Toby.

c Misrule 1830, par Merlin (Y-Bab) et Surprise par Scud.

c Miss v. 1745, par Lath et Childers mare is. de Miss Belvoir.

c Miss v. 1775, par Wauxhalls Snap 1765 et Squirrel mare is. de Sophia.

c Miss Aide 1801, par Sir Peter et Alfred mare 1789, Sister to Tickle Toby.

f Id. Alice Hawthorn, ou Alice Hawthorn, 1838. Voyez Alice Hawthorn.

*c Id. Agreable 1839, par Agreable et Whisker mare, Sam, Morel.

*f Id. Ann 1827, par Figaro et Tramp mare is. d'Harpalice.

*c Id. Ann 1831, par Filho da Puta et Smolensko mare, Shuttle, Hamb..

f Id. Ann, ou Mary Ann, 1791, par Sir Peter. Voyez Mary Ann.

c Id. Allerthorpe, ou Blowing, 1803. Voyez Blowing is. de Pot 80's mare.

c Id. Allegro (ex December Filly) 1815, par Waxy. Voyez December Filly.

c Id. Bell 1770, par Marske et Bajazet mare, Cartouch, Ebony.

f Id. Belvoir v. 1720, par Grey Grantham et Paget Turk mare is. de
  Betty Percival.

c Y-Miss Belvoir 1730, par Childers et Miss Belvoir par Grey Grantham.

c Miss Bab 1806, par Highland Flying et Lady Bab par Assassin.

c Id. Barforth 1760, par Snap et Miss Cade par Cade (Sister to Y-Cade).

c Id. Bowe v. 1825, par Catton et Orville mare, Miss Grimstone.

c Id. Bowe v. 1850, par Ithuriel et Miss Bowe par Catton.

c Id. Barforth (The Wilkie's mare) 1735, par Partner et Brown Woodcock
  par Woodcock.

c Id. Barker v. 1742 (Dam of Gay), par Cumberland et inconnue.

c Id. Brampton 1822, par Old Royal et Castaway mare, Brimmer mare.

c Id. Buckle v. 1804, par Precipitate et Highflyer mare, Goldfinder, Lady
  Bolingbroke.

c Id. Barncley (ex Little Beagle) 1834, par Beagle. Voyez Little Beagle.

c Id. Betzy 1833, par Plenipotentiary et Whisker mare is. de Castrella.

*c Id. Betzy (ex Soupire) v. 1770, par Herod et Syren par Snap.

c Id. Breeze v. 1825, par Phantom et Breeze par Soothsayer.

c Id. Cadee 1747, par Cade et Miss Partner par Partner.

c Id. Blunt 1832, par Camel et Harmony par Reveller et Orville mare.

f Id. Brim 1785, par Highflyer et Brim par Squirrel.

f Miss Belsea 1753, par Regulus et Bartlet's Childers mare, Honywood's Arabian, True Blue's Dam.

*cld. Burns 1840, par The Bard et Velocipède mare, Cerberus, Rosamond.

c Id. Brocket 1801, par Sir Peter et Alfred mare, Herod, Engineer.

c Id. Blanchard 1781, par Highflyer et Syphon mare, Regulus, Snip.

c Id. Cade 1750, par Cade et Miss Makeless par Son of Grey Hound.

f Id. Cade (Sister to Y-Cade) 1753, par Cade et Miss Partner par Partner.

c Id. Cranbourne 1753, par Godolphin Arabian et Miss Western par Sedbury.

c Id. Catton 1811, par Golumpus et Lucy Gray par Timothy.

c Id. Codgen 1790, par Phœnomenon et Y-Marske mare, Silvio, Daphné.

c Id. Craigie v. 1810, par Orville et Marchioness par Lurcher.

c Id. Chance v. 1815, par Trinidad et Gipsy par Guilford.

c Id. Chantrey 1818, par Clinker et Bronze par Buzzard.

c Id. Conforth 1771, par Matchem et Sampson mare, Regulus, Miss Makeless par Son of Grey Hound.

f Id. Cleveland 1758, par Regulus et Midge par Son of Bay Bolton.

f Id. Crawen 1825, par Master Lowe et Soothsayer mare, Buzzard, Highflyer. Vainqueur du Goodwood.

*cld. Camarine v. 1835, par Langar et Juniper mare, Sorcerer, Virgin.

c Id. Crachami v. 1820, par Magistrate et Ruler mare, Treecreeper.

*cld. Caroline 1833, par Langar et Caroline par Filho da Puta.

c Id. Cannon v. 1810, par Orville et Weathercock mare is. de Cora.

*cld. Cobden 1845, par Stockport et Blacklock mare is. de Louisa.

f Id. Cantley 1812, par Stamford et Mercury mare, Herod, Maiden.

c Id. Clifton 1822, par Partisan et Isis par Sir Peter.

c Id. Cape 1758, par Regulus et Routh's Black Eyes par Crab.

f Id. Cranfield 1803, par Sir Peter et Pegasus mare, Paymaster, Pomona.

c Id. Doë (Hale's) 1745, par Sedbury et Miss Mayes par Bartlet's Childers.

f Id Doë (Lambton's) 1772, par Grey Hound et Brown Woodcock par Woodcock.

c Id. Doë 1753, par Snip et Cottingham mare, Warlock Galloway.

c Id. Dunnington v. 1800, par Shuttle et Miss Grimstone par Weazle.

c Id. Darley's v. 1725, par Darley's Arabian et inconnue.

c Id. D'Arcy's Pet mare v. 1791, par Wastell's Turk et Sedbury Royal mare.

c Id. Elliot v. 1750, par Grieswood's Partner et Cœlia par Partner.

c Id. Euston 1774, par Snap et Blank mare, Cartouch, Sorcheels.

c Id. Eliza Teazle 1803, par Sir Peter et Eliza par Highflyer.

c Id. Eliza Bull 1800, par John Bull et Eliza par Highflyer.

c Id. Eliza Overton 1800, par Overton et Elisa par Highflyer.

c Id. Elis 1842, par Stockport et Varia par Lottery. Vr du Goodwood.

c Id. Elly v. 1835, par Brutandorf et Peter Lely mare, Comus, Marciana.

c Id. Eliza v. 1835, par Humphrey Clinker et Fitz Teazle mare, Hyacinthus, Overton, Catherine.

c Id. Emma 1824, par Walton et Orville mare (Miss Fanny).

*c Miss Edward's (Bee's Wing) 1838, par Doctor Syntax. Voyez Bee's Wing.

*c Id. Fit, ou Prime Fit (ex Prattler), 1828, par Actœon et Chat par Quiz.

c Id. Frill 1832, par Actœon et Giglet par Wanton.

F Id. Fortune 1775, par Dux et Curiosity par Snap.

c Id. Fulford 1819, par Walton et Maniac par Shuttle.

F Id. Fanny 1820, par Walton et Orville mare (Miss Fanny).

F Id. Fanny v. 1815, par Orville et Buzzard mare is. de Hornpipe.

F Id. Fury 1798, par Trumpator et Mark Anthony mare is. de Signora.

c Id. Fox v. 1820, par Glow Worm 1812 et Miss Paul par Sir Paul.

c Id. Green 1787, par Highflyer et Harriet par Matchem.

c Id. Georgina 1827, par Swiss et Paynator mare is. de Violet.

c Id. Gunpowder 1797, par Gunpowder et Y-Marske mare, Arbitrator mare.

c Id. Greatrex 1836, par Camel et Shortwaist par Interpreter.

c Id. Garforth v. 1815, par Walton et Hyacinthus mare, Zara.

c Id. Giles 1831, par Lottery et Arcot Lass par Ardrossan.

c Id. Grimstone v. 1795, par Weazle et Ancaster mare, Damascus Ar. Samp.

*c Id. Grimsthorpe (ex Miss Schneitz Hoffer) 1830. Voyez ce nom.

c Id. Hartley (Matchem Middleton) 1762, par Matchem. Voy. Matchem Mid.

*c Id. Howe 1840, par Ishmaël et Eliza Leedes par Comus.

F Id. Herwey (ex Mistress Herwey) v. 1775, par Eclipse et Clio par Y-Cade.

*c Id. Henry v. 1825, par Tiresias et Silvertail par Gohanna.

c Id. Haworth 1795, par Spadille et Clay Hall's Marske mare, Herod m.

F Id. Hawk 1805, par Buzzard et Sylph par Saltram.

F Id. Hap v. 1805, par Shuttle et Sir Peter mare is. de Miss Herwey.

c Id. Harwey 1755, par Cartouch et Sophia par Godolphin Arabian.

c Id. Hamilton 1789, par Highflyer et Columbine par Eclipse.

c Id. Hornpipe Teazle 1802, par Sir Peter et Hornpipe par Trumpator.

F Id. Holt v. 1800, par Buzzard et Camilla par Highflyer.

c Id. Hoyden 1785, par Bourdeaux et Miss Romp par Matchem.

c Id. Hip v. 1728, par Oysterfoot et Merlin mare, Commoner, Coppin m.

F Id. Holmes v. 1754, par Cade et Sedbury mare, Partner, Makeless.

c Id. Hayes (Modesty) 1806, par Delpini et Saltram mare, Matchem, Regulus.

c Id. Heathcote 1800, par M. Lade's Pilott et Highflyer mare, Engineer, inc.

c Id. Iris 1824, par Blucher 1810 et Iris par Sir Peter.

*c Id. James 1841, par Albemarle et Shoveler par Scud.

F Id. Jigg v. 1720, par Jigg (Mostyn's) et Curwen's Bay Barb mare (Sister to Mixbury).

*c Id. Johnston 1847, par Record et Miss Eliza par Humphrey Clinker.

F Id. Judy 1784, par Alfred et Manilla par Goldfinder.

c Id. Kitty 1782, par Highflyer et Squirrel mare, Babraham, Golden Ball.

c Id. King (ex Georgina) 1803, par Patriot. Voyez Georgina.

c Id. Kate 1835, par The Saddler et Miss Elly par Brutandorf.

*c Id. King 1840, par Muley Moloch et Jubilee par Catton et Paynator mare.

c Id. Kitty 1752, par Hutton's Spot et Crab mare is. de Miss Jigg.

Miss S. King v. 1835 (Dam of Mazeppa), anglo-arabe, inconnue.

c Id. Langley (ex Gipsy) 1740, par Devonshire's Blacklegs et Fox mare, Graham's Champion, Sir N. Pearson's Blue Cap.

c Id. Lydia v. 1837, par Belshazzard et Comus mare is. de Delpini mare.

c Id. Leedes 1759, par Snap et Miss Wilkinson par Regulus.

v Id. Layton (Lodge's Roan mare) 1731, par Partner. Voy. Lodge's Roan m.

c Id. Layton 1753, par Regulus et Miss Layton par Partner.

v Id. Letty 1834, par Priam et Miss Fanny par Orville. Vr de l'Oaks.

c Id. Lydia 1821, par Walton et Miss Fanny par Orville.

c Id Lora v. 1830, par Lottery et Britannia par Orville.

v Id. Makeless, ou Holme's Miss Makeless, 1737, par Son of Grey Hound et Partner mare is. de Brown Woodcock.

c Id. Martin 1836, par Voltaire et Miss Iris par Blucher.

v Id. Meynell v. 1744, par Partner et Grey Hound mare, Curwen's Bay Barb mare.

v Id. Middleton v. 1755, par Regulus et Camilla par Son of Bay Bolton.

v Id. Meredith 1751, par Cade et Little Hartley mare par Bartlet's Childers.

c Id. Mayes v. 1737, par Bartlet's Childers et Counsellor mare, Snake mare.

c Id. Maltby v. 1829, par Filho da Puta et Mrs Maltby par Cervantes.

c Id. Modesty 1751, par Cade et Hobgoblin mare, Bald Galloway mare.

c Id. Mossop 1758, par Regulus et Second mare, Fox, Gipsy.

v Id. Muston 1790, par King Fergus et Columbine par Espersykes.

c Id. Manager v. 1808, par Giles et Diomed mare is. d'Harriet.

*c Id. Mirth 1820, par Catton et Mirth par Trumpator.

v Id. Neesham 1720, par Hartley's Blind Horse et Commoner mare is. de Son of Place's White Turk mare.

v Id. Newton's (Delpini mare) 1804, par Delpini. Voyez Delpini mare.

c Id. Nancy 1803, par Beningbrough et Ruler mare, Fitz Herod, Y-Cade.

c Id. Newton 1831, par Longwaist et Lucinda par Haphazard.

c Id. O'Neil v. 1818, par Camillus et Miss Craigie par Orville.

c Id. Paul v. 1810, par Sir Paul et Miss Dunnington par Shuttle.

c Id. Paul v. 1767, par Warren's Sportsman et Juno par Bajazet.

c Id. Pratt 1775, par Syphon et Red Rose par Babraham.

c Id. Pratt 1759, par Son of Childers et Mother Pratt par Marskman.

c Id. Patty 1745, par Skipjack et Mother Neesham par Hartley's Blind H.

c Id. Piper v. 1790, par Sir Peter et Alfred mare is. de Capella.

c Id. Platoff v. 1810, par Remembrancer et Overton mare, Walnut, Ruler.

c Id Patrick 1823, par Walton et Dick Andrews mare, Trumpator mare.

*c Id. Petworth 1828, par Whalebone et Harpalice par Gohanna.

c Id. Parkinson 1730, par Swiss et Reveller mare, Waxy, Elve.

c Id. Patch v. 1734, par Justice et The Ringtail Galloway par Curwen's Bay Barb.

v Id. Partner 1730, par Partner et Makeless mare, Brimmer, Pl. Wh. Turk.

c Id. Pratt 1825, par Blacklock et Gadabout par Orville.

v Id. Regulus 1749, par Regulus et Miss Roundehad par Roundehad.

f Miss Ramsden v. 1760, par Cade et Lonsdale's Bay Ar. mare, Bonny Lass.
f Id. Roan 1753, par Cade et Madam par Bloody Buttocks.
c Id. Romp 1773, par Matchem et Riot par Regulus.
f Id. Rose 1766, par Spectator et Blank mare, Lord Leigh's Diana.
f Id. Roundehad 1742, par Roundehad et Partner mare (Dam of Matchem) 1735.
f Id. Sophia 1805, par Stamford et Miss Sophia par Buzzard.
f Id. Sophia 1836, par Shakespeare et Maud par Morisco.
f Id. Staveley 1805, par Shuttle et Drone mare, Matchem, Jocasta.
*c Id. Stephens (Rebecca) 1811, par Eagle 1796 et Stamford mare, Alexina.
*c Id. Schneitz. Hœffer (ex Miss Grimstorpe 1834, par Count Porro et Primula par Cervantes.
f Id. Slamerkin v. 1729, par Y-True Blue et Lord Oxford's Dun Arabian mare is. de D'Arcy's Black Legged Royal mare.
c Id. Syntax 1814, par Paynator et Beningbrough mare is. de Jenny Mole.
f Id. Sophia v. 1802, par Buzzard et Huncamunca par Highflyer.
c Id. Skim 1821, par Skim et Stricking Beauty par Sorcerer.
c Id. Stilton 1838, par Saracen et Delightful par Defence. 2e à l'Oaks.
c Id. Stamford v. 1760, par Lord Portmore's Whitenose et Spinner mare, Crab, Darley Arabian.
f Id. South 1758, par South et Cartouch mare is. d'Ebony.
c Id. Stephenson 1814, par Scud, ou Sorcerer, et Precipitate mare, Woodpecker, Snap.
f Id. Starling 1750, par Starling et Ringbone par Partner.
f Id. Spindleshanks 1770, par Omar et Starling mare, Godolphin Arabian, Stanyan's Arabian.
f Id. Starling Junior 1752, par Starling et Ringbone par Partner.
c Scrat 1780, par Herod et Mop Squeezer par Matchem.
c Id. Teazle 1799, par Sir Peter et Fanny par Diomed.
c Id. Teazle Hornpipe 1803, par Sir Peter et Hornpipe par Trumpator.
c Id. Teasdale 1755, par Wilson's Arabian et Miss Starling par Starling.
f Id. Thigh 1750, par Rib et Grisewood's Lady Thigh par Partner.
c Id. Thomasina v. 1822, par Welbeck et Thomasina par Timothy.
c Id. Tippet 1782, par Morwick Ball et Miss Conforth par Matchem.
f Id. Timms 1767, par Matchem et Squirt mare, Mogul, Y-Camilla.
c Id. Tomboy 1785, par Highflyer et Shakespear mare is. de Barbara.
c Id. Tooley v. 1810, par Teddy the Grinder et Lady Jane par Sir Peter.
c Id. Topping 1798, par Coriander et Magnet mare, Le Sang, Rib.
c Id. Totteridge, ou Hydrophobia, 1797, par Dungannon. Voy. Hydrophobia.
f Id. Twickenham v. 1840, par Rockingham et Electress par Election.
c Id. Tree v. 1825, par Merlin (Y-Bab) et Sal par Scud·
f Id. Vernon 1755, par Cade et Partner mare 1744, Bay Bloody Buttoc.
c Id. Wasp 1807, par Waxy et Trumpetta par Trumpator.
c Id. Watt 1803, par Delpini et Trumpator mare is. de Demirep.
c Id. Whip 1793, par Volunteer et Wimbleton par Evergreen.

c Miss Whitelock v. 1755, par Whitenose et Sultana par Cartouch.

c Id. Wentworth 1819, par Cervantes et Stamford mare is. de Wryneck.

f Id. Western, 1746, par Sedbury et Mother Western par Smith's Son of Snake.

c Id. Wilkinson 1747, par Regulus et Miss Layton par Partner.

f Id. Windsor (ex Sylvia) 1754, par Godolphin Arabian et Y-Belgrade mare, Bartlet's Childers, Devonshire's Chesnut Arabian.

c Id. Witch 1811, par Sorcerer et Rosetta par Y-Woodpecker.

c Id. Woodpecker 1791, par Woodpecker et Venus par Eclipse.

c Id. Whimsey v. 1835, par Sir Hercules et Euphrosyne par Comus.

c Id. Wilkes 1818, par Octavian et Remembrancer mare, Y-Marske.

c Id. Windham v. 1735, par Windham et Belgrade Turk mare is. de Old Scarborough mare.

c Id. Wilfred v. 1830, par Lottery et Smolensko mare, Lady Mary.

f Id. West 1777, par Matchem et Regulus mare, Crab, Childers, Basto.

c Id. Windsor 1826, par Scud et Sheldrake par Scud.

c Id. Zilia Teazle v. 1799, par Sir Peter et Zilia par Eclipse.

c Missnommer v. 1830, par Merlin (Miss Newton) et Phantom mare is. de Pericles mare.

c Mistake v. 1810, par Waxy et Woodcot par Mentor.

c Mistletoë v. 1830, par Emilius et Minuet par Waxy.

*c Mrs Anson 1847, par Gladiator et Marchesina par Tramp.

f Id. Barnet v. 1805, par Waxy et Woodpecker mare, Heinel.

c Id. Cruickshanks v. 1825, et Gohanna mare is. de Fraxinella.

f Id. Herwey, ou Eclipse mare, v. 1775, par Eclipse. Voyez Miss Herwey.

c Id. Maltby v. 1815, par Cervantes et Legacy par King Fergus.

*c Id. Saddler (ex Saddler mare) 1838, par The Saddler et Smolensko mare is de Miss Cannon.

Id. Clarke 1806, par Chanteer et Sir Peter mare, Georgiana.

f Id. Jordan 1784, par Highflyer et Harriet par Matchem.

c Id. Walker v. 1840, par Jered et Priam, ou Zingance mare, Orville mare.

c Id. Walker v. 1830, par Blacklock et Primette par Prime Minister.

c Id. Parkinson v. 1831, par Swiss et Reveller mare, Waxy, Elve.

c Id. Weller 1825, par Whisker et Dick Andrews mare, Gammer Gurton.

c Id. Candour 1787, par Woodpecker et Papillon par Snap.

c Id. Clarke 1820, par Comus et Laurel Leaf par Stamford.

c Id. Siddons 1782, par Garrick et Sportmistress par Warrens Sportsman.

c Id. Gill v. 1839, par Viator et Lady Fractious par Comus.

Brother to Mixbury mare v. 1730, par Brother to Mixbury et Smockface mare, Snail, Burford Bull.

Id. v. 1740, par id. et Hutton's Bay Barb mare, Byerly Turk, Selaby Turk.

Id. v. 1740, par id. et Bald Galloway mare, King William's Black Barb, ou Turk, Whitout à Tongue mare.

Id. v. 1740, par id. et Bald Galloway mare is. de Royal mare.

Id. v. 1730, par id. et Hutton's Bay Barb mare, Byerly Turk, Bustler.

F Mixbury 1751, par Regulus et Little Bowes par Brother to Mixbury.

C Mixbury mare v. 1735, par Mixbury et Mulso Bay Turk, Bay Bolton
Coneyskins, Hutton's Grey Barb.

C Mite v. 1806, par Meteor et Nike par Alexander.

C Mockbird 1808, par Popinjay et Trumpator mare is. de Demirep.

C Modesty 1754, par Cade et Crab mare, Lord Portmore's Abigaïl.

C Modesty (ex Miss Hayes) 1806, par Delpini. Voyez Miss Hayes.

C Modesty 1839, par Bay Middleton et Trampoline par Tramp.

C Modish 1777, par Matchem et Cassandra par Blank.

C Moël Famma v. 1818, par Thunderbolt et Delta par Alexander.

C Mœotis 1818, par Quiz et Persepolis par Alexander.

C Moggy 1815, par Canopus et Margaretta par Sir Peter.

C Mogulistan 1844, par Venison et Muliana par Muley.

C Mogul mare v. 1747, par Mogul et Miss Slamerkin par Y-True Blue.
Id. v. 1755, par id. et Crab mare, Fox, Bay Bolton, Old Spot.

F Id. v. 1747, par id. et Sweepstakes mare, Bay Bolton, Curwen's Bay Barb.
Id. v. 1747, par id. et Bay Bolton mare, Pulleine's Chesnut Arabian,
Lord Lonsdale's Tregonwell mare.

F Id. v. 1745, par id. et Y-Camilla par Bay Bolton.
Id. v. 1746, par id. et Partner mare, Coneyskins, inconnue.
Id. v. 1750, par id. et Crab mare, Bay Bolton, Curwen's Bay Barb.
Son of Mogul mare v. 1760, par Son of Mogul et Crab mare, Bay Bolton,
Curwen's Bay Barb.

F Molly (Panton's) v. 1712, par Toulouze Barb et Panton's Molly's Dam.

F Molly v. 1700, par Toulouze Barb et inconnue.

F Panton's Molly's Dam v. 1695 (Dam of Commoner and two Creeping
Molly), inconnue.

F Molly 1769, par Blank et Mixbury par Regulus.

F Molly Longs Legs v. 1755, par Bahraham et Cole's Fox Hunter mare,
Partner, Bald Galloway.

C Moll Anthony v. 1805, par Commodore (Tom Tug) et j¹ irlandaise inc.

C Moll in the Wad 1797, par Sir Peter et The Yellow mare par Tandem.

C Moll in the Wad 1826, par Constable et Lady Abbess par Cardinal York.

C Moll in the Wad v. 1810, par Hambletonian et Spitfire par Pipator.

*C Molockine 1842, par Muley Moloch et Miss Thomasina par Welbeck.

C Momentilla v. 1800, par Brother to Repeator et Diomed mare, Imperator, Otheothea.

C Mona v. 1830, par Partisan et Millonia par Patriot.

*C The Monarch mare 1841, par The Monarch (Comus) et Marmion mare
is. de Harpalice par Gohanna.

F Monimia 1771, par Matchem et Alcides mare, Crab, Fox, Gipsy.

F Monimia 1821, par Muley et Precipitate mare, Woodpecker, Snap.

C Monœda v. 1840, par Taurus et Mona par Partisan.

*C Monosyllabe 1773, par Matchem et Regulus mare, Allworthy, Bolton's
Starling.

f Old Montagu mare v. 1710, par D'Arcy's Woodcock et Hautboy mare, Brimmer, inconnue.

f Old Montagu mare v. 1700, par id. et Royal mare.

c Montagu mare v. 1720, par id. et Son of Brimmer mare, Dick Burton's mare par Chesterfield Arabian.

f Montagu mare v. 1720, par Woodcock 1715 et Hautboy mare, Brimmer.

c Monica v. 1790, et Y-Marske mare, Matchem, Tarquin.

c Monica 1830, par Lottery et Shoëhorn par Teddy the Grinder.

c Monstrosity v. 1840, par Plenipotentiary et Puce par Rowton

c Moonbeam v. 1840, par Tomboy et Lunatic par Prime Minister.

f The Moonah Barb mare (Queen Anne's) v. 1715 (Dam of Leedes mare, Croft's Bay Barb mare; Doll; Stanyan's Arabian mare; Chillaby mare. v. 1815, jument Barbe primitive.

c Moonshine 1764, par Regulus et Traveller mare, Hartley's Blind Horse m.

c Moorpout 1777, par Y-Marske et Son of Omar mare, Whitenose mare.

c Moonshine 1817, par Soothsayer et Spitfire par Beningbrough.

c Mop v. 1795, par Sir Peter et Maid of all Work par Highflyer.

c Mopsa 1828, par Cannon Ball et Shoëhorn par Teddy the Grinder.

c Mopsey v. 1760, par Blank et Mixbury par Regulus.

f Mopsqueezer 1768, par Matchem et Lady par S. Ch. Turner's Sweepstakes.

f Morel 1805, par Sorcerer et Hornby Lass par Buzzard. Vr de l'Oaks.

f Old Morocco Barb mare (Dam of Spanker) v. 1690, par Fairfax's Morocco Barb et Old Bald Peg par Fairfax's Arabian.

* Morena 1850 , par Inheritor et Victoria par Elizondo.

c Morisca 1826, par Morisco et Waltz par Election.
Morisco mare v. 1826, par id. et Miniature par Rubens et Y-Chryseis.

c Morsel 1836, par Mulatto (Catton) et Linda par Waterloo.

c Morella 1834, par Emilius et Mustard par Merlin.

c Mortonia 1775 , par Herod et Northumberland mare, Regulus, Lord Morton's Arabian.

* c Mora 1842, par Bay Middleton et Malvina par Oscar.

c Morea v. 1832, par Teniers et Larissa par Trafalgar.

c Morgiana v. 1800, par Coriander et Fairy par Highflyer .

c Morgiana 1807, par Coriolanus et Lurcher mare, Phlegon, Merlin.

c Morgiana v. 1830, par Muley et Miss Stephenson par Scud.

* c Moselle 1830, par Château-Margaux et Smolensko mare, Shuttle, Hambl.

c Mosès mare 1763, par Mosès et Miss Vernon par Cade.
Id. 1755, par id. et Godolphin Arabian mare, Brother to Mixbury, Smockface, Snail.

c Mosqué 1838, par Sultan et Legend par Merlin.

c Mosti v. 1830, par Confederate et Quadron par Catton.

c Moss Rose 1827, par Blacklock et Juniper mare, Sorcerer, Virgin.

c Moss Rose 1799, par Sir Peter et Attraction par Magnet.

f Mother Bunch 1790, par Mercury et Highflyer mare, Miranda par Snap.

f Id. Bunch 1809. par Dick Andrews et Miss Cranfield par Sir Peter.

c Id. Neesham v. 1735, par Hartley's Blind Horse et inconnue.

F Id. Western v. 1738, par Smith's Son of Snake et Montagu mare 1720
par Woodcock.

c Id. Red Cap 1790, par Rockingham et Alfred mare, Pearson's Little
Partner, Snip.

F Id. Pratt 1748, par Marsksman et Brother to Mixbury mare, Bald Galloway,
King William's Black Barb, ou Turk, Whitout a Tongue mare.

c Id. Brown v. 1780, par Y-Trunnion et jument irlandaise, inconnue.
Id. Ketty v. 1825 (Dam of Fire Away), non inscrite au Stud-Book.

c Motley 1835, par Pantaloon et Banter par Master Henry.

c Mouche mare v. 1830, par un inconnu et Sir Walter mare, Champion m.

F Mouche 1827, par Emilius et Mercy par Merlin.

c Moultan Lass 1847, par Theon et Red Tape par Rowton.

F Mouse v. 1818, par Sir David et Louisa par Ormond.

* F Y-Mouse 1826, par Godolphin et Mouse par Sir David.

c Mountain Sylph v. 1837, par Belshazzard et Stays par Whalebone.

c Mount Etna v. 1830, par Figaro et Whisker mare, Sorcerer, Precipitate.
Mowbray mare v. 1810, par Mowbray et Beningbrough mare, Mercury,
Mary Ann.

F Mowerina 1843, par Touchstone et Emma par Whisker.

c Mubbery v. 1825, par Muley et Rosalia par Walton.

* c Muff 1841, par Velocipède et Louisa par Orville et Quadrille.
Mufty mare v. 1797, par Mufty (Damas. Arab.) et Maria par Telemachus.
Mulatto mare v. 1840, par Mulatto (Catton) et Lunacy par Blacklock.

c Mulberry v. 1780, par Florizel et Matchem mare 1771, Brown Regulus.

c Mulespinner 1788, par Guildford et Jemima par Snap.

c Mule v. 1835, par Camel et Tempeer par Defence.

c Mulebird 1824, par Merlin (Miss Newton) et Shoveler par Scud.
Muley mare v. 1826, par Muley et Bequest par Election.

c Id. (Underley Lass) v. 1825, par id. Voyez Underley Lass.
Id. v. 1825, par id. et Shuttle mare, Oberon, Stride.
Id. v. 1825, par id. et Rosanne par Dick Andrews.

* c Muley Moloch mare 1842, par Muley Moloch et Barbelle par Sandbeck.
Id. 1840, par id. et Smolensko mare is. de Miss Cannon.
Id. v. 1838, par id. et Y-Mary par Mowbray.
Id. v. 1842, par id. et Château-Margaux mare, Cervantes mare.

F Muliana 1830, par Muley et Nancy par Dick Andrews.
Mulso Bay Turk mare v. 1730, par Mulso Bay Turk et Bay Bolton mare,
Coneyskins, Hutton's Grey Barb.
Mungo mare v. 1785, par Mungo et Latham's Snap mare, Sappho.

c Muse 1775, par Herod et Shepherd's Crab mare, Miss Meredith.

c Music 1768, par Blank et Music par Regulus.

c Music 1750, par Forester et Grey Bloody Buttocks par Bloody Buttocks.

c Music v. 1750, par Regulus et Lodge's Roan mare par Partner.

F Music 1810, par Waxy et Woodbine par Woodpecker. Vr de l'Oaks.

r Mushroom 1815, par Dick Andrews et Morel par Sorcerer.
c Muslin 1769, par The Ancaster Starling et Rachel par Blank.
c Muslin 1817, par Haphazard 1797 et Dimity par Trumpator.
c Muslin 1818, par Williamson's Ditto et Stamford mare, Highflyer, Flora.
c Muslin 1786, par Philippo's Arabian et Jocasta par Herod.
r Mussidora 1804, par Meteor et Maid of all Work par Highflyer.
r Mustard 1825, par Merlin (Miss Newton) et Morel par Sorcerer.
c Musquito 1813, par Sorcerer et Tarantula par Dragon.
c Muta 1819, par Tramp et Mandane par Pot 8o's.
c My Dear 1841, par Bay Middleton et Miss Letty par Priam.
r My Lady v. 1815, par Comus et Delpini mare (Miss Newton's).
c My Lady v. 1830, par Battledore et Laura par Beningbrough.
c My Aunt 1820, par Pioneer et Discord par Popinjay.
c Myra v. 1825, par Soothsayer et Harriet par Selim.
c Myrrha v. 1825, par Whalebone et Gift par Gohanna.
c Myrrha 1831, par Maleck et Bessy par Y-Gouty.
* c Myrtle 1833, par Zingance et Maud par Morisco.
c Mysie v. 1818, par Quiz et Rosetta par Y-Woodpecker.
c Mystery 1842, par Jerry et Nameless par Emilius.
r The Mystery 1830, par Lottery et Miss Fanny par Walton.
c Mystery v. 1755, par Blank et Paragon par Snip.
c Mystery v. 1833, par Marmion 1806 et Lottery mare, Camillus, Sancho.

N.

c Nabocklish mare v. 1825, par Nabocklish et Miss Tooley par Teddy the Grinder.
* r Naiad 1828, par Whalebone et Orville mare (Mermaid).
c Nameless 1789, par Florizel et Pangloss mare, Riddle par Wolseley B.
c Nameless 1831, par Emilius et Problem par Merlin.
c Nancy 1768. par Blank et Naylor par Cade.
c Nancy (Sister to Rocket) 1754, par id. et Fancy par Crab.
c Nancy 1762, par id. et Slipby mare is. de Meynell.
r Nancy 1813, par Dick Andrews et Spitfire par Beningbrough.
c Nancy 1771, par Twig et Bay Babraham par Babraham.
r Nancy 1848, par Pompey et Hawise par Jered. V' du Goodwood.
c Nancy Dawson 1837, par Mulatto (Catton) et Lottery mare, Williamson's Ditto, Y-Rachel.
c Nancy Dawson 1792, par Damper et Luna par Herod.
c Nan Darrel v. 1840, par Inheritor et Neel par Blacklock.
c Nanette 1796, par John Bull et Nimble par Florizel.
c Nanette v. 1830, par Partisan et Nanine par Selim.
r Nanine v. 1820, par Selim et Bizarre par Peruvian.
* c Nanny Shanks 1823, par Mac Orville et Orville mare, Pipator, Beatrice.

* c Nanskin 1779, par Eclipse et Snap mare, Shepherd's Crab, Miss Meredith.
* c Naphta 1848, par Slane et Sir Hercules mare, Electress.

Napoleon Arabian mare v. 1830, par Napoleon Arabian et Hippomenes mare, Quicksilver, Doge.

Narina v. 1815 (Dam of Edris), par Knowsley is. d'Augusta et inconnue.

c Natural Barb mare (M. Wilkinson's), offerte par l'empereur de Maroc, à M. Wilkinson, v. 1700.

c Natural Barb mare (M. Burton's) v. 1707 (Dam of Saint-Martin's).

c Naughty Girl 1818, par Hedley 1803 et Clorinda par Hercules.

c Naylor v. 1754, par Cade et Partner mare, Bonny Lass.

* c Needle 1849, par Lanercost et Stitch par Hornsea.

c Neel 1831, par Blacklock et Madame Vestris par Comus.

f Neel 1839, par Bran et Neel Gwynne par Master Henry. Vr de l'Oaks.

c Neel Gwynne v. 1818, par Tramp et Beningbrough mare, Highflyer, Snap

c Neel Gwynne 1830, par Master Henry et Eleanor par Manfred.

c Neel Gwynne 1831, par Sultan et Cobweb par Phantom.

c Nelly 1764, par Regulus et Traveller mare, Hartley's Blind Horse, Grasshopper, inconnue.

c Nelly 1779, par Otho et Syphon mare is. de Milksop.

c Nelly 1784, pas Postmaster et Rosebud par Snap et Miss Belsea.

c Nelly 1787, par Conductor et Peggy par Herod.

c Nepenthe v. 1810, par Walton et Hebé par Overton.

f Nerissa 1790, par Volunteer et Herod mare, Cygnet, Cartouch.

c Nerina 1783, par Dorimant et Bellona par Herod.

c Nettle 1794, par Drone et Manilla par Goldfinder.

f Nettletop 1770, par Squirrel et Bajazet mare, Regulus, Lons. Bay Ar.

f Neva 1814, par Cervantes et Mary par Sir Peter. Vainqueur de l'Oaks.

Newcastle mare 1802, par Newcastle et Fair Forester par Alexander.

c Newcastle Turk mare v. 1710, par Newcastle Turk et Byerly Turk mare.

c Nicely 1785, par Picture et Duchess par Le Sang.

c Nigkname v. 1835, par Ishmaël et Missnommer par Merlin.

c Nightshade 1838, par Sir Hercules et Verbena par Velocipède.

f Nightshade 1785, par Pot 80's et Cytherea par Herod. Vr de l'Oaks.

c Nightshade 1792, par Woodpecker et Nightshade par Pot 80's.

* c Nightcap (ex Hood) 1847, par Cotherstone. Voyez Hood.

c Niké 1794, par Alexander 1782 et Nimble par Florizel. Vr de l'Oaks.

f Nimble 1784, par Florizel et Rantipole par Blank.

Sister to Hall's Nimrod v. 1760 (Dam of Fermor's Y-Traveller mare), inc.

c Nina 1784, par Eclipse et Pomona par Herod.

c Nina v. 1815, par Selim et Penny Trumpet par Trumpator.

c Ninette 1801, par Buzzard et Nina par Eclipse.

c Ninety Three 1770, par Florizel et Nosegay par Justice.

c Nininka v. 1832, par Lapdog et Niny par Selim.

c Ninny v. 1835, par Bedlamite et Manfred mare, Sunflower.

c Niny v. 1818, par Selim et Penny Trumpet par Trumpator.

c Niobé v. 1815, par Sir David et Buzzard mare, Totterella.
c Nisa 1762, par Omar et Crawen par Partner.
f Nitre 1800, par Precipitate et Grey Skim par Woodpecker.
c Nitocris v. 1830, par Whisker et Manuella par Dick Andrews.
f Noisette 1774, par Squirrel et Carina par Marske.
f Y-Noisette v. 1780, par Diomed et Noisette par Squirrel.
c None so Pretty 1770, par Matchem et Riot par Regulus.
f None so Pretty 1775, par id. et Regulus mare, Lord Morton's Arabian, Mixbury·
c Nora Creina 1838, par Non Sense et Miss Petworth par Whalebone.
c Norah 1781, par Espersykes et Engineer mare, Regulus, Oroonoko, Traveller, Miss Makeless.
c Norfolk Maiden Head 1769, par Squirrel et Blank mare, Grasshopper, Alcock's Arabian.
   North Star mare v. 1790, par North Star et Dorimant mare, Trunnion, Ripton's Sharper.
c Northen Nancy v. 1720, par Counsellor et Coneyskins mare is. de Hutton's Bay Barb mare.
   Northumberland Arabian mare v. 1768, par Northumberland Arabian et Starling mare is. de Miss Mayes.
   Id. 1769, par id. et Regulus mare, Lord Morton's Arabian, Mixbury.
   Northumberland mare v. 1770, par Northumberland et Regulus mare, Lord Morton's Arabian, Mixbury.
   Northumberland Golden Arabian mare v. 1752, par Northumberland Golden Arabian et Traveller mare, Hip, Snake, Rutland Black Barb.
c Nosegay 1767, par Snap et Flora par Y-Cade.
c Nosegay 1780, par Justice et Nosegay par Snap.
c Nosegay v. 1810. par Warrior et Cecilia par Beningbrough.
c Nurse (ex Tyro) 1831, par Neptune et Otis par Bustard 1820.
c Nursling 1841, par Physician et Nurse par Neptune.
c Nun 1776, par Herod et Northumberland mare, Regulus, Ld M. Arab.
c Nun 1765, par Sampson et Cade mare, Starling, Traveller.
   The Nun v. 1825 (Dam of the Queen), par Rainbow et irlandaise incon.
c The Nun v. 1825, par Catton et Paynator mare, Saint-George, Abigaïl.
c The Nun v. 1825, par Blacklock et Whisker mare (Bay), Orville mare.
c The Nut v. 1850, par Nutwich et Hydrangea par Beiram.
f Nutcracker 1767, par Matchem et Miss Starling par Starling.
c Nutmeg 1800, par Sir Peter et Nimble par Florizel.
c Nymph 1780, par Florizel et Rantipole par Blank 1769.
c Nymph 1783, par Dorimant et Zephyr par Squirrel.
f Nymphina 1804, par Gouty et Mademoiselle par Diomed.

O.

c Oak Apple 1829, par Royal Oak et Mona par Partisan.
c Oberea 1805, par Sorcerer et Deceit par Tandem.

c Oberon mare v. 1798, par Oberon 1779 et Ranthos mare, Sweepstakes,
       Sister to Hutton's Careless.
    Id. v. 1795, par id. et Herod mare is. de Pyrrha.
    Id. v. 1800, par id. et Phœnomenon mare is. de Calliope.
c Id. 1801, par Oberon 1790 et Stride mare, Ranthos, Sweepstakes.
    Id. v. 1805, par id. et Shuttle mare, inconnue.
c Oblivion 1797, par Escape 1785 et Lethe par Highflyer.
c Oblivion v. 1835, par Jerry et Remembrance par Sir Solomon.
c Oceana v. 1815, par Cerberus et Beningbrough mare, Jenny Mole.
c Octave v. 1830, par Emilius et Whizgig par Rubens.
c Octavia 1827, par Whalebone et Blacking par Octavius.
c Octavia v. 1827, par Wanton (Wofull) et Marcia par Coriander.
f Octaviana v. 1825, par Octavian et Shuttle mare, Zara.
    Octavian mare v. 1825, par id. et Y-Mary par Mowbray.
    Octavius mare 1818, par Octavius et Wasp par Gohanna.
    Id. v. 1820, par id. et Lady of the Lake par Sorcerer.
c The Odd Trick 1819, par Quiz et Grey Duchess par Pot 8o's.
c Oddity 1828, par Lapdog et Laundress par Tiresias.
c Odessa 1833, par Sultan et Phantom mare, Fillagree.
c Odessa 1855, par Bandy et Marchioness d'Eu par Sweetmeat.
c O! Dont v. 1835, par Voltaire et Stays par Whalebone.
f Off She Goës v. 1800, par Shuttle et Highflyer mare, Dido.
* c Officious 1847, par Pantaloon et Balcine par Whalebone 1830.
c Ogress v. 1820, par Octavius et Thalestris par Alexander.
c Oh! Don't v. 1840, par Irish Birdcatcher et Jamaïca par Fitz Orville.
c Ohio v. 1840, par Jerry et Whizgig par Rubens.
    The Oldfield mare v. 1695 (Dam of Sir E. Hale's Turk mare), inconnue.
f Oleander 1813, par Sir David et Whiskey mare, Grey Dorimant.
c Olinda 1833, par The Colonel (Whisker) et Linda par Waterloo.
c Olive v. 1825, par Tarragon et Despatch par Blucher.
f Olive Branch v. 1805, par Sir Peter et Olivia par Justice.
c Olive Branch 1837, par Plenipotentiary et Ally par Partisan.
c Olivetta v. 1810, par Sir Oliver et Scotina par Delpini.
f Olivia 1807, par id. et Phœnomenia par Phœnomenon.
c Olivia Junior v. 1810, par id. et Phœnomenon mare, Peg Woffington.
c Olivia Jordan 1807, par id. et Mrs Jordan par Highflyer.
c Olivia 1786, par Justice et Cypher par Squirrel.
f Olympia 1815, par Sir Oliver et Scotilla par Anvil.
c Olympia 1836, par Corinthian et Teresa par Moslem.
    Olympus mare v. 1832, par Olympus et irlandaise inconnue.
    Omar mare v. 1768, par Omar et Starling mare, Godolphin Arabian,
       Stanyan's Arabian.
    Son of Omar mare v. 1770, par Son of Omar et Whitenose mare, incon.
f Omphale 1781, par Highflyer et Calliope par Slouch. Vr du Saint-Léger.
c Omphale 1812, par Waxy et Pantina par Buzzard.

* c Omphaly Filly 1821, par Cato et Omphale par Waxy.

* c Ophelcia 1836, par Shakespeare et Waterloo mare (Black) is. de Prize.

c Opal 1806, par Sir Peter et Olivia par Justice.

c Ophelia v. 1830, par Bedlamite et Lady of the Lake par Sorcerer.

r Oracle v. 1810, par Soothsayer et Miss Hap par Shuttle.

c Orangeade 1803, par Whiskey et Orange Bud par Highflyer.

r Orange Bud 1788, par Highflyer et Orange Girl par Matchem.

r Orange Girl 1777, par Matchem et Red Rose par Babraham.

c Orange Girl 1800, par Beningbrough et Expectation par Herod.

c Orange Girl (ex Madryna) 1807, par Orange Flower. Voyez Madryna.

r Orange Girl (Epsom Lass) 1803, par Sir Peter. Voyez Epsom Lass.

r Orange Squeezer 1788, par Highflyer et Mop Squeezer par Matchem.

Orford Turk mare v. 1742, par Orford Turk et Merlin mare, Perl, Comm.

Id. v. 1741 (Dam of Ancaster Starling mare), par id. et inconnue.

Orford's Barb mare v. 1765, par Orford's Barb et Bartlet's Childer's
mare, Bald Galloway, Curwen's Bay Barb.

Id. v. 1759, par id. et Bartlet's Childers mare, Old Lady.

Id. v. 1760, par id. et Bartlet's Childers mare, Warlock Galloway.

c Oriana 1807, par Beningbrough et Mary Ann par Sir Peter. Vr de l'Oaks.

Ormond mare 1804, par Ormond et Anvil mare, Queen Mab.

Oroonoko mare 1757, par Oroonoko et Sophia par Godolphin Arabian.

Id. v. 1755, par id. et Traveller mare is. de Miss Makeless.

Id. v. 1755, par id. et Godolphin Arabian mare, Whitefoot 1731, Leedes.

Id. v. 1755, par id. et Regulus mare, Brother to Mixbury, Bald Gallow.

Id. v. 1760, par id. et Cartouch mare, Sir J. Sebright's Arabian mare.

Id. v. 1755, par id. et Regulus mare, Brother to Mixbury, Hutton's Barb.

Id. v. 1960, par id et Godolphin Arabian mare 1750, Hobgoblin, Whit.

r Orphan 1812, par Camillus et Gabriel mare, Legacy.

c Orpheline 1827, par Orville et Cato mare, Omphale par Waxy.

* Orpheline 1830, par Nigel et Shuttle mare, Drone, Contessina.

c Ortolan 1788, par Woodpecker et Dux mare, Regulus, Starling.

Orville mare v. 1825, par Orville et Lacerta par Zodiac.

Id. v. 1810, par id. et Anticipation par Beningbrough.

r Id. v. 1810, par id. et Alexander mare (Rubens's Dam), Highflyer mare.

c Id. v. 1810, par id. et Expectation mare is. de Calabria.

c Id. v. 1812, par id. et Buzzard mare is. de Hornpipe.

r Id., ou Miss Fanny, v. 1815, par id. Voyez Miss Fanny.

c Id. v. 1810, par id. et Epsom Lass par Sir Peter.

Id. v. 1818, par id et Sir Solomon mare is. de Miss Brim.

Id. v. 1815, par id. et Hambletonian mare, Shuttle, Overton.

c Id., ou Mermaid, 1811, par id. Voyez Mermaid.

Id. v. 1810, par id. et Nitre par Precipitate.

Id. v. 1815, par id. et Pipator mare is. de Beatrice.

Id. v. 1810, par id. et Hambletonian mare, Sir Peter, Le Sang.

c Id. v. 1810, par id. et Miss Grimstone par Weazle.

Orville mare v. 1812, par Orville et Lisette par Hambletonian.
Id. v. 1815, par id. et Waxy mare, Highflyer, Squirrel, Sophia.
Id. v. 1810, par id. et Spinetta par Trumpator.
c Id. v. 1810, par id. et Mirth par Trumpator.
Id. v. 1820, par id. et Rosanne par Dick Andrews.
Id. v. 1825, par id. et Wizard mare is. de Lisette.
Id. v. 1825, par id. et Sprightly par Whiskey.
Id. (Black) 1812, par id. et Saint-George mare is. d'Aethe.
Id. v. 1818, par id. et Heliantha par L'Orient.
c Orvillina 1819, par id. et Glauvina par Moorcock.
c Orvillina v. 1810, par id. et Driver mare is. de Fractious.
f Orvillina 1804, par Beningbrough et Evelina par Highflyer.
c Osbaldeston v. 1760, par Regulus et Sir M. Newton's Arabian mare,
    Almanzor, Grey Hautboy.
Oscar mare v. 1800, par Oscar et Dairy Maid par Diomed.
Oscar mare v. 1825, par Oscar 1820 et Rubens mare, Tippity Witchet.
c Osprey 1843, par Birdcatcher et Emily par Pantaloon.
*c Oté 1834, par Doctor Eady et Rigmarol par Soothsayer.
f Otheothea 1772, par Otho et Snap mare, Regulus, Steady.
f Otis 1820, par Bustard 1801 et Election mare, Highflyer, Eclipse.
c Otis 1818, par id. et L'Orient mare, Carabineer, Y-Cade.
c Otisina v. 1836, par Liverpool et Otis par Bustard 1820.
c Our Neel 1839, par Bran et Fury par Tramp. Vr de l'Oaks.
c Outcrast 1793, par Pot 8o's et Herod mare, Snap, Gower Stallion.
c Overton mare v. 1800, par Overton et Katherine par Highflyer.
f Id. v. 1800, par id. et Walnut mare, Ruler, Piracantha.
Id. v. 1795, par id. et Herod mare is. de Pyrrha.
f Oxonia 1850, par Chatam et Laurel mare is. de Flight.
*f Oxonia v. 1855, par Wintonian et Laurel mare is de Flight.
f Oxygen 1828, par Emilius et Whiggig par Rubens. Vr de l'Oaks.
Oysterfoot mare (Miss Hip) 1728, par Oysterfoot. Voyez Miss Hip.

P.

Pacolet mare v. 1770, par Pacolet et Marske mare, inconnue.
Paget Turk mare 1712, par Paget Turk et Betty Percival par Leedes Arab.
c Pagoda v. 1800, par Sir Peter et Rupee par Coriander.
c Palais Royal v. 1825, par Blucher (Waxy) et Election mare is. de Ruben's
    Dam par Alexander.
c Paleface 1804, par Y-Woodpecker et Platina par Mercury.
c Paleface 1815, par Zodiac et Paleface par Y-Woodpecker.
c Pallas 1780, par Herod et Promise par Snap.
c Pallas v. 1790, par Mercury et Pallas par Herod.
f Palatine v. 1823, par Filho da Puta et Treasure par Camillus.
c The Palatine 1833, par Battledore et Archeduchess par Rubens.

c Palma 1804, par Sir Peter et Palm Flower par Weasel.
c Palm Flower 1787, par Weasel et Columba par Alfred 1780.
c Palma 1840, par Emilius et Francesca par Partisan.
c Palestine 1834, par Y-Blacklock et Queen Bathsheba par Prime Minister.
    Palmerin mare v. 1825, par Palmerin et Oceana par Cerberus.
c Palmestry v. 1840, par Sleight of Hand et Lottery mare, Camillus mare.
f Palmyra 1811, par Sorcerer et Enchantress par Volunteer.
f Palmyra 1838, par Sultan et Hester par Camel.
f Palmyra Filly 1848, par Slane et Palmyra par Sultan.
c Pamela 1744, par Orion et Y-Grey Hound mare, Faustina.
c Pamela 1796 et 1800, par Whiskey et Laïs par Diomed.
*c Panacea 1837, par Physician et Phantom mare, Overton, Walnut.
*c Pandea (Perjury) 1847, par Sir Hercules et Passion par Elis.
c Pandora 1792, par Dungannon et Highflyer mare, Brim.
    Pangloss mare v. 1774, par Pangloss et Riddle par Wolseley Barb.
*c Panope 1826, par Abjer et Shuttle mare, Delpini, Tuberose.
c Pantaloon mare v. 1840, par Pantaloon et Daphne par Laurel.
    Id. v. 1835, par id. et Banter par Master Henry.
c Pantalonade v. 1840, par id. et Festival par Camel.
c Panton's Arabian mare (Virago) 1760, par Panton's Arabian et Crazy
        par Lath.
f Pantina 1804, par Buzzard et Gipsy par Trumpator.
c Pantechnetheca v. 1825, par Master Henry et Idalia par Peruvian.
f Papillon 1769, par Snap et Miss Cleveland par Regulus.
*c Papillotte (ex Albany mare) 1830, par Albany. Voyez Albany mare.
c Parade 1839, par The Colonel (Whisker) et Frederica par Moses.
c Parade v. 1830, par Pantaloon et Bombasine par Thunderbolt.
c Parapluie 1801, par Telescope et Maid of Ely par Tandem.
c Paradigm v. 1825, par Partisan et Bizarre par Peruvian.
c Parapluie v. 1825, par Merlin (Miss Newton's) et Parasol par Pot 8o's.
f Parsley 1786, par Pot 8o's et Lady Bolingbroke par Squirrel.
f Parthenessa v. 1825, par Cervantes et Marianne par Sorcerer.
c Parthenope 1814, par Sorcerer et Houghton Lass par Sir Peter.
c Paragon v. 1745, par Snip et Bonny Lass par Bay Bolton.
f Parma 1813, par Dick Andrews et May par Beningbrough.
f Parasol 1800, par Pot 8o's et Prunella par Highflyer.
*c Parasolina 1827, par Tiresias et Poozy par Partisan.
f Parisot 1793, par Sir Peter et Deceit par Tandem. Vr de l'Oaks.
c Partialité 1830, par Middleton 1822 et Favorite par Blucher.
    Partisan mare v. 1825, par Partisan et Jessy par Totteridge.
    Id. v. 1830, par id. et Pomona par Vespasian.
    Id. v. 1825, par id. et Silvertail par Gohanna.
    Id. 1830, par id. et Donna Maria par Partisan.
f Partner mare 1735, par Partner et Bonny Lass par Bay Bolton.
    Id. v. 1730, par id. et Brocklesby par Grey Hound.

c Partner mare 1740 (Dam of Cato; Y-Cato; Lady Legs); par Partner et inc.
   Id. 1741, par id. et Grey Hound mare is. de Brown Farewell.
   Id. v. 1740, par id. et Curwen's Bay Barb mare, inconnue.
   Id. v. 1740, par id. et Grey Bloody Buttocks par Bloody Buttocks.
f Id. 1735, par id. et Makeless mare, Brimmer, Place's White Turk.
c Id. 1731; 1732 et 1736, par id. et id.
   Id. 1735, par id. et Old Country Wench par Snake.
c Id. 1731-1738, par id. et Brown Woodcock par Woodcock.
   Id. v. 1734, par id. et Bald Galloway mare, Akaster Turk, Leedes Arab.
   Id. 1747, par id. et Grey Brocklesby par Bloody Buttocks.
c Id. 1738-1739-1741 et 1744, par id. et Bay Bloody Buttocks par Bloody
   Buttocks.
   Id. v. 1735, par id. et Grey Hound mare is. de Chesnut Layton.
   Id. v. 1730, par id. et Croft's Egyptian mare, Grey Woodcock.
   Id. v. 1730, par id. et Akaster Turk mare, Leedes Arabian, inconnue.
   Id. v. 1730, par id. et Bay Bolton mare, Darley Arabian, Byerly Turk.
c Id. 1731 et 1738, par id. et Woodcock mare, Croft's Bay Barb, Makeless.
   Id. v. 1735, par id. et Twaist's Dun mare par Akaster Turk.
   Id. v. 1740, par id. et Grey Hound mare, Makeless, Counsellor.
   Id. v. 1730, par id. et Croft's Bay Barb mare, Makeless, Brimmer.
   Id. v. 1740, par id. et Wilkinson's Turk mare, inconnue.
   Id. v. 1740, par id. et Coneyskins mare, inconnue.
   Id. 1742, par id. et Wilkinson's Turk mare, Cupid, inconnue.
   Id. 1740, par id. et Bloody Buttocks mare, Grey Hound, Makeless.
   Id. v. 1730, par id. et Curwen's Bay Barb mare, Chesnut D'Arcy's
   Arabian, inconnue.
c Id. v. 1746, par id. et Gallant's Smilling Tom mare, Almanzor mare.
   Id. v. 1735, par id. et Cupid mare, Hautboy, Bustler.
f Id. (Meynell) 1736, par id. Voyez Meynell.
   Id. v. 1745, par id. et Cade mare, Crab, Basto.
   Id. v. 1733 et 1735 (Sister to Lodge's Roan mare), par id. et Son of Duke
   of Richemond's Turk mare, Whynot, M. Wilkinson's Bay Arabian.
   Id. v. 1735, par id. et Grey Hound mare is. de Brocklesby Betty.
   Id. 1745, par id. et Grey Hound mare, Curwen's Bay Barb, Chesnut
   D'Arcy's Arabian, White Shirt.
   Id. 1747, par id. et Childers mare, Walpoole Barb mare, Miss Belvoir.
   Id. v. 1730, par id. et Woodcock mare, Makeless, Brimmer.
   Moore's Partner mare v. 1745, par Moore's Partner et Childers mare 4732
   is. de Miss Belvoir.
c Id. 1847, par id. et Childers mare, Walpoole Barb, Miss Belvoir.
c Passion 1839, par Elis et Pet par Gainsborough.
c Passion Flower 1806, par Sir Peter et Peggy Bull par Fortitude.
f Pasta 1823, par Catton et Luck's All mare, Pot 8o's, Maid of all Work.
c Pasquinade 1839, par Camel et Banter par Master Henry.
f Pastorella 1774, par Otho et Spectator mare, Horatia.

c Pastime v. 1825, par Partisan et Quadrille par Selim.

*ᶠPasquinade 1823, par Sovereign 1816 et Passamaquoddi par Lignum Vitœ.

c Pasta 1823, par Selim et Walton mare, Y-Giantess.

c Passamaquoddi 1812, par Lignum Vitœ et Hind par Sir Peter.

ᶠ Pastille 1819, par Rubens et Parasol par Pot 8o's. Vainqueur de l'Oaks.

c Patience 1778, par Herod et Promise par Snap.

c Patience 1803, par Buzzard et Gipsy par Trumpator.

c Patch 1808, par Alexander 1782 et Rival par Sir Peter.

c Patch 1812, par Rubens et Timidity par Pot 8o's.

c Patridge 1831, par Buzzard et Filho da Puta mare, Comus, Saint-George.

ᶠ Patriot mare 1745, par Patriot et Crab mare, Bay Bolton, Curw. Bay Bar.
Id. v. 1746, par id. et id.
Id. v. 1742, par id. et Gander mare, Brother to Grey Grantham mare.
Patriot mare v. 1800, par Patriot 1790 et Phœnomenon mare, Czarina.

c Patroness 1829, par President et Marciana par Stamford.

c Patty v. 1758, par Tim (Squirt) et Miss Patch par Justice.

c Patty Primerose v. 1830, par Confederate et Sybil par Interpreter.

c Paulina 1814, par Orville et Shuttle mare is. d'Hopefull.

ᶠ Paulina 1804, par Sir Peter et Peweet par Tandem. Vᵣ du Saint-Léger.

ᶠ Pauline v. 1825, par Mosès et Quadrille par Selim.

ᵣ Paulina 1778, par Florizel et Captive par Matchem.

ᵣ Pawn 1808, par Trumpator et Prunella par Digbflyer.

ᵣ Pawn Junior 1817, par Waxy et Pawn par Trumpator.

c Pawn v. 1820, par Smolensko 1810 et Jerboa par Gohanna.

c Paymaster mare 1783, par Paymaster et Pomona par Herod.
Id. 1787 et 1788, par id. et Le Sang mare, Rib, Mother Western.
Id. 1783, par id. et Le Sang mare (Serpent), Snip mare.
Id. v. 1788, par id. et Regulus mare, Allworthy, Bolton's Starling.
Id. 1788, par id. et Jocasta par Conforth's Forester.
Id. 1787, par id. et Piracantha par Matchem.

*ᶠPayement 1848, par Slane et Receipt par Rowton.
Paynator mare v. 1808, par Paynator et Fanny par Weazle.
Id. v. 1805, par id. et Saint-George mare is. d'Abigaïl.

c Id. 1807, par id. et Violet par Shark.
Id. v. 1802, par id. et Delpini mare, Y-Marske, Gentle Kitty.
Id. v. 1810, par id. et Delpini mare, M. Hutchinson's Hermit mare.

c Peablossom v. 1805, par Don Quixote et Pipator mare, Slope, Florizel.

c Peahen 1802, par Sir Peter et Bowdrow mare, Squirrel, Babraham.

c Pearl 1814, par id. et id.

c Peeress 1779, par Herod et Promise par Snap.

c Peg (Old) v. 1695 (Dam of Spanker mare), sœur de Old Bald Peg.

c Y-Peg 1794, par Trumpator et Peggy par Herod.
Pegasus mare v. 1800, par Pegasus et Highflyer mare 1783 Sister to
Maid of all Work.
Id. v. 1796, par id. et Paymaster mare, Pomona.

Pegasus mare v. 1795, par Pegasus et Highflyer mare, Smallbones.

Id. (Bay) 1799, par id. et Highflyer mare, supposée la mère de Diddler.

F Peggy 1753, par Cade et Partner 1744, Bay Bloody Buttocks.

F Peggy 1778, par Herod et Snap mare, Gower Stallion, Childers.

F Peggy 1788, par Trumpator et Peggy par Herod.

* c Peggy 1813, par Sir Solomon et Off She Goës par Shuttle.

c Peggy v. 1818, par Bourbon et Masquerade par Buzzard.

F Peggy (M. Herbert's), ou Little Peggy, 1801, par Buzzard. Voyez à l'L.

c Peggy Bull 1790, par Fortitude et Xantippe par Eclipse.

c Peggy Sands v. 1835, par Vélocipède et Proserpine par Rhodamantus.

F Peg Woffington 1784, par Garrick et Sportmistress par Warren's Sports.

F Pelerine, ou Mme Pelerine, 1838, par Velocipède. Voyez Mme Pelerine.

c Pelerine Filly 1749, par Slane et Madame Pelerine par Velocipède.

Pelham's Barb mare v. 1725, par Pelham's Barb et Old Spot mare, White Legged Lowther's Barb, Old Winter mare.

Pelham's Bay Barb mare v. 1725, par Pelham's Bay Barb et Barb mare.

Id. v. 1715 (Dam of Frampton's Whiteneck), par id. et inconnue.

F Pelisse 1801, par Whiskey et Prunella par Highflyer. V' de l'Oaks.

* c Penance 1828, par Emilius et Jane Shore par Wofull.

c Penance 1823, par Oiseau et Miss Aidé par Sir Peter.

* c Pendulum mare 1826, par Pendulum 1814 et Shuttle mare, Drone, Contessina.

F Penelope 1798, par Trumpator et Prunella par Highflyer. 11 produits fameux dans les courses et comme reproducteurs.

c Penelope 1806, par Shuttle et Lady Sarah par Fidget.

* c Penelope v. 1788, par Ruler et Snap mare is. de Phœnix.

c Penelope v. 1810, par Swordsman 1795 et Peppermint par Highflyer.

c Penitence 1819, par Oiseau et Miss Aidé par Sir Peter.

c Penny Trumpet 1806, par Trumpator et Y-Camilla par Woodpecker.

* c Penultima 1824, par Whisker et Vicissitude par Pipator.

c Penny Royal v. 1800, par Trumpator et Peppermint par Highflyer.

c Penny Royal (Zephyr) 1796, par Coriander et Peppermint par Highflyer.

c Penultima 1777, par Snap et Cade mare, Crab, Childers.

c Penumbra 1764, par Northumberland et Regulus mare, Snip, Parker's Lady Thigh par Partner.

c Peppermint 1813, par Coriolanus 1804 et Miss Manager par Giles.

F Peppermint 1787, par Highflyer et Promise par Snap.

c Pepper v. 1835, par Irish Drone et Lady Heron par Langar.

F Pepping Peg v. 1695, par Lister Turk mare et inconnue.

c Pepper v. 1833, par Saint-Nicholas et Capiscum mare is. d'Acklam Lass.

F Perdita 1769, par Herod et Fair Forester par Sloë.

c Perchance mare 1817, par Perchance et Walton mare, Sorcerer, Y-Harry.

F Persepolis 1803, par Alexander 1782 et Alfred mare, Cœlia.

Percy Aly Arabian mare 1781, par Percy Aly Arabian et Herod mare, Snap, Shepherd's Crab.

*cPerjury (ex Pandea) 1844, par Sir Hercules. Voyez Pandea.

ꝟ Peri 1822, par Wanderer et Thalestris par Alexander.

Pericles mare v. 1816, par Pericles et Mary par Sir Peter.

*cPerea Nena 1854, par Touchstone et Duchess of Kent par Belshazzard.

c Persian Princess 1810, par Quiz et Statira par Alexander.

Persian Stallion mare v. 1710 (Dam of Bonny Black), par Persian Stallion et inconnue.

c Persian 1829, par Whisker et Variety par Selim.

c Perspective v. 1820, par Wofull et Landscape par Rubens.

Pert mare v. 1730, par Old Pert et Saint-Martin's mare is. de Sir E. Hale's Turk mare.

Id v. 1718, par id. et Commoner mare, is. de Coppin mare.

c Peruviana 1812, par Peruvian et Woodpecker mare, Trentham, Decemb.

* Pervenche 1854, par Jack Robinson et Homeward Bound par Sheet Anchor.

Pet v. 1810 (Dam of Thornton), par Pilgrim et jument non indiquée.

c Pet v. 1825, par Gainsborough et Topsy Turwy mare, Agnès.

c Pet 1796, par Buzzard et Pot 8o's mare, Maid of the Oaks.

*cPet of the Fancy 1845, par Saint-Francis et Yratilda par Belshazzard.

ꝟ Pet mare v. 1705, par Wastell's Turk et Hautboy mare, Place's White Turk, Dodsworth, Layton Barb.

c Peterea 1804, par Sir Peter et Mary Grey par Friar.

Peter Lely mare 1826, par Peter Lely et Comus mare, Marciana.

c Petrina 1794, par Sir Peter et Lucy par Conductor.

c Petrel v. 1822, par Cervantes et Hydrogen par Comus.

c Petrowna 1794, par Sir Peter et Georgiana par Sweetbriar.

c Petronilla 1805, par Saint-George et Petrina par Sir Peter.

c Petronella 1804, par Sir Peter et Iris par Brush.

ꝟ Petuaria 1811, par Orville et Mandane par Pot 8o's.

c Y-Petuaria 1818, par Rainbow et Petuaria par Orville.

c Petworth (ex Gaudy) 1776, par Herod. Voyez Gaudy.

ꝟ Peweet 1786, par Tandem et Termagant par Tantrum. Vꝰ du Saint-Léger.

c Peweet 1796, par Tom Turf et Mary Grey par Friar.

ꝟ Phantom mare 1820, par Phantom et Fillagree par Soothsayer.

ꝟ Id. 1816, par id. et Overton mare, Walnut, Ruler.

Id. 1815, par id. et Gohanna mare, Chesnut Skim.

Id. v. 1824, par id. et Pericles mare is. de Mary.

Id. v. 1825, par id. et Dido par Y-Lambinos.

Id. 1825, par id et Camillus mare, Shuttle, Eliza.

Id. v. 1815, par id. et Violet par Shark.

Y-Phantom mare 1827, par Y-Phantom et Sorcerer mare, Precipitate (Grey), Highflyer.

c Phantom 1808, par Hambletonian et Precipitate mare (Bay).

c Phantasmagoria 1799, par Precipitate et Herod mare, Desdemona.

*cPharmacopeia 1839, par Physician et Underley Lass par Muley.

ꝟ Phœnomenia 1789, par id. et Peg Woffington par Garrick.

Phœnomenon mare 1788, par Phœnomenon et Matron par Florizel.

Id. v. 1794, par id. et Peg Woffington par Garrick.

Id. v. 1795, par id. et Czarina par Babraham Blank.

Id. v. 1790, par id. et Y-Marske mare is. de Pyrrha.

Id. 1788, par id. et Calliope par Slouch.

c Phœbè 1755, par Tortoise et Looby mare is. de Margery.

c Phœbè 1764, par Regulus et Cottingham mare, Warlock Galloway.

f Phœnix 1762, par Matchem et Fenwick's Duchess par Whitenose.

Pharamond mare 1793, par Pharamond et Cœlia par Herod.

Id. 1792, par id. et Mark Anthony mare is. de Signora.

*c Philip's Dam (Catton mare) 1828, par Catton et Dulcinea par Cervantes.

Philipson's Turk mare v. 1714 (Dam of Meaburn), par Philipson's Turk (importé v. 1712) et inconnue.

Phlegon mare 1787, par Phlegon et Merlin mare, Regulus, inconnue.

Id. v. 1780, par id. et Turk mare, Bosphorus, Rib, Hip.

*c Phrygia 1850, par Phlegon et Merope par Voltaire.

f Phryné 1840, par Touchstone et Decoy par Filho da Puta.

c Pill Box v. 1790, par Mercury et Pallas par Herod.

c Pilmico v. 1820, par Partisan et Ridicule par Shuttle.

c Pilmico 1802-1805, par Sir Peter et Florizel mare, Pyrrha.

Picton mare v. 1828, par Picton et Selim mare is. de Pipylina.

c Pigmi v. 1772, par Snap et Miss Cranbourne par Godolphin Arabian.

c Pigmi 1822, par Election et Pawn par Trumpator.

*c Pimento 1841, par Maple et Pepper par Drone.

f Pillage v. 1850, par Lanercost et Camp Flower par The Colonel.

f Pindarrie 1817, par Phantom et Parasol par Pot 80's.

* Pionner mare 1822, par Pionner et Preserve par Waxy.

Pionner, ou Scud mare, v. 1820, par Pionner, ou Scud, et Canary Bird par Whiskey.

*c Pious Jenny 1843, par Jerry et Crazy Jenny par Bedlamite.

Pipator mare v. 1800, par Pipator et Beatrice par Sir Peter.

Id. v. 1802, par id. et Slope mare, Florizel, Goldfinder.

Id. 1805, par id. et Delpini mare is. de Tuberose.

Id. 1804, par id. et Phœnomenon mare is. de Calliope.

f Id. 1804, par id. et Queen Mab par Eclipse.

Id. 1804, par id. et Dragon mare is. de Queen Mab.

c Id. 1797, par id. et Phœnomenon mare, Y-Marske, Pyrrha.

f Piracantha 1772, par Matchem et Prophetess par Regulus.

f Pirouette v. 1808, par Y-Eagle et Parisot par Sir Peter.

Sister to Pirouette v. 1809, par id. et id.

f Pipylina 1803, par Sir Peter et Rally par Trumpator.

c Y-Pipylina 1822, par Orville et Pipylina par Sir Peter.

f Piquet 1810, par Sorcerer et Prunella par Highflyer.

f The Pitshill mare 1802, par Driver et Nightshade par Pot 80's.

f Y-Pitshill 1810, par Gohanna et The Pitshill mare par Driver.

c Pix 1843, par Touchstone et Polyxena par Priam.

Place's White Turk mare 1690, par Place's White Turk et Barb mare.

r Id. (Trumpet's Dam) v. 1690, par id. et Dodsworth mare, Layton Barb mare, inconnue.

Id. (The Old Thornthon mare) v. 1690, par id. et inconnue.

Id. v. 1690, par id. et Dodsworth mare, inconnue.

Id. v. 1690 (Dam of Marshall's Turk mare), par id. et inconnue.

M. Place's mare v. 1680 (Dam of Selaby Turk mare), inconnue.

Son of Place's White Turk mare v. 1705 (Dam of Commoner mare), par Son of Place's White Turk et inconnue.

r Platina 1772, par Mercury et Herod mare is. de Y-Hag. Vr de l'Oaks.

r Plaything 1767, par Matchem et Vixen par Regulus.

c Plaything v. 1830, par Lamplighter et Tippity Witchet par Waxy.

c Pleasant 1774, par Herod et Godolphin Arabian mare 1752, Hobgoblin, Whitefoot, Leedes.

c Pleasant v. 1785, par Wizard et Pleasant par Herod.

r Pledge 1801, par Waxy et Prunella par Highflyer.

c Pleiad 1827, par Bob Booty et Pope mare par Waxy Pope.

c Plenary 1837, par Emilius et Harriet par Pericles.

Plenipotentiary mare 1840, par Plenipotentiary et Vespertillo par Reveller.

Id. v. 1840, par id. et Myrrha par Whalebone.

* Id. 1844, par id. et Minima par Rowton.

c Plotina 1769, par Snap et Miss Cranbourne par Regulus.

r Plower 1805, par Sir Peter et Bowdrow mare 1788, Squirrel mare.

c Plower 1820, par Bustard (Castrel) et Matilda par Ambrosio.

*c Plumstead 1849, par Chatam et Estelle par Brutandorf.

r Plume v. 1763, par Feather et Blank mare, Partner, Bonny Lass.

r Points v. 1720, par Saint-Victor's Barb et Whynot mare, Royal mare.

r Pocahontas 1837, par Glencoë et Marpessa par Muley.

c Podarga v. 1805, par Gouty et Jet par Magnet.

r Poison 1840, par Plenipotentiary et Arsenic par The Colonel. Vr de l'Oaks.

Pollio mare v. 1832, par Pollio et Phantom mare is. de Dido.

r Polly, ou Tuting's Polly (ex Creeping Polly), 1756, par Black and all Black et Fanny par Tartar.

r Polly 1772, par Shakespear et Polly par Black and all Black.

c Polly 1772, par Herod et Snap mare, Gower Stallion, Childers.

c Polly 1755, par Blank et Lord Leigh's Diana par Second.

c Polly Oliver v. 1810, par Sir Oliver et Hambletonian mare is. de Constantia par Sir Peter.

c Polymnia v. 1816, par Musician et Promise par Walton.

r Polyxena v. 1830, par Priam et Cerberus mare is. de Diana.

c Pomona 1769, par Squirrel et Y-Cade mare 1762, Miss Thigh.

c Pomona 1775, par Herod et Caroline par Snap.

c Pomona 1783, par Vertumnus et Helen par South.

c Pomona v. 1820, par Vespasian et Walton mare, Y-Giantess.

c Pontac mare 1792, par Pontac et Syphon mare, Miss Wilkinson.
   Pooley Diamond mare v. 1715, par Pooley Diamond et Hautboy mare is.
    de Sir J. Jenning's mare.
c Poor Kitty 1791, par Y-Morwick et Y-Marske mare, Silvio, Daphné.
c Poor Rachel 1786, par Y-Marske et Dorimond mare, Portia.
*c Poozy 1819, par Partisan et Paulina par Buzzard.
f Pope Joan, Sister to Pledge, 1809, par Waxy et Prunella par Highflyer.
c Pope Joan 1809, par Shuttle et Oberon mare, Stride, Ranthos.
c Pope mare (The Huntsman's mare) v. 1818, par Waxy Pope et Lady Sarah
    par Champion.
c The Popping Piece v. 1835, par Sir Hercules, ou Napoleon, et Sir Walter
    Raleigh mare is. de Miss Tooley.
c Poppet v. 1748, par Black Chance et Bolton's Looby mare is. de Margery.
c Portia 1758, par Regulus et Hutton's Spot mare, Bay Bolton, Fox's Cub.
f Portia 1788, par Volunteer et Herod mare, Cygnet, Cartouch. Vr de l'Oaks.
*c Portion 1839, par Lot et Palmerin mare is. d'Occana.
f Posthuma 1839, par Orville et Medora par Selim.
*c Potentia 1838, par Plenipotentiary et Acacia par Phantom.
c Pot 8o's mare v. 1790, par Pot 8o's et Editha par Herod.
   Id. 1791, par id. et Maid of the Oaks par Herod.
   Id. 1794, par id. et Flyer par Sweetbriar.
   Id. 1791, par id. et Amaranda par Omnium.
   Id. v. 1805, par id. et Pegasus mare, Highflyer, Smallbones.
c Id. 1793, par id. et Huncamunca par Highflyer.
c Potosi v. 1780, par Eclipse et Blank mare, Godolphin Arabian, Snip.
c Potteen 1835, par Irish Blacklock et Brandy Bet par Canteen.
c The Prairie Bird v. 1840, par Touchstone et Zillah par Reveller.
c Prairie Bird v. 1840, par Gladiator et Valentine par Voltaire.
c Pranks 1809, par Hyperion et Frisky par Fidget.
*c Prattler, ou Miss Fit, ou Prime Fit, 1828, par Actœon. Voyez ces noms.
c Precipitate mare (Grey) 1797, par Precipitate et Highflyer mare, Tiffany.
   Id. v. 1798, par id. et Magnolia the Younger par Pegasus.
   Id. v. 1800, par id. et Colibry par Woodpecker.
   Id. 1798, par id. et Highflyer mare, Snap, Lord Orford's Barb.
f Id. 1796, par id. et Woodpecker mare, Snap, Blank.
   Id. 1797, par id. et Woodpecker mare 1792, Sweetbriar, Miss Fortune.
   Id. v. 1798, par id. et Highflyer mare is. de Juno.
   Id. (Sister to Langton) v. 1802, par id. et Highflyer mare, Squirrel, Babr.
   Id. 1797, par id. et Woodpecker mare 1794, Sweetbriar, Miss Fortune.
   Id. v. 1800, par id. et Lady Harriet par Mark Anthony.
   Id. v. 1800, par id. et Paymaster mare is. de Pomona.
c Id. (Bay) v. 1800, par id. et Highflyer mare, Tiffany.
   Id. v. 1796, par id. et Highflyer mare, Goldfinder, Lady Bolingbroke.
f Preserve 1732, par Emilius et Mustard par Merlin.
   President mare 1830 (Dam of Grey Robin), par President et mère non ind.

c Presumption 1793, par Justice et Princess par Squirrel.
c Pretty Polly 1751, par Starling et Second mare, M. Hanger's Brown mare.
Priam mare v. 1765, par Priam et Cade mare, Sampson, inconnue.
Priam mare v. 1835, par Priam et Joanna par Sultan.
Id., ou Zingance mare, v. 1835, par id., ou Zingance, et Orville mare is. de Miss Grimstone.
v Priestess v. 1775, par Matchem et Gower Stallion mare, Regulus, Hip.
c Id. 1833, par Voltaire et Marphisa par Haphazard.
c Id. 1822, par Van Dyke Junior et Polymnia par Musician.
c Prima Donna 1825, par Catton et Luck's All mare, Pot 8o's mare.
*cId 1848, par The Emperor et Minaret par Ibrahim.
c Id. v. 1820, par Soothsayer et Tippity Witchet par Waxy.
*cPrime Fit (ex Miss Fit, ex Prattler) 1828, par Actœon. Voyez Miss Fit.
v Primette v. 1818, par Prime Minister et Miss Paul par Sir Paul.
Prime Minister mare v. 1820, par id. et Lady Ern par Stamford.
Id. v. 1818, par id. et Leicester Lass par Y-Imperator.
v Id. (Wagtail) 1818, et Orville mare, Miss Grimstone.
Id. v. 1820, par id. et Sancho mare, Miss Hornpipe Teazle.
Id. v. 1820, par id. et Shuttle mare is. d'Eliza.
Id. v. 1818, par id. et Y-Harriet par Camillus.
c Primerose 1754, par Wilson's Arabian et Partner mare 1735, Makeless, Brimmer.
c Id. 1790, par Mambrino et Cricket par Herod.
c Id. 1799, par Beningbrough et Drone mare, Lardella
c Id 1802, par Waxy et Macaria par Herod.
c Id. v. 1812, par Clinker et Justice mare is. de Parsley.
c Primula v. 1815, par Cervantes et Cowslip par Cockfighter.
Prince T. Quassaw mare v. 1766, par Prince T. Quassaw et Sultana par Regulus.
Id. v. 1765, par id et Regulus mare, Partner, Grey Brocklesby.
c Princess 1769, par Northumberland Arabian et Cypron par Blaze.
c Id. 1769, par Herod et Julia par Blank.
c Id. 1774, par Squirrel et Regulus mare, Steady, Partner.
c Id. v. 1800, par Sir Peter et Dungannon mare, Turf, Herod.
c Id. 1774, par Turk et Fairy Queen par Y-Cade.
v Id. 1777, par Eclipse et Bosphorus mare, William's Forester, Coalition Colt, Bustard.
c Id. 1820, par Comus et Remembrance par Sir Solomon.
v The Princess 1841, par Slane et Phantom mare, Fillagree. Vr de l'Oaks.
c Princess Alice v. 1845, par Liverpool et Queen of Trumps par Velocipède.
c Id. Augusta 1834, par Augustus et Princess Victoria par Middleton.
v Id. Royal 1818, par Castrel et Queen of Diamonds par Diamond.
c Id. Elisabeth 1837, par Doctor Syntax et Queen Bess par Château-Marg.
c Id. Victoria 1827, par Middleton 1822 et Adeline par Soothsayer.
*vId. Edwis 1833, par Emilius et Katherina par Woful.

*c Princess Mary 1830, par Emilius et Duckling par Phantom.
c Id Royal 1842, par Harkaway et Miss Newton par Longwaist.
c Id. Jemima 1815, par Remembrancer et Ormond mare, Anvil, Queen
      Mab par Eclipse.
c Id. of Wales 1746, par Hutton's Spot et Crab mare, Miss Jigg.
c Principessa 1762, par Blank et Cullen Arabian mare, Grisewood's Lady
      Thigh par Partner.
f Prioress 1855, par Sovereign (Emilius) et Reel par Glencoë.
*c Id. 1852, par Joë Lovell et The Abbess par The Saddler.
c Id. 1838, par Friar et Dandy mare is. d'Avena.
c Id. 1844, par Lanercost et Pussy par Pollio.
f Priscilla 1800, par Delpini et Eliza par Alfred.
c Id. 1756, par Cade et Hutton's Spot mare, Bay Bolton, Cub.
c Id. Tomboy 1839, par Tomboy et Catalani par Tiger.
f Prism 1835, par Camel et Elisabeth par Rainbow.
c Prize 1822, par Whalebone et Gohanna mare is. de Grey Skim.
c Id. 1821, par Aladdin et Gohanna mare is. de Grey Skim.
*c The Probe 1846, par Y-Priam et Oh! Dont par Irish Birdcatcher.
f Problem 1823, par Merlin (Miss Newton) et Pawn par Trumpator.
r Promise 1766, par Snap et Julia par Blank.
f Id. 1810, par Walton et Parasol par Pot 8o's.
f Progress 1833, par Langar et Blacklock mare, Knowsley, Surweyor's Dam.
c Prodigious v. 1815, par Calebquotem et Alexander mare, Sir Peter,
      Miss Herwey par Eclipse.
c Id. v. 1815, par Calebquotem et Fair Forester par Alexander.
c Progné v. 1815, par Octavian et Star mare, Y-Marske, Emma.
c Prophetess 1806, par Sorcerer et Pamela par Whiskey 1800.
f Id. 1758, par Regulus et Jenny Spinner par Partner.
c Prophet mare 1777, par Prophet et Virago par Snap.
   Id. v. 1780, par id. et M. Fermor's Y-Traveller mare, Sister to Hall's
      Nimrod, inconnue.
   Proselyte mare v. 1822, par Proselyte et Miss Cantley par Stamford.
c Propontis 1817, par Quiz et Persepolis par Alexander.
f Proserpine 1766, par Marske et Spiletta par Regulus.
f Id. v. 1767, par Henricus et Cullen Arabian mare, Hobgoblin, Godolphin
      Arabian, Grey Robinson.
c Id. 1822, par Radamanthus et Sir Peter mare, Eaton Lass.
c Prospective 1814, par Oiseau et Katherina par Wofull.
c Protection 1838, par Defence et Testatrix par Touchstone.
c Prue 1809, par Trumpator et Woodpecker mare, Trentham, Coquette.
c Prussia 1757, par Blank et Crab mare is. de Miss Jigg.
c Providence 1802, par Oberon et Stride mare, Xanthos, Sweepstakes.
c Prudence 1802 (ex Providence). C'est la même jument que la précédente.
f Prunella 1788, par Highflyer et Promise par Snap. Elle gagna plus de
      2,500,000 fr. et fut mère de 11 chevaux fameux.

r Prudence 1811, par Waxy et Prunella par Highflyer.

c Psyché 1806, par Buffer et Y-Louisa par Bagot.

c Id. 1808, par Y-Whiskey et Trumpator mare, Highflyer, Olheothea.

c Id. 1828, par Merlin (Miss Newton) et Piquet par Sorcerer.

c Puce v. 1835, par Rowton et Pucelle par Muley.

c Pucelle v. 1825, par Muley et Medora par Selim.

*cPucelle 1812, par Czar Peter et Dragon mare, Hippolyta.

c Puff v. 1821, par Waterloo et Blowing par Buzzard et Pot 8o's mare.

*cPuff 1842, par Bay Middleton et Barbiche par Lapdog.

    Pulleine's Chesnut Arabian mare v. 1710, par Pulleine's Chesnut Arabian et Lord Lonsdale's Tregonwell mare par Rockwood.

    Id. v. 1710, par id. et Spanker mare, inconnue.

    Id. v. 1715 (Dam of Bay Bolton mare), par id. et inconnue.

    Id. v. 1710, par id. et Old Winter mare, inconnue.

    Id. v. 1730, par id. et Bay Bolton mare, Darley Arabian, Byerly Turk.

    Son of Pulleine's Chesnut Arabian mare v. 1708, par Son of Pulleine's Chesnut Arabian et Brimmer mare, inconnue.

    Son of Pulleine's Rockwood mare v. 1712, par Son of Pulleine's Rockwood et Brimmer mare, D'Arcy's Royal mare.

    Pumpkin mare 1785, par Pumpkin et Fleatcatcher par Goldfinder.

r Purity 1788, par Matchem et Squirt mare, Mogul, Y-Camilla.

c Puss 1828, par Teniers et Cora par Peruvian.

c Pussy 1831, par Pollio et Valve par Bob Booty. Vainqueur de l'Oaks.

c Pussey 1763, par Regulus et Traveller mare, Hartley's Blind Horse, Grasshopper, inconnue.

r Puzzle 1780, par Matchem et Princess par Herod.

r Pyrrha 1771, par Matchem et Fenwick's Duchess par Whitenose.

c Pyrrha 1778, par Pyrrhus et Giantess par Matchem.

* Pyrrha 1833, par Bedlamite et Abjer mare, Orville, Pipator.

c Pythoness 1815, par Sorcerer et Princess par Sir Peter.

*cPythoness 1821, par Shuttle Pope et Pythoness par Sorcerer.

c Pythia v. 1827, par Phantom et Breeze par Soothsayer.

c Pythia 1815, par Sorcerer et Princess par Sir Peter.

Q.

r Quadrille 1815, par Selim et Canary Bird par Whiskey.

c Quadron v. 1825, par Catton et Desdemona par Orville.

r Quail 1805, par Gohanna et Certhia par Woodpecker.

c Queen (Lord D'Arcy's) v. 1720 (Dam of Snake mare), inconnue.

c The Queen 1833, par Sir Hercules et The Nun par Rainbow.

r Queen Anne's Moonah Barb mare v. 1715. Voyez Moonah Barb mare.

c Queen Ann 1850, par Slane et Garcia par Octavian.

c Queen Bathsheba 1826, par Prime Minister et Maria par Trissy.

c Queen Bess v. 1820. par Paulowitz et Anna Bullen par John Bull.

c Queen Bess 1831, par Château-Margaux et Princess Royal par Castrel.
c Queen Coil 1813, par Sweetwilliam et Remembrancer mare is. de Mary.
c Queen Charlotte 1792, par Highflyer et Eclipse mare 1775 is. de Miss
    Spindleshanks par Omar.
f Queen Elisabeth 1763, par Regulus et Cullen Arabian mare, Almanzor,
    Grey Hautboy.
c Queen Elisabeth v. 1822, par Champignon et Anna Bullen par John Bull.
c Queen Fairy v. 1820, par Walton et Paynator mare is. de Violet.
f Queen Mab 1754, par Cade et Crab mare is. de Miss Jigg.
f Queen Mab 1785, par Eclipse et Tartar mare, Mogul, Sweepstakes.
c Queen Mab 1823, par Pionner et Discord par Popinjay.
c Queen Mary v. 1750, par Gladiator et Plenipotentiary mare, Myrrha.
c Queen of Sheba 1789, par Saltram et Herod mare, Bajazet, Regulus.
c Queen of Sheba 1825, par Constable (Comus) et The Abbess par Car-
    dinal York.
c Queen of Beauty 1838, par The Saddler et Partisan mare, Jessy.
f Queen of Diamond's 1809, par Diamond et Sir Peter mare is. de Lucy.
c Queen of Hearts 1808, par Sorcerer et Tooee par Buzzard.
c Queen of Hearts 1826, par Emilius et Mercy par Merlin.
c Queen of the East 1855, par Irish Birdcatcher et Queen of Tyne par Tomboy.
*c Queen of the May 1845, par Sir Hercules et Myrrha par Malck.
c Queen of the Wale 1832, par Tarrare et Clavileno mare, Don Cossack,
    Sorcerer, Justice.
c Queen of Tyne v. 1836, par Tomboy et Whisker mare, Phantom, Overton.
f Queen of Trumps 1832, par Velocipède et Princess Royal par Castrel.
    Vainqueur de l'Oaks et du Saint-Léger.
Queensberry mare v. 1818, par Queensberry et Remnant par Trumpator.
c Quick's Charlotte v. 1755, par Blank et Crab mare, Dyer's Dimple,
    Bethell's Castaway, Whynot.
c Quickley v. 1815, par Mowbray et Sally par Sir Peter.
Quick Sylver mare v. 1800, par Quick Sylver 1789 et Doge mare, En-
    gineer, Cade.
*c Quinine 1846, par Ion et Sir Hercules mare, Electress.
*c Quiver 1846, par Velocipède et Aspen par Abbas Mirza.
c Quiz 1789, par Tandem et Petworth par Herod.
c Quiz v. 1795, par Mentor et Maria par Herod.

R.

f Rachel 1763, par Blank et Regulus mare, Sorehecls, Makeless.
f Id. 1790, par Highflyer et Syphon mare, Regulus, Snip.
c Id. 1823, par Amadis et Don Cossack mare is. de Nitre.
*c Id. 1823, par Whalebone et Gohanna mare, Grey Skim.
*c Id. 1817, par Rubens et Waxy mare is. de Marcella.
c Id. v. 1830, par Muley et Comus mare, Election, Fair Helen.

f Y-Rachel v. 1800, par Volunteer et Rachel par Highflyer.

*c Rachetée 1849, par Irish Birdcatcher et Pantaloon mare, Banter.

*c Rackety Girl 1846, par Hetman Platoff et Tomboy mare, Duchess of York.

c Racket 1814, par Castrel et Miss Hap par Shuttle.

c Rally v. 1810, par Hyacinthus et Overton mare is. de Katherine.

f Id. 1790, par Trumpator et Fancy par Florizel.

c Id. 1810, par Waxy et Rattle par Trumpator.

c Ralphina 1804, par Buzzard et Dungannon mare, Heinel.

  Rainbow mare v. 1825, par Rainbow et Boxer mare, Black Deuce.

  Rambler mare y. 1840, par Rambler et Bonby Betty par Robin Hood.

c Ransom 1778, par Alfred et Old England mare, Cullen Arabian, Cade.

c Id. 1799, par Sir Peter et Shift par Sweetbriar.

c Rantaway 1787, par Phœnomenon et Cora par Matchem.

c Ranthos mare (Sister to Sharper) 1779, par Ranthos et Sir Ch. Turner's
  Sweepstakes mare is. de Sister to Hutton's Careless.

f Rantipole 1769, par Blank et Joan par Regulus

c Id. 1775, par Blank et Joan par Regulus.

c Id. v. 1775, par Herod et Rantipole par Blank 1769.

f Rarity v. 1772, par Matchem et Snap Dragon par Snap.

c Id. 1822, par Anticipation et Williamson's Ditto mare is. d'Agnès.

f Rattle 1793, par Trumpator et Fancy par Florizel.

c Id. 1829, par Whalebone et Romp par Selim.

  Id. mare v. 1730, par Rattle et Darley Arabian mare, Old Child mare.

c Rantipole 1815, par Selim et Sweetheart par Volunteer.

c Y-Rantipole 1825, par Orville, ou Ivanhoë, 1817 et Rantipole par Selim.

c Reality 1821, par Anticipation et Williamson's Ditto mare is. d'Agnès.

c Recovery 1778, par Hyder Ally et Perdita par Herod.

c Récréation v. 1835, par Reveller et Emilius mare, Rubens 1813, Guildford Nan par Guildford.

f Recovery v. 1820, par Hyacinthus et Overton mare, Katherine.

c Receipt v. 1818, par Sir Harry Dimsdale et Fair Helen par Hambletonian.

c Id. v. 1840, par Rowton et Sam mare is. de Morel.

c Rectitude v. 1830, par Lottery et Decision par Magistrate.

f Reel 1836, par Camel et La Danseuse par Blacklock.

c Id. v. 1840, par Glencoë et Galopade par Catton.

c Red Tape v. 1840, par Rowton et Pigmy par Election.

*c Reading Lass 1811, par Orville et Sigismonda par Buzzard.

*c Rebecca (ex Miss Stephens) 1811, par Eagle. Voyez Miss Stephens.

c Id. 1800, par Ormond et Penultima par Snap.

c Id. 1821, par Soothsayer et Prudence par Waxy.

c Id. 1821, par Walton et Fanina par Sir Solomon.

f Id. v. 1830, par Lottery et Cervantes mare, Anticipation.

c Rebekah 1838, par Sir Hercules et Sam mare, Rebecca.

c Rebuff v. 1835, par Camel et Sarcasm par Teniers.

f Reciprocity v. 1840, par Emilius et Fidelity par Whisker.

c Rectory 1818, par Octavius et Catherine par Woodpecker.
c Red Rose 1837, par Partner et Grey Hound mare, Bay Farewell.
c Id. 1745, par Devonshire's Blacklegs et True Blue mare, Griselda.
c Id. v. 1730, par Rattle et Darley Arabian mare, Old Child mare.
c Id. 1760, par Babraham et Blaze mare, Fox, Darley Arabian.
c Id. 1836, par Rubini et Sweetbriar par Sultan.
c Id. 1828, par Merlin (Miss Newton's) et Mona par Partisan.
c Red Lock 1823, par Blacklock et Chorus mare, Orville, Anticipation.
c Id. (Dairy Maid) v. 1825, par Blacklock. Voyez Dairy Maid.
*cRedgauntlet mare 1835, par Redgauntlet et Varna par Sultan.
c Reeve 1789, par Woodpecker et Trentham mare, Coquette.
r Réfraction 1842, par Glaucus et Prism par Camel. Vainqueur de l'Oaks.
c Réflexion v. 1841, par Mus et Prism par Camel.
c Regalia 1819, par Catton et Paynator mare, Violet.
*cId. 1839, par Bay Middleton et Arbis par Quiz.
*cRegatta 1831, par Camel et Boadicea par Alexander.
r Reginald 1821, par Haphazard 1797 et Prudence par Waxy.
r Regina v. 1800, par Moorcock et Rally par Trumpator.
c Brown Regulus 1759, par Regulus. Voyez à la lettre B.
  Regulus mare v. 1745, par Regulus et Black Eyes par Crab.
  Id. 1747, par id. et Parker's Lady Thigh par Partner.
  Id. v. 1750 (Dam of Merlin), par id. et inconnue.
  Id. v. 1745 (Dam of Treasurer), par id. et inconnue.
  Id. 1759, par id. et Partner mare is. de Grey Brocklesby.
  Id. 1757, par id. et Coughing Polly par Bartlet's Childers.
  Id. 1755, par id. et Moore's Partner mare, Childers, Miss Belvoir.
  Id. v. 1750, par id. et Partner mare 1744, Bay Bloody Buttocks.
  Id. v. 1755, par id. et Partner mare is. de Brocklesby.
  Id. v. 1760, par id. et Oroonoko mare, Traveller, Miss Makeless.
  Id. v. 1762, par id. et Allworthy mare, Bolton's Starling, Dairy Maid.
r Id. 1751, par id. et Sorcheels mare, Makeless, Ch. D'Arcy's Royal mare.
c Id. v. 1750, par id. et Crab mare, Childers, Basto.
r Id. 1749, par id. et Bartlet's Childers mare, Honywood's Arabian,
    Byerly Turk (True Blue's Dam).
  Id. v. 1750, par id. et Partner mare 1738, Woodcock, Croft's Bay Barb.
  Id. v. 1750, par id. et Steady mare. Partner, Grey Hound.
  Id. 1757, par id. et Partner mare, Curwen's Bay Barb, Ches. D'Ar. Ar.
  Id. 1763, par id. et Cypron par Blaze.
c Id. 1755, par id. et Lonsdale's Bay Arabian mare, Bonny Lass.
  Id. v. 1755, par id. et Bloody Buttocks mare, Partner, Grey Hound.
  Id. v. 1765, par id. et Miss Patty par Skipjack.
c Id. 1751, par id. et Sorcheels mare is. de Sir R. Milbanks mare.
  Id. 1757, par id. et Moore's Partner mare, Childers, Walpoole Barb.
  Id. 1762, par id. et Lass of the Mill par Traveller.
  Id. v. 1750, par id. et Hip mare is. de Large's Hartley mare.

Regulus mare v. 1760, par Regulus et Starling mare is. de Raingbone.

Id. v. 1755, par id. et Miss Makeless par Son of Grey Hound.

Id. v. 1750, par id. et Brother to Mixbury mare, Hutton's Bay Barb, Byerly Turk, Selaby Turk.

c Id. 1757, par id. et Hutton's Blacklegs mare, Bay Bolton, Cub.

Id. 1757, par id. et Starling mare, Godolphin Arabian, Childers.

Id. v. 1750, par id. et Partner mare, Bloody Buttocks, Grey Hound.

c Id. v. 1763, par id. et Snip mare, Cottingham, Warlock Galloway.

Id. 1757, par id. et Gaul'em mare, Sedbury, Cartouch.

Id. v. 1747, par id. et Dairy Maid par Bloody Buttocks.

Id 1758, par id. et Devonshire's Blacklegs mare, Dimple, Sir J. Jen. Ar.

c Id. v. 1757, par id. et Lord Morton's Arabian, Mixbury, Mulso Bay Turk.

Id. v. 1760, par id. et Partner mare, Grey Hound, Brown Farewell.

Id. 1759, par id. et Silvertail par Heneage's Whitenose.

Id. v. 1760, par id. et Roundehad mare, Snake, Hautboy.

Id. v. 1750, par id. et Bloody Buttocks mare is. de Faustina.

c Id. v. 1756, par id. et Crab mare 1749, Miss Slamerkin.

c Id 1758, par id. et Snip mare is. de Parker's Lady Thigh.

Id. v. 1748, par id. et Roundehad mare, Partner 1735, Makeless.

Id. 1764, par id. et Snake mare, Partner, Croft's Egyptian.

Id. 1751, par id. et Little Bowes par Brother to Mixbury.

Id. v. 1755, par id. et Snip mare is. de The Widdrington mare.

Id. 1757, par id. et Brother to Mixbury mare, Bald Galloway mare.

Id. v. 1750, par id. et Partner mare, Bay Bolton, Darley Arabian.

Id. v. 1762, par id. et Rib mare, Snake, Coneyskins, Hutton's Bay Barb.

Id. 1757, par id. et Snappina par Snap.

Id. v. 1746, par id. et The Wilkie's mare par Partner.

Id. 1759, par id. et Tartar mare is. de Midge par Son of Bay Bolton.

Id. v. 1762, par id. et Starling mare, Fox, Gipsy.

Id. v. 1760 (Dam of Hambletonian), par id. et inconnue.

Brother to Recruit mare v. 1805, par Brother to Recruit et Highflyer mare, Marske, A-la-Grecque.

Id. v. 1804, par id. et Cygnet par Buzzard.

c Reluctance (ex Dimple) 1794, par Highflyer. Voyez au D.

f Remembrance 1805, par Sir Solomen et Queen Mab par Eclipse.

c Remembrancer mare 1805, par Remembrancer et Mary par Y-Marske.

Id. 1807, par id. et Aethe par Y-Marske.

Id. 1812, par id. et Beatrice par Sir Peter.

Id. v. 1810, par id. et Mary par Sir Peter.

Id. v. 1800, par id. et Charmer par Phœnomenon.

c Reminiscence v. 1842, par The Saddler et Retrospectif par Cetus.

c Remnant v. 1800, par Ruler et Garrick mare, Herod, Pyrrha.

c Remnant 1798, par Trumpator et Fancy par Florizel.

c Remnant (ex Routine) v. 1830, par Picton et Vermilion par Bobadil.

* c Resemblance 1823, par Gainsborough et Williamson's Ditto mare, Agnès.

*c Repeal 1843, par Emilius et Rint par Saint-Patrick.

c Reposada 1817, par Amadis et Orvillina par Beningbrough.

c Retort 1836, par Camel et Banter par Master Henry.

c Retrospectif v. 1835, par Cetus, ou Rowton, et Pastime par Partisan.

c Restive v. 1700, par un arabe et Arabian mare.

c Reserve v. 1808, par Waxy et Lady Jane par Sir Peter.

c Restless 1786, par Florizel et Matchem mare, Syphon, Sweetbriar.
Restless mare v. 1800, par Restless et Bourdeaux mare, Prophet, Virago.

*c Retamosa 1836, par Reveller et Mandane par Sultan.

*c Revival 1839, par Pantaloon et Linda par Waterloo.

f Revenge v. 1810, par Williamson's Ditto et Agnès par Shuttle.
Reveller mare 1825, par Reveller et Waxy mare is. de Elve.

c Id , ou Lady Vane, 1825, par Reveller. Voyez Lady Vane.

f Id. v. 1836, par id. et Tramp mare (Design) is. de Defiance.

c Rhodacantha 1820, par Comus et Lisette par Hambletonian.

c Rhedycina 1847, par Wintonian et Laurel mare, Flight. Vr de l'Oaks.

*c Rhodante 1837, par Velocipède et Roscleaf par Whisker.

f Rhoda 1813, par Aspargus et Rosabella par Whiskey.

f Y-Rhoda v. 1815, par Walton et Trumpator mare, Cinderella.
Rhoda 1814, par Commodore (Tug) et Drone mare, Chocolate, Lottery.

c Rib mare 1751, par Rib et Mother Western par Smith's Son of Snake.

c Id. v. 1745, par id. et Wynn Arabian mare, Governor, Sist. to Gents Dam.

c Id. v. 1755, par id. et Regulus mare, Black Eyes.
Id. v. 1750, par id. et Partner mare, Grey Hound, Makeless.

c Id. v. 1750, par id. et Snake mare, Coneyskins, Hutton's Bay Barb.
Id v. 1755, par id. et Hip mare, Large Hartley mare.
Richemond mare v. 1720, par Richemond et The Banister mare, incon.
Son of Duke of Richemond's Turk mare v. 1726, par Son of Duke of
Richemond's Turk et Whynot mare, Wilkinson's Arabian, Barb mare.

f Riddle 1765, par Matchem et Squirt mare, Mogul, Y-Camilla.

f Riddle 1762, par The Wolseley Arabian et Lady Augusta par Hutt. Spot.
Rider's Chesnut Barb mare v. 1716, par Rider's Chesnut Barb et Banstead
mare 1710, inconnue.

f Ridicule 1810, par Shuttle et Dungannon mare, Loetitia.

c Ridotto 1825, par Reveller et Walton mare, Goosander.

c Rigmarol 1822, par Soothsayer et Rantipole par Selim.

c Ringdove v. 1825, par Comus et Cerberus mare is. d'Alfana.

f Ringbone 1732, par Partner et Lustry Thornthon par Croft's Bay Barb.

c Ringlet 1821, par Whisker et Clinkerina par Clinker.

c Ringhtail 1801, par Buzzard et Trentham mare, Cytherea.

c The Ringhtail Galloway 1731, par Curwen's Bay Barb et Pelham's Hip
mare, Lister Turk mare (Sister to Pepping Peg).

c Riot 1753, par Regulus et Blaze mare, Fox, Darley Arabian.

c Riot 1768, par Squirrel et Helen par Blank.

c Rint v. 1830, par Saint-Patrick et Specie par Scud.

f Rival v. 1802, par Sir Peter et Hornet par Drone.

c Rivulet 1813, par Rubens et Pot 80's mare, Huncamunca.

*c Robinia 1841, par Liverpool et Catton mare, Altisidora.

c Rocbana v. 1835, par Velocipède et Miss Garforth par Walton.

Rockingham mare 1793, par Rockingham et Hébé par Chrysolite.

Id. 1796, par id. et Vertumnus, ou Eclipse mare, Compton Barb mare.

Id. v. 1792, par id. et Butterfly par Eclipse.

Son of Rockwood mare v. 1708, par Son of Rockwood et Selaby Turk mare, Bustler, Place's White Turk.

Id. v. 1708 (Dam of Backwood mare), par id. et inconnue.

*c Roma 1846, par Gladiator et Brutandorf mare is. de Mrs Cruickshans.

f Romana v. 1815, par Gohanna et Sir Peter mare is. de Nerissa.

c Romance 1803, par Gouty et Mademoiselle par Diomed.

c Romp v. 1745, par Lord Derby's Looby et Whimsey par Son of Jigg.

c Romp 1815, par Selim et Remembrancer mare, Aethe.

f Rosabella v. 1803, par Whiskey et Diomed mare is. d'Harriet.

c Rosalba v. 1795, par Precipitate et Reeve par Woodpecker.

c Rosalia v. 1820, par Walton et Rosanne par Dick Andrews.

*c Rosa Langar 1838, par Langar et Wild Rose par Confederate.

f Rosalind 1788, par Phœnomenon et Atalanta par Matchem.

c Rosalind 1811, par Orville et Minstrel par Sir Peter.

c Rosalba 1811, par Milo et Buzzard mare (Sister to Rubens).

c Rosalind 1839, par Touchstone et Harmony par Reveller et Seym. mare.

c Rosalie 1831, par Whalebone et Electress par Election.

c Rosalba 1811, par Schedony (Pot 80's) et Trumpator mare, Peppermint.

f Rosaletta 1778, par Nabob et Rosetta par Squirrel.

c Y-Rosaletta 1795, par Walnut et Rosaletta par Nabob.

c Rosalie 1790, par Y-Marske et Tuberose par Herod.

c Rosabella 1812, par Castrel et Lampedosa par Precipitate.

f Rosanne v. 1811, par Dick Andrews et Rosette par Beningbrough.

c Rosamond 1760, par Blossom et Ancaster Starling mare, Grasshopper, Sir M. Newton's Arabian, Pert.

f Rosamond 1788, par Tandem et Tuberose par Herod.

f Rosamond 1798, par Buzzard et Rose Berry par Phœnomenon.

c Rose 1780, par Sweetbriar et Merliton par Snap.

c Id. 1784, par Sweetbriar et Jemima par Snap.

c Id. 1811, par Alexander et The Great et Worthy mare, Justice, Chymist.

c Id. 1814, par Gohanna et The Pitshill mare par Driver.

c Id. 1754, par Blank et Ancaster Starling mare, Grasshopper, Sir M. Newton's Arabian, Pert.

c Rosebud 1801, par Clayhall et Rose par Sweetbriar 1784.

f Rose Berry 1792, par Phœnomenon et Miss West par Matchem.

*c Rose Bird 1853, par A. British Yeoman et Stephanie par Stumps.

c Roseleaf 1827, par Whisker et Rosalba par Milo.

c Rosemary 1778, par Herod et Maria par Blank.

f Rosebud 1769, par Snap et Cérès par Cade.

f Id. 1765 (Dam of Eclipse mare), par id. et Miss Belsea par Regulus.

c Id. v. 1810, par Alexander 1782 et Olive Branch par Sir Peter.

c Id. 1800, par Buzzard et Rose par Sweetbriar 1780.

c Id. 1826, par Rubens et Waltonia par Walton.

c Rosemary 1760, par Blossom et Ancaster Starling mare, Grasshopper, Sir M. Newton's Arabian, Pert.

*cRose of Sharon 1843, par Pantaloon et Shiraz par Camel.

c Rosetta 1763, par Squirrel et Rose par Blank.

c Id. 1800, par Y-Woodpecker et Equity par Dungannon.

c Id. v. 1793, par Sir Peter et Tulip par Damper.

c Id. 1833, par Royal Oak et Red Rose par Merlin.

c Rosebud, ou Runnymede, v. 1825, par Little John et Whalebone mare is. de Ransom par Sir Peter.

f Rosette v. 1806, par Beningbrough et Rosamond par Tandem.

*cRosina 1817, par Sir Harry Dimsdale et Mary par Gohanna.

*cId. 1832, par Frolic et Otis par Bustard 1820.

c Id. 1783, par Woodpecker et Petworth par Herod.

c Id. 1781, par Amaranthus et Tuberose par Herod.

c Rotterdam 1819, par Juniper et Spotless par Walton.

c Roulette v. 1840, par Philip The First et The Popping Piece par Sir Hercules, ou Napoleon.

Roundehad mare 1744, par Roundehad et Bay Brocklesby par Partner.

Id. v. 1745, par id. et Snake mare, Hautboy, Royal mare.

Id. v. 1745, par id. et Hodge's Centurion mare, Betty Byeblow.

Id. v. 1740, par id. et Bartlet's Childers mare, Hartley's Blind Horse, Highland Laddie, Byerly Turk.

Id. v. 1750, par id. et Sorehcels mare, Makeless, Christ. D'Ar. Royal m,

Id. v. 1742, par id. et Partner mare 1735, Makeless, Brimmer.

c Routine, ou Remnant, v. 1830, par Picton. Voyez Remnant.

c M. Routh's mare, ou Brown Betty, v. 1745, par Regulus. Voyez au B.

f Rowena 1816, par Rubens et Brightonia par Gohanna.

c Id. 1840, par Recovery et Rebecca par Lottery.

c Id. 1838, par Doctor Faustus et Little Charlotte par Waterloo.

f Id. 1817, par Haphazard 1797 et Prudence par Waxy.

f Roxalana v. 1790, par Pot 80's et Herod mare, Snap, Shepherd's Crab.

f Roxanna 1718, par Bald Galloway et Akaster Turk mare, Leede's Arabian, Spanker, inconnue.

c Roxana 1796, par Sir Peter et Tulip par Damper.

c Roxana 1797, par Alexander 1782 et Princess par Eclipse.

f Royal mares. Juments orientales primitives. Telles sont les mères de : Dodsworth et Vixen (voyez Barb mare), v. 1765; Babraham et Marlborough mare v. 1748; Lord Malpa's Horse v. 1718; Whynot mare v. 1690; les quatre Whynot mares v. 1700; Bald Galloway mare v. 1725; Burford Bull mare v. 1700; Hautboy et Brimmer, à Lord

D'Arcy's v. 1690; Blunderbuss mare (Lord D'Arcy's Grey Royal mare)
v. 1700; Sir R. Milbank's mare, Sir R. Milbank's Black mare et Makeless
mare (à Sir Christopher D'Arcy) v. 1695; Old Montagu mare (à Lord
Montagu) v. 1655; Hautboy mare, Brimmer mare, Arabian D'Arcy's
Black Legged mare (à Lord D'Arcy) v. 1695; Blunderbuss mare v. 1695;
Makeless mare et Lord Orford's Dun Arabian mare (D'Arcy's Black
Legged Royal mare) v. 1700; Makeless mare v. 1700.

Old Royal mare v. 1715, par Old Royal et Merlin mare, inconnue.

*c Royalty 1833, par Emilius et Maria par Waterloo.

*c Rubena 1823, par Waxy Pope et Rubens mare, Penny Trumpet.

Rubens mare v. 1820, par Rubens et Parasol par Pot 8o's.

Id. v. 1815, par id. et Brightonia par Gohanna.

c Id. 1812-1813, par id. et Guildford Nan par Guildford.

f Id. 1819, par id. et Tippity Witchet par Waxy.

Id. 1815, par id. et Queen of Hearts par Sorcerer.

Id. v. 1814, par id. et Woodpecker mare, Herod, Maiden.

Id. v. 1812, par id. et Sir Peter mare is. de Deceit.

Id v. 1812, par id. et Penny Trumpet par Trumpator.

Id. v. 1815, par id. et Slipper par Precipitate.

Id. v. 1818, par id. et Meteor mare is. de Petrowna.

Id. v. 1818, par id. et Undine par Grimaldi.

Rubini mare v. 1837, par Rubini et Spermaceti par Whalebone.

c Ruby v. 1825, par Rubens et Williamson's Ditto mare, Agnès.

c Ruby v. 1835, par Columbus et Comus mare, Delpini, Miss Muston.

c Ruby 1777, par Pantaloon et Captain mare, Cade, Miss Slamerkin.

c Ruffina v. 1830, par Blacklock et Juniper mare, Sorcerer, Virgin.

Ruler mare v. 1795, par Ruler et Magdalena par Highflyer.

Id. v. 1790, par id et Piracantha par Matchem.

Id. v. 1792, par id. et Fitz Herod mare, Cade, Regulus.

Id. v. 1796, par id. et Paymaster mare, Regulus, Allworthy.

Id. v. 1790, par id. et Treecreeper par Woodpecker.

Id. v. 1790, par id. et Matchem mare, Regulus, Partner.

c Runaway v. 1835, par Cydnus et Grenta Green par Whalebone.

c Runnymède (ex Rosebud) 1825, par Little John. Voyez Rosebud.

f Rupee v. 1800, par Coriander et Matron par Florizel.

c Rural Lass 1751, par Regulus et Romp par Lord Derby's Looby.

c Rushlight (ex Ephemera) 1797, par Woodpecker. Voyez Ephemera.

f Ruth 1776, par Eclipse et Blank mare, Oroonoko, Regulus, Brother to
Mixbury, Bald Galloway, King W. B. B., ou T., W. a T.

f Ruth 1761, par Blank et Regulus mare, Sorcheels, Makeless

f Ruth v. 1830, par Merlin (Miss Newton's) et Prudence par Waxy.

* Ruth 1855, par Jack Robinson et Charley Boy mare, Marmion mare.

Rutland Grey Turk mare v. 1722, par Rutland Grey Turk et Betty Deresfield par Leedes Arabian.

Id. v. 1725 (Dam of Snake mare), par id. et inconnue.

* cRuthfull 1840, par Beiram et Ruth par Merlin.

r Rutilia 1769, par Blank et Regulus mare, Soreheels, Makeless.

  Rutland Black Barb mare v. 1721, par Rutland Black Barb et Brigh's
  Roan mare, inconnue.

  Id. v. 1721, par id. et Blunderbuss mare is de D'Arcy's Grey Royal mare.

r Rutland Brown Betty v. 1825, par Basto et his Massey's mare par M. Massey's Black Barb.

c The Ryegate mare v. 1715, par Toulouze Barb et Sir J. Pearson's Cream
  Checks par Spanker.

S.

c Sabina 1815, par Juniper et Selima par Selim.

c Sabra v. 1825, par Harbinger et Jenny Wren par Dick Andrews.

* cSaddler mare 1838, par The Saddler et Partisan mare, Pomona.

* cThe Saddler mare (Mrs Saddler) 1836, par The Saddler. Voy. Mrs Saddler.

  Id. v. 1835, par id. et Stays par Whalebone.

c Saffy 1816, par Son of Dick Andrews et Totteridge mare, Mufly, Maria.

 c Saffron v. 1750, par Regulus (père présumé) et Cole's Fox Hunter mare,
  Partner, Bald Galloway, Akaster Turk.

c Sagacity v. 1844, par Theon et Wanton mare is. de Beatrice.

c Sagana 1807, par Sorcerer et Woodpecker mare, Herod, Maiden.

c Sainte-Ann 1796, par Delpini et Miss Judy par Alfred.

  Saint-George mare v. 1805, par Saint-George et Aethe par Y-Marske.

  Id. v. 1816, par id. et Evander mare, Miss Gunpowder.

c Id. 1803, par id. et Pontac mare, Syphon, Miss Wilkinson.

c Id v. 1795, par id. et Abigaïl par Woodpecker.

  Saint-Martin's mare v. 1715, par Saint-Martin's et Sir E. Hale's Turk is.
  de The Old Field mare.

  Saint-Martin mare 1844, par Saint-Martin et Royalty par Emilius.

  Saint-Patrick mare v. 1830, par Saint-Patrick et Comedy par Comus.

* Id 1840, par id. et Eloïsa par Emilius.

  Saint-Victor's Barb mare v. 1710, par Saint-Victor's Barb et Whynot
  mare 1705, Royal mare.

r Sal 1816, par Scud et Hyale par Phœnomenon.

* cSal Dabs 1778, par Tantrum et Sampson mare, Godolphin Colt, Flora.

c Sally 1749, par Forester et Red Rose par Partner.

r Id. 1758, par Blank et Poppet par Black Chance.

  Id. 1822, par Swindon et Lady Emily par Lennox.

r Id. 1800, par Sir Peter et Diomed mare is. de Desdemona.

* cId. 1838, par Sir Hercules et Ulrica par Sherwood.

c Sally Naylor's 1755, par Blank et Ward mare, Pert, Saint-Martin's.

  Salamandre 1854, par Surplice et Jelly Fish par Venison.

r Sal Volatile 1837, par Augustus et Volage par Waverley.

r Salome, ou Selima, 1736, par Bethell's Arabian et Graham's Champion
  mare, Darley Arabian, Merlin.

Saltram mare 1789, par Saltram et Herod mare, Carina.

Id. v 1795, par id. et Regulus mare, Starling, Ringbone.

Id. 1792, par id. et Matchem mare, Regulus, Starling.

Id. v. 1795, par id. et Herod mare is. de Thisbé.

c Salva v. 1825, par Harbinger et Jenny Wren par Dick Andrews

c Salvadora v. 1818, par Outcry et Bella par Beningbrough.

v Saly 1839, par Sheet Anchor et Fanny par Jerry.

Sam mare v. 1825, par Sam et Morel par Sorcerer.

Id. v. 1830, par id. et Rebecca par Soothsayer.

*c Samphire 1843, par Slane et Sea Kale par Camel.

Sampson mare v. 1745 (Dam of Cade mare), par Sampson 1721 et inc.

Sampson mare v. 1765, par Sampson 1745 et Cérès par Cade.

* Id. v. 1765, par id. et inconnue.

c Id. v. 1769 et v. 1770, par id. et Godolphin Colt mare is. de Flora.

Id. v. 1760, par id. et Tartar mare, inconnue.

Id. 1760, par id. et Jenny O! par Regulus.

Id. v. 1770, par id. et Regulus mare, Partner, Grey Hound, Br. Farewell.

Id. v. 1765, par id. et Regulus mare is. de Miss Makeless.

Id. v. 1765, par id. et Oroonoko mare is. de Sophia.

Id. v. 1765 (Dam of Royal Slave), par id. et inconnue.

Id. v. 1765, par id. et Regulus mare, Blacklegs, Bay Bolton.

*c Sampson mare 1822, par Sampson et Stricking Beauty par Sorcerer.

Sancho mare v. 1796, par Sancho et Fidget mare, Lily of the Valley.

Sancho mare v. 1810, par Sancho et Diana par Dungannon.

Id. 1809, par id. et Beningbrough mare, Sir Peter mare (Lady's Maid).

Id. v. 1810, par id. et Miss Hornpipe Teazle par Sir Peter.

Id. 1809, par id. et Highflyer mare is. de Juno.

Id. 1810, par id. et Fidget mare is. de Lilly of the Valley.

Id. v. 1810, par id et Beningbrough mare is. d'Eustatia.

Id. 1810, par id. et Miss Fury par Trumpator.

Id. 1810, par id. et Trumpator mare, Mark Anthony, Signora.

c Id. 1809, par id. et Ringhtail par Buzzard.

Id. v. 1810 (Dam of Beresina), par id. et inconnue.

v Sappho 1749, par Regulus et Lodge's Roan mare par Partner.

*c Sarah 1818, par Catton et Sally par Sir Peter.

c Id. v. 1820, par Tramp et Polly Oliver par Sir Peter.

*c Id. 1824, par Whisker et Jenny Wren par Y-Woodpecker.

*c Saracen mare v. 1833, par Saracen et Pawn Junior par Waxy.

v Sarcasm 1833, par Teniers et Banter par Master Henry.

Saucebox mare v. 1745, par Saucebox et Son of Curwen's Bay Barb mare.

c Scancataldi 1809, par Sancho et Miss Hornpipe Teazle par Sir Peter.

c Scarpa 1818, par Crispin et Bizarre par Peruvian.

v Old Scarborough mare v. 1705, par Makeless et Brimmer mare, inconnue.

Scarborough mare v. 1718 (Dam of Scarborough Colt), par Scarborough
et inconnue.

F Scandal v. 1818, par Selim et Haphazard mare, Precipitate, Colibry.

Scarborough Colt mare v. 1735, par Scarborough Colt et Bartlet's Childers mare, Devonshire's Turk, Curwen's Bay Barb.

Id. v. 1728, par id. et Brimmer mare, inconnue.

Id. v. 1735, par id. et Hip mare, Tifter, Snake, Diamond.

Id. v. 1740 (Dam of Alicracker), par id. et inconnue.

c Scheme 1825, par Tiresias et Haphazard mare, Precipitate, Colibry.

c Schedule v. 1820, par Octavian et Wizard mare, Lady Sarah.

c School Mistress 1831, par Rasping et Morisca par Morisco.

c Id. (Fortuna) 1781, par Ranthos et Sir Ch. Turner's Sweepstakes mare is. de Sister to Hutton's Careless.

c Id. 1845, par Liverpool et Fanny Squeers par Percy.

c Scheherazade 1810, par Selim et Gipsy par Trumpator.

F Scota 1783, par Eclipse et Harmony par Herod.

F Scotia v. 1799, par Delpini et King Fergus mare, Cœlia. Vᵉ de l'Oaks.

F Scotina v. 1800, par Delpini et Scota par Eclipse.

c Scratch v. 1820, par Selim et Haphazard mare, Precipitate, Colibry.

*c Scornfull 1824, par Wofull et Haphazard mare, Precipitate, Colibry.

F Scotilia v. 1800, par Anvil et Scota par Eclipse.

c Scuffle 1829, par Partisan et Scratch par Selim.

F Scorpion 1775, par Matchem et Snap mare, Cullen Arabian, Grieswood's Lady Thigh par Partner.

*c The Screw 1828, par Banker et Beningbrough mare, Mary Ann.

c Scud mare (Chesnut) v. 1820, par Scud et Goosander par Hambletonian.

c Id., ou Pionner mare, v. 1820, par id., ou Pionner, et Canary Bird par Whiskey.

* Id., ou Merlin mare, v. 1820, par id., ou Merlin (Y-Bab), et Remembrancer mare is. d'Aethe.

Screveton mare v. 1805, par Screveton et Weasel mare, Pacolet, Marske.

* Scutari mare 1851, par Scutari et Amaryllis par Velocipède.

*c Scylla 1838, par Glaucus et Whisk par Whisker.

*c Scythia 1846, par Hetman Platoff et The Princess par Slane.

c The Sea 1830, par Whalebone et Orville mare, Sir Solomon, Miss Brim.

c Sea Breeze 1824, par Paulowitz et Zephyretta par Hedley.

c Id. Fowll 1788, par Woodpecker et Middlesex par Snap.

c Id. Gull 1786, par Woodpecker et Middlesex par Snap.

*c Id. Kale 1851, par Camel et Sea Breeze par Paulowitz.

c Id. Mew 1815, par Scud et Goosander par Hambletonian.

Second mare 1764, par Second et Emma par Regulus.

Id. 1752, par id. et Mogul mare, Sweepstakes, Bay Bolton.

Id. v. 1746, par id. et Starling mare, M. Croft's Legacy.

Id. v. 1743, par id. et Stanyan's Arabian mare is. de Gipsy.

F Id. v. 1742, par id. et M. Hanger's Brown mare par Stanyan's Arabian.

Id. 1756, par id. et Starling mare is. de Coughing Polly.

Id. 1755, par id. et Starling mare, Partner, Grey Hound, Brown Farewell.

* c Second Sight 1846, par Harkaway et Toy par Liverpool.

Sedbury mare v. 1740, par Sedbury et Ebony par Childers.

Id. v. 1740, par id. et Starling mare, Son of Hutton's Grey Barb Coneys-kins, Hautboy.

Id. v. 1740, par id. et Cartouch mare, Darley Arabian, Makeless.

Id. v. 1745, par id. et Partner mare 1735, Makeless, Brimmer.

Id. v. 1750, par id. et Brother to William's Squirrel mare, Montagu, Son of Brimmer.

c Sedbury Royal mare v. 1690 (Dam of Miss D'Arcy's Pet mare), j^t orient.

Sedley Arabian mare 1769, par Sedley Arabian et Vanessa par Regulus.

c Seedling 1784, par Pumpkin et Sylvia par Blank.

Selaby Turk mare v. 1695 (Dam of Derby Tickle Pitcher), par Selaby Turk et inconnue.

Id. v. 1695, par id. et M. Place's mare, inconnue.

r Id. v. 1700, par id. et Bustler mare, Place's White Turk, Dodsworth.

r Selima, ou Salome, 1733, par Bethell's Arabian. Voyez Salome.

r Selima 1810, par Selim et Pot 8o's mare is. de Editha.

r Selim mare 1812, par Selim et Maiden par Sir Peter.

c Id. 1810, par id. et Y-Camilla par Woodpecker

c Id. (Chesnut) 1822, par id. et Euryone par Witchcraft.

Id. v. 1810, par id. et Pipylina par Sir Peter.

Id. v. 1810, par id. et Oscar mare is. de Dairy Maid.

Id. v. 1810, par id. et Golumpus mare, King Fergus, Herod.

Id. v. 1812, par id. et Pipator mare is. de Queen Mab.

Id., ou Soothsayer mare, v. 1812, par id., ou Soothsayer, et Hare par Sweetbriar.

c Selma 1817, par Selim et Kill Devil mare is. de Juliana.

c Selina 1808, par Delpini et Beningbrough mare, Katherine.

c Sémélé 1765, par Blank et Blaze mare, Y-Grey Hound, Curw. Bay Barb.

c Semiramis 1826, par Tiresias et Diana par Stamford.

* c Semiseria 1840, par Voltaire et Comedy par Comus.

* c Sephora 1825, par Vampire et Mushroom par Dick Andrews.

c Sequidilla 1838, par Sheet Anchor et Katherina par Soothsayer.

c Sentiment v. 1810, par Selim et Louisa par Pegasus.

c Seraphina 1766, par Blank et Blaze mare, Y-Grey Hound, Curw. B. Barb.

c Sérénade 1824, par Rainbow et Scheherazade par Selim.

r Serina 1778, par Golfinder et Squirrel mare, Ball, Crazy. Vainqueur du Saint-Léger.

* Serena 1854, par A. British Yeoman et Anna the Third par Alfred.

r Serpent v. 1770, par Le Sang et Snip mare, Bolton's Goliah, Partner.

* Serpente 1846, par Saint-Francis et Timbria par Troïlus.

Seymour mare v. 1815, par Seymour et Gramarie par Sir Peter.

c Seviglia v. 1828, par Figaro et Walton mare, Wizard, Lisette.

c Shadow 1836, par The Saddler et Arinette par Wanton.

r Id. v. 1720, par Grey Grantham et inconnue.

f Shakespear mare 1763, par Shakespear et Miss Meredith par Cade.
   Id. v. 1760 et 1766, par id. et Cade mare, Partner mare 1733, Sister to Lodge's Roan mare.
   Id. 1773, par id. et Barbara par Snap.
c Sheba's Queen 1806, par Sir Solomon et Weathercock mare, Cora.
c Shepherdess (Martindale's) 1743, par Godolphin Arabian et Hobgoblin mare 1739, Whitefoot, Leedes.
c Id. 1768, par Y-Driver et Titania par Shakespear.
f Id. 1809, par Shuttle et Buzzard mare, Ann of the Forest.
f Id. v. 1761, par Shepherd's Crab et Vanessa par Regulus.
f Id. (Thayne's) 1767, par Y-Snip et Regulus mare, Crab, Childers.
   Ripton's Sharper mare v. 1755 (Dam of Trunnion mare), par Ripton's Sharper et inconnue.
c Sheldrake 1821, par Scud et Goosander par Hambletonian.
c Shiraz v. 1835, par Camel et Medina par Shebdeez.
* c Shirine 1828, par Blacklock et Y-Rhoda par Walton.
* c The Shrew 1825, par Master Henry et Precipitate mare, Highflyer, Juno.
c Shoveler 1816, par Scud et Goosander par Hambletonian.
c Show Lass 1830, par Mountebank et Wofull mare, Rubens 1812, Guildford Nan par Guildford.
   Sheet Anchor mare v. 1835, par Sheet Anchor et Medea par Whisker.
c Shift 1779, par Sweetbriar et Black Susan par Snap.
c Shelah 1831, par Saint-Patrick et Mulebird par Merlin.
c Id. 1803, par Hambletonian et Skypeeper par Highflyer.
c Id. v. 1835, par Freney et Kiss par Waxy Pope.
c Shield's Galloway v. 1712 (Dam of Milkmaïd), par Mr Curwen's et inc.
c Shrimp v. 1815, par Scud et Lady Charlotte par Buzzard.
c Id. v. 1830, par Grey Leg et Guffy par Whalebone
   Shock mare v. 1755, par Shock et Little Hartley mare par Bartl. Childers.
c Shoëhorn 1816, par Teddy the Grinder et Roxana par Alexander.
f Shoëstring 1808, par id. et id. Vainqueur du Goodwood.
c Shortwaist v. 1825, par Whalebone et Nancy par Dick Andrews.
c Id. v. 1824, par Interpreter et Nancy par Dick Andrews.
* c Shuffle 1845, par Sleight of Hand et Hampton mare, Comus, Cervantes, Emma par Don Cossak.
   Shuttle mare 1808, par Shuttle et Eliza par Highflyer.
   Id. v. 1805, par id. et Highflyer mare 1783, Syphon, Regulus.
   Id. v. 1809, par id. et Drone mare, Contessina.
   Id. v. 1805, par id. et Sir Peter mare, Herod, Regulus, Rib.
   Id. v. 1810, par id. et Hambletonian mare, Goldenlocks.
c Id. 1810, par id. et Hopefull par Sir Peter.
   Id. v. 1810, par id. et Katherine par Delpini.
   Id. v. 1810, par id. et Zara par Delpini.
c Id. 1812; 1813, par id. et Oberon mare, Stride, Xanthos.
c Id. v. 1815, par id. et Lady Sarah par Fidget.

c Shuttle mare v. 1805, par Shuttle et Galatea supposée par Highflyer.
 Id. 1806, par id. et Oberon mare, Herod, Pyrrha.
c Id. v. 1806, par id. et Delpini mare is. de Tuberose.
 Id. v. 1808, par id. et Overton mare, Herod, Pyrrha.
 Id. 1811, par id. et Drone mare (Britannia), Catherine.
 Id. v. 1810, par id. et Oberon mare, Phœnomenon, Calliope.
 Id. 1808, par id. et Highflyer mare 1789, Syphon, Regulus.
 Id. v. 1806, par id. et Delpini mare, Black Eyed Susan.
 Id. v. 1805 (Dam of Oberon mare), par id. et inconnue.
r Siddons 1782, par Garrick et Sportmistress par Warren's Sportsman.
r Sigismunda v. 1800, par Buzzard et Camilla par Highflyer.
r Signorina 1822, par Champion (Selim) et Williamson's Ditto mare, Star,
 Y-Marske, Sylvio.
c Signora 1767, par Snap et Miss Windsor par Godolphin Arabian.
c Sillistria v. 1835, par Reveller et Varna par Sultan.
c Silverlocks 1725, par Bald Galloway et Akaster Turk mare, Leedes
 Arabian, Spanker.
r Silvertail 1766, par Careless (Warren's) et Thais par Tartar.
r Id. v. 1815, par Gohanna et Orville mare, Alexander mare (Rubens Dam).
r Id. 1737, par M. Heneage's Whitenose et Rattle mare, Darley Arabian,
 Old Child mare par Sir T. Gresley's Arabian.
 Silvertail mare 1750, par Lord Portmore's Silvertail et Arabian mare.
c Silvio mare v. 1765, par Silvio et Hutton's Daphné par Regulus.
c Broter to Silvio mare v. 1760, par Brother to Silvio et Hutton's Daphné
 par Regulus.
 Id. v. 1770, par id. et Hutton's Spot mare (Sister to Stripling).
c Id. (Ferret) v. 1765, par id. et Regulus mare, Lord Morton's Arabian,
 Mixbury, Mulso Bay Turk.
c Simiœ 1834, par Partisan et Miss Chantrey par Clinker.
* Simoon mare 1845, par Simoon et Cassandra par Priam et Zillah.
r Sincerity 1777, par Matchem et Papillon par Snap.
 Sir Andrew mare 1813, par Sir Andrew et Tunefull par Trumpator.
 Sir W. Blacket's Surly mare v. 1710 (Dam of Lord Carlisle's Angerton
 Horse mare), par Sir W. Blacket's Surly et inconnue
*c Sir David mare 1818, par Sir David et Stamford mare is. de Louisa.
 Id. 1825, par id. et Hambletonian mare, Highflyer, Marske.
 Id. v. 1810, par id. et Miss Cranfield par Sir Peter.
 Sir Everard Fawkener's Grey Turk mare v. 1740, par Sir Everard Faw-
 kener's Grey Turk et Hampton Court Childers mare, Conyer's Arabian,
 Vernon Barb.
 Sir N. Flanderkin's Turk mare v. 1716, par Sir N. Flanderkin's Turk et
 Curwen's Bay Barb mare, Wastell's Turk, Foreign Horse mare.
 Sir E. Hale's Turk mare v. 1710, par Sir E. Hale's Turk et The Old
 Field mare, inconnue.
c Sir Hercules mare 1835, par Sir Hercules et Electress par Election.

c Sir Harry mare v. 1802, par Sir Harry 1795 et Volunteer mare, Herod, Golden Grove.

c Sir Harry Dimsdale mare v. 1817, par Sir Harry Dimsdale et Worthy mare is. de Sea Fowl.

v Sir Hugh Cholmondley's Barb mare v. 1805 (Dam of Makeless mare).

Sir J. Jenkin's Arabian mare v. 1725 (Dam of Dimple mare), par Sir Jenkin's Arabian et inconnue.

f Sir N. Jenning's mare v. 1695 (Dam of Hautboy mare), inconnue, appartenant à Lord D'Arcy.

Sir Edward Longville's mare v. 1715 (Dam of Mortimer's Infant m.), inc.

Sir Malachi Malagrowther mare 1831, par Sir Malachi Malagrowther et Caroline par Walton.

v Sir Ralph Milbank's Black mare v. 1706, par Makeless et Christopher D'Arcy's Royal mare.

f Sir R. Milbank's mare v. 1707, sœur de la précédente.

Sir M. Newton's Arabian mare v. 1745, par Sir M. Newton's Arabian et Almanzor mare, Grey Hautboy, Makeless.

Id. v. 1740, par id. et Garnet mare is. de Bay Lustry mare.

Id. v. 1737, par id et Pert mare, Saint-Martin's, Sir Hale's Turk.

Sir Oliver mare 1809, par Sir Oliver et Beningbrough mare, Woodp., Miss.

Sir Paul mare 1810, par Sir Paul et Brown Javelin par Javelin.

Id. 1818, par id. et Marcia par Coriander.

Id. 1812, par id. et Trumpator mare, Highflyer, Otheothea.

f Sir J. Pearson's Cream Cheeks v. 1710, par Spanker et Hautboy mare.

v Sir J. Pearson's Old Wen mare v. 1696, par Hautboy. Voyez Wen mare.

Sir Peter mare 1802, par Sir Peter et Violet par Shark.

Id. 1791 et 1796, par id. et Maid of Ely par Tandem.

c Id. v. 1795, par id. et Miss Gunpowder par Gunpowder.

c Id. 1798, par id. et Miss Herwey par Eclipse.

Id. v. 1795, v. 1805, par id. et Brown Charlotte par Highflyer.

f Id. 1794, par id. et Le Sang mare, Rib, Mother Western.

Id. 1801, par id. et Eaton Lass par Pot 8o's.

Id. (Sister to Y-Bab) v. 1795, par id. et Bab par Bourdeaux.

c Id. 1792 (Gramarie), par id. et Deceit par Tandem.

Id. 1801, par id. et Lucy par Florizel.

f Id. (Lady's Maid) 1798, par id. et Alfred mare, Sister to Tickle Toby 1789.

Id. 1800, par id. et Woodpecker mare 1793, Sweetbriar, Miss Fortune.

Id. (Black) 1800, par id. et Doubtfull par Pot 8o's.

Id. v. 1805, par id. et Magnolia the Younger par Pegasus.

c Id. v. 1800, par id. et Nerissa par Volunteer.

Id. (Sisters to Parisot) 1798 et 1802, par id. et Deceit par Tandem.

c Id. (Dora) v. 1795, par id. et Storace par Tandem.

Id. v. 1795, par id. et Mambrino mare is. de Marigold.

Id. v. 1795, par id. et Herod mare, Regulus, Rib.

Id. 1791, par id. et Nelly par Otho.

Sir Peter mare 1801, par Sir Peter et Nanette par John Bull.

Id. (Sister to Rival) 1804, par id. et Hornet par Drone.

Id. 1803, par id. et Highflyer mare, Engineer, Cade, Lass of the Mill.

Id. (Sister to Buxbury) 1798, par id. et Storace par Tandem.

Id. 1798 (Sister to Cheshire Cheese), par id. et Georgiana par Sweetbriar.

Id. 1794, par id. par id. et Fame par Pantaloon. Origine douteuse.

Id. 1799, par id. et Mary Gray par Ruler.

Id. 1792, par id. et Elfleda (Sister to Columbus) par Alfred.

Id. 1802 (Sister to Grazier), par id. et Trumpator mare, Herod, Snap.

Id. 1803, par id. et Paymaster mare 1787, Le Sang, Rib.

Id., ou Master Teazle mare, 1803, par id., ou Master Teazle, et Highflyer mare, Engineer, Cade, Lass of the Mill.

Y-Sir Peter mare v. 1790, par Y-Sir Peter (Doge) et Engineer mare, Wilson's Arabian, Hutton's Spot.

Id. v. 1790, par id. et Young Io par Pyrrhus.

Sir Petronel mare 1813, par Sir Petronel et Sorrow par Sorcerer.

Id. 1815, par id. et Trumpator mare, Highflyer, Otheothea.

r Sir Math. Pierson's Ruby v. 1712 (Dam of Aldby Jenny), inconnue.

r Id. Math. Pierson's Blue Cap 1712 (Dam of Graham's Champion mare), inc.

r Sir W. Ramsden's mare v. 1700, par Byerly Turk et Spanker mare.

Sir Y-Sebright's Arabian mare v. 1740 (Dam of Cartouch mare), par Sir Y-Sebright's Arabian et inconnue.

c Sir Solomon mare v. 1808, par Sir Solomon et Miss Brim par Highflyer.

Id. v. 1807, par id. et Y-Marske mare, Phœnomenon, Calliope.

Sir R. Sutton's Grey Arabian mare v. 1735, par Sir R. Sutton's Grey Arabian et Merlin mare, Commoner, Coppin mare.

c Sir Walter mare v. 1832, par Sir Walter et Champion mare, Sally.

Sir Walter Raleigh mare v. 1815, par Sir Walter Raleigh et Miss Tooley par Teddy the Grinder.

Sister to Hutton's Careless v. 1750 (Dam of Sir Ch. Turner's Sweepstakes mare), inconnue.

c Sister's to Sir J. Lowther's Babraham Filly v. 1760, par un inconnu et Babraham mare (Sister to Sir J. Lowther's Babraham).

* Sister to Ferneley v. 1837, par Gainsborough et Humphrey Clinker mare et inconnue.

Sister to Stripling v. 1755 (Dam of Brother to Silvio mare), par Hutton's Spot et inconnue.

Sister to the Willy mare v. 1730, par Pelham Hip et Lister Turk mare (Sister to Pepping Peg).

c Sister to M. Wane's Little Partner 1731, par Partner et Grey Hound mare is. de Brown Farewell.

Sister to Pepping Peg (Lister Turk mare) v. 1700. Voyez Lister Turk m.

Skiff v. 1838, par Sheet Anchor et Tertia par Emilius.

c Skylark v. 1820, par Musician et Sister to Pirouette par Y-Eagle.

Skylarck mare v. 1830, par Skylarck et Fenella par Master Goodall.

c Skilfull v. 1830, par Partisan et Scratch par Selim.

Skewcap v. 1845, par Cade et Y-Grey Hound mare is. de Doll.

c Skim mare 1758, par Skim et Janus mare, Spinster par Crab.

c Skim mare v. 1830, par Skim et Grey Helen par Teasdale.

f Skypeeper 1789, par Highflyer et Miss West par Matchem.

f Skysweeper 1782, par Highflyer et Eclipse mare, Rosebud 1765.

Skyscraper mare 1795, par Skyscraper et Isabel par Woodpecker.

Id. v. 1795, par id. et Dragon mare, Matchem, Jocasta.

f Slamerkin 1739, par Whitefoot et Miss Slamerkin par Y-True Blue.

c Slashing Molly v. 1835, par Voltaire et Arinette par Wanton.

c Slight v. 1815, par Selim et Pot 80's mare is. d'Editha.

c Sleight of Hand v. 1815, par Sorcerer et Trollop par Waxy.

Slipshod 1842, par Slane et Sir Malachi Malagrowther mare is. de Caroline par Walton.

*cSlime 1832, par Picton et Castrel mare is. de Madrigal.

f Slugey v. 1805 (Dam of Grey Hound), jument barbe.

f Bay Slipby 1746, par Slipby et Miss Makeless par Son of Grey Hound.

c Slipper v. 1800, par Precipitate et Catherine par Woodpecker.

c Slighted By All 1738, par Fox's Cub et Jigg mare, Makeles, Brimmer.

Slipby mare 1745, par Slipby et Meynell par Partner.

Sloë mare v. 1750, par Sloë et Coughing Polly par Bartlet's Childers.

Slope mare 1791, par Slope et Lardella par Y-Marske.

Id. v. 1795, par id. et Florizel mare, Goldfinder, Lovely.

c Slut 1760, par Spectator et Childers mare is. de Miss Jigg.

f Smallbones 1752, par Traveller et Grey Bloody Buttocks par Bloody Buttocks.

c Smallbones 1781, par Justice et Pangloss mare is. de Riddle.

c Smallbones 1782, par Highflyer et Pangloss mare is. de Riddle.

Smalhopes v. 1786, par Scaramouch et Blank mare, Traveller, Ancaster Starling, inconnue.

c Smiling Dorothy 1754, par Torrismond et Lonsdale's Bay Arabian, Cyprus Arabian, Basto.

c Smilling Molly v. 1748, par Forester et Partner mare, Grey Hound, Bay Farewell.

c Smilling Betty 1728, par Jacob et Mortimer's Infant mare is. de Sir Edward Longville's mare.

Smilling Tom mare v. 1730, par Smilling Tom et Oysterfoot mare, Merlin, Commoner.

Id. v. 1735, par id. et Miss Hip par Oysterfoot.

Gallant's Smilling Tom mare v. 1740, par Gallant's Smilling Tom et Almanzor mare, Grey Hautboy, Makeless.

Id. v. 1745 (Dam of Bachelor), par id. et inconnue.

Old Smith's son mare v. 1712, par Old Smith's son et Wanton's Villy m.

c The Smolt 1818, par Viscount, ou Brother to Stamford, et Penelope par Shuttle.

ʳ Smith's Son of Snake mare v. 1730, par Smith's Son of Snake et Old
  Montagu mare 1710 is. de Hautboy mare.

  Id. v. 1730, par id. et Montagu mare 1720 is. de Hautboy mare.

  Id. v. 1725, par id. et Montagu mare 1720 is. de Son of Brimmer mare.

ᶜ Smoke 1822, par Oiseau et Steam par Waxy Pope.

  Smolensko mare v. 1816, par Smolensko 1810 et Camillus mare, Gabriel,
  Legacy par King Fergus.

  Id. v. 1816, par id. et Patience par Buzzard.

  Id. v. 1822, par id. et Miss Chance par Trinidad.

  Id. v. 1818, par id. et Brunette par Waxy.

  Id. v. 1816, par id. et Lady Mary par Beningbrough.

  Id. v. 1820, par id. et Lady Ern par Stamford.

  Id. v. 1815, par id. et Miss Cannon par Orville.

  Id. 1824, par id. et Zoraïda par Don Quixote.

  Id. v. 1820, par id. et Shuttle mare, Hambletonian Goldenlocks.

  Id. v. 1822 (Dam of Farnsfield), par id. et inconnue.

  Id. v. 1820, par id. et Sir Peter mare, Mambrino, Marigold.

  Id. v. 1816, par id. et Roxana par Sir Peter.

  Id. v. 1816, par id. Skyscraper mare, Dragon, Matchem.

  Smockface mare 1719, par Smockface et Old Snail mare, Burton Bull,
  M. Wilkinson's mare.

  Id. 1719, par id. et Burton Bull mare is. de M. Wilkinson's mare.

ʳ Snail 1756, par Dormouse et Creeping Molly par Second.

  Old. Snail mare v. 1720, par Old Snail et Darley Arabian mare is. de
  Y-Child mare par Harpur Barb.

  Id. v. 1715, par id. et Burton Bull mare is. de M. Wilkinson's mare.

  Id. v. 1825, par id. et Smockface mare, Burton Bull, M. Wilkins. mare.

ʳ Snake mare 1712, par Snake et Grey Wilkes par Hautboy.

  Id. v. 1725, par id. et Old Wilkes par Hautboy.

  Id. v. 1725, par id. et Coneyskins mare, Hutton's B. B., Marshall's Turk.

  Id. v. 1720, par id. et Pooley Diamond mare, Hautboy mare.

  Id. v. 1720, par id. et Hautboy mare is. de D'Arcy's Pet mare.

  Id. v. 1714, par id. et Diamond mare, inconnue.

  Id. v. 1712, par id. et Luggs mare is. de Dawill's Woodcock mare.

  Id. v. 1725 (Dam of Partner mare), par id. et inconnue.

  Id. v. 1730, par id. et Croft's Egyptian mare, Grey Woodcock mare.

  Id. v. 1720, par id. et Lord D'Arcy's Queen, inconnue.

  Id. v. 1715, par id. et Rutland's Grey Turk mare, inconnue.

  Id. v. 1720, par id. et Diamond mare, Hautboy, Kitt D'Arcy's mare.

  Id. v. 1726, par id. et Rutland Black Barb mare, Blunderbuss, D'arcy's
  Grey Royal mare.

  Id. v. 1720, par id. et Hautboy mare, Royal mare.

  Id. v. 1710, par id. et Miss D'Arcy's Pet mare par Wastell's Turk.

  Snake mare v. 1750, par Y-Snake et Partner mare, Croft's Egyptian,
  Grey Woodcock.

Son of Snake mare v. 1725, par Son of Snake et Son of Rockwood mare,
Selaby Turk, Bustler.

Id. v. 1722, par id. et Old Montagu mare 1710, Hautboy mare.

F Snap Dragon 1759, par Snap et Regulus mare, Bartlet's Childers, Honywood's Arabian. Vendue 13,000 fr.

c Snap mare v. 1770, par Snap et Mixbury par Blank.

Id. 1765, par id. et Regulus mare, Moore's Partner, Childers.

c Id. 1767, par id. et Shepherd's Crab mare, Miss Meredith.

Id. v. 1776, par id. et Phœnix par Matchem.

Id. 1773, par id. et Blank mare is. de Bay Starling.

Id 1762, par id. et Cade mare, Crab, Childers.

c Id. 1773, par id. et Blank Mixbury par Blank.

Id. 1770, par id. et Regulus mare, Snip, Parker's Lady Thigh.

F Id. (Virago) 1764, par id. et Regulus mare, Crab, Miss Slamerkin.

Id. 1774, par id. et Riddle par Matchem.

Id. 1774, par id. Lord Oxford's Barb mare, Bartlet's Childers, Bald Gall.

Id. 1775, par id. et Miss Timms par Matchem.

Id. v. 1765, par id. et Oroonoko mare, Godolphin Arabian, Whitefoot.

Id. v. 1770, par id. et Regulus mare, Snip, The Widdrington mare.

Id. 1770, par id. et Miss Roan par Cade.

Id. 1768, par id. et Regulus mare, Partner 1738, Woodcock.

Id. 1772, par id. et Miss Cranbourne par Godolphin Arabian.

Id. v. 1775, par id. et Orford's Barb mare, Bartlet's Childers, Bald Gall.

Id. v. 1765, par id. et Cade mare, Partner, Makeless.

Id. v. 1765, par id. et Godolphin Arabian mare, Grey Robinson.

F Id. 1762, par id. et Cullen Arabian mare, Grisewood's Lady Thigh.

c Id. 1761, par id. et Milksop (Sister to Y-Cade) par Cade.

Id. 1764, par id. et Regulus mare, Steady, Partner, Grey Hound.

Id. 1765, par id. et Gower Stallion mare, Childers, inconnue.

F Id. 1765, par id. et Marlborough mare, Royal mare.

Id. 1770, par id. et Babraham mare, Marlborough, Royal mare.

Id. 1762, par id. et Regulus mare. Bartlet's Childers, Honywood's Arab.

* Id. v. 1770, par id. et inconnue.

F Snappina 1759, par id. et Partner Moore's mare, Childers, Walpoole B.

Latham's Snap mare v. 1755, par Latham's Snap et Sappho par Regulus.

Snap mare v. 1808 (Dam of Rattler), par Snap 1802 et inconnue.

c Snare 1816, par Scud et Prophetess par Sorcerer.

c Sneaker 1830, par Camel et Selim, ou Soothsayer, mare is. de Hare.

F Grey Snip 1752, par Snip et Parker's Lady Thigh par Partner.

Snip mare 1749, par Snip et Lady Thigh par Partner.

Id. 1748 et 1757, par id. et Godolphin Arabian mare, Grey Robinson.

Id. 1758, par id. et Cottingham mare is. de Warlock Galloway.

c Id. v. 1756, par id. et Bolton's Goliah mare, Partner, Wilkinson's Turk.

Id. v. 1750, par id. et Godolphin Arabian mare, Frampton's Whiteneck.

Id. v. 1750, par id. et Sweepstakes mare, Curwen's Bay Barb, inconnue.

Snip mare 1755, par Snip et Godolphin Arabian mare, Blossom Junior.

Id. v. 1750, par id. et Godolphin Arabian mare is de Whiteneck.

Id. v. 1745, par id. et Lath mare, Snake, Miss D'Arcy's Pet mare.

Id. v. 1745, par id. et The Widdrington mare par Partner.

c Id. 1749 et 1759, par id. et Parker's Lady Thigh par Partner.

Id. v. 1757, par id. et Regulus mare, Partner, Bay Bloody Buttocks.

Id. v. 1757, par id. et Regulus mare, Bloody Buttocks, Partner, Gr. H.

Id. v. 1750, par id. et Lonsdale's Arabian mare, inconnue.

Id. v. 1756, par id. et Regulus mare, Parker's Lady Thigh.

Id. v. 1745, par id. et Bloody Buttocks mare, inconnue.

Id. v. 1750, par id. et Snip mare, Partner, Grey Bloody Buttocks.

c Y-Snip mare v. 1760, par Y-Snip et Peggy par Cade.

Id. v. 1765, par id. et Cade mare, Partner mare Sister to Lodge's Roan m.

c Snowball 1819, par Prime Minister et Vesta par Delpini.

c Snowball 1839, par Plenipotentiary et Linnet par Paulowitz.

c Snowdrop v. 1810, par Highland Flying et Daisy par Buzzard.

*cSnowdrop 1838, par Doctor Syntax et Princess Victoria par Middleton.

c Snowdrop 1778, par Alfred et Mopsey par Blank.

*cSola 1822, par Partisan et Whalebone mare, Marianne.

c Solace 1832, par Longwaist et Dulcamara par Waxy.

c Soldier's Daughter v. 1835, par The Colonel (Whisker) et Oscar mare,
Rubens, Tippity Witchet.

c Soldiers Joy v. 1835, par id. et Galatea par Amadis.

r Sommerset Arabian mare (Bald Charlotte's Fiily) 1737, par Sommerset
Arabian. Voyez Bald Charlotte's Filly.

Id. v. 1730, par Sommerset Arabian et Bald Charlotte par Old Royal.

Sommerset Jenny Come tye me v. 1720 (Dam of Dyer's Dimple mare),
par A. Foreign Horse of Sir W. Goring et inconnue.

r Songtress 1852, par Irish Birdcatcher et Cyprian par Partisan. Vainqueur de l'Oaks.

c Sontag v. 1820, par Wofull et Miracle par Soothsayer.

c Soothsayer mare (Oracle) v. 1810, par Soothsayer. Voyez Oracle.

c Id., ou Selim mare, v. 1812, par id., ou Selim, et Hare par Sweetbriar.

Id. v. 1815, par id. et Zoraïda par Don Quixote.

c Id. v. 1815, par id. et Buzzard mare, Highflyer, Catherine.

Id. (Bay) v. 1820, par id. et Deceiver mare, Dragon, Queen Mab.

r Sophia 1748, par Godolphin Arabian et Hobgoblin mare 1837, Whitefoot,
Leedes, Moonah Barb mare.

r Id., ou Miss Sophia, v. 1802, par Buzzard. Voyez Miss Sophia.

r Id. 1764 (Dam of Jessica and Cricket), par Blank et Lord Leigh's Diana
par Second.

r Id. (Sir J. Lowther's) 1754, par id. et Little Bowes par Brother to Mixb.

r Id. (Lord Chedworth's) 1753, par id. et Little Bowes par Brot. to Mix.

c Id. 1794, par Highflyer et Catherine par Y-Marske.

c Id. 1825, par Blacklock et Olympia par Sir Oliver.

f Sophonisba 1717, par Dyer's Dimple et Curwen's Bay Barb mare, D'Arcy's Chesnut Arabian, White Shirt,

f Sophy 1822, par Comus et Camillus mare, Helen par Delpini.

c Sorceress 1805, par Sorcerer et Quiz par Mentor.

f Sorcery 1808, par id. et Cobbea par Skyscraper. Vr de l'Oaks.

c Sorcerer mare v. 1815, par id. et Virgin par Sir Peter.

c Id. v. 1810, par id. et Precipitate mare (Grey), Highflyer, Tiffany.

Id. v. 1815, par id. et Mathilda par Whiskey.

Id. v. 1815, par id. et Black Diamond par Stamford.

Id. v. 1806, par id. et Amelia par Highflyer.

Id. 1813, par id. et Miss Sophia par Stamford.

c Id. v. 1815, par id. et Sir Solomon mare, Y-Marske, Phœnomenon.

Id. v. 1810, par id. et Whiskey mare is. de Spinetta.

c Id. v. 1815, par id. et Tawny par Mentor.

f Id. (Sorcière) 1807, par id. et Highflyer mare is. de Fanny.

Id. v. 1808, par id. et Justice mare is. de Parsley.

Id. v. 1806, par id. et Sir Harry mare, Volunteer, Herod.

Id. v. 1810, par id. et Buzzard mare is. de Laïs par Diomed.

c Sorrow v. 1810, par id. et Pamela par Whiskey 1796.

c Sorcheels mare 1724, par Sorcheels et Pet mare par Wastell's Turk.

c Id. v. 1735, par id. et Sir R. Milbank's mare par Makeless.

f Id. v. 1730, par id. et Makeless mare, Christopher D'Arcy's Royal mare.

F Soubrette (Brim) 1771, par Squirrel et Helen par Blank.

c Soupire (Miss Betzy) 1777, par Herod et Syren par Snap.

* Sounah 1855, par Jack Robinson et Lammas Lass par Defence.

South mare v. 1760, par South et Babraham mare, Golden Ball.

South Barb at Hampton Court mare v. 1742, par South Barb at Hampton Court et Lonsdale's Bay Arabian mare, Curwen's Bay Barb, Byerly Turk.

c South Down 1812, par Rubens et Gohanna mare 1803, Chesnut, Skim.

f South Down v. 1835, par Defence et Feltona par X-Y-Z.

c Sovereign Lady 1837, par Priam et Her Majesty par Velocipède.

c Spadille mare 1793, par Spadille et Sylvia par Y-Marske.

c Spangle v. 1830, par Crœsus et Variella par Blacklock.

F Spanker's Dam, ou Old Morocco Barb mare, v. 1690. Voyez ce nom.

c Spanker mare v. 1700, par Spanker et Old Morocco Barb mare (Spanker's Dam).

c Id , ou Sir J. Pearson's Cream Cheeks) v. 1710, par id. et Hautboy mare.

Id. v. 1715, par id. et Byerly Turk mare, Taffolet Barb, Pl. Wh. Turk.

f Id. v. 1703 (Dam of Jigg), par id. et inconnue.

c Id. v. 1700 (Dam of Betty Percival), par id. et inconnue.

Id. v. 1705, par id. et Dodsworth mare is. de Barb mare.

Id. v. 1702, par id. et Old Peg par General Fairfax's Arabian.

c Id. v. 1700 (Dam of Sir W. Ramsden mare, ou Byerly Turk mare), par id. et inconnue.

Id. v. 1705 (Dam of Pulleine's Chesnut Arabian mare), par id. et incon.

Spanker mare v. 1715, par Spanker et Hautboy mare, Bustler, inconnue.

Id. v. 1700 (Dam of Two Leedes Arabian mares), par id. et inconnue.

Y-Spanker, ou Son of Spanker mare, v. 1715, par Y-Spanker et Hautboy mare, Bustler, inconnue.

c Sparsholt v. 1785, par Trentham et Polly par Shakespear.

Spark mare v. 1730, par Spark et Snake mare, Lord D'Arcy's Queen.

r Spectator mare (Sister to Juno) 1763, par Spectator et Horatia par Blank.

c Id. v. 1760 (Dam of Woodpigeon, Coombe Arabian mare, Stroller, etc.), par id. et inconnue.

Id. v. 1765, par id. et Blank mare, Childers 1832, Miss Belvoir.

c Speranza 1767, par Careless et Miss Barforth par Snap.

c Spermaceti 1820, par Whalebone et Gohanna mare is. de Catherine.

r Speranza 1778, par Eclipse et Virago par Snap.

c Specie v. 1820, par Scud et Quail par Gohanna.

c Spinner v. 1730, par Almanzor et Grey Hautboy mare, Makeless, Brimm.

c Spinner 1758, par Regulus et Steady mare, Hip, Large Hartley mare.

Spinner mare v. 1750, par Spinner et Crab mare, Darley Arab., Faustina.

c Spindle v. 1806, par Shuttle et Dimple par Highflyer.

c Spinette 1818, par Haphazard 1797 et Spinetta par Trumpator.

c Spinette 1823, par Offa's Dyke et Delpini mare, inconnue.

r Spinetta 1792, par Trumpator et Peggy par Herod.

c Spinning Jenny 1814, par Juniper et Oscar mare, Dairy Maid.

r Spiletta v. 1755, par Regulus et Mother Western par Smith's Son of Snake.

c Spider 1755, par Herod et Chryseïs par Careless.

r Spinster, ou The Widdrington mare, 1735, par Partner. Voyez au W.

r Spinster 1743, par Crab et The Widdrington mare par Partner.

c Spinster 1808, par Shuttle et Sir Peter mare is. de Bab.

*c Sphinx 1771, par Marske et Shepherd's Crab mare, Miss Meredith.

c Spider Brusher (Marcia) 1777, par Matchem. Voyez Marcia.

c Spitfire 1799, par Pipator et Farewell par Slope.

c Spitfire 1800, par Beningbrough et Y-Sir Peter mare, Engineer, Wil. Ar.

r Sportmistress 1765, par Warren's Sportsman et Golden Locks par Oroonoko.

Sportsman mare v. 1760, par id. et Sally Naylor's par Blank.

c Sportly 1758, par Blank et Looby mare is. de Margery.

r Spotless v. 1820, par Walton et Trumpator mare, Highflyer, Otheothea.

c Spot v. 1820, par Holly Hoc et Patch par Rubens.

r Spot, ou Old Spot, ou Curwen's Spot mare, v. 1710, par Old Spot et , White Legged Lowther's Barb mare, Old Winter mare.

Id. v. 1720, par id. et Son of Spanker mare, Hautboy, Bustler.

c Id. v. 1720, par id. et Spanker mare, Byerly Turk, Taffolet Barb.

Id. v. 1720, par id. et Spanker mare, Hautboy, Bustler.

Id. v. 1705, par id. et Woodcock mare, inconnue.

Spot mare 1805, par Spot et Spitfire par Pipator. Croisement incestueux.

c Sprigt 1827, par Whisker et Springe par Scud.

Hutton's Spot mare v. 1745, par Hutton's Spot et Mixbury mare, Mulso Turk, Bay Bolton.

Id. v. 1745, par id. et Fox's Cub mare, Bay Bolton, Coneyskins.

Id. v. 1755, par id. et Mogul mare, Crab, Bay Bolton, Curwen's B. B.

Id. v. 1745, par id. et Bay Bolton mare, Fox's Cub, Coneyskins.

Id. v. 1747, par id. et Sweepstakes mare, Hampton Court Chesnut Arabian, Makeless.

c Id. (Sister to Stripling et Dam of Brother to Silvio mare), v. 1745, par id. et inconnue.

c Sprightly 1753, par Ancaster Starling et Rib mare, Wynn's Arabian, Gov.

c Sprightly v. 1818, par Whiskey et Romance par Gouty.

c Sprite v. 1816, par Phantom et Ralphina par Buzzard.

c Springe v. 1815, par Scud et Prophetess par Sorcerer.

c Sprite 1764, par Blank et Fancy par Goliah.

c Springle 1818, par Scud et Prophetess par Sorcerer.

c Sprite v. 1803, par Bobtail et Catherine par Woodpecker.

c Sprite 1823, par Spectre et Miss Allegro par Waxy.

c Squib 1720, par Soothsayer et Berenice par Alexander 1782.

Squire Teazle mare v. 1805, par Squire Teazle et Sweeper mare, Dungannon, Barbiniola.

c Squirrel mare 1774, par id. et Dove par Matchless.

Id. 1770, par id. et Babraham mare, Starling, Spinster.

F Id. 1760, par id. et Babraham mare is. de Golden Ball mare.

F Id. 1768-1792, par id. et Sophia par Blank et Diana.

c Id. 1767, par id. et Blank mare, Regulus, Lonsdale's Bay Arabian.

Id. 1774, par id. et Matchem mare, Snip, Regulus, Partner.

Id. v. 1769, par id. et Lily par Blank.

Id. 1773, par id. et Horatia par Blank.

Id. v. 1765, par id. et Ball mare, Crazy par Lath.

Id. 1775, par id. et Ancaster Nancy par Blank.

Id. 1775, par id. et Laycock par South.

Brother to M. William's Squirrel mare v. 1735, par Brother to M. William's Squirrel et Montagu mare, Son of Brimmer, Dick Burton's m.

Son of Carlisle's Squirrel 1772, par Son of Carlisle's Squirrel et Miss Starling Junior par Starling.

F Squirt mare 1750-1777, par Squirt et Mogul mare, Camilla par Bay Bolton et Old Lady, et non Y-Camilla. 17 produits, dont 2 morts jeunes, 3 non entraînés et 12 excellents coureurs.

c Stamfordia 1806, par Stamford et Legacy par King Fergus.

c Stamford mare v. 1805, par Stamford et Miss Judy par Alfred.

Id. v. 1805, par id. et Highflyer mare is. de Flora.

Id. v. 1810, par id. et Louisa par Ormond.

Id. 1803, par id. et Phœnomenon mare is. de Matron.

c Id. (Y-Wryneck) 1809, par id. et Wryneck par Beningbrough.

Id. (Black) v. 1810, par id. et Hambletonian mare (Thwat).

Stamford mare v. 1805, par Stamford et Miss Bucckle par Precipitate.

Id. (Euanthe) 1806, par id. et Restless mare, Bourdeaux, Prophet.

Id. 1805, par id. et Alexina par King Fergus.

Id. v. 1805, par id. et Remnant par Trumpator.

Id. v. 1802, par id. et Coriander mare is. de Rosalind.

c Y-Standard mare (Lady Ann) v. 1748, par Y-Standard. Voyez Lady Ann.

Stanyan's Arabian mare v. 1735, par Stanyan's Arabian et Pelham's Bay Barb mare, Old Spot, White Legged Lowther's Barb.

Id. v. 1730, par id. et Moonah Barb mare.

Id. v. 1730, par id. et Gipsy par King William's no Tongued Turk.

Id. v. 1730, par id. et Pelham's Barb mare, Old Spot, Wh. L. L. Barb.

Star mare v. 1792, par Star et Moorpout par Y-Marske.

Id. v. 1803, par id. et Ruler mare, Paymaster, Regulus.

Id. v. 1795, par id. et Y-Marske mare is. d'Emma.

Id. 1804, par id. et Y-Marske mare, Silvio, Daphné.

Id. v. 1792, par id. et Laurel mare is. de Moorpout.

Id. v. 1792, par id. et Silvio mare, Daphné par Regulus.

F Stargazher 1782, par Highflyer et Miss West par Matchem.

Starling mare v. 1735, par Starling et Son of Hutton's Grey Barb mare, Coneyskins, Hautboy.

Id. 1752, par id. et Spinster par Crab.

F Id. 1755, par id. et Godolphin Arabian mare, Stanyan's Arabian, Pelham's Bay Barb, Old Spot.

Id. 1757, par id. et Second mare, Mogul, Sweepstakes.

Id. v. 1745, par id. et Dairy Maid par Bloody Buttocks.

Id. v. 1745, par id. et Old Traveller mare, Highland Laddie, Byerly T.

Id. v. 1750, par id. et Martindale's Shepherdess par Godolphin Arabian.

Id. v. 1745, par id. et Miss Mayes par Bartlet's Childers.

Id. 1746, par id. et Partner mare, Grey Hound, Brown Farewell.

Id. v. 1740, par id. et Croft's Legacy par Grey Hound.

c Id. v. 1740, par id. et Ringbone par Partner.

Id. v. 1735, par id. et Childers mare, Grey Grantham, Wilkinson Barb.

Id. v. 1745, par id. et Fox mare is. de Gipsy.

Id. v. 1752, par id. et Traveller mare, Hartley's Blind Horse, Grasshop.

Id. v. 1740, par id. et Bartlet's Childers mare, Bay Bolton, Byerly Turk.

Id. v. 1745, par id. et Bloody Buttocks mare, Grey Hound, Bay Barb.

F Id. (Grey Starling) 1745, par id. et Coughing Polly par Bartlet's Childers.

Id. 1740, par id. et Partner mare, Makeless, Brimmer, Pl. Wh. T.

Id. v. 1750, par id. et Godolphin Arabian mare, Childers, True Blue, Cyprus, Bonny Black.

Id. 1753, par id. et Fox mare, Graham's Champion, Sir M. P. Blue Cap.

Id. v. 1750, par id. et Godolphin Arabian mare, Pelham's Barb, Old Spot.

Id. v. 1750, par Ancaster Starling et Grasshopper mare, Sir M. Newton's Arabian, Pert, Saint-Martin's.

* c Start 1850, par Irish Birdcatcher et Surprise par Bay Middleton.

c Stately 1793, par Drone et Amaranthus mare, Silvio, Daphné.

c Stately v 1835, par Strainwaist 1823 et Paradigm par Partisan.

c Statyra 1793, par Alexander 1782 et Princess par Sir Peter.

c Statyra 1804, par Beningbrough et Stella par Phœnomenon.

c Staveley Lass v. 1805, par Shuttle, ou Hambletonian, et Drone mare, Matchem, Jocasta.

* c Strawberry Hill 1850, par Old England et Miss Twickenham par Rockingham.

c Stays 1827, par Whalebone et Frolic mare, Selim, Maiden.

c Stays 1827, par Waxy Pope et Miss Staveley par Shuttle.

Steady mare v. 1745, par Steady et Hip mare, Large Hartley mare.

r Id. (Wildair's Dam) v. 1745, par id. et Partner mare, Grey Hound, Chesnut Layton.

Id. v. 1746, par id. et Crab mare, Egerton Nanny.

c Steam 1817, par Waxy Pope et Miss Staveley par Shuttle.

c Stella 1781, par Plunder et Miss Euston par Snap. Vainqueur de l'Oaks.

c Stella 1795, par Phœnomenon et Skypeeper par Highflyer.

c Stella 1807, par L'Orient et Ruler mare is. de Magdalena.

r Stella 1808, par Sir Oliver et Scotilia par Anvil.

c Stephanie 1841, par Stumps et Comus mare (Grey), Phantom mare.

r Sting 1775, par Herod et Cygnet mare, Cartouch, Ebony.

c Stingo v. 1780, par Garrick et Sting par Herod.

c Stitch 1842, par Hornsea et Industry par Priam.

c Storace 1788, par Tandem et Perdita par Herod.

c Stock Dowe 1799, par Buzzard et Skypeeper par Highflyer.

c Stork 1822, par Oiseau et Miss Staveley par Shuttle.

c Stream 1825, par Waxy Pope et Miss Staveley par Shuttle.

* c Stream 1842, par Sheet Anchor et L'Hirondelle par Velocipède.

c Streat Lam Lass 1803, par Pipator et Beatrice par Sir Peter.

c Stret Lam Sprite 1835, par Physician et Gibside Fairy par Hermès.

c Stricking Beauty v. 1815, par Sorcerer et Beningbrough mare, Sir Peter, Miss Gunpowder.

c Stride mare v. 1795, par Stride et Ranthos mare, Sir Ch. Turner's Sweepstakes, Sister to Hutton's Careless.

Id. v. 1798, par id. et Star mare, Laurel, Moorpont.

c Stroller 1783, par Alexis 1795 et Spectator mare, inconnue.

c Strumpet 1805-1833, par Hambletonian et Miss Rose par Sir Peter.

c Sudbury v. 1845, par Elis et Y-Sweet Pea par Godolphin.

c Suke 1828, par Whisker et Shuttle mare, Lady Sarah.

c Sultana 1749, par Cartouch et Y-Ebony par Crab.

c Sultana v. 1818, par Selim et Bacchante par Williamson's Ditto.

c Sultana 1759, par Regulus et Partner mare, Gallant's Smilling Tom, Almanzor, Grey Hautboy.

Sultan mare v. 1736, par Sultan 1730 et M. Wharton's Commoner mare is. de Bald Charlotte's Dam.

r Sultana 1765, par Y-Cade et Regulus mare is. de Coughing Polly.

* Sultan mare 1833, par Sultan et Marinella par Soothsayer.

c Id. v. 1830, par id. et Duchess of York par Waxy.

Id. v. 1835, par id. et The Napoleon Arabian mare, Hippomenes, Doge.

Black Sultan mare 1822, par Black Sultan et Warrior mare, Cecilia.

Sultan Junior mare v. 1835, par Sultan Junior et Monimia par Muley.

c Sunbeam 1855, par Chanticleer et Sun Flower par Bay Middleton. Vainqueur du Saint-Léger.

c Sun Flower 1838, par Bay Middleton et Ninny par Bedlamite.

c Sun Flower 1838, par Muley Moloch et Tintoretto par Rubens.

c Sun Flower 1813, par Castrel et Alexander mare is. de Nelly.

c Sun Flower (ex Lady Mayoress) 1786, par Pacolet 1780 et Princess par Turk et Fairy Queen.

Surly mare v. 1725, par Surly et Coneyskins mare, Blunderbuss mare.

Surveyor's Dam v. 1795 (Dam of Knowsley mare), inconnue.

c Surprise (Brown) v. 1820, par Scud et Manfreda par Williamson'e Ditto.

c Surprise v. 1839, par Bay Middleton et The Mystery par Lottery.

c Susan v. 1766, par Bajazet et Cartouch mare, Ebony.

c Susan (Black) 1762, par Snap et Lord Bruce's Cade mare, Y-Belgrade, Clifton Arabian, Tilter.

c Susan v. 1798, par Overton et Drowsy par Drone.

c Susan v. 1830, par Mango et Hedley mare Sister to Luss.

r Susannah 1792, par Rockingham et Eclipse mare, Highflyer, Snap.

c Swallow 1798, par Weazle et Y-Marske mare, Amaranthus, Dorimond.

Sweeper mare v. 1759, par Sweeper et Childerkin par Second.

Id. v. 1765, par id. et Tartar mare, Mogul, Sweepstakes.

Sweeper mare v. 1800, par Sweeper et Dungannon mare, Barbiniola.

Sweepstakes mare 1736, par Sweepstakes 1722 et Hampton Court Arabian mare, Makeless, Brimmer.

Id. v. 1730, par id. et Curwen's Bay Barb mare, inconnue.

r Id. v. 1740, par id. et Bay Bolton mare, Curwen's Bay Barb, Old Spot, White Legged Lowther's Barb.

c Sir Ch. Turner's Sweepstakes mare v. 1760, par Sir Ch. Turner's Sweepstakes et Sister to Hutton's Careless.

Sweepstakes mare v. 1768, par Sweepstakes 1749 et Sister to Hutton's Careless.

Sweetbriar mare v. 1775, par Sweetbriar et Rarity par Matchem.

Id. v. 1785, par id. et Miss Fortune par Dux.

Id. v. 1782, par id. et Squirrel mare, Blank, Regulus.

c Sweetbriar v. 1834, par Langar et Roseleaf par Whisker.

c Sweetbriar v. 1825, par Sultan et Antiope par Whalebone.

c Sweet Heart 1777, par Herod et Snap mare, Regulus, Snip, Parker's Lady Thigh par Partner.

c Sweet Heart 1772, par Eclipse et Bonduca par Bandy

c Sweet Heart v. 1794, par Sir Peter et Maid of Ely par Tandem.

c Sweet Heart v. 1808, par Volunteer et Hyale par Highflyer.
c Sweet Pea v. 1815, par Selim et Pea Blossom par Don Quixote.
c Y-Sweet Pea v. 1825, par Godolphin et Sweet Pea par Selim.
*ᶠSweetlips 1828, par Emilius et Sorcerer mare is. de Tawny.
c Sweet Moggy v. 1832, par Shaver et Cesario mare, Miss Holt.
c. Sweet Marjoram 1774, par Herod et Pretty Polly par Starling.
c Sweet Marjoram 1778, par Sweetbriar et Dizzy par Blank.
c Sweetwilliam mare 1783, par Sweetwilliam et Thetis par Chymist.
    Id 1779, par id et Middlesex par Snap.
ᶠ Switch v. 1740, par Lonsdale's Bay Arabian et Cyprus Arabian mare,
    Basto, Curwen's Bay Barb.
c Switch v. 1830, par Caïn et Manfred mare is. de Sunflower.
c Swift mare v. 1760, par Swift et Dairy Maid par Bloody Buttocks.
    Id. v. 1768, par id. et Regulus mare, Snip, Dairy Maid.
    Swiss mare 1769, par Swiss et Cade mare, Bolton's Little John, Favorite.
c Sybil v. 1770, par Matchem et Smallbones par Traveller.
c Sylph 1788, par Saltram et Sting par Herod.
    Sybil v. 1770 (Dam of Bowdrow mare), par Herod et inconnue.
ᶠ Sylvia (Miss Windsor) 1754, par Godolphin Arabian. Voyez Miss Windsor.
ᶠ Sylvia 1683, par Y-Marske et Ferret par Brother to Silvio.
c Sylvia 1768, par Blank et Sprightly par Ancaster Starling.
c Sycorax 1813, par Sorcerer et Goldenlocks par Delpini.
c Sybil 1815, par Sorcerer et Sir Oliver mare, Beningbrough, Woodpecker.
c Sylph v. 1822, par Spectre et Fanny Leg par Castrel.
c Sybil 1831, par Interpreter et Galatea par Amadis.
c Symmetry 1782, par Alexis et Grace par Snap.
c Symmetry 1807, par Sir Peter et Phantasmagoria par Precipitate.
c Symmetry 1832, par Phantom et Sorcerer mare is. de Tawny.
*cSymmetry 1842, par Sheet Anchor et Octavius mare, Lady of the Lake.
·c Sylphide (Lady Julia) 1830, par Tiresias et The Fairy Queen par Walton.
c Sylverlocks 1725, par The Bald Galloway et Akaster Turk mare, Leedes
    Arabian, Spanker, inconnue.
c Syphon mare v. 1770, par Syphon et Quick's Charlotte par Blank.
c Id. v. 1773, par id. et Miss Wilkinson par Regulus et Lodge's Roan m.
    Id. v. 1770, par id. et Miss Mossop par Regulus et Childerkin.
c Id. (Miss Pratt) 1775, par id. et Red Rose par Babraham.
c Id. 1779, par id. et Matchem mare, Snap, Regulus.
    Id. 1766, par id. et Milksop Sister to Y-Cade par Cade.
c Id. 1770, par id. et Shakespear mare is. de Miss Meredith.
ᶠ Id. 1771, par id. et Regulus mare, Snip, Cottingham.
c Syren v. 1770, par Snap et Regulus mare, Moore's Partner, Childers.
c Syren 1840, par Birdcatcher, ou Elvas, et Helen par Blacklock.

T.

Taffolet Barb mare v. 1700 (Dam of Makeless mare), par Taffolet Barb et inconnue.

Id. v. 1700, par id. et Place's White Turk mare, Natural Barb mare.

*c Taffrail 1846, par Sheet Anchor et The Warwick mare par Merman.

c Taffrail 1845, par Sheet Anchor et Whisker mare, Ebor, Shuttle.

F Tag v. 1790, par Trentham et Venus par Eclipse.

F Taglioni 1833, par Whisker et Catton mare, Paynator, Violet.

c Taglioni 1833, par Camel et Romp par Selim.

c Tamborine 1799, par Trumpator et Crane par Highflyer.

*c La Tamise 1834, par Shakespear et Twatty par Whalebone.

c Tancreda v. 1825, par Tancred et Addy par Whalebone.

Tandem mare 1789, par Tandem et Eclipse mare, Abigaïl.

Id. v. 1790, par id. et Alfred mare, Brim par Squirrel.

*c Tapage 1834, par Pollio et Clatter par Clinker.

F Taper (Mrs Barnet) 1806, par Waxy. Voyez Mrs Barnet.

*c Tapestry 1853, par Melbourne et Stich par Hornsea.

*F Tarantella 1830, par Tramp et Katherine par Soothsayer.

c Tarantula 1797, par Dragon et Herod mare, Cygnet, Cartouch.

c Tarantula 1835, par Catterick (Octavian) et Don Juan mare, Proselyte, Miss Cantley par Stamford.

F Tartar mare v. 1750, par Tartar et Cypron par Blaze.

Id. v. 1750 (Dam of Sampson mare), par id. et inconnue.

Id. v. 1750, par id. et Cub mare, Allworthy, Bolton's Starling.

F Id. v. 1750, par id. et Brother to Fearnought mare, Miss Wyndham.

F Id. v. 1755, par id et Mogul mare, Sweepstakes, Bay Bolton.

Id. v. 1755, par id. et Scewcap par Cade.

Id. v. 1750, par id. et Midge par Son of Bay Bolton.

Tatler mare 1768, par Tatler et Snip mare, Godolphin Arabian, Frampton's Whiteneck.

Tarquin mare v. 1750, par Tarquin et Y-Belgrade mare Sister to Antelope,

c Taste v. 1825, par Bob Booty et Wilfull par Waxy.

F Taurina v. 1840, par Taurus 1826 et Esmeralda par Zinganee.

* Taurus mare 1837, par id. et et Mysic par Quiz.

F Tawny 1797, par Mentor et Jemima par Satellite.

c Tawny (Manfreda) 1815, par Williamson's Ditto. Voyez Manfreda.

c Tea 1818-1820, par Teasdale et Pledge par Waxy.

c Tears v. 1825, par Wofull et Miss Stephenson par Scud.

Teddy the Grinder mare v. 1812, par Teddy the Grinder et Gohanna mare is. de Catherine.

c Id. (Barbara) v. 1810, par id. et Precipitate mare is. de Colibry.

Id. v. 1805, par id. et Countess par Precipitate.

Id. v. 1805, par id. et Cowslip par Highflyer.

c Tekely v. 1805, par Waxy et Highflyer mare, Squirrel, Sophia.
c Telita v. 1840, par Plenipotentiary et Miriam par Whalebone.
c Temperance 1791, par Y-Morwick et Columbine par Espersykes.
c Tempeer 1834, par Defence et Tears par Wofull.
*ʀTeneriffe 1825, par Blacklock et et Moël Famma par Thunderbolt.
*cTeresina 1844, par Jered et Teresa par Langar.
c Teresa v. 1835, par Langar et Lady of the Tees par Octavian.
ʀ Tereza 1777, par Matchem et Brown Regulus par Regulus.
c Tereza 1803, par The Moslem et Wilfull par Waxy.
ʀ Termagant v. 1778, par Tantrum et Cantatrice par Sampson.
c Termagant 1772, par Eclipse et Leopardess par Merlin.
   Terror mare v. 1720, par Terror et Barb mare.
c Tertia v 1830, par Emilius et Miss Wentworth par Cervantes.
c Tesane v. 1835, par Whisker et Lady of the Tees par Octavian.
c Testy 1840, par Venison et Tempeer par Defence.
ʀ Testatrix v. 1838, par Touchstone et Y-Worry par Emilius.
c Tetotum 1777, par Matchem et Lady Bolingbroke par Squirrel. Vʳ de l'Oaks.
ʀ Thaïs 1759, par Tartar et Cypron par Blaze.
c Thaïs 1798, par Trumpator et Laïs par Diomed.
c Thaïs 1841, par Touchstone et Decoy par Filho da Puta.
c Thalia 1770, par Adolphus et Calliope par Slouch.
c Thalie 1787, par Highflyer et Sweetbriar mare, Rarity
ʀ Thalestris 1809, par Alexander 1782 et Rival par Sir Peter.
c Thatchella 1784, par Highflyer et Marske mare, Regulus, Steady.
ʀ Thèbes v. 1825, par Tiresias et Ambiguity par Election, ou Blucher.
c Theano 1830, par Waverley (Whalebone) et Cherub par Hambletonian.
ʀ Themis v. 1812, par Sorcerer et Hanna par Gohanna et Humming Bird.
c Themis 1842, par Theon et Wanton mare is. de Beatrice.
*cTheodorine 1835, par Theodore (Wofull) et Tancreda par Tancred.
*cTheon mare (ex Bay mare) 1848, par Theon et Lady Love par Kremelin.
c The Odd Trick 1819, par Quiz et Grey Duchess par Pot 8o's.
c Theophania 1823, par Walton et Trulla par Sorcerer.
ʀ Theophania 1800, par Delpini et Violet par Shark. Vʳ de l'Oaks.
c Theopha 1789, par Highflyer et Playting par Matchem.
c Thereza Panza 1825, par Cervantes et Gadabout par Orville.
c Thetis 1777, par Chymist et Curiosity par Snap.
c Thisbé v. 1770, par Latham's Snap et Sappho par Regulus.
c Thistle 1798, par Woodpecker et Mother Bunch par Mercury.
c Thistle 1798, par Woodpecker et Mercury mare, Highflyer, Miranda.
c Thistle 1771, par Conforth's Forester et Milksop par Cade.
ʀ Thomasina 1804, par Thimothy et Violet par Shark.
* Thornthon 1820, par Y-Sir Peter Teazle et Pet par Pilgrim.
c Thortonia 1797, par Pegasus et Peggy par Trumpator.
ʀ Old Thornthon v. 1696, par Brimmer et Dicky Pierson's mare, Burton
      Barb, inconnue.

c The Old Thornthon mare v. 1694 (Dam of Blunderbuss mare), par Place's White Turk et inconnue.

Thunderbolt mare 1816, par Thunderbolt et Orville mare (Black) is. de Saint-George mare.

c Thwaist's Dun mare v. 1720 (Dam of Beaver's Driver, and Partner mare) par Akaster Turk et inconnue.

c Thwat 1805, par Hambletonian et Violet par Shark.

c Tiara 1821, par Soothsayer, ou Castrel, et Pope Joan par Waxy.

Tickle Toby mare v. 1795, par Tickle Toby et Poor Rachel par Y-Marske.

F Tiffany 1775, par Eclipse et Y-Hag par Skim.

c Tiffany 1786, par Saltram et Herod mare, Regulus, Rib, Snake.

c Y-Tiffany 1787, par Highflyer et Tiffany par Eclipse.

F Tiffany 1833, par Jerry et Lady of the Tees par Octavian.

c Y-Tiffany 1839, par Memnon Junior et Tiffany par Jerry.

Tifter mare v. 1725, par Tifter et Snake mare, Pooley Diamond mare.

Id. v. 1720, par id. et Hautboy mare, Diamond, Brimmer.

Id. v. 1724, par id. et Byerly Turk mare, Taffolet Barb, Place's Wh. T.

c Timante v. 1770, par Tim (Squirt) et Gamohoë mare (Sister to Noble).

c Timidity 1801, par Pot 8o's et Pegasus mare, Highflyer, Smallbones.

c Timbria 1842, par Troïlus et Agnès par Blacklock.

Timothey mare v. 1808, par Timothey et Beningbrough mare, Expectation.

c Tiny 1801, par Sir Peter et Wren par Woodpecker.

F Tiney (Lord Portmore's) 1756, par Skim et Silvertail mare, Arabian mare.

c Tintoretto v. 1815, par Rubens et Belinda par Beningbrough.

F Tipsy 1750, par Bolton's Starling et Switch par Lonsdale's Bay Arabian.

c Tipsy 1786, par Bourdeaux et Marske mare is. de Susan.

c Tipsy 1798, par Scorpion et Tipsy par Bourdeaux.

c Tippet 1828, par Swiss et Wagtail par Y-Woodpecker.

F Tippity Witchet 1808, par Waxy et Hare par Sweetbriar.

F Tipple Cyder 1788, par King Fergus et Sylvia par Y-Marske.

Tiresias mare 1828, par Tiresias et Landscape par Rubens.

Id. v. 1825, par id. et Zobeïda (Turban's Dam) par Hambletonian.

Id. v. 1824, par id. et Haphazard mare, Precipitate, Colibry.

c Tisiphone (Esther) 1817, par Langton et Stamford mare, Remnant.

c Tisiphone v. 1840, par Liverpool et Catton mare is. d'Altisidora.

F Titania 1760, par Shakespear et Cade mare, Partner mare 1732, Makeless, Brimmer, Place's White Turk.

* c Titbit (ex The Cruppler) 1843, par The Saddler. Voyez Cruppler.

c Tittle Tattle v. 1828, par Sam et Gossip par Walton.

F Tobina 1796, par Toby et Eclipse mare, Y-Cade 1763, Miss Thigh.

c Tobosa 1803, par Don Quixote et Dungannon mare is. de Lady Teazle.

c Toga 1833, par Sultan et Dulcinea par Cervantes.

c Tocken 1810, par Remembrancer et Catherine par Delpini.

Tomboy mare v. 1842, par Tomboy et Tesane par Whisker.

Id. v. 1835, par id. et Duchess of York par Waxy.

Tom Tug mare v. 1795, par Tom Tug et Cream Cheeks par Lennox.

c Id. v. 1800, par id. et Bagot mare, Mother Brown. Voyez Tug mare.

c Tontine 1822, par Election et Pope Joan Sister to Pledge par Waxy.

F Tooee 1799, par Buzzard et Violet par Shark.

F Topaz v. 1810, par Stamford et Louisa par Ormond.

*cTopaz 1842, par Velocipède et Marinella par Soothsayer.

c Topsail v. 1840, par Sheet Anchor et Valencia par Cervantes.

Topsy Turwy mare v. 1808, par Topsy Turwy et Agnès par Shuttle.

F Torelli 1815, par Cerberus et Miss Cranfield par Sir Peter.

c Torch v. 1835, par Lamplighter et Danoise par Oscar.

Torrismond mare v. 1748, par Torrismond et Y-Belgrade mare, Johnson's Arabian, Tifter.

Id. v. 1754, par id. et Countess par Hartley's Blind Horse.

Tortoise mare 1756, par Tortoise et Godolphin Arabian mare, Brother
to Mixbury, Smockface.

c Totterella 1792, par Dungannon et Marcella par Mambrino.

Totteridge mare v. 1805, par Totteridge et Mufty mare is. de Maria.

c Tour de Force v. 1845, par Sir Hercules et Duvernay par Emilius.

*FTouch me Not 1848, par Touchstone et The Ladye of Sylverkeld Well
par Velocipède.

c Touchstone mare v. 1845 (Dam of Promised Land), par id. et inconnue.

Toulouze Barb mare v. 1715 (Dam of Lonsdale's Bay Arabian mare), par
Toulouze Barb et inconnue.

c Toy 1760, par Blank et Whiteneck par Crab.

c Toy 1841, par Liverpool et Playting par Lamplighter.

c Toy 1798, par Aspargus et Kiss Mylady par Eclipse.

F Lord Tracey's mare v. 1715, par Darley Arabian et inconnue.

c Tragedy 1821, par Smolensko 1810 et Desdemona par Orville.

*cTramp mare 1822, par Tramp et Harpham Lass par Camillus.

F Id. (Design) v. 1828, par id. et Defiance par Rubens.

Id. v. 1825, par id. et Hambletonian mare is. de Vesta.

c Trampina 1825, par id. et Harriet par Delpini.

c Trample v. 1825, par id. et Smolensko mare is. de Roxana.

F Trampoline 1825, par id. et Webb par Waxy.

Trampeer mare v. 1830, par Trampeer et Firelock mare, Driver, Alfred.

Tranby mare v. 1832, par Tranby et Juliana par Gohanna.

c Traveller mare v. 1755, par Traveller et Grey Bloody Buttocks par
Bloody Buttocks.

F Id. v. 1750 (Dam of Morwick Ball), par id. et Hartley's Blind Horse
mare, inconnue.

c Id. v. 1759 (Dam of Glow Worm), par id. et inconnue.

Id. v. 1745, par id. et Sir M. Wyvill's Garneta, inconnue.

Id. 1746, par id. et Hartley's Blind Horse mare, Grasshopper, inconnue.

Id. v. 1755, par id. et Smilling Molly par Forester.

c Id. v. 1751, par id. et Goliah mare, Dimple, Merlin, Alkock's Arabian.

c Traveller mare 1754, par Traveller et Slighted By All par Fox's Cub.
   Id. v. 1759, par id. et Ancaster Starling mare, inconnue.
   Id. 1740, par id. et Highland Laddie mare, Byerly Turk mare.
c Id. v. 1741, par id. et M. Holme's Miss Makeless par Son of Grey Hound.
   Id. v. 1750, par id. et Hip mare, Snake, Rutland's Black Barb.
   Id. v. 1758, par id. et Treasurer mare, Regulus, inconnue.
   Y-Traveller mare (M. Fermor's) v. 1775, par M. Fermor's Y-Traveller et
      Sister to Hale's Nimrod, inconnue.
v Treasure 1815, par Camillus et Hyacinthus mare is. de Flora.
   Treasurer mare v. 1752, par Treasurer et Regulus mare, inconnue.
c Tredrille v. 1815, par Walton et Pope Joan Sister to Pledge par Waxy.
v Treecreeper 1789, par Woodpecker et Trentham mare, Cunegonde.
   Trentham mare v. 1790, par Trentham et Cytherea par Herod.
v Id. (Cunegonde) 1779, par id. et Cunegonde par Blank.
   Id. v. 1780, par id. et Polly par Shakespear.
c Id. v. 1780, par id. et December par Shakespear.
   Id. v. 1780, par id. et Coquette par Compton Barb.
v Id. (Coquette) 1781, par id. et Coquette par Compton Barb.
   Id. v. 1775, par id. et Polly par Black and all Black.
c Trictrac v. 1815, par Dick Andrews et Pope Joan par Waxy.
f Trifle 1782, par Justice et Cypher par Squirrel. Vainqueur de l'Oaks.
c Trimbush 1777, par Eclipse et Doge mare, Bolton Norris's, Grasshopper.
v Trinket 1767, par Matchem et Miss Elliot par Grisewood's Partner.
c Trinket 1827, par Woldsman et Abigaïl par Haphazard.
c Trinket v. 1830, par Tramp et Tiara par Soothsayer.
c Trinckett 1848, par Amorino et Earring par Merchant.
c Trinidada v. 1800, par Y-Woodpecker et Platina par Mercury.
v Trinidada v. 1816, par Y-Gohanna et Platina par Mercury.
   Bay Trophonius mare v. 1815, par Bay Trophonius et Slope mare is. de
      Lardella par Y-Marske.
c Trotinda v. 1818, par Williamson's Ditto et Zoraïda par Don Quixote.
c Trudge 1835, par Tramp et Ridotto par Reveller.
f Two True Blue's Dam v. 1705, par Byerly Turk et inconnue.
   True Blue mare v. 1737, par True Blue et Griselda par Oxford Arabian
c Id. v. 1730, par id. et Cyprus Arabian mare is. de Bonny Black.
f Y-True Blue mare v. 1725, par Y-True Blue et Curwen's Bay Barb mare
      Sister to Pelham's Little George).
c Trull v. 1800, par Volunteer et Highflyer mare, Chymist, Snap.
c Trulla 1815, par Sorcerer et Weathercock mare is. de Cora.
c Trollop v. 1810, par Waxy et Trull par Volunteer.
c Trumpator mare 1795, par Trumpator et Demirep par Highflyer.
   Id. v. 1795, par id. et Orange Bud par Highflyer.
   Id. v. 1796, par id. et Cinderella par Dungannon.
c Id. 1789 et 1795, par id. et Mark Anthony mare is. de Signora.
   Id. v. 1805, par id. et Countess par Sir Peter.

Trumpator mare v. 1800, par Trumpator et Peppermint par Highflyer.
c Id. 1788, par id. et Herod mare, Snap, Gower Stallion.
c Id. v. 1800, par id. et Highflyer mare is. d'Otheothea.
Id. 1797, par id. et Highflyer mare, Eclipse, Y-Cade.
F Trumpetta 1789, par id. et Peggy par Herod.
F Trumpet v. 1700, par un inconnu et Trumpet's Dam par Place's W. T.
c Trumpet's Dam v. 1695, par Place's White Turk et Dodsworth mare,
    Layton Barb, inconnue.
Trunnion mare v. 1760, par Trunnion et Ripton's Sharper mare, incon.
M. Holme's Y-Trunnion mare v. 1775, par Holme's Y-Trunnion et Blank
    mare, Rib, Partner, Grey Hound.
c Truth v. 1800, par Totteridge et Pharamond mare, Mark Anthony, Signora.
c Truth 1843, par Touchstone et Verbena par Velocipède.
F Tuberose 1772, par Herod et Grey Starling par Starling.
F Y-Tuberose 1783, par Y-Marske et Tuberose par Herod.
c Tug mare v. 1800, par Tom Tug et Bagot mare is. de Mother Brown.
c Tuft 1827, par Whisker et Walton mare is. de Y-Noisette.
F Tulip 1761, par Blank et Whiteneck par Crab.
F Tulip 1783, par Damper et Eclipse mare is. de Rarity. Elle est mère
    d'Ambrosio qui par erreur a été attribué à Tulip par Blank.
c Tulip (Daisy) 1798, par Buzzard et Tulip par Damper.
c Tunefull v. 1796, par Trumpator et Sea Fowl par Woodpecker.
Turf mare 1778, par Turf 1776 et Dux mare is. de Virago.
Id. 1783, par id. et Herod mare is. de Golden Grove.
Id 1774, par id. et Regulus mare, Starling, Fox, Gipsy.
Turk mare v. 1776, par Turk et Cub mare, Allworthy, Starling, Bl. B.
c Id. v. 1778, par id. et Locust mare, Changeling, Cade, B. Little Jh.
Id. v. 1770, par id. et Bosphorus mare, Rib, Hip. Large Hartley m.
F Turquoise 1825, par Selim et Pope Joan par Waxy. Vainqueur de l'Oaks.
c Tutelina 1805, par Stamford et Pegasus mare, Paymaster, Pomona.
c Tuzzimuzzi 1767, par Snap et Shepherd's Crab mare, Godolphin Arabian,
    Childers, True Blue.
c Twatty 1819, par Whalebone et Canopus mare, Y-Woodpecker, Frac.
F Twilight 1792, par Eclipse et Blank mare is. de Lass of the Mill.
* c Twilight 1837, par Velocipède et Miss Garforth par Walton.
F The Twincle v. 1818, par Walton et Orville mare is. de Lisette.
F Two Shoës 1801, par Aspargus et Mercury mare, Highflyer, Miranda.
c Tygress 1793, par Pharamond et Manilla par Goldfinder.
c Tyro (Nurse) 1831, par Neptune et Otis par Bustard 1820.

U.

c Ulrica v. 1830, par Sherwood et Miss Wentworth par Cervantes.
c Umbra v. 1792, par Spectre et Conductor mare, Eclipse, Herod.
c Una 1774, par Otho et Snap mare, Regulus, Steady.

c Una 1838, par Glaucus et Adela par Emilius.
c Underley Lass v. 1825, par Muley et Dick Andrews mare, Donna Clara.
c Undine v. 1810, par Grimaldi et Frances par Ambrosio.
r Urganda 1810, par Sorcerer et Alexander mare, Sweetwilliam, Thetis.
* r Y-Urganda 1819, par Treasurer et Urganda par Sorcerer.
c Urganda v. 1818, par Milo et Sorcerer mare, Sir Solomon, Y-Marske.
r Urganda 1825, par Tiresias et Silvertail par Gohanna.
r Ursula 1771, par Snap et Miss Windsor par Godolphin Arabian.
r Ursula 1818, par Cervantes et Fanny par Sir Peter.
c Utica 1840, par Hornsea et Turquoise par Selim.
c Utopia 1839, par Jerry et Turquoise par Selim.

V.

c Valance v. 1835, par Sultan et Velvet par Oiseau.
c Valencia 1825, par Cervantes et Camillus mare (Chesnut), Precipitate.
c Valentine v. 1820, par Smolensko 1810 et Shepherdess par Shuttle.
c Valentine 1839, par Speculator et Valve par Bob Booty.
c Valentine 1830, par Château-Margaux et Selina par Delpini.
c Valentine 1833, par Voltaire et Fisher Lass par Osmond.
c Valentine 1823, par Soothsayer et Sir David mare, Miss Cranfield.
c Valerie v. 1830, par Don Juan et Puss par Teniers.
r Vale Royal 1810, par Sorcerer et Orangeade par Whiskey.
c Valfruna 1832, par Velocipède et Filho da Puta mare, Dick Andrews,
     Miss Watt par Delpini.
r Valve 1820, par Bob Booty et Wire par Waxy.
* Van Dyke Junior mare 1817, par Van Dyke Junior et Aquilina par Eagle.
r Vanessa 1751, par Regulus et Fox mare, Bloody Shouldered Arabian,
     Basset Arabian, Arabian mare.
* c Vanessa 1828, par Gulliver et Quail par Gohanna.
c Vanguard 1797, par Walnut et Y-Marske mare, Silvio, Daphné.
r Vanity v. 1808, par Buzzard et Dabchick par Pot 8o's.
r Variation 1827, par Bustard (Castrel) et Johanna Southcote par Bening-
     brough. Vainqueur de l'Oaks.
c Varnish 1819, par Rubens et Vestal par Walton.
r Varennes 1820, par Selim et Canary Bird par Whiskey.
r Varna v. 1825, par Sultan et Bess par Waxy.
c Variella 1827, par Blacklock et Phantom mare, Overton, Walnut.
r Variety 1816, par Selim, ou Soothsayer, et Sprite par Bobtail.
c Varia v. 1830, par Lottery, ou Arbutus, et Blacklock mare, Cerberus,
     Miss Cranfield par Sir Peter.
c Variety 1808, par Hyacinthus et Weazle mare 1790, Turk, Locust.
r Vat v. 1830, par Langar et Wire par Waxy.
r Vaultress 1819, par Walton et Election mare 1814, Fair Helen.
r Veil 1820, par Rubens et Vestal par Walton.

c Velocipède mare v. 1730, par Velocipède et Cerberus mare, Miss Cranfield.
Id. v. 1830, par id. et Cerberus mare is. de Rosamond.
f Velocity 1831, par Blacklock et Juniper mare, Sorcerer, Virgin.
c Velure 1834, par Picton et Velvet par Oiseau.
*c Velure 1845, par Muley Moloch et Zenana par Sultan.
f Velvet v. 1825, par Oiseau et Wire par Waxy.
*f Vemdemique v. 1845, par Defence et Layla par Liverpool.
c Veneer 1830, par Master Robert et Wire par Waxy.
c Vengeance 1837, par Fitz Orville 1814 et Veneer par Master Robert.
f Venom 1819, par Rubens et Spitfire par Beningbrough.
f Venus 1773, par Eclipse et Tartar mare, Mogul, Sweepstakes.
*f Venus 1823, par Smolensko 1810 et Delenda par Gohanna.
c Venus 1832, par Langar et Vesta par Governor.
f Venus v. 1840, par Sir Hercules et Echo par Emilius.
c Venus 1835, par Amadis et Aurora par Sandbeck.
c Verbena 1821, par Comus et Laurel Leaf par Stamford.
f Verbena v. 1835, par Velocipède et Rosalba par Milo.
c Vermilion 1821, par Bobadil et Wire par Waxy.
c Vermilion 1837, par Bedlamite et Mrs Walker par Blacklock.
Vermin mare 1810, par Vermin et Beningbrough mare, Eustatia.
Vernon Barb mare v. 1720, par Vernon Barb et Curwen's Grey Morocco
Barb mare, Leedes Arabian, Spanker.
Vernon Arabian mare v. 1780, par Vernon Arabian et Snap mare, Shepherd's Crab, Miss Meredith.
*f Verona 1819, par Whitworth, ou Ardrossan, et Hambletonian mare 1805,
Sir Peter, Le Sang, Rib.
c Versality 1826, par Blacklock et Arabella par Williamson's Ditto.
Vertumnus, ou Eclipse mare, 1786, par Vertumnus, ou Eclipse, et Compton Barb mare, Careless, Cullen Arabian, Grisewood's Lady Thigh.
* Verulam mare 1852, par Verulam et Revival par Pantaloon.
c Vesper 1790, par Pot 80's et Merlin mare is. de Mother Pratt.
c Vespa 1830, par Muley et Miss Whasp par Waxy. Vainqueur de l'Oaks.
c Vespertillo v. 1832, par Reveller et Accacia par Phantom.
f Vesta 1801, par Delpini et Faith par Pacolet.
c Y-Vesta 1811, par Orville et Vesta par Delpini.
c Y-Vesta 1823, par Egremont et Vesta par Delpini.
c Vesta 1823, par Governor 1801 et Sir Peter mare is. de Euston Lass.
f Vestal 1811, par Walton et Dabchick par Pot 80's.
c Vicarage 1818, par Octavius et Election mare, Highflyer, Eclipse.
c Vibration v. 1840, par Sir Hercules et Echo par Emilius.
f Vicissitude v. 1802, par Pipator et Beatrice par Sir Peter.
f Victoria 1804, par Hambletonian et Beatrice par Sir Peter. Vendue
31,764 francs.
c Victoria v. 1825, par Tramp et Bella par Beningbrough.
*c Victoria 1837, par Belshazzard et Prime Minister mare, Leicester Lass.

*ᴠ Victoria 1840, par Elizondo et Saracen mare is. de Pawn Junior.

ᴠ Victoria Adélaïde Louisa 1841, par Peter Lely et Sovereign Lady par Priam.

ᴠ Victorine 1816, par Haphazard 1797 et Phantasmagoria par Precipitate. ', Elle courut jusqu'à 9 ans.

*ᴄ Victorine 1833, par Partisan et Bustle par Whalebone.

*ᴠ Victress 1844, par Voltaire et Virginia par Rowton.

*ᴄ Vigornia 1827, par Master Henry et Valve par Bob Booty.

ᴄ Vinton 1857, par The Flying Dutchman et Blue Bonnet par Touchstone.

*ᴄ Viola 1838, par Doctor Syntax et Miss Tree par Merlin.

ᴠ Violante v. 1800, par John Bull et Highflyer mare, Eclipse, Rosebud.

ᴄ Violante 1826, par Phantom et Codicil par Smolensko.

ᴄ Violante 1830, par Gustavus et Zaïre par Selim.

ᴄ Violante v. 1835, par Belzoni et Camilla par Sir Gilbert.

ᴄ Violante 1832, par Waverley (Whalebone) et Castrellina par Castrel.

ᴠ Violet 1787, par Shark et Syphon mare is. de Quick's Charlotte.

ᴠ Violet 1778, par Sweetbriar et Miss Cape par Regulus.

ᴄ Violet v. 1800, par Beningbrough et Drone mare is. de Lardella.

ᴄ Violet 1785, par Eclipse et Cricket par Herod.

Violet Layton Barb mare v. 1698 (Dam of Lord D'Arcy's Counsellor), par Violet Layton Barb et inconnue.

ᴠ Virago 1764, par Snap et Regulus mare, Crab, Miss Slamerkin.

ᴄ Virago 1760, par Panton's Arabian et Crazy par Lath.

ᴄ Virago 1832, par Velocipède et Lunatic par Prime Minister.

ᴄ Virago 1834, par Reveller et Vaultress par Walton.

ᴄ Virago v. 1850, par Pyrrhus the First et Pocahontas par Glencoë.

ᴄ Virago v. 1850, par Pyrrhus the First et Virginia par Rowton.

ᴠ Virgin 1755, par Changeling et Squirt mare, Mogul, Camilla.

ᴠ Virgin 1801, par Sir Peter et Pot 8o's mare is. d'Editha.

ᴄ Virgin 1760, par Brilliant et Lady Ann par Y-Standard.

ᴄ Virginia 1831, par Figaro et Buzzard mare is. de Treasure.

ᴠ Virginia 1835, par Rowton et Pucelle par Muley.

*ᴠ Virtuosa 1801, par Precipitate et Certhia par Woodpecker.

ᴄ Viscountess 1806, par Waxy et Countess par Sir Peter.

ᴄ Vitula v. 1835, par Voltaire et Lottery mare is. de Wagtail.

ᴄ Vitula v. 1840, par Elis et Kittums par Abjer.

ᴄ Vittoria 1831, par Camel et Archeduchess par Rubens.

ᴠ Vixen v. 1695, par The Hemsley Turk et Royal mare.

ᴠ Vixen 1753, par Regulus et Hutton's Spot mare, Fox's Cub, Bay Bolton, Coneyskins.

ᴠ Vixen v. 1780, par Pot 8o's et Cypher par Squirrel.

ᴄ Vocabulary (Reine d'Angleterre, en Belgique) 1824, par Interpreter et Ally par Partisan.

ᴄ Volage v. 1830, par Waverley (Whalebone) et Catton mare, Henrietta.

ᴠ Volante 1789, par Highflyer et Fanny par Eclipse. Vainqueur de l'Oaks.

c Volatile 1779, par Alexis et Giantess par Matchem.
c Volatile 1796, par Overton et Highflyer mare is. de Monimia.
* Voltaire mare 1833, par Voltaire et Doubtfull par Emilius.
c Volumnia 1800, par Dungannon et Orange Bud par Highflyer.
c Volumnia 1804, par Master Teazle et Y-Maiden par Highflyer.
F Voluna 1829, par Comus 1809 et Prime Minister mare, Y-Harriet.
  Volunteer mare 1799, par Volunteer et Marcella par Mambrino.
    Id. 1795, par id. et Storace par Tandem.
    Id. 1792, par id. et Herod mare is. de Golden Grove.
    Id. 1792, par id. et Herod mare is. de Flora.
c Voluptuary 1834, par Reveller et Harriet par Pericles.
*c Voyageuse 1850, par Ratan et Sultan Junior mare is. de Monimia.
F Vulture 1833, par Langar et Kite par Bustard.

W.

c Wagtail 1788, par Woodpecker et Papillon par Snap.
F Wagtail v. 1820, par Prime Minister et Orville mare; Miss Grimstone.
F Wagtail 1814, par Y-Woodpecker et Lady Cow par John Bull.
c Wakefield Lady 1759, par Lot et Rib mare, Regulus; Black Eyes.
*c Wallflower 1846, par Magpie et Remnant par Picton.
c Walfruna 1832, par Velocipède. Voyez Valfruna.
F Walnut mare v. 1795, par Walnut et Ruler mare is. de Piracantha.
    Id. v. 1800, par id. et Javelin mare is. de Flora.
  Walpoole Barb mare v. 1730, par Walpoole Barb et Miss Belvoir par Grey
    Grantham.
F Waltonia v. 1808, par Walton et Highflyer mare is. de Nutcracker.
  Walton mare v. 1812, par id. et Helen par Hambletonian.
F Id. v. 1808, par id. et Y-Giantess par Diomed.
    Id. v. 1812, par id. et Shuttle mare, Delpini, Tuberose.
    Id. v. 1807, par id. et Y-Noisette par Diomed.
    Id. v. 1820, par id. et Luck's All mare, Pot 8o's, Maid of All Work.
    Id. v. 1810, par id. et Gipsy par Guildford.
    Id. v. 1818, par id. et Wizard mare, Lisette par Hambletonian.
    Id. v. 1810, par id. et Trumpator mare is. de Demirep.
    Id. v. 1812, par id. et Sorcerer mare, Sir Harry, Volunteer.
    Id. v. 1820, par id. et Goosander par Hambletonian.
F Waltz 1822, par Election et Penelope par Trumpator.
  Wamba mare v. 1832, par Wamba et Myra par Soothsayer.
*c Wanderer mare (Isabel) 1824, par Wanderer et Caroline par Whalebone.
  M. Wane's Horse mare v. 1735 (Dam of Blacklegs), par Wane's Horse
    et inconnue.
c Wanton 1832, par Wanton (Wofull) et Beatrice par Blacklock.
c Wanton mare 1833, par id. et Beatrice par Blacklock.
    Id. 1826, par id. et Shuttle mare is. d'Hopefull.

c Wanton's Willy mare v. 1700 (Dam of Old Smith's son mare), inconnue.

c Wapiti 1836, par Camel et Monimia par Muley.

Ward mare 1745, par Ward et Pert mare, Saint-Martin's, Sir E. H. T.

c The Ward of Cheap v. 1844, par Colwick et The Maid of Burghley par Sultan et Palais Royal.

F The Warlock Galloway 1728, par Snake et Old Lady par The Bald Gallow.

*c Warplot 1851, par Pyrrhus the First et Burletta par Actæon.

Warwick mare 1781, par Warwick et Merlin mare, Mother Pratt.

c The Warwick mare v. 1835, par Merman et Ardrossan mare, Shepherdess.

Warrior mare 1811, par Warrior et Cœlia par Beningbrough.

F Wasp v. 1810, par Gohanna et Highflyer mare, Eclipse, Rosebud 1765.

c Wasp 1755, par Regulus et Snip mare, Parker's Lady Thigh.

F Wasp, ou Miss Wasp, 1803, par Waxy et Trumpetta par Trumpator.

Wastell's Turk mare v. 1712, par Wastell's Turk et Hautboy mare, Brimmer, inconnue.

Id. v. 1695, par id. et a Foreign Horse mare, inconnue.

c Wastrel 1829, par Catton et Eleanor par Governor.

c Watchote Lass 1813, par Remembrancer et Walnut mare, Ruler, Pirac.

Waterloo mare v. 1820, par Waterloo et Prize par Aladdin.

c Watch 1778, par Herod et Snap mare, Regulus, Partner.

c Waterwitch v. 1835, par Sir Hercules et Mary Ann par Waxy Pope.

c Waterwitch 1828, par Whalebone et Frolic mare et Selim mare, Maiden.

F Waultress 1819, par Walton et Election mare 1814, Fair Helen.

c Wauxhalls Snap mare 1784, par Wauxhalls Snap 1765 et Hip par Herod.

*c Waverley mare 1826, par Waverley (Whalebone) et Evens par Walton.

Id. v. 1825, par id. et Shuttle mare, Lady Sarah.

c Waxy mare 1806, par Waxy et Penelope par Trumpator.

c Id. v. 1818, par id. et Bizarre par Peruvian.

Id. v. 1800, par id. et Marcella par Mambrino.

Id. v. 1815, par id. et Elve par Sorcerer.

c Id. v. 1806, par id. et Highflyer mare, Squirrel, Sophia.

Id. v. 1800, par id. et Javelin mare is. de Sweet Heart.

Id. v. 1812, par id. et Bobtail mare is. de Pandora.

Id. v. 1800, par id. et Mrs Candour par Woodpecker.

Waxy Pope mare v. 1815, par Waxy Pope et Tug mare, Bagot, Mother Brown par Trunnion

Id. v. 1830, par id. et Double Bass par Random.

c Weasel 1833, par Luzborough et Snare par Scud.

c Weasel mare v. 1780, par Weasel et Pacolet mare, Marske, inconnue.

F Weathercock mare 1796, par Weathercock (Ruler) et Cora par Matchem.

Weazle mare 1785 et 1790, par Weazle et Turk mare, Locust, Changeling.

Id. 1796, par id. et Espersykes mare, Priam, Cade.

Id v. 1788, par id. et Alfred mare is. de Wakefield Lady.

F Webb 1808, par Waxy et Penelope par Trumpator.

*c Wedlock 1841, par Sultan Junior et Monimia par Muley.

*ᵣ Weeper 1830, par Woful et Tereza Panza par Cervantes.

c Welfare v. 1840, par Priam et Wat par Langar.

c Wegenhorp v. 1817, par Partisan et Wowsky par Mentor.

ᵣ Old Wen mare (Sir J. Pearson's) v. 1696, par Hautboy et Miss D'Arcy's Pet mare par Wastell's Turk.

c Westeria 1835, par Laurel et Monimia par Muley.

*c Wet Nurse 1846, par Venison et Wedlock par Sultan Junior.

*ᵣ Whalebona (Gipsy) 1827, par Whalebone et Elfrid par Wanderer.

Whalebone mare 1831, par Whalebone et Wasp par Gohanna.

Id. v. 1815, par id. et Marianne par Mufty.

Id. v. 1820, par id. et Rose par Alexander the Great.

Id. v. 1815, par id. et Ransom par Sir Peter.

Id. 1831, par id. et Hazardess par Haphazard.

c Id. (Stays) 1831, par id et Frolic mare, Selim, Maiden.

c Warfringer 1789, par King Fergus et Justice mare, Miss Cleveland.

ᵣ Wharton mare 1709, par Lord Carlisle's Turk et The Bald Galloway mare, Byerly Turk, inconnue.

c Whim v. 1830, par Bizarre et Barrosa par Vermin.

c Whim 1832, par Irish Drone et Kiss par Waxy Pope.

*ᵣ Whim 1847, par Voltaire et Fancy par Osmond.

c Whim 1823, par Whisker et Jenny Wren par Y-Woodpecker

ᵣ Whim 1789, par Pot 8o's et Winnifred par Justice.

c Whimsey v. 1830 (Dam of Romp), par Son of Jigg et inconnue.

ᵣ Whimsey 1747, par Cullen Arabian et Silvertail par Heneage's Whitenose.

ᵣ Lord Tracey's Whimsey v. 1714, par Darley's Arabian et M. Burdet's Y-Child mare par Harpur Barb.

ᵣ Y-Whimsey v. 1726, par Godolphin's Whitefoot et Lord Tracey's Whimsey par Darley Arabian.

*c The Whip 1840, par Merchant et Y-Maniac par Tramp.

c Wirligig v. 1762, par Bajazet et Babraham mare, Crab, Dyer's Dimple.

c Whisk 1825, par Whisker et Remembrancer mare, Beatrice.

Whisker mare v. 1818, par Whisker et Morel par Sorcerer.

c Id. v. 1830, par id. et Phantom mare, Overton, Walnut.

Id. v. 1818, par id. et Sorcerer mare, Precipitate (Grey), Highflyer.

Id. v. 1830, par id. et Matilda par Comus.

Id. v. 1818, par id. et Miss Cranfield par Sir Peter.

Id. v. 1830, par id. et Sam mare is. de Morel.

Id. v. 1820, par id. et Dick Andrews mare is. de Gammer Gurton.

Id. v. 1827, par id. et Louisa par Orville et Thomasina.

Id v. 1820, par id. et Castrella par Castrel.

Id. v. 1823, par id. et Saint-George mare, Pontac, Syphon.

c Id. v. 1825, par id. et Gohanna mare is. de Fraxinella.

Id. v. 1825, par id. et Ebor mare, Shuttle, Delpini.

Id. v. 1818, par id. et Manuella par Dick Andrews.

c Id. v. 1818, par id. et Pipator mare, Dragon, Queen Mab.

c Whisker mare (Zillah) v. 1825, par Whisker et Elisabeth par Orville.
f Id. v. 1820, par id. et Mandane par Pot 8o's.
c Id. (Bay) v. 1820, par id. et Orville mare is. d'Expectation mare.
   Id. v. 1828, par id. et Rhodacantha par Comus.
   Y-Whisker mare v. 1831, par Y-Whisker 1821 et Beatrice par Blacklock.
c Whiskey mare v. 1802, par Whiskey et Spinetta par Trumpator.
f Id. v. 1800, par id. et Grey Dorimant par Dorimant.
   Y-Whiskey mare 1810, par Y-Whiskey et Walnut mare, Javelin, Y-Flora.
c Whist 1833, par Camel et The Odd Trick par Quiz.
c Whitefoot mare 1735, par Whitefoot et Little Hartley mare par Bartlet's
      Childers.
   Id. v. 1735 (Dam of Dorimond), par id. et inconnue.
   Id. v. 1740, par id. et Alcock's Arabian mare, Pelham's Bay Barb mare.
f Id. 1731, par id. et The Leedes mare is. de Moonah Barb mare.
f Id. 1733 (Dam of Ajax), par id. et The Leedes mare, Moonah Barb mare.
   Id. v. 1740, par id. et Stanyan's Arabian mare, Moonah Barb mare.
   Godolphin's Whitefoot mare v. 1730, par Godolphin's Whitefoot et Dar-
      ley Arabian mare, inconnue.
   Id. v. 1740, par id. et Hip mare, Lord Angerton's Horse, S. W. B. Surly.
   Id. v. 1730, par id. et Lord Tracey's Whimsey par Darley Arabian.
f White Legged Lowther's Barb mare v. 1695, par White Legged Lowther's
      Barb is. de Old Winter mare.
f White Legs 1776, par Le Sang et Calliope par Slouch.
f Whiteneck 1751, par Crab et Godolphin Arabian mare, Conyer's Arabian,
      Curwen's Bay Barb.
f Frampton's Whiteneck v. 1720, par Curwen's Bay Barb et Pelham's Bay
      Barb mare, inconnue.
c Whiteneck v 1720 (Dam of Godolphin Arabian mare), par Pelham's Bay
      Barb et inconnue.
   Whitenose mare v. 1760 (Dam of Omar mare), par Whitenose 1742
      et inconnue.
c Id. v. 1760, par id. et Cole's Fox Hunter mare et inconnue.
   Id. v. 1750, par id. et Brother to Mixbury mare, Bald Galloway, King
      William's Black Barb, ou Turk, Whitout a Tongue mare.
f Whitenose 1737, par The Groswenor's Whitefoot et Smilling Betty par
      Jacob.
   Whittington mare 1754, par Wittington et Crab mare 1749, Miss Slamerk.
c White Rose v. 1820, par Comus et Whitworth mare, Saint-George, Pont.
c White Shirt mare v. 1706, par White Shirt et Old Montagu 1700 par
      D'Arcy's Woodcock et Royal mare.
f Whizgig 1819, par Rubens et Penelope par Trumpator.
   Whitworth mare v. 1812, par Whitworth et Saint-George mare, Pontac,
      Syphon, Miss Wilkinson.
f Whynot mare v. 1695 (Dam of Bald Galloway), par Whynot 1790 et
      Royal mare

c Whynot mare v. 1705, 1708 et 1725, par Whynot 1700 et Royal mare.
c Id. v. 1710 (Dam of Points), par id. et Royal mare.
  Id. v. 1710 et 1720, par id. et Wilkinson's Bay Arabian mare, Barb mare.
  Id. v. 1710, par id. et William's Turk mare, D'Arcy's Woodcock, inc.
  Id. v. 1710, par id. et Wilkinson's Turk mare, Woodcock, inconnue.
  Id., ou Rider's Chesnut Barb mare, v. 1716, par id., ou Rider's Chesnut Barb et Banstead mare, inconnue.
r The Widdrington mare, ou Spinster, 1735, par Partner et Bay Bloody Buttocks par Bloody Buttocks.
c The Widow v. 1843, par Abbas Mirza et Isabel par Pantaloon.
r Wilfull 1810, par Waxy et Penelope par Trumpator.
c Wilfull 1819, par Wofull et Miss Haworth par Spadille.
c Wilfull 1833, par Economist et Taste par Bob Booty.
c Wildfire 1839, par Jerry et Fire Fly par Velocipède.
  Wilkinson's Bay Arabian mare v. 1700, par Wilkinson's Bay Arabian et Barb mare.
  Id. v. 1700 et 1712, par id. et Natural Barb mare (M. Wilkinson's).
c Id. v. 1710, par id. et M Milbank's Bald Peg, inconnue.
  Wilkinson's Turk mare v. 1732, par Wilkinson's Turk et Cupid mare, inconnue.
  Id. v. 1730 (Dam of Partner mare), par id. et inconnue.
  Wilkinson's Barb mare v. 1705, par Wilkinson's Barb et M. Milbank's Bald Peg, inconnue.
r M. Wilkinson's mare v. 1695, par Brimmer et Layton Barb mare, inc.
  The Wilkinson's Whynot mare v. 1695 (Dam of Byerly Turk mare), par Wilkinson's Whynot et inconnue.
  Wilkinson's Turk mare v. 1700, par Wilkinson's Turk et Woodcock mare, inconnue.
  M. Wilkinson's Bay Arabian mare v. 1705, par Wilkinson's Bay Arabian et M. Wilkinson's Natural Barb mare.
r The Wilkie's mare (Miss Barforth) 1735, par Partner. Voy. Miss Barforth.
r Old Wilkes v. 1705, par Hautboy et Miss D'Arcy's Pet mare par Wastell's Turk.
r Wild Goose 1792, par Highflyer et Coheiress par Pot 8o's.
c Wild Duke 1832, par Whisker et Shoveler par Scud.
c Wild Rose v. 1830, par Confederate (Comus) et Prime Rose par Clinker.
c Wilna v. 1818, par Smolensko 1810 et Morgiana par Coriander.
c Williamson's Ditto mare 1810, par Williamson's Ditto et Star mare, Y-Marske, Silvio, Daphné.
  Id. v. 1812, par id. et Woodpecker mare, Matchem, Snip.
  Id. v. 1812, par id. et Woodpecker mare, Syphon, Matchem.
  Id. v. 1812, par id. et Y-Rachel par Volunteer.
c Id. v. 1810, par id. et Agnès par Shuttle.
  Id. v. 1810, par id. et Star mare, Silvio, Daphné.
  Id. v. 1815, par id. et Williamson's Arabian mare.

c Wilna 1828, par id. et Snare par Send. (Exportée v. 1835.)

Williamson's Arabian mare v. 1810, jument arabe de M. Williamson.

ᴘ The Willy mare v. 1725, par Pelham's Hip et Lister Turk mare Sister to
   Pepping Peg.

Sister to The Willy mare v. 1730, par id. et id.

William's Turk mare v. 1705, par William's Turk et Woodcock (D'Arcy's)
   mare, inconnue.

Wilson's Arabian mare v. 1760, par Wilson's Arabian et Mogul mare,
   Crab, Bay Bolton.

Id. v. 1765, par id. et Hutton's Spot mare, Mogul, Crab.

ᴘ Wimbleton 1780, par Evergreen et Herod mare is. de Thereza.

c Windle mare 1809, par Windle et Anvil mare, Virago par Snap.

c Windlass 1841, par Sheet Anchor et Muley mare is. de Bequest.

* ᴘ Wings 1822, par The Flyer et Oleander par Sir David. Vʳ de l'Oaks.

c Winnifred 1782, par Justice et Herod mare, Cygnet, Cartouch.

ᴘ Old Winter mare v. 1690 (Dam of White Legged Lowther's Barb mare,
   and Palleine's Chesnut Arabian mare), jument primitive.

c Winnifred 1822, par Walton et Sir Paul mare, Brown Justice.

ᴘ Wire 1811, par Waxy et Penelope par Trumpator.

* c Witch 1818, par Sorcerer et Skyscraper mare, Dragon, Matchem.

c Witch v. 1815, par id. et Precipitate mare, Highflyer, Goldfinder.

c Witch 1821, par Walton et Wizard mare is. de Lisette.

c The Witch 1828, par Whalebone et Phantom par Hambletonian.

* c The Witch 1821, par Soothsayer et Election mare, Alexander mare
   (Dam of Rubens).

c Witch of Endor 1807, par Sorcerer et Delpini mare, Carlisle's Squirrel,
   Miss Starling Junior.

* c Wit's End 1843, par Venison et Victoria par Tramp.

c The Witch of Whorley Hill 1838, par Velocipède et Emma par Whisker

c Witchery 1814, par Sorcerer et Cobbea par Skyscraper.

* c Wizardess 1814, par Wizard et Sigismunda par Buzzard.

Wizard mare 1813, par id. et Lisette par Hambletonian.

Id. 1813, par id. et Woodpecker mare, Trentham, December.

Wofull mare v. 1820, par Wofull et Selim mare, Pipylina.

Id. 1823, par id. et Rubens mare 1812 is. de Guildford Nan.

c Woman of Endor v. 1835, par Moses et Humbug par Hedley.

c Woodbine 1791, par Woodpecker et Puzzle par Matchem.

c Woodbine 1817, par Comus et Patriot mare, Phœnomenon, Czarina.

* c Woodbine 1819, par Walton et Selima par Selim.

Woodcock mare v. 1700 (Dam of Wilkinsons Turk mare), par Old Woodcock et inconnue.

Id. v. 1710, par id. et Barb mare.

Id. v. 1710, par id. et Makeless mare, Brimmer, Dicky Piersons.

Id. v. 1700 (Dam of Spot mare), par id. et inconnue.

Id. v. 1715, par id. et Bay Barb mare, Makeless mare, Brimmer.

Dawill's Woodcock mare v. 1700 (Dam of Luggs mare), par id. et inc.

f Woodcock Thornthon 1718, par D'Arcy's Woodcock et Chesnut Thornthon par Makeless.

Woodcock mare (D'Arcy's) v. 1700 (Dam of William's Turk mare), par
   D'Arcy's Woodcock et inconnue.

Woodcock mare mare v. 1725, par id. et Croft's Bay Barb mare, Makeless Brimmer, Dicky Piersons.

c Id. (Grey Woodcock) 1720, par id. Voyez Grey Woodcock.

c Id. (Brown Woodcock) 1717, par id. Voyez Brown Woodcock.

c Woodcot 1796, par Mentor et Macaria par Herod.

f Woodnymph 1804, par Trumpator et Highflyer mare, Otheothea.

c Woodpecker mare v. 1795, par Woodpecker et Herod mare is. de Maiden.

c Id. v. 1792, par id. et Trentham mare (Coquette) Sister to Driver.

Id. 1800, par id. et Trentham mare, December par Shakespear.

Id. 1793 et 1794, par id. et Sweetbriar mare, Miss Fortune par Dux.

c Id. 1794, par id. et Trentham mare, Coquette par Compton Barb.

Id. 1791, par id. et Syphon mare, Matchem, Snip.

Id. v. 1785, par id. et Herod mare (Sister to Woodpecker), Miss Ramsden.

Id. v. 1788, par id. et Heinel par Squirrel.

c Id. v. 1785, par id. et Snap mare, Blank, Bay Starling.

Id. 1785, par id. et Everlasting par Eclipse.

Id. v. 1780, par id. et Margaretta par Syphon.

Id. 1786, par id. et Mademoiselle Guimar par Chrysolite.

Id. 1794, par id. et Matchem mare 1773, Nisa par Omar.

Id. 1785, par id. et Miss par Wauxhalls Snap.

Id. v. 1792, par id. et Sparsholt par Trentham.

Id. v 1790, par id. et Trentham mare is. de Polly.

Y-Woodpecker v. 1805, par Y-Woodpecker et Equity par Dungannon.

Id. 1808, par id. et Beningbrough mare is. de Miss Tomboy.

Id. v. 1805, par id. et Fractious par Mercury.

f Wowsky v. 1792, par Mentor et Maria par Herod.

Wormwood mare v. 1710 (Dam of Makeless mare), par Wormwood et inc.

c Worlaby Betty 1778, par Otho et Goldfinder mare is. de Lovely.

Worthy mare v. 1808, par Worthy et Tiny par Sir Peter.

Id. v. 1805, par id. et Sea Fowl par Woodpecker.

Id. v. 1805, par id. et Justice mare, Chymist, South.

Id. 1803, par id. et Y-Camilla par Woodpecker.

*f Worry 1826, par Wofull et Sal par Scud.

f Y-Worry 1832, par Emilius et Worry par Wofull.

c Worthless 1817, par Comus et Orphan par Camillus.

c Worthless 1841, par Tipple Cider et Hopeless par Beagle.

c Worthless v. 1820, par Whalebone et Altisidora par Dick Andrews.

f Wren 1783, par Woodpecker et Papillon par Snap.

c Wren 1809, par Hyacinthus et Fanny par Weazle.

c Wren 1844, par Irish Birdcatcher et Zillah par Blacklock.

c Wrigth 1746, par Grasshopper et Sir M. Newston's Arabian mare, Garnet, Bay Lustry mare.
c Wryneck v. 1800, par Beningbrough et Miss Tippet par Morwick Ball.
c Y-Wryneck (Stamford mare) 1809, par Stamford. Voyez Stamford mare.
Wynn's Arabian mare v. 1740, par Wynn's Arabian 1735 et Governor mare, Alcock's Arabian, Grasshopper.

X.

c Xantippe 1774, par Snap et Blank mare, Lord Chedworth's Fox Hunter, Brother to Mixbury, Smockface.
f Xantippe 1777, par Eclipse et Grecian Princess par William's Forester.
*cXarifa 1826, par Mosès et Rubens mare, Woodpecker, Herod.
f Xenia 1788, par Challenger et Xantippe par Eclipse.

Y.

c Yawn, ou Fawn (Sister to Caper), 1841, par Bay Middleton. Voyez Fawn.
c Yarico 1785, par Eclipse et Fidget par Spectator.
c Yarico 1790, par King Fergus et Atalanta par Matchem.
c Yarico 1813, par Sancho et Volumnia par Dungannon.
f The Yellow mare (ex The Yellow Filly) 1783, par Tandem et Perdita par Herod. Vainqueur de l'Oaks.
c The Yellow mare 1809, par Sancho et Lancashire Witch par Mr Teazle.
c Yorkshire Jenny 1758, par Y-Cade et Traveller mare, Hartley's Blind Horse, inconnue.
c The Yorkshire Lady 1839, par Voltaire et The Yorkshire Lass par Cerv.
c The Yorkshire Lass v. 1820, par Cervantes et Pipator mare, Delpini, Tuberose.
c Yratilda v. 1840, par Belshazzard et Baleine par Whalebone 1830.

Z.

*cZaarah 1835, par Reveller et Rubens mare, Brightonia.
c Zadora 1811, par Trafalgar (Sir Peter) et Nikè par Alexander.
c Zafra 1819, par Partisan et Zaïda par Sir Peter.
f Zaïda 1806, par Sir Peter et Alexina par King Fergus.
c Zaïre 1819, par Selim et Zephyretta par Hedley.
c Zara 1801, par Delpini et Flora par King Fergus.
c Zara 1784, par Eclipse et Squirt mare is. de Ancaster Nancy.
c Zarina v. 1835, par Morisco et Ina par Smolensko.
c Zarina v. 1835, par Middleton 1822 et Butterfly par Magistrate.
f Zeal 1818, par Partisan et Zaïda par Sir Peter.
c Zebetta 1833, par Langar et Clinker mare, Oberon, Stride.
f Zebra 1829, par Partisan et Venom par Rubens.
c Zelia v. 1835, par Emilius et Apollonia par Whisker.

f Zelia 1783, par Eclipse et Jemima par Snap.
c Zelica 1830, par Muley et Harriet par Selim.
c Zenana v. 1835, par Sultan et Fille de Joie par Filho da Puta.
c Zenobia v. 1825, par Whalebone et Venom par Rubens.
c Zenobia 1792, par Sir Peter et Zelia par Eclipse.
c Zenobia 1841, par Slane et Hester par Camel.
c Zephyr 1767, par Squirrel et Cade mare, Partner mare Sister to Lodge's Roan mare 1735.
c Zephyr, ou Penny Royal, 1796, par Coriander. Voyez Penny Royal.
c Zephyretta 1811, par Hedley 1802 et Diomed mare, Imperator, Otheot.
c Zephyretta 1811, par Middlethorpe et Pagoda par Sir Peter.
c Zilia Teazle, ou Miss Zilia Teazle, v. 1799, par Sir Peter. Voyez à l'M.
c Zillah 1825, par Blacklock et Zadora par Trafalgar.
c Zillah v. 1835, par Reveller et Morisca par Morisco.
c Zillah 1825, par Whisker et Elisabeth par Orville.
Zimmerman mare v. 1840, par Zimmerman et Jessie par Emancipation.
f Zinc 1820, par Wofull et Zaïda par Sir Peter. Vainqueur de l'Oaks.
c Zingara 1826, par Tramp et Shuttle mare, Drone, Contessina.
c Zipporah v. 1825, par Mosès et Elisabeth par Soothsayer.
*c Zitella 1831, par Reveller et Evens par Walton.
f Zobeïda v. 1805, par Hambletonian et Marcia par Coriander.
*c Zora v. 1825, par Catton et Trotinda par Williamson's Ditto.
f Zoraïda 1806, par Don Quixote et Lady Cow par John Bull.
c Zoraïda 1835, par Mulatto (Catton) et Hydrogen par Comus.
c Zuleïcka 1810, par Gohanna et Trinidada par Y-Woodpecker.
c Zuyderzée 1854, par Orlando et Barbelle par Sandbeck.

Fin.

SUPPLÉMENT.

ADDITIONS ET RECTIFICATIONS.

ÉTALONS.

c Abercombie 1833, par Advance et Henriette Wilson par Velocipède.
c Actœon, déjà cité, 1822, par Scud. 9 victoires.
*c Acrau, ou Ad Libitum, 1807, par Whiskey, au lieu de Whisker.
*c Ad Libitum, ou Acrau, 1807, par Whiskey, au lieu de Whisker.
c Advance 1815, par Cardinal York et Golumpus mare, King Fergus m.
c Ajax 1747, au lieu de 1847, par Second et Whitefoot mare.
r Alarm 1842, déjà cité, par Venison. Vainqueur du Cambridgeshire.
c Alexis 1795, au lieu de 1775, par King Fergus et Lardella.
c All Fours 1848, par Don John et Lampoon par Camel.
c Almanzor 1765, par Badsticks, au lieu de Baldslicks, et Sappho.
c Ambrosio 1793, par Sir Peter et Tulip par Damper, au lieu de Blank.
c Anchor 1840, par Sheet Anchor, au lieu de Sheet Anchor.
c Annuity (ex Standard), au lieu de Amnisty, 1773, par Sprightly.
r Andrew, déjà cité, 1816, par Orville. 9 courses, 6 victoires.
c Anthony 1748, au lieu de 7148, par Hutton's Spot et Mixbury mare.
c Archer v. 1700, par Byerly Turk et inconnue.

r Babraham 1740, déjà cité, par Godolphin Arabian. 11 courses, 6 vict.
c Babraham Blank 1748, au lieu de 1758, par Babraham et Boreas mare.
c Bald Partner 1743, par Smilling Ball et Partner mare, Cupid, Hautboy,
     Bustler.
*c Ballin Keele 1839, par Irish Birdcatcher et Perdita par Langar, au lieu
     de Echidna par Economist.
c Banker 1761, au lieu de 7761, par Matchem et Snip mare.
r Baron Nile 1795, au lieu de 1775, par Delpini et Y-Marske mare.
c Basto 1748, par Whitenose et Firetail mare is. de Miss Slamerkin.
r Beauffremont 1758, au lieu de 1858, par Tartar et Brother to Fear. m.
c Beadsman 1855, par Weatherbit et Mendicant par Touchstone et non
     par Mendicant.
r Beiram 1829, déjà cité, par Sultan. 8 victoires au lieu de 7.
r Belzoni 1823, déjà cité, par Blacklock. 11 victoires.
c Bethell's Castaway 1712, au lieu de 1714, par Merlin et Sister to M. B. R.
c Birmingham 1822, par Haphazard 1797 et Precipitate mare, Colibry.

f Blank 1740, déjà cité, par Godolphin Ar. 3 courses, 1 vict., 1 fois 2e.
f The Bolton Fearnought, au lieu de Feaarnought, 1725, par Bay Bolton.
f Bourdeaux v. 1775, par Herod et Cygnet mare 1761, Cartouch, Ebony.
f Brimmer 1695, au lieu de 1795, par The D'Arcy's Yellow Turk.
c Bulrush, au lieu de Bulensh, 1805, par Sir Peter et Lady Bull.
c Burton Bull v. 1700, inconnu.
f Bustler 1680, au lieu de 1580, par Hemsley Turk.
f Butandorf 1821, par Blacklock et Mandane par Pot 8o's. 14 c. 5 vict.
c Button, au lieu de Burton, 1720, par The Bald Galloway.

c Cœsar 1836, au lieu de 1735, par Sultan et Cobweb par Phantom.
c Carlisle's Gelding 1713, par Bald Galloway, au lieu de Bald Golloway.
f Y-Cartouch 1730, déjà cité, par Cartouch 11 courses, 10 vict., 1 fois 2e.
c Champion 1740, par Duke of Bolton's Goliah et Daughter of Old Mon
    tagu mare.
f Chanter, déjà cité, 1710, par Akaster Turk. 11 courses, 9 victoires.
f Charleston, né en Amérique en 1854, par Sovereign (Emilius) et Millwood
    par Imp. Monarch et non par Monarch.
f Chaunter 1752, déjà cité, par Trifle. 4 courses, 3 victoires, 1 fois 2o.
c Chesnut D'Arcy's Arabian 1700 et Chesnut D'Arcy's Arabian 1725, au
    lieu de Chesnut Arabian.
c Chesnut Comus 1835, déjà cité, par Comus 1809 et Sister to Magistrate.
f Chillaby, ou King William's White Barb, v. 1700. Effacer le reste.
*c Claude 1819, déjà cité, par Haphazard 1797 et Landscape.
*c Clayton 1798, déjà cité, par Overton et Matchem mare is. de Perdita, au
    lieu de Charmer par Phœnomenon.
c Coalition 1824, par Magistrate et Filho da Puta mare is. de Catherine.
f Cotherstone 1840, déjà cité, par Touchstone et Emma par Whisker.
f Colwick, déjà cité, 1828, par Filho da Puta. 25 courses, 11 vic., 4 fois 2e.
c Counsellor (Lord Lonsdale's) 1699, au lieu de 1685.
c Counsellor (Lord D'Arcy's) 1705, au lieu de 1690.
c Counsellor Wood's 1714, au lieu de 1694.
c Crutch 1710, par... Place's White Turk, au lieu de Pace's White Turk.
c The Curwen's Colt v. 1730, déjà cité, par..... White Shirt, au lieu de
    White Skirt.

c Daffodil 1725, au lieu de 4730, par Bald Galloway.
c Daniel, déjà cité, 1762, par... et Sister to Slipby, au lieu de Stipby.
f D'Arcy's Yellow Turk 1678, au lieu de 1690.
c The Devil Among the Taytors, au lieu de Tayotrs, 1839, par The Saddler.
* Detheroner, au lieu de Delheroner, 1775, inconnu.
f Diamond v. 1700, inconnu.
c Dimple Dyer's, ou Dyer's Dimple, 1715, au lieu de 1700, par Leedes
    Arabian.
f Old Dormouse, déjà cité, 1738, par Godolphin. 6 c., 5 vic., 1 fois 2e.
f Dragon (Frampton's) v. 1700, inconnu.

c Eaglesfield, au lieu de Daglesfield, 1839, par Hindoo et Otis par Bustard.
c Earl of Bristoll's v. 1705, inconnu.
v Engineer, déjà cité, 1756, par Sampson. 5 victoires, 1 fois 2e.
c Eclipse (père de Fanny) v. 1820. Etalon américain inconnu.
c Enseign, au lieu de Enseigne, 1788, par Highflyer.

v Fairfax's Arabian, ou General Fairfax's Arabian, v. 1680, au lieu de avant 1700.
c Firebrand 1839, par Lamplighter et Rubens mare is. Tippity Witchet.
v Florizel, déjà cité, 1768, par Herod et Cygnet m. 1761, Cartouch, Ebony.
v Flying Gib, au lieu de Flying Gip, 1776, par Marske.
c A Foreign Horse of Sir Thomas Gascoigne's v. 1718, inconnu.
c Frolic, déjà cité, v. 1810, par Hedley 1803 et Frisky par Fidget.
c Freney v. 1828, par Roller et Promise par Walton.
v Fyldener 1803, au lieu de 1823, par Sir Peter et Fanny par Diomed.

c Gaberlunzie, au lieu de Gaberlunzie, 1824, par Wanderer.
v Garrick 1772, au lieu de 1792, par Marske et Spiletta.
c General Fairfax's Arabian, ou Fairfax's Arabian, v. 1680, au lieu de 1690.
c Glow Worm 1812, par Brainworm, au lieu de Brainworn.
v Goliah (Duke of Bolton's) 1730, par Fox fils de Clumsy, au lieu de Clumsy.
c Granby 1823, au lieu de 1803, par Spectre et Shoehorn.
c Grey Milton, déjà cité, 1837, par Comus 1809 et Cervantes mare, Emma.

c Hampton Court Childers 1725, au lieu de 1730, par Childers.
c Hampton Court Arabian 1710, au lieu de 1720.
v Harlequin 1719, par... et Son of Pulleine's etc., au lieu de Pullaine's.
c Hercules, déjà cité, 1799, par Alexander (Eclipse) et Cowslip.
v His Grace's Sloven 1723, au lieu de 1750, par Bay Bolton.
c His Lordship (ex Dart) au lieu de ex Parl, 1796, par Spear.
c Hobbie Noble 1849, par... et Phryne par Touchstone et non Thouchstone.

c Imp. Monarch, déjà cité, 1822, par Sovereign 1816 et Madryna.

c Jerry Sneak v. 1800, par... et Mother Brown par Trunnion, au lieu de Trunnion.
c Johnny 1837, par Langar et Delenda par Gohanna.

* c King Pepin 1772, par Turf 1766 et Cygnet mare 1766, Cartouch, Ebony.
v King William's White Barb Chillaby, ou Chillaby, v. 1700. Effacer tout le reste.
c King William's Black Turk, ou Barb, Whitout a Tongue, ou No Tongued, au lieu de King William's Turk Whitout a Tongue, ou No Tongued.

v Lath, déjà cité, 1732, par Godolphin Arabian. 3 courses, 3 victoires.
c Layton Barb v. 1780, au lieu de 1765.
v Liverpool, déjà cité, 1828, par Tramp. 29 courses, 12 victoires, dont le Cambridgeshire. 66 produits ayant gagné 160 prix; 710,000 f. en 7 ans.

r Lister Turk, ou Stradling, v. 1690, au lieu de 1780.

c Longwaist 1821, au lieu de 1831, par Whalebone et Nancy.

c Macbeth 1783, déjà cité, par Justice et Cygnet mare 1761, Cartouch, Eb.

c Madcap v. 1720, au lieu de 1820, par Dyer's Dimple et inconnue.

c Maresfield, déjà cité, 1824, par Antar 1815 et Sorcerer mare, Tawny

c Memnon 1822, au lieu de 1802, par Whisker et Manuella.

r Morocco Barb (Fairfax's) v. 1685, au lieu de 1660.

c Morisco 1824, au lieu de 1724, par Muley et Aquilina par Eagle.

r Mulso Bay Turk, ou Hutton's Bay Barb, v. 1700.

c Musjid 1856, déjà cité, par Newminster et Mendicant par Touchstone et
   non par Mendicant.

* Non Sense v. 1840, Cheval hongre par Amato et La Fille mal Gardée
   par Lottery.

c Oloro v. 1827, inconnu.

c Olympien v. 1815, par Sir Oliver et Scotilia par Anvil.

r Orlando, déjà cité, 1841, par Touchstone. 263,871 f. de prix en une année.

c Palœmon 1838, par Glaucus et Peggy par Bourbon.

c Paragon 1841, par Freney et Famine par Humphrey Clinker.

r Partner (Grisewood's) 1731, au lieu de 1831, par Partner.

c Philipson's Turk 1749, au lieu de 1849.

c Play Fellow 1788, par Diomed et Turf mare, etc., au lieu de Turk m., etc.

c Poor Soldier 1783, par Eclipse et Grecian Princess par Ws Forester.

c Prior of Saint-Margarit 1843, par Touchstone et Priam mare is. de Joanna
   par Sultan.

c The Promised Land 1855, par Jericho et Touchstone mare, inconnue.
   Vainqueur du Goodwood et des 2,000 guinées.

Raby 1845, par The Doctor et Modesty par Bay Middleton.

Rantipole v. 1775, père de Skewball, inconnu.

c Regatta, déjà cité, 1772, par Eclipse et Blank mare, Oroonoko, Regulus,
   Brother to Mixbury, Bald Galloway.

c Richemond, ou Duke of Richemond's Turk, v. 1710, au lieu de 1730.

c Son of Duke of Richemond's Turk v. 1720, au lieu de 1735.

c Rouch Robin, déjà cité, 1825, par Sober Robin (fils d'Orville).

c Royal George 1820, au lieu de 1720, par Soothsayer.

c Rubrough 1790, par Weazle, au lieu de Veazle, et Espersykes mare.

r The Saddler, déjà cité, 1828, par Waverley. Vainqueur du Doncaster Cup.

r Saint-Francis 1835, au lieu de 1855, par Saint-Patrick (Alcaston).

c Schaftsbury Turk 1695, au lieu de 1700.

c Scipio 1742, au lieu de 1842, par Sedbury et Miss Mayes, au lieu de
   Miss Mayer.

c Scipio, déjà cité, 1742, par un inc. et Miss Mayes au lieu de Miss Mayer.

r Shakespear 1745, au lieu de 1845, par Hobgoblin et Little Hartley mare.

c Shepherd 1827, par . . . et Fairing, au lieu de Fairiny.

c Sirikoll 1840, par Sheet Anchor, au lieu de Sheet Anchor.

c Sir Walter 1816, par Whitworth et Esther par Shuttle.

c Skewball 1786, par Rantilope et Rantipole, au lieu de Rantilope.

*c Slang, déjà cité, 1831, par Sober Robin (Fils d'Orville).

c Smockface v. 1714, au lieu de 1725, par Darley Arabian.

c Snofs Sampson v. 1725, par Childers, on Bartlet's Childers, au lieu de et Bartlet's Childers.

r Spanker 1695, au lieu de 1795, par D'Arcy's Yellow Turk. etc...

c Sparrowhawk 1799, au lieu de 1779, par Buzzard et Termagant.

r Spot (Old) v. 1695, au lieu de 1895, par Selaby Turk et inconnue.

r Starling (Bolton's) 1727, au lieu de 1827, par Bay Bolton, etc...

r Sting 1843, déjà cité, par Slane. 8 prix d'une valeur de 123,250 fr.

c Stumps (Humberston's) 1724, au lieu de 1824, par Manica et Snake m

r Sweetbriar 1769, par... et Shakespear mare, Miss Meredith, au lieu de Miss.

r Sultan v. 1740, par Godolphin Arabian et inconnue.

c Tarragon, déjà cité, 1816, par Haphazard 1797.

r Tortoise 1734, déjà cité, par Whitefoot. 10 victoires importantes.

r Trifle 1738, par Fox, etc Effacer le t qui se trouve après 1738.

r True Blue 1710, déjà cité, par Sir W. Turk. 4 courses, 3 victoires.

c Valiant 1796, déjà cité, par Weathercock 1786 et Duchess.

c Vedette 1854, au lieu de 1852, par Voltigeur. Vainqueur des 200,000 guinées, du Great Ebor Handicap et du Great Yorkshire's Stakes.

r Violet Layton Barb 1695, au lieu de 1720.

r Volunteer (Wywill's) 1735, par Y-Belgrade, au lieu de Belgrade Turk.

c Brother to Whitenose, déjà cité, 1739, au lieu de 1722, par Godolphin Arabian.

c Wagner, déjà cité, v. 1830, par... et Maria West, américaine inconnue.

c Whittington 1746, par Brother to Whitenose et Stanyan's Arabian mare, Curwen's Bay Barb, Old Spot.

c Whynol, on Rider's Chesnut Barb, v. 1700.

c Zadig, au lieu de Zadic, 1842, par Voltaire et Gipsy par Tramp.

Le signe c, qui signifie célèbre, a été omis à tous les noms suivants :

Les deux Aaron. — Abbas Mirza. — Abron. — Abjer. — Achilles 1829. — Ad Libitum et Acran 1807, par Whiskey, au lieu de Whisker. — Les cinq Adonis. — Admiral. — Adrastes. — Adroit — Africanus. — Agricola. — Ajax 1747, au lieu de 1847, par Second. —Albany.—Albemarle.—Alcides. — Les deux Alchymist. — Les trois Alderman. — Les deux Aleppo. — Les deux Alexander. — Y-Alexander. — Les deux Alfred. — All Fours. — Y-All Fours. —Allington.—Alligator. — Les trois Alonzo. — Almanzor 1765, par

Badsticks, au lieu de Baldslicks.—Amesbury. — Ambo. — Ambrosio. — Amorino.—Amurah.—Anchor.— Andalusian.—Annandale.—Antar. — Les deux Antœus. — Anthony 1748, au lieu de 7148, par Hutton's Spot. — Les quatre Apollo.—Arbitrator. — Aranjuez. — Les trois Archibald: — Archduke. — Les cinq Archer. — Aristotle. —The Artfull. — Assassin.— Les trois Atlas. — Les deux Augur. — Les deux Autocrat. — Attwood's Chesnut Arabian.

Y-Babraham.— Les deux Bachelor. — Badsticks.—Bagot. — Bag Piper. —Les deux Balloon.—Bald Lump.—Y-Bamboo.—Bald Partner.—Banister. — Banker 1761, au lieu de 7761, par Matchem. — Bashfull — Basto. — Battledore. — Beau Garçon. — Bellerophon. — Y-Beningbrough. — Ben Devaynes.— Ben Nevis.— Belmont par Thunderbolt.—Bethell's Arabian. —Bethell's Castaway 1712, au lieu de 1714, par Merlin.—Bigot.—Bijou. —Y-Birdcatcher.— Birmingham.—Black Doctor.— Les trois Y-Blacklock. —Les cinq Blacklegs.— Blossom et Y-Blossom.— Les deux Blunderbuss. — Les deux Bobadil. — Bolton (Norris's). — Bonny Black. — Les deux Boreas. — Y-Bowdrow. — Brabant. — Les trois Bramble. — Brighton.— Les trois Brisk. — Broadholms. — Broockland .— Les deux Bumper. — Burgundy.

Cadena. — Caccia Piatty.—Cadet.—Calchas.—Caleb Quotem. — Les trois Caliban.— Calmuck. — Cambrian. — Y-Camel. — Camel Junior.— Cameleon.— Camelford. — Camillus. — Candidate. — Les deux Cannon. — Cannon's.— Canopy.— Canova.—Cant.— Canteen.— Les deux Capiscum.—Les trois Canterbury.— Captain Flathooker.—Captive.—Carbon. —Les trois Cardinal.—Cardinal York.—Y-Castrel.— Caspian.—Y-Cato. —Cattonite.—Cavendish.—Cavenham.—Cayenne.—Centurion (Hodge's). —Cesarewitch.— Cesario.—Y-Cestrian.—Cetus.—Chalkstone.—Y-Challenger. — Y-Chariot. — Charley Boy par Actœon. — Les deux Chesnut Arabian 1700 et 1725 qu'il faut lire : Chesnut D'Arcy's Arabian. — Chesnut Comus par Comus 1809.—Chesnut Ranger.—The Chiseller 1816, par Marmion 1802.— Les deux Chorus. — Chorister.— Cinnamon. — Les deux Claret.—Claude 1819, par Haphazard 1797.—Clavileno.—Clayhall. — Clayhall Marske. — Clayton 1798, par Overton et Matchem mare is. de Perdita, au lieu de Charmer par Phœnomenon. — Cleveland. — Coalition Colt.— Les deux Columbus.— Colt (Lord Cardigan's).— Les trois Comet. — Commoner (Wharton's). — Y-Comus. — Les sept Comus. — Comus Secundus.—Les deux Confederate.—Les deux Conqueror.—The Constable. — Constable. — Constellation. — Conyer's Arabian. — Copper Captain. — Les deux Counsellor. — Count Porro. — Crazy Boy. — Crescent 1832. — Crescent 1827. — Cripple Barb at Hampton Court.— Les deux Crispin. — Croft's Bay Barb.— Croft's Grey Barb at Hampton Court.— Cygnet.

Daffodil 1725, au lieu de 4730, par Bald Galloway. — Damper. — Dainty, 1701.— The Dandy.— Daniel O'Connell. — D'Arcy's Royal Colt.

— Les trois Dart.— Deacon.—Defensive.—The Devil Among the Taylors 1839, par The Saddler et Fickle.— Les deux Devonshire's Chesnut Arabian. — Dick Burton's.— Dicky Pierson's. — Dimple Dyer's, ou Dyer's Dimple, 1715, au lieu de 1700, par Leede's Arabian. — Divan. — The Doctor. — Doge. — Les deux Dormouse. — Drayton. — Dread Nought. — Driver (Ancaster). — Driver (Beaver's). — Driver par Huby. — Drone, ou Irish Drone.—Les deux Druid.— Dryard.—Doubtfull —Duke of Richemond's Turk. — Duke of Rutland's Black Hearty. — The Duke, ou Wellington. — Dunce. — Y-Dungannon. — Duplicate (Tomes's).

Les trois Eagle et Y-Eagle. — Eaglesfield 1833, par Hindoo et Otis par Bustard 1820.—The Earl. — Earl of Percy.—Les deux Easton.—Y-Election. — Elvas. — Emancipation. — Emilianus. — Les trois Y-Emilius. — Emm a Knuck.— Les deux Emperor. — Endymion. —Y-England. — Envoy. — Les deux Epsom. — Equator. — Erasmus. — Eric. — Erix. — Eridanus. —Y-Espersykes.— Ethelwolf.—Eulogist.—Les deux Euryalus.—Euston. — Les trois Evander. — Evan's Arabian. — Evenus. — Exile. — Examiner (Daly's). — Expectation.

Fairfax's Arabian v. 1680, au lieu de 1700. — Falcon. — Les deux Fandango. — Les trois Farmer. — Farmington. — Faust. — Favourite.— Firetail.—Tous les Fitz, excepté Fitz Pantaloon.— Les deux Flamingo.— Fleet Wood's Fox Hunter. — Les deux Florist. — Flying Gib, au lieu de Flying Gip, 1776, par Marske.— Flytrap.— Fortitude.— Tous les Fox et les Fox Hunter. — Les trois Frederic. — Friar Biggins. — Frolic 1810, par Hedley 1803. — Frolic par Oroonoko. — Fungus.

Galanthus. — Gaiety. — Gaul'em. — Les deux Gambol. — Gander. — Garrick 1825.— Les deux Gay — Generalissimo. —Y-Giant.— Gibraltar. — Giraffe. — De Ginkel. — Gladiator. — Glenlee. — Les trois Goliah. — Gonzalès. — Y-Gouty. — Graham's Champion. — Granby 1823, au lieu de 1803, par Spectre. — Les deux The Grand Duke. — Grantham par Ancaster Starling. — Grasshopper par Windle. — Grasshopper (Moslyn's). — Grey Gower. — Grey Beard. — Grey Leg. — Grey Milton 1837, par Comus 1809. — Grey Comus. — Grey Pumpkin. — Grey Sorcheels — Grey Tommy. — Grey Viscount. — Grey Falcon. — Grey Robin par Robin Adair.— Grey Pantaloon.— Les deux Gulliver.— Guildford par Hampden. — Guy Mannering.

Hamlet.—Hampton.—Hampton Court Arabian v. 1710, au lieu de 1720. — Harpur Barb. — Harpocrates. — Les quatre Harry. — Hartley's Roan Stallion. — Les deux Hawkesbury. — Hedley. — Hercules par Highflyer. —Hercules 1799, par Alexander 1782.— Hercules par Figaro.— Les deux Hermès.—Henderskelf.—Les deux Hermit.—Les trois Hero.—Y-Herod. —Y-Highflyer. — Highlander.—Highland Laddie.—Les trois Hippomènes. — Hip (Barry's).— His Lordship, ex Dart, au lieu de Parl, 1796, par Spear. — His Highness. — Les deux Hit or Miss. — Les deux Holly Hoc. —

Hog (Earl of Bristoll). — Holme. — Homer. — Houghs. — Hurricane. — Hutton's Royal Colt. — Hyacinthus. — Hydaspes. — Hyllus. — Hydra.

Les trois Idas. — Les trois Idle Boy. — Idris 1797, par Alexander 1782. — Il Mio. — Imp. Monarch. — Indus. — Indicus — Infant. — Mortimer's Infant. — Irish Escape. — Isaac, ou Little Isaac. — Les deux Ivanhoë.

Jack. — Jack and all Jack. — Jacques. — Jacob. — Jamaïca. — Les trois Jason. — Jericho. — Les deux Jessamy. — Jeremy Diddler. — Jerry Sneaker. — Les Trois Jigg et Son of Jigg. — Joanny Boy. — Joceline. — Johnny par Highflyer. — Jolly Roger. — Les deux Jonathan. — Les deux Juba. — Les deux Juggler. — Julius Cœsar. — Justice (Lord Halifax's). — Justice.

Les deux Knight Errant. — Knight of the Thistle. — Les deux Knowsley. — Kremelin. — Knight of the Wistle.

Landrail. — Langford. — Langton. — Y-Laurel. — Les trois Laurel. — Leopold. — Lexington Arabian. — Les deux The Lion. — Legacy (Little David). — Little David. — Little Ball (Sir W. Wynn's). — Liverpool Junior. — Les deux Llewellyn. — Les deux Loadstone. — Y-Locust. — Les trois Looby. — Lord John. — Lord Fairfax's Morocco Barb. — Lord Oxford's Dun Arabian. — Les deux Luck's All.

Madcap 1720, au lieu de 1820, par Dyer's Dimple. — Magician. — Y-Magpie. — Majocci. — Mambrunello. — Manfred par Muley. — Maresfield 1824, par Antar 1815. — Marmion. — Marske (Clay Hall). — Marske (Fetty Place's). — Master Massey's Black Barb. — Master Robert. — Master Goodall. — Y-Matchem. — Maximus. — Memnon Junior. — Mecœnas. — Les deux Memorandum. — Y-Merlin. — Les deux Merlin. — Les trois Merry Andrew. — Meunier. — Middlethorpe. — Mildew — Milo. — The Miller. — Miniken. — Minister par Prime Minister. — Minster par Catton. — Mistake. — Y-Mogul. — Son of Mogul. — Monkey (Lord Lonsdale's). — Montesquieu. — Morotto. — Moses. — Les trois Mountaineer. — Mulberry. — Y-Mulatto. — Muley par Muley Ishmaël. — Mulso Bay Turk. — The Mummer. — Les quatre Mungo. — Muscovite. — Les deux Musician. — Les deux Musquito.

Les deux Nabob. — Navarin. — Navarino. — Les deux Necromancer. — Neptune. — Newmarkett. — Nimrod (Hale's). — Les deux North Brito. — North Star. — Northumberland Arabian. — Northumberland Bay Arabian. — Northumberland. — Nushell.

O'Connell. — Odessa. — Oleander. — Omnium. — The Oneida Chief. — Oppidan. — Oracle. — Orator. — Orford Dun Arabian. — The Orford's Bloody Shouldered Arabian. — Les cinq Orion. — Les quatre Orphan. — The Orphan Boy. — Les deux Orville Junior. — Les deux Oscar. — Les deux Ossian. — Les deux Othello. — Outcry. — Oxton. — Oysterfoot.

Pactolus. — Paddywach. — Y-Pantaloon. — Les deux Pantaloon. — Pan.

— Parachute. — Parlington. — Y-Partner. — Partner (Bright's). — Pagan.
— Palœmon. — Panton's Arabian. — Les deux Paragon. — Parchement.
— Les quatre Paris. — Parker's Cumberland. — Les deux Parthian. —
Patrician. — Les deux Patriot. — Pavilion. — Y-Paymaster. — Pelham's
Bay Barb. — Pelham's Hip. — Pendulum. — Les trois Percy. — Percy Aly
Arabian. — Peregrine. — Pertinax. — Les deux Peter Liberty. — Les deux
Pelworth. — Pevril. — Phasis. — Philip. — Philosopher. — Phlebotomist.
— Phlegon. — Phœnix. — Phœbus. — Phosphor — Picaroo. — Picaroon.
— Les deux Piccadilly. — Piercer. — Les deux Pigot Turk. — Pierrepont.
— Picture. — Pilgaric. — Les trois Pilgrim. — Pilot 1762. — Pioneer par
Engineer. — Y-Play Fellow. — Les deux Play Fellow. — Ploughboy. —
Plumper — Pœan. — Pompey 1797. — Poppet (Lord N. Manner's). —
Postboy 1795. — Potosy. — Poynton. — President par Governor. — Pretty
Boy. — Prime Rose. — Les trois Prince. — Prince Charles. — Prince Eugène.
— Prince Herod. — Prince Cobourg. — Les deux Prince of Wales. —
Profligate. — Y-Pumpkin. — Punch. — Pyrrhus 1798.

Queensberry (ex Constable). — Les trois Quick Sylver.

Racer. — Les deux Rainbow. — Rambler. — Random 1817, par Haphazard 1797. — Les cinq Ranger. — Ranter. — Les deux Rapid. — Rattle.
— Rattler par Imperator. — Rattler par Thunderbolt. — Rattler par Reveller.
— Rebel. — Recordon. — The Recorder. — Les deux Recruit. — Red Robin.
— Red Rover 1841. — Reginald par Figaro. — Les quatre Regulus. —
Reindeer. — Remnant. — Resolution. — Restoration. — Retriever par
Spectre. — Les quatre Richemond. — Robin. — Y-Robin Adair. — Les
deux Robin Grey. — Les trois Robin Hood. — Rob the Ranter. — Rocket.
— Les deux Rolla. — Roger Bacon. — Roller. — Rollo. — Romager. —
Rostrum. — Rouch Robin 1825, par Sober Robin (Orville). — Roundehad
par Hampden. — Rowlston. — Royal George 1833. — Royal George 1820,
au lieu de 1720, par Soothsayer. — Rubello. — Ruby. — Les deux Rugantino. — Runnimède. — Rupert. — Rutland Black Barb. — Rutland Grey
Turk.

Safeguard. — Saint-Andero. — Saint-Andrew. — Saint-Domingo. — Les
trois Saint-Lawrence. — Y-Saint-Patrick. — Saint-Nicolo. — Satan. —
Santiago. — Saucebox. — Satellite. — Scarborough 1710. — Scarborough
Colt. — Les quatre Scarborough par Catton. — Scaramouch. — Y-Scampston. — Les deux Scampston. — Schaftsbury Turk en 1695, au lieu de 1700.
— Schylock. — Scheik. — Sceptre. — Scipio 1745. — Scipio 1742, issu de
Miss Mayes, au lieu de Miss Mayer. — Scipio 1742, au lieu de 1842, par
Sedbury et Miss Mayes au lieu de Miss Mayer. — Scrub. — Screveton. —
Sea Gull. — The Setter. — Shag. — Sharper (Ripton's). — Shaver. —
Shark 1827. — Sharavogue. — Shepherd 1795. — Shepherd 1827 issu de
Fairing, au lieu de Fairiny. — Showeller. — Les deux Shuttlecock. — Sir
Andrew. — Sir Benjamin Backbite. — Sir Charles par Sleight of Hand. —

Sir Everard Fawkener's Grey Turk.—Les deux Sir T. Gresley's Bay Arabian.
— Sir Grey.— Sir Guy.— Sir Gilbert.—Les deux Sir Harry.—Y-Sir Harry
Dimsdale. — Sir Hans. — Sirikoll. — Sir John. — Sir John Sebright's
Arabian.— Y-Sir Joshua.— Sir N. Flanderkin's Turk. — Sir Malagigi. —
Y-Sir Peter. — Y-Sir Peter Teazle — Sir Peter (Belisson's). — Sir Rolland
de Bois. — Sir Wharton's Commoner. — Sir William. — Sir Walter. —
Skewball 1786. — Skipjack. — Skilworm. — Les deux Slapbang. — Slang
1831, par Sober Robin (Orville).— Sledmère.— Sligo.— Smockface 1714,
au lieu de 1725, par Darley Arabian. — Smuggler. — Snake 1779. — Les
deux Snap.—Y-Snip.— Les quatre Snip. — Snof's Sampson. — Les deux
Snowball.—Snyders.—Sober Robin par Cramlington.—Les deux Soldier.
— Soothsayer 1770. — Souvenir. — Les trois Sovereign. — Spangle. —
Spanker (Hunt's). — Spanker (Pengree's). — Les deux Sparrowhawk. —
Y-Spear. — Speculator. — Les deux Spinner. — Les deux Y-Spinner. —
Tous les Spot, excepté Hutton's Spot qui doit être précédé d'un F.—Springy
Jack.—Spy.—Les deux Carlisle's Squirrel.—Stadtholder.—Staghunter.
— Stamford 1817. — Les deux Y-Standard. — Stanyan's Arabian. — Les
deux Star. — Y-Statesman. — Y-Staveley. — Les deux Steady. — The
Steamer. — Sting par Musquito. — Stork. — Strainwaist par Interpreter.
— Stumps (Humberston's). — Y-Sulphur. — Les deux Sultan. — Sweeper
1750. — Y-Sweepstakes. — Swindon. — Swinton 1840. — Syntax. —
Syphax.

Les deux Tally Ho. — Tarragon. — Y-Tarragon. — Tat. — Tavistock.
— Y-Tearaway. — Templar. — Terror par Jupiter. — Theorem.—Thistle
of Whipper. — Thwacham.— Les deux Tickle Pitcher. — Les deux Tiger.
— Toil and Trouble. — Les deux Tom Thumb. — Les trois Tom Tit. —
Tom Tring.—Topsy Turvy.—Tourist.—Tozer.—Tragedian.—Y-Tramp.
—. Tramper. — Trampeer. — Traveller (Fermor's). — Y-Traveller 1746.
— Trial.—Trimmer.—Tring.—Trissy.—Trojan. — Les deux True Blue.
— Les deux Truth. — Turf 1755. — Turpin — Typhon 1845. — Tyrius.
— Tyrant 1833.

Ulric. — Uncle Toby. — Underley.

Valiant 1796, par Weathercock 1786.—Vandal.—Y-Van Dyke.—Velox.
— Les deux Vice Roy. — Les deux Victorious. — Les deux Victory. —
Villager 1789. — Voltaire Junior. — Y-Voltaire. — Les deux Vulture.

Wag. — Wagg. — Walpoole Barb. — Walpoole. — Y-Walton. — Les
deux Warlock. — Warrior par Pantaloon.— Les deux Y-Warter. — Whar-
tamslow. — Les quatre Warwick. — Les deux Washington. — Wasp. —
Wastell's Turk.— Wegen Korp.— Welbeck. — Les deux deux Wellington.
—Wentworth.—Y-Whalebone. — Les deux Whim. — Les quatre Y-Whis-
ker. — Whisper. — Whitefoot (Groswenor's). — Whitefoot 1749. —
Brother to Whitenose.— Les deux Whitelegs. — Wild Doë. — Wildair par
Woodpecker. — Wild Boy par Caïn. — Wilkinson's Bay Arabian. —

William Woodstocks Arabian. — Wildfire. — Wild Scarlett. — Winkley. — Winton.

Les deux Yellow Jack. — Yorick.

Zadig, au lieu de Zadic, 1842, par Voltaire et Gipsy par Tramp.

Le signe F, qui signifie fameux, a été omis à tous les noms suivants :

Adolphus par Regulus. — The D'Arcy's Yellow Turk. — Andrew 1816, par Orville. 6 victoires. — Anvil par Herod. — Ascot par Reveller. — Attila par Colwick.

Babraham 1750, par Marlborough. — Bajazet. — Baron Nile 1795, au lieu de 1775, par Delpini. — Beauffremont 1758, au lieu de 1858, par Tartar. — Bedlamite. — Beiram 1829, par Sultan. 8 victoires. — Belzoni par Blacklock. — Bob Booty. — Bobtail. — Bourdeaux. — Brainworm. — Bran. — Buffalo.

Camerton. — Cannon Ball. — Cantator. — Y-Cartouch 1730-1759. 13 courses, 10 victoires, 1 fois 2e; au lieu de 1 course, 1 victoire. — Cervantes par Don Quixote. — Chalkstone par Herod. — Les deux Chanticleer. — Chaunter 1752, par Trifle. 4 courses, 3 victoires, 1 fois 2e. — Chippenham. — Commoner (Croft's) par Place's White Turk.

Dainty Davy. — The D'Arcy's White Turk. — D'Arcy's Yellow Turk 1678, au lieu de 1690. — Ditto, ou Williamson's Ditto. — Doctor par Goldfinder. — Don Quixote. — Driver par Trentham. — Drone par Herod.

Eagle par Volunteer — Economist par Whisker. — Emancipation par Whisker. — Y-Emilius issu de Cobweb. — Escape 1785, par Highflyer.

Feather. — Fribble par Regulus. — Fyldener 1803, au lieu de 1823.

Garrick 1772, au lieu de 1792, par Marske. — Grasshopper (Lord Bristoll's).

Hip (Pelham's). — His Grace's Sloven 1723, au lieu de 1730, par Bay Bolton. — Hobgoblin par Aleppo. — Hutton's Bay, ou Hutton's Bay Barb.

Ibrahim 1832, par Sultan.

Juniper 1767, par Snap.

King Fergus 1775, par Eclipse.

Lamprey 1715, par Grey Hautboy et Makeless mare, etc. 12 c., 10 vict.

Methodist 1768, par The Coombe Arabian.

Noble 1781, par Highflyer.

Olive 1787, par Woodpecker.

Partner (Grieswood's) 1731, au lieu de 1831, par Partner. — Little Partner, ou Pearson's Little Partner 1745. — Partner (Moore's) par Partner. — Paulowitz, au lieu de Pawlowitz 1813, par Sir Paul. — Petworth par Precipitate. — Plumper par Prime Minister.

Repeater par Trumpator. — Rockingham par Humphrey Clinker. — Royal George par Y-Cade.

Scud 1804, par Beningbrough. — Sir Paul. — Soud 1804, par Beningbrough (lisez Scud). — Spot (Hutton's) 1728. — Stainborough. — Sting par Slane.

Tarquin. — Tickle Toby par Alfred.

Van Dyke Junior.

Waverley par Whalebone. — Weathercock par Ruler. — Whitefoot (Godolphin's). — Whitefoot 1720. — Williamson's Ditto. — Old Woodcock.

Zealot 1820, par Partisan.

Le signe *, qui signifie importé en France, a été omis avant les noms suivants :

r Attila par Colwick.

c Eulogist par Irish Birdcatcher.

c Grey Tommy par Sleight of Hand.

Vulcan par Verulam.

JUMENTS.

r A-la-Grecque 1760, par Regulus et Allworthy mare, Bolton's Starling, etc., au lieu de Bolton's Starligny, etc.
Akaster Turk mare v. 1714, par Akaster Turk et Leedes Arabian mare, inconnue.
Ancaster Starling mare 1749, au lieu de 1755, is. de Grasshopper mare.
Ancaster Starling mare v. 1750 (Dam of Traveller mare, au lieu de Traveller's Dam).
Antœus mare, déjà citée, v. 1800, par Antœus 1793 et Mercury mare, etc.

r Bacchante v. 1810, déjà citée. Mettre le mot et avant Mercury mare.
Bald Galloway mare 1715, au lieu de 1710, is. de Byerly Turk mare, etc.
r Old Bald Peg v. 1685, au lieu de 1690.

Barbs mares, au lieu de Barbes mares.

Barb mare 1675, au lieu de 1695 (Dam of Dodsworth and Vixen).

Barb mare (Dam of Place's White Turk mare) v. 1685, au lieu de 1700.

Barb mare (Dam of Dodsworth mare, and Place's White Turk mare) v. 1685, c'est la même que la précédente.

Beningbrough mare v. 1800, par Beningbrough et Hornpipe par Trumpator.

Beningbrough mare 1808, par id. et Sir Peter mare is. de Miss Gunpowder, au lieu de Miss Ganpowder.

F Bess v. 1810, par Waxy et Vixen, au lieu de Bee's par Waxy et Vixen.

Blacklegs mare v. 1740, par Blacklegs et Son of Snake mare, Montagu, Hautboy, Brimmer, inconnue.

Bobtail mare 1805, au lieu de 1700.

c Brown Bess 1789, par Highflyer, au lieu de Sir Peter, et Papillon.

Burton Barb mare v. 1690, au lieu de 1695.

Bustler mare v. 1695, au lieu de 1705, is. de Place's W. Turk mare.

Buzzard mare (Sister to Rubens) v. 1804, par Buzzard et Alexander mare, Highflyer, Alfred, Engineer, Cade.

Buzzard mare 1827, au lieu de 1805, par Buzzard 1821 et Treasure.

c Camilla 1826, par... et Orvillina, au lieu de Orvellina, par Orvi.

c Caprice v. 1795, au lieu de 1785, par Anvil et Madcap.

Captain mare v. 1765, par Captain et Cade mare is. de Miss Slamerk.

Cartouch mare v. 1730, par Cartouch et Darley Arabian mare, Makeless, Brimmer, Diamond.

* cCharley Boy mare 1843, déjà citée, par Charley Boy 1835.

c Quick's Charlotte v. 1755, par Blank. Voyez à la lettre Q.

F Chesnut D'Arcy's Arabian mare v. 1710, au lieu de 1700, is. de White Shirt mare.

c Chiddy 1733, par Hampton Court Childers, au lieu de Hampton Court Arabian.

F Curwen's Arabian mare v. 1715, au lieu de 1710, is. de Chesnut D'Arcy's Arabian mare, White Shirt.

Cyprus Arabian mare 1730, par... et Basto mare, Curwen's Bay Barb mare, etc., au lieu de Curwen's Arabian mare.

c Desdemona v. 1810, au lieu de 1820, par Orville.

Son of Dodsworth mare, au lieu de Son of Dosdworth mare, v. 1695.

Y-Election mare v. 1830 (Dam of Herodia), par Y-Election et inconnue.

F Fair Ellen 1806, au lieu de 1809, par Wellesley Grey Arabian.

c Fancy v. 1830, par Eclipse, inconnu, et Maria West inconnue, américaine, au lieu de Y-Fanny 1777, par Eclipse.

Chedworth's Fox Hunter mare v. 1745, par Chedworth's Fox Hunter et Brother to Mixbury mare, Smockface, Snail, au lieu de Brother to Mixbury mare is. de Snail mare.

f Fractious 1792, au lieu de 1772, par Mercury et Woodpecker mare.
c The Farmer mare, au lieu de Farmer, v. 1710, par King William's
    White Barb Chillaby et Byerly Turk mare, etc.

f Gipsy v. 1720, par King William's Black Barb, ou Turk, No Tongued,
    etc., au lieu de King William's Turk No Tongued, etc.,

Hautboy mare v. 1700, par Hautboy et Miss D'Arcy's Pet mare par
    Wastell's Turk.
Hautboy mare v. 1710, par Hautboy et Royal mare.
Herod mare v. 1770, par Herod et Miss Ramsden par Cade.
* Herodia 1837, par Aaron et Y-Election mare, inconnue, née chez
    M. Stirling.

c Jessica 1791, au lieu de 1891, par Volunteer.

f Old Lady v. 1715, au lieu de 1815, par Bald Galloway.
c Lady Mayoress (Sun Flower) 1786, par Pacolet 1780. Voyez à l'S.
c Lady Arthur, déjà citée, 1845, par Arthur et Langar mare is. de Rhoda.
    Langar mare v. 1830, par Langar et Rhoda par Commodore.
    Leedes mare v. 1708, par Leedes et Spanker mare is. de Spanker's Dam.

c Maria West (Dam of Wagner and Fanny) v. 1720, au lieu de 1785,
    américaine inconnue.
c Millwood v. 1840, au lieu de 1780, par Imp. Monarch, au lieu de Impe-
    rator et Fanny, au lieu de Y-Fanny, par Eclipse.
c Miss Touchit v. 1840 (Dam of Orkousta), par Touchstone et inconnue.

* Oricolo 1854, par Phlegon et Amaryllis par Velocipède.
* Orkousta v. 1850, par Faugh a Ballah et Miss Touchit par Touchstone.
Oroonoko mare v. 1755, par Oroonoko et Regulus mare, Brother to
    Mixbury, Bald Galloway, King William's Black Barb, ou Turk, Whi-
    tout a Tongue, au lieu de Bald Galloway tout court.

c Patroness 1829, déjà citée, par President 1811…
f Perdita v. 1830, par Langar et Delenda par Gohanna.
c Prude 1783, par Highflyer et Promise par Snap.

Regulus mare 1757, par Regulus et Brother to Mixbury mare, Bald Gal-
    loway, King William's Black Barb, ou Turk, Whitout a Tongue, au
    lieu de Bald Galloway tout court.
c Regulus Tartar v. 1759, par Regulus et Tartar mare is. de Midge.
c The Ringhtail Galloway 1731. Effacer la virgule entre Lister Turk et
    Sister to Pegging Peg.
f Royal mare (Dam of Dodsworth and Vixen) 1675, au lieu de 1765.

f Slugey v. 1705, au lieu de 1805 (Dam of Grey Hound).

Topsy Turwy mare v. 1815, au lieu de 1808.

Le signe c, qui signifie célèbre, a été omis avant tous les noms suivants :

Actress. — Adeline. — Adriana. — Akaster Turk mare 1709. — Albania. — Albany mare. — Alexandria 1818. — Amabel. — Angelica. — Anna par Touchstone. — Anna Perenna. — Anna the Third. — Anne Grey. — Anne Page. — Antonia. — Appleton. — A Propos. — Aquilina. — Arcadia. — Ariel. — Ayeska. — Azalia. — Azora.

Baccelli. — Balaclava. — Barbarina. — Bay Starling. — Les deux Bellona. — Belvidère — Benefit. — Benevolence. — Betty Baylock. — Betty Martin. — Biddy Tripkin. — Blacklock mare is. de Cerberus mare, Miss Cranfield. — Brazil. — Brenda. — Bridal. — Bride of Abydos. — Brown mare 1852. — Butterfly 1795.

Cullen Arabian mare 1748, is. d'Almanzor mare.

Eclipse mare 1778, is. de Rosebud.

Feltona 1820.

Les deux Hambletonian mares 1804 et 1805, is. de Sir Peter mare, Le Sang, Rib. — Lister Turk mare (Dam of Hip).

Pipator mare 1805, is. de Delpini mare.

Sedley Arabian mare.

Le signe f, qui signifie fameuse, a été omis avant tous les noms suivants :

Amazon par Le Sang. — Amelia par Godolphin. — Arachné par Filho da Puta.

Bacchante 1810. — Belvoirina par Stamford. — Bowes par Hutton's Bay Barb.

Cassandra par Priam et Manto. — Chesnut D'Arcy's Arabian mare v. 1710, is. de White Shirt mare. — Crystal par Triumvir. — Curwen's Bay Barb mare is. de Chesnut D'Arcy's Arabian mare, White Shirt.

Dacia 1845. — December 1763. — Denique 1849. — Destiny 1829.

Euphrosyne par Highflyer. — Excitement par Emilius.

Highflyer mare 1792, is. d'Otheothea. — Highflyer mare is. d'Eclipse mare, Rosebud 1765.

Kite par Bustard.

Miss Barforth par Partner. — Miss Elliot par Griswood's Partner.

Pharmacopeia par Physician.

Regatta par Camel.

Le signe *, qui signifie importée en France, a été omis avant les deux noms suivants :

Emma Donna par Galantus. — Ringdove par Comus.